华梅 等　著

人类服饰文化学拓展研究 中册

人民日报出版社

第五章

服饰军事学

第一节　军事学与服饰军事学

　　服饰军事学是一门军事学与服饰文化学的交叉学科，是运用服饰文化学的理论体系具体分析世界范围内的军事服饰现象，并从中发现、归纳和总结其本质的新学科。本章将论述军事学与服饰军事学的关系，并从概念、研究历程、学术定位等几个角度对服饰军事学进行简要论述。

一、军事学概念及研究历程

（一）军事学的确立与基本内涵

　　军事就是一切与战争和军队相关的事项的统称。军事的概念是战争与军队两个概念的统一，军事问题关乎国家生死存亡，因此对战争本质、形式和武装力量建设问题的研究长期以来得到中外军事学者的高度重视。《孙子》对此做了很精辟的评论：兵者，国之大事，死生之地，存亡之道，不可不察也。① 而德国军事家克劳塞维茨则在军事巨著《战争论》中对战争进行了严谨的观察、研究和分析，并将战争定义为"迫使敌方服从我方意志的暴力行

---

① （春秋）孙武著，刘仁译注：《孙子兵法》，北京：中国纺织出版社 2007 年版，第 2 页。

为。"① 这些学者的研究成果千差万别，但却向世人揭示了一个本质规律，即战争虽然是一种充满偶然性的事物，不同军队的建设方式和规模依各民族或集团的实际情况而异，但是通过分析实际战例，完全可以总结其中的规律性原则，并以此进一步指导战争和武装力量建设。这正是军事学作为一门系统学科出现的原因之一。在军事学的框架下，对战争的研究和对军队的研究相互促进，并得以升华。

（二）军事学的研究历程

军事思想与军事理论的发展不但取决于战争本身，而且取决于研究者所处时代的文化发展程度，因为军事理论的总结不但需要实践经验，还需要完善的书写体系和发达的抽象思维。因此，军事学随着人类对军事认识的深化而不断发展，并伴随人类书写体系和抽象思维的发展逐步完善。军事学的发展历程体现出一个相对清晰的脉络，即古代朴素形态—近代思辨形态—现代科学形态。正是在无数人的心血结晶，诞生了今天体系完整庞大，涉及面广，科学性强，论证度深的现代军事学，自然也产生了对军事学（军事科学）概念的理论性表达：军事学是反映战争规律和战争指导规律，用以指导战争准备与战争实施的知识体系。为国家制定军事战略，规划国防与军队建设，发展武器技术装备，指导战争准备与战争实施等提供理论依据。

今天的军事学具体包括军事哲学、军事学术、军事技术学、军事历史学、军事法学、军事心理学以及其他边缘交叉学科。其中军事哲学是最高层次的军事理论。军事哲学，关于军事方面的世界观和方法论的学说，主要运用哲学的基本原理考察和认识军事问题。主要揭示军事领域内各种运动形式的主客观因素相互联系及其转化的一般规律。

军事学术是关于战争指导和武装力量建设的各学科的统称，包括战略学、战役学、战术学、指挥学、军制学、后勤学、地理学、运筹学、军事训练学等，战略学、战役学、战术学是军事学术的主导部分。军事问题并非存在于真空中，不能与一个国家、一个社会的上层建筑、意识形态、社会结构、人口组成不发生关系，这就使军事学研究必须与其他自然和人文学科结合起来，这就诞生了相当数量的军事学科边缘学科，其涵盖范围较广，包括军事社会

① ［德］克劳塞维茨著，李传训编译：《战争论》，北京：北京出版社 2007 年版，第 7 页。

学、军事管理学、军事经济学等。对于军事学的研究是没有穷尽的，只要战争的可能性还存在一天，对军事学知识的需要就会存在一天。而且随着人类对客观世界和自身的认识越发加深，军事学的学科必然越来越多，与其他学科的交叉性必然越发广泛和深化。

二、服饰军事学的学术定位

（一）服饰在军事中的作用

细细梳理世界军事发展史，可以发现古往今来军事服饰的样式难以计数，如果对各时代、各国、各支军队的军事服饰都做系统的个案研究无疑存在巨大的困难。但需要注意的是，无论就个案分析还是就整体研究而言，军事服饰与普通服饰或者说民用服饰都有某种程度上的共性。一方面，军事服饰与民用服饰都有着御寒、遮羞等对于着装者最基本的功能；另一方面，军事服饰与民用服饰中的制服部分都标示着一个集体的政治宗旨、宗教信仰与共同归属。这种军事服饰与民服之间的共性正是研究者可以借鉴服饰生理学、服饰心理学、服饰民俗学和服饰社会学的基本理论框架去研究军事服饰的理论基础①。

中华文明有着世界上最长的连续历史，中国历史爆发过无数次规模大且在战略、战术上存在特殊意义的战争，诞生过无数名将和著名武装力量，与这些身影交相辉映的中国古代戎装是中国古代服装史的重要组成部分，其形制和内涵也使其成为世界军事服饰发展史中有着鲜明特色的一支。对这些中国古代戎装进行深入研究以期了解中国古人的战争观、人生观、美学观和技术水平无疑具有巨大的研究价值，也将为中华传统文化传承做出重要贡献。这是由中国学者进行服饰军事学研究的第一重意义。

从第二个层面讲，中国军事服饰形态自清末军事变革后不断向世界军事强国靠拢，其间有教训、有反复，但总体而言发展到 21 世纪时中国军事服饰已经在系统化、正规化和科学化的角度上达到世界先进水平，并在诸多方面与世界惯例接轨。当前，有中国特色的军事变革如火如荼，中国各阶层民众对国家军事建设的关注度日益高涨，这些因素都呼唤着学术界对军事服饰研

---

① 华梅：《人类服饰文化学》，天津：天津人民出版社 1995 年版，第 55－75 页。

究的进一步深化。这一深入研究将以军事学和服饰文化学的基本原理作武器，从军事服饰具有军事用途这一特性以及军事服饰仍具有服饰的一般共性着手，以构建一个可以阐述各种军事服饰现象的理论体系为目标。某件军事服饰上的某种元素为什么会出现又为什么会消失？世界范围内同时期的军事服饰形态为什么有同又有异？这些问题的大部分都能在即将构建的这一体系中得到解释，这一理论体系就是服饰军事学。

可以不夸张地说，从古到今任何一套军事服饰的每一点构成因素，都有其存在的必然意义，即便是装饰成分也带有威慑的作用。诚如 2007 年人民解放军换发 07 式军装之际，总后勤部部长廖锡龙将军所言：军服不仅是一种服装，也是部队的重要装备，是构成战斗力的物质基础。[①] 这段话应该是对军服存在价值的最好定义，既然是一种装备，那么理所当然功能性考虑就压倒一切。因此，服饰军事学的研究出发点聚焦于军事服饰最鲜明的特征——功能属性。

对军服功能的分析工作，首先可以从哲学的研究成果中获得启迪，利用这种思路可以将任何一件军事服饰自身划分为两种形态，一为物质形态，二为视觉形态。无论是作为物质形态还是视觉形态，军服的功能都包含一种普通功能和两种相对应的特殊功能，普遍功能是民服同样具备的功能，只是在军事服饰中其功能性被进一步加强。而特殊功能则是根源于军事服饰运用于军事领域的特殊性。

当军事服饰作为物质形态发挥功能时，首先要注意的是普遍功能——维持生存，如防止体温过高或过低等，这些功能民服一般也具备，只是在军事服饰中其功能根据军事需求被进一步强化。另外是一组相对的特殊功能——防与攻，防御是军服最早的功能特性之一，包括防常规杀伤和非常规杀伤以及一部分意外伤害。因为军服本身不是武器，因此其进攻性侧重于帮助着装者获取和交流信息以及帮助着装者提高机动性。

当作为视觉形态发挥作用时，军服的第一种普遍功能是威慑，服饰威慑的一些基本表现在民服领域也普遍存在，即使不考虑非军事强力部门的制服，就是普通人的服装也包含有震慑潜在对手以提高自身地位形象的功能在内。

---

① 陈位昊："'新'解放军震撼亮相——中国军队最大规模大换装内幕新闻"，《国际展望》，2007 年第 14 期。

只是在军事服饰能够与由于军事需要，这一功能被大大强化。其次是军服视觉形态的一组相对的特殊功能——显与藏。显即标示，包括表示敌我、军民、级别和部队归属等信息，藏即伪装。显与藏两者相辅相成，缺一不可。

（二）服饰军事学的研究范围与意义

服饰军事学的研究范围涵盖各类军事服饰。根据与民服相通的概念，从形制上划分，军事服饰可分为首服、主服、足服、随件；从军事服饰的特定概念也就是功能上可以分为礼服、作训服、军常服、特种服。礼服"是军人在参加重大礼仪活动（如参加盛大节日、阅兵典礼、迎宾送友）时穿着的服装。"；常服是"军人在没有训练和作战任务和穿着的服装。"；作训服"是军人在作战和训练时穿着的服装。"；特种服"是军人在执行特殊任务时穿着的服装，一般均具有一种或多种防化功能。"①

服饰军事学研究的并非只是军服本身的概念、物质形态和视觉形态，而是着力去探究每一种军事服装出现的深层次原因及其客观规律。军事服饰直接为战争的主体——人服务，和武器一样是军事领域的一种装备。任何武器装备都由人发明，任何谋略都由人构想，任何作战意图都由人实施，要保证战争中的每个人都能正常工作在自己的岗位上，与他们贴身相伴的军事装备——军服是一个重要因素。与那些耗资巨大、技术含量极高的大型武器系统或作战平台相比，军事服饰似乎技术含量低、量大价廉，但如果因此而忽视其重要性将对军事建设造成严重损害，也是对历史的背叛。马拉松战役中波斯大军在重装希腊步兵阵前尸横遍野，离不开忽视军服防护能力的因素；纳粹德军在莫斯科城下零下 40℃ 的严寒中大批冻伤冻死，不能不说与忽视军服御寒能力有关；再比如人类战争史上屡见不鲜的误伤事件昭示着军服标示敌我功能的重要性；多次战役指挥失灵的教训提醒着人们军服标示等级功能的意义。

总而言之，军服的这六种主要功能有机组合，既各自独立，又在一定的区域内有限重合，以这六种功能构建起的理论体系基本可以解释人类有史以来所有军事服饰中的每一点因素，这正是服饰军事学的基本研究范围。

与战争形式研究领域情况多少有些类似的是，世界范围内军事服饰的研

① 田京新、车仁同编：《世界军服大观》，北京：解放军出版社 1997 年版，前言。

究也面临形式多样且难以寻找客观发展规律的问题。军事服饰是与军队主体——人密切相关的一种装备，又在战争中发挥着直接或间接的重要作用，其发展方式依各民族、各地区、各时代军事发展道路、程度不同而呈现独特面貌，同时又不可避免受到政治、文化、经济等非军事问题的影响，再加之偶然因素，使世界范围内的军事服饰的种类、形制复杂多样。所以，将其梳理清晰，并总结出引领军事服饰发展变化的本质规律具有很大的难度。

但这种困难与对军事服饰进行深入研究得到的回报相比微不足道。军事服饰领域是一个三维的空间，由历史的长度、同时期军服现象的宽度以及军服与其他因素相互作用构成的深度三方面因素组成。军事服饰不但在战争中发挥着巨大的作用，而且本身是服饰中一个不可缺少的组成部分。军事服饰现象背后蕴藏的巨大政治、军事、文化内涵如同一座尚待发掘的宝库，对其研究将收获巨大。

第二节　世界军事服饰发展历程

世界范围内的军事服饰发展并不是平衡的，各大洲、主要文明地区之间的军事服饰发展各有特点，有大量崛起和滞后的现象出现，这就是世界范围内军事服饰发展历程的梳理工作不能单纯依靠年代进行的主要原因。因此，本章将世界军事服饰发展历程及其内在客观规律划分为初创期、成型期、交会期、互进期、完善化期、风格化期和国际化期七个大的阶段。

一、军事服饰初创时期

世界范围内的军事服饰初创时期全部起源自各文明创始时期，至该文明的政治体制和文化特征基本成型时结束。从具体时间上说，这一阶段在西方主要是美索不达米亚两河流域诸文明时期，就中国而言基本是先秦时代。这一阶段的大致特征包括广泛使用动物皮革作为防护材料，开始使用一些极为原始、不系统的手段进行纵向和横向的标示工作，使用的威慑手段也多借鉴自动物形态。世界军事服饰初创阶段就从防护、标示和威慑这三个角度展开：

（一）注意防护

在自然界中，哺乳动物主要的生存之道是灵活和智慧，其次依靠坚韧的皮肤和浓厚的毛发进行自我防御，当然这些皮肤和毛发无论多么坚硬也无法和某些低级生物的坚硬外骨骼比较。在进化过程中，作为高级灵长动物的人类逐渐放弃这些沉重的、需要耗费大量能量生长的防护手段，逐渐依靠脑力和灵活的双手与野生动物周旋，弥补自己缺少防护的缺陷，并逐渐占据上风，成为自然界的主宰。虽然人类始祖的皮肤谈不上坚厚，但和直观感受相反，科学研究证实人类由表皮和真皮构成的皮肤实际上厚于许多哺乳动物。

继人与兽的搏斗、人类个体与个体之间的战斗司空见惯后，人类群体之间的战争作为一种新型社会形态出现。关于战争的起因和定义，众多人类学家仍在从文化人类学的角度进行争论①。美国学者怀特指出："在灵长类中渴求战争和残杀一般并不普遍，在人类中尤其如此……（因此）战争是社会之间而非个人之间的争斗，因此应从社会或文化的角度阐释战争而不是从心理学角度来衡量。"综合来看，战争是人类历史发展到一定阶段的社会现象，是民族、国家、政治集团之间相互矛盾冲突的最高形式。拉尔夫等人在《世界文明史》中则强调："从严格的生物学意义来讲，人类似乎既不偏向和平，也不偏向战争，而在转向定居农业之前，游荡不定的群落是爱好和平的。至少有一点是肯定的，冰河时代的任何洞穴壁画都没有描述过人与人交战的场面，现知最早的表现战争的绘画与定居的村落生活同时出现。"② 可以这样说，生产力的进步和文化的发展本身并不是战争的起因，但生产力进步带来的剩余产品却是战争的诱因之一。缺乏天生防御手段的人类，将不得不面对手持石制工具（武器），拥有智慧且来意不善的同类。人类头脑与动物尖爪厚皮之间的微妙平衡被打破了，最原始形式的军备竞赛就此拉开帷幕。人类自然而然地开始"借用"某些动物坚厚的皮肤，增强自己的防御能力。在早先对抗严寒时，这一选择被证明非常有效。

在文明之前和文明初创的相当长一段历史时期内，人类从事战争的武装力量都是非专业化、非正规化的。人类民族、国家、政治集团之间相互矛盾冲突的最高形式——战争的复杂性和残酷性发展到一定阶段的必然产物就是

---

① ［美］怀特著，曹锦清等译：《文化科学——人和文明的研究》，杭州：浙江人民出版社1988年版，第124－128页。

② ［美］菲利普·李·拉尔夫、罗伯特·E·罗纳、斯坦迪什·米查姆、爱德华·伯恩斯著，赵丰等译：《世界文明史》，北京：商务印书馆，2006年版，第33页。

军队的建立。为了应对战争，众多民族或政治集团将一部分成员从生产中抽离出来，接受更长时间的专门训练，这就是军队的雏形。

人类第一场超出争斗范围的战争，第一支有组织的常备军究竟诞生于何处何时，还有待考古学上进一步证据加以核实。但就目前的资料来看，应该诞生于人类文明的曙光——美索不达米亚的苏美尔文明时期。至迟到公元前3000年，苏美尔城邦已经普遍拥有了常备军或至少是组织严密的非常备军，其动因是各城邦在干旱的美索不达米亚争夺水资源与土地。建设常备军是一项系统工程，军队的不断专业化产生了对防御服饰的集体性需求。有需求就会有对需求的满足，为了防御杀伤，减少士兵伤亡率从而提高战斗力以压倒其他城邦，人类最早的军服诞生了。不幸的是，犀牛成为自己坚厚皮肤的牺牲品，被当作防护服饰最早的原料来源之一。在一面公元前2500年左右的木板（乌尔的军旗）上，描绘了可能是人类最早的一支具有统一军装的武装力量。画面上的士兵头戴铜盔，身披上面缀有金属圆片的皮质斗篷。[①] 这应该是目前最早通过造型艺术形式流传下来的防护军服，脱胎于普通服饰的军事服饰由此诞生。军事服饰的出现是人类战争复杂性和专业性不断升级的标志，是人类文明史和与之相生相伴的战争史上的一个里程碑。美国著名文史类作家查克·维尔斯在《武器的历史》中这样表述东方防御服饰的起始年代："使用特殊的衣服用来保护穿衣的人免于流矢和锋刃的伤害至少要往前回溯10000年，那个时候中国的士兵就穿着犀牛皮制成的斗篷。然而武士们可能在这之前很早就穿上了皮革和其他材料制成的保护性外衣。"[②] 最早具有防御功能的军事服饰出现得是否真的如此之早，尚有待进一步的实物证据，不过可以确定的是，它们的形态一定简单粗糙，同时又是多样化的，而且还不能称为严格意义上的军服。（见图5-1）

不过，与维尔斯将最早具有防御功能军服出现归功于"流矢和锋刃"的威胁不同，美国军事历史学家罗伯特·L.奥康奈尔在《兵器史》中将其归因于一种原始武器——钉头锤。按照他的说法："钉头锤的设计几乎不能再简单

---

① ［美］戴尔·布朗著，王淑芳译：《苏美尔——伊甸园的城市》，美国时代生活公司授权出版，华夏人民出版社，广西人民出版社2004年版，第114-116页。

② ［美］查克·维尔斯著，吴浩译：《武器的历史》，哈尔滨：黑龙江科学技术出版社2007年版，第44页。

了，实际上就是在棍棒的一头
缚上一块石头。"①，但是这种
简单的武器却能对人类的头骨
造成巨大伤害。所以，"虽然
头骨没有变得更厚，但是对头
骨的保护措施增强了。乌尔的
军旗和秃鹫石碑是当时苏美尔
人军队的两个最重要的遗迹，
他们都展示了大量的戴着头盔
的步兵，甚至有的战士还戴着
有护翼的防护措施。"这显然
也是一种具有说服力的理论，
不过需要更多考古证据佐证。

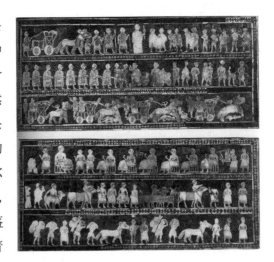

图 5 - 1　乌尔军旗上对早期军事服饰的描绘

　　在东方，自从具有防御功能的军事服饰出现之始，一直到中国西汉年间
被锻铁甲基本取代，犀皮甲一直是历代中国中央王朝的主要铠甲制作材料。
《汉书·艺文志》记载："后世爚金为刃，割革为甲，器械甚备。"②　就很好地
说明了这一点。在楚国三闾大夫"操吴戈兮披犀甲"的浪漫背后隐藏着相对
严酷的生态现实，犀牛渐渐在亚洲大陆消失，现今只在印度尼西亚苏门答腊
还有少量存活。当然，犀甲是否全为犀牛皮所制，也存在疑问，有可能是水
牛皮与黄牛皮制的甲均被称为犀甲，这种"包装"手法在古代典籍中是很常
见的。其间，比其更坚硬的材料并非不存在，如在兵器制造中广泛使用的青
铜和纯铜。但后两者主要被用于制作头盔，少有被用于制作甲衣。这与纯铜
质地软而青铜质地脆有主要关系，即前者更适用于整体锻造头盔，后者则主
要用于制作锋利兵器，两者都不适于制作甲片编织型铠甲。古希腊斯巴达城
邦和雅典城邦的武士使用铜板整体锻造的胸甲，但是这种整体胸甲只能量体
度身制作，适合城邦武士自备铠甲上战场的情况。在东方，武装力量长期掌
握在中央政权手中，铠甲作为一种军事装备必须要能大批量统一制造，并根

---

① ［美］罗伯特·L. 奥康奈尔著，卿劢、金马译：《兵器史》，海口：海南出版社 2009 年
　版，第 29 页。
② 《二十五史》，上海：上海古籍出版社 1987 年版，第 532 页。

据着装者体态进行调整。因此，犀皮甲长期占据东方战争历史舞台，并非因为其防护性能无可替代，主要是因为其适应这种生产方式和装备方式。

被公认为是中国官方手工业生产指导规范的中国传统典籍《周礼·考工记》中有这样一段文字："函人为甲，犀甲七属，兕甲六属，合甲五属，犀甲寿百年，兕甲寿二百年，合甲寿三百年，凡为甲，必先为容，然后制革，权其上旅，与其下旅，而重若一。以其长为之围，凡甲，锻不挚则不坚，已敝则橈……"① 后人注曰：削革里肉，但取其表，合以为甲。《考工记》一般被认为是齐国官方学者编订，尽管有秦汉补入篇章，可是总体成书于战国初期，这段详尽的指导性文字描述了战国时期中国最高水平的皮甲制作技艺。《唐六典》记载唐代仍有皮甲生产和装备："甲之制十有三，一曰明光甲，二曰光要甲，三曰细鳞甲，四曰山文甲，五曰乌锤甲，六曰白布甲，七曰皂绢甲，八曰布背甲，九曰步兵甲，十曰皮甲，十有一曰木甲，十有二曰锁子甲，十有三曰马甲。"又记："今明光、光要、细鳞、山文、乌锤、锁子皆铁甲也。皮甲以犀兕为之，其余皆因所用物名焉。"皮甲在中原逐渐淡出后，仍广泛在周边国家和民族地区流行。从出土物看，日本在铜石并用的弥生时代有木制的短甲残体；以铜器为代表的古坟时代中期有短甲和盾牌；到古坟时代后期，也就是公元6—7世纪的埴轮（陶烧土偶）中，才有完整的人物铠甲形象。研究日本甲胄和武具的日本学者认为，古坟时代后期的戎装受到朝鲜影响，之后又受到大陆（中国）的影响。根据南宋诗人范成大的记载，在大理这样的少数民族政权中还存在过象皮甲。而在中国西南边陲的彝族武士中，直到20世纪初还有皮甲的加工与使用。

关于犀皮甲在实战中的具体表现，目前缺乏详尽的战例记载，不过从装备时间如此之久来看，其防御性能还是令着装者和军服设计制作者满意的。《尉缭子卷第二·五议第八》中即表示："仅以莫邪之利，犀兕之坚，三军之众，有所奇正，则天下莫当其战矣。"② 能够将坚厚的犀甲上升到天下无敌的先决条件之一，可见其具体防御性能在兵家学者心目中的地位。当然，犀甲最终还是被更坚硬的铁甲替代，原因不难寻觅，纵览战争史，推动军服防御功能提升的根本原因在于杀伤方式的进步。随着杀伤兵器逐渐锋利、杀伤方

---

① 陈戌国点校：《周礼·仪礼·礼记》，长沙：岳麓书社1989年版，第21页。
② 周百义译：《武经七书》，哈尔滨：黑龙江人民出版社1991年版，第229页。

式逐渐多样化，单一的皮甲无论从硬度上还是形制上都不能满足需求了。而且铁甲的来源广泛，在加工技术进步后，其易于加工性甚至优于犀皮甲，因此在世界军事服饰成型期，铜、铁等金属甲逐步取代皮甲成为一个不可逆转的进程，只有在部分礼仪性场合，皮甲还存在用武之地。

（二）强调标示

专用军服标示功能的出现是一个漫长的过程。在战争和军队专业化程度都还比较低的阶段，世界各古代文明的军事力量普遍依靠下面这种方式组织起来：国家、氏族首脑担任最高军事统帅，王族成员、贵族和其他统治阶层担任各级军事指挥官和关键岗位（如战车）的战斗员，征发的农夫、奴隶担任步兵。随着军队的组织结构伴随战争的日趋复杂而相应庞大，级别细分的趋势明显，为了避免混乱，就产生了对军事服饰标示功能的强烈需求。三千多年前，东方最强大的武装力量——商军的组织结构很具这方面的代表性，鼎盛时期的商军拥有巨大的军事优势，《诗经·商颂》中"殷武"的开篇即讴歌了这一点："挞彼殷武，奋伐荆楚。深入其阻，裒（pòu，现意为减少）荆之旅。"

从战争学的一般原理可以看出，除了武器装备优势，如果没有有效的组织模式，商军很难取得这一系列胜利。河南学者李雪山在《商代军制三论》①一文中坚持了清人俞樾等少数学者的观点，即广泛见于各类甲骨文卜辞中的"王族"不单是亲族，而是由商王亲族组成的军事编制，甲骨文卜辞"呼王族先"以及"以王族伐㧁（音同鬼）方"就证实了这一点。此外，作者在文中还分析了广泛见于甲骨文的"子族""多子族""一族""三族"和"五族"等级别不一、职能各异的商代军事组织。在这些商军中坚力量之外，还辅之以"共人""共众"等临时征发步兵，并存在"振旅"等军事操练现象。由此可见，商军内部一定存在能够有限发挥功能的服饰标示体系，只是目前由于资料有限，对其具体运作流程还知之甚少。目前只能肯定，战车集群是商军战斗力的核心，单辆战车则是一个最小战术单位的核心，驾驶战车操纵武器只需要少数精英阶层人员，缺乏训练、装备低劣的步卒只需跟随战车进退。而以一辆战车为核心的最小战术单位中的各成员之间往往有着某种联系，通

---

① 李雪山："商代军制三论"，《史学月刊》，2001 年第 5 期。

常是领主贵族乘车作战，其奴隶步行作战，这样他们之间的相互辨识更多依靠相貌等个人特征。在军事行动中可供识别的标示手段主要来自礼仪制度相关的服色、材质的贵贱、特定图案的尺寸等，如按《通志略·历代所尚》所言："商人尚白……以白为徽号。"可见，在商代，白色曾是王族的主要服色（这确实能与"五行说"对应，因为商为金德，崇尚白色，周为火德，周灭商正是火克金。）所以白色在当时就意味着着装者在军事体系中的较高级别。总体而言，这一时期军服的标示体系是非常简单的，多带有社会性，但这成为此后东方所有复杂标示体系的基础。

（三）利用威慑

威慑与伪装是军事服饰视觉形态两种相对又相辅相成的功能，在具体运用中，一件服饰究竟是用来伪装还是用来威慑，与人类以及绝大多数生物对战争的两种不同观念有关。《兵器史》的作者奥康奈尔在分析了众多生物之间的攻击行为后，将这些行为分为直接攻击和种内攻击，前者以杀死对方并加以食用或避免被对方杀死为目的，所有的掠食行为都属于直接攻击。直接攻击的性质要求武器必须尽可能隐蔽、致命，如毒蛇的毒牙、猛兽的利爪和鲨鱼的牙齿等。人类在文明形态早期经常围绕剩余产品展开冲突，当需要直接掠夺对手财富时，服饰上的伪装行为就成为重要的考虑对象。

相比之下，种内攻击主要发生于同一种群内部，围绕对领地、配偶和统治权的争夺展开，双方使用的武器并不是以直接消灭对手为目的，此类战斗通常带有仪式性，并遵循一定的法则。巨大的、看上去极具威胁性的动物角就是为此类种内攻击而进化出来的，此类武器在种内攻击中很少被用来伤害对手，"马鹿经常不以打斗的方式决定统治地位，而是通过比较它们各自鹿角的大小的方式"①。人类在这方面的选择与草食动物很接近，人类没有毒牙利爪，发达的智力又决定了对于暴力冲突更明显的趋利避害特征。所以，人类争夺领地、控制权等的战争其实是生物种内攻击行为的延续，这类战争的本质要求能少流血甚至不流血而能取得最终的胜利，所以威慑对手而不是伪装就成为首要需求，这就是人类威慑行为的生物学（进而是社会学的）起因。

就人类种内攻击的具体威慑手段而言，像马鹿一样使用更大尺度的武器，

---

① ［美］罗伯特·L·奥康奈尔著，卿劼、金马译：《兵器史》，海口：海南出版社 2009 年版，第 4 页。

如"一根更大的矛"固然很有用，即使是现代社会的"确保互相摧毁的核威慑"，也不过是这一原则的高级版本。通过服饰改变自己的形态以威慑对手，显然是一个效费比较高的选择，其具体方式可以是扩大自己的体积（如头盔上的高翎或厚实的皮甲）；可以利用对手对猛兽行为的熟悉与联想，把自己尽可能伪装成老虎的样子（这是一种对大多数民族都有威慑力的生物形象）；再或者在身上佩挂与死亡有关的饰物，如头骨（同样是绝大多数民族都能理解的），也能起到威慑作用。不过也可以在身上或衣服上绘制头骨或其他骨骼的图像，这样通常更省钱，而且对着装者而言也更舒适（前述服饰一种重要的物质形态功能）。

由于东方民族以农耕生产方式为主体，因此对领地和统治权（也有对配偶的争夺）的争夺贯穿东方战争史的始终。由于东方主要战争的本质，东方传统军事思想十分重视威慑的作用，孙子即提出"不战而屈人之兵"的著名论断。中国上古神话记载了中华民族先祖为争夺中原统治权的一场战争，既然这场战争带有种内攻击的一切特征，那么服饰威慑就不可能不被采用。《列子》这样记载："黄帝与炎帝战于阪泉之野。帅熊、罴、狼、豹、貙、虎为前驱，雕、鹖、鹰、鸢为旗帜……"列子认为这种做法是"以力使禽兽者也。"当然不排除是这些猛兽真的被驱使上战场，不过从世界范围内更多的战例来看，这些猛兽的可控性都很差，这部分是由于其攻击天性，更多的是由于较低的智力。能在战场上发挥作用的动物，多是聪明的食草动物，如马和大象。由此似乎可以推测，这些"为前驱"的"熊、罴、狼、豹、貙、虎"更可能是身着此种动物兽皮的战士。既然列子这样受教育程度很高的贤哲都相信他们是真的猛兽，那么在真实战场的紧张气氛中，这些恐怖的形象一定能对炎帝部落战士的心理产生过更大的影响，他们由此导致的心里慌乱可能就是阪泉之战胜负的因素之一。如果真的如此，那么这就是具有目前已知最早具有威慑视觉功能的东方军事服饰。

二、军事服饰成型时期

世界军事服饰成型期与各主要文明文化成型期基本一致，在西方主要指古希腊文明时期，在东方主要是秦汉时代。在这一时代，军事服饰发展的显著特征是金属逐渐取代皮革成为增强军服防御性能的主要材料，在标示手段上也比初创时期更为严谨、复杂。

不过，和有形的变化相比，世界军事服饰成型期还有一个重要特征，就是早期军事理论——古代朴素形态的军事学逐渐登上历史舞台，并在指导军事服饰适应需求不断发展中起到了巨大的智力支撑作用。古代朴素形态的军事学建立在人类社会相对落后的物质生产力基础之上，以古代朴素哲学为基础，以大量的实证为依据，代表了人类 16 世纪前在军事理论与实践认识上的最高成就。

（一）防护问题在西方

对西方历史学者而言，爆发于公元前 490 年的马拉松战役是一场关乎西方文明命运的战争，西方史学鼻祖、古希腊学者希罗多德在开创性的《希波战争史》（《历史》）中对这场战役做了生动翔实的记述。英国人爱德华·克里西爵士在《从马拉松到滑铁卢——改变世界历史的十五大战役》中更是将马拉松战役置于一个至高无上的地位。这场战役的起因在于两千五百多年前，强盛的波斯阿契美尼德王朝频繁镇压小亚细亚的希腊殖民城邦，这些城邦的反抗或多或少得到了爱琴海这一边的援助，这使大流士皇帝决心用武力惩罚希腊诸城邦。公元前 490 年 9 月，一支庞大的波斯船队在阿提卡半岛登陆，十余万波斯军队和响应号召而来的各部族军队云集于此，云集于宽不过三公里多，长不过十公里的马拉松平原。当时全雅典的自由民不过三万人，且此前波斯军队无数次在小亚细亚等地击败过他们。面对如此强敌，希腊各城邦意见依然没有统一。迫不得已，雅典决定集合仅有的一万余人马和少量盟邦兵力，先行奔赴前线。

在马拉松战役爆发的岁月，常备军的概念还很遥远、很模糊，雅典军队是由包括农民、工匠在内的众多自由民为主组织起来的，平时解散，战时集合。很有特点的是，战士的装备需要自筹，对于很多人来说这在经济上无疑是巨大的压力。在武器上，长矛和腰间的双刃短剑是必不可少的，巨大的盾牌是木材为芯，内衬皮革外包铜皮，总重可达 9 公斤。铠甲为包括护胸和护背在内的整体式胸甲，多用整块铜板锻造而成。整体式护甲还有其他一些组成部分，如腕甲和胫甲，也是整体式，由青铜板锻造而成，使用者穿戴时将其扳开，依靠弹性固定在身上。美国学者奥康奈在《兵器史》中如此论述："这一套昂贵而笨重的装备使用不锈的、易于锻造的青铜铸造的，包括一块

0.25 英寸厚的护胸甲（重量为 30 磅），一副头盔（重量为 20 磅），每块重量为 3 磅的护胫甲，一个直径达 3 英尺的木质圆形盾（重量为 20 磅），一个 8 英尺长的强力长矛以及一把辅助用短剑。整套装备重约 75 磅，比苏美尔人的装备要重得多。"① （见图 5 - 2、5 - 3）

图 5 - 2　瓶画上希腊士兵出征前穿
戴盔甲和准备武器（约公元前 500 年）

图 5 - 3　前图瓶画另一局部

　　整体式护甲的优点在于坚固，对刺杀、劈砍和捶击等多种杀伤方式都有很好的防御效果，缺点在于不能弯曲，影响穿着者的动作灵活性。如果是散兵游勇的较量，这种灵活程度下降的后果无疑是致命的。而且很多战士一旦倒地就很难靠自己的力量站立起来，如奥康奈尔所言"很多士兵也正是在战斗中被击倒后遭践踏致死。"但这种铠甲在古希腊时期之所以盛行与当时的战术密切相关，这就是古希腊久负盛名的重装步兵方阵战术。这种战术的关键是依靠严密的队形，将一个个士兵组织成一个共同进退的方阵，依靠盔甲和大型盾牌防护自己，依靠长矛和短剑攻击敌人。如果运用得当，而且方阵的

---

　　①　［美］罗伯特·L·奥康奈尔著，卿劼、金马译：《兵器史》，海口：海南出版社 2009 年版，第 45 页。

左中右得到地形和轻装步兵、骑兵的掩护，使方阵得以把进攻威力全部发挥到前方，那么就很少有人或集体能够阻挡住其锋芒。在没有火器、投石机等攻坚兵器机动不便的时代，这种方阵无疑是最先进有效的战术。其威力在马拉松一战中发挥得淋漓尽致，其盛名得以在此后远播海外。

希腊时期铠甲的精华、核心，在某种程度上甚至是希腊战士的象征，无疑是士兵头上的科林斯式头盔。显而易见，这种头盔发源于科林斯或在科林斯开始被广泛使用以至流行开来。在二百多个希腊城邦中，最具政治影响力和文化代表性的两个城邦无疑是位于阿提卡半岛的雅典和位于伯罗奔尼撒半岛的斯巴达，前者聪慧灵巧，善于创造，后者强悍勇武，崇尚武力。但除了这两个性格迥异的城邦外，科林斯城邦则以其发达的工商业闻名，科林斯式头盔诞生于此也就毫不奇怪。

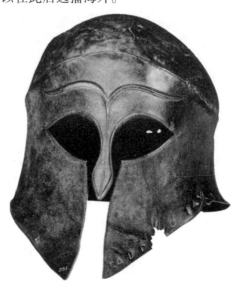

图 5 - 4　科林斯式头盔

科林斯式头盔最鲜明的特点就是防护面积大，除去中世纪末期马克西米利安盔甲和 21 世纪的"未来士兵系统"外，论防护面积人类护甲罕有能出其右者。（防护更为严密的勃伊奥蒂式头盔可以看作科林斯式头盔的姊妹盔型）（见图 5 - 4）

不可否认，科林斯式头盔优异的防护性能是以使用者视野变窄，尤其是听力受到阻碍为代价的。在喧闹的战场上，很难想象头戴这种厚实头盔的人还能准确判断形势、正常接受命令。显而易见，科林斯式头盔不能适应丰富多变的战术模式。但如果是在更强调力量和格斗技术的古希腊时代，在阵型变化相对简单的早期方阵战术中，这种头盔无疑是十分实用高效的。但当年的古希腊使用者显然也对这种头盔的缺点深有感触，他们为此专门发明了一种独特的戴法，即将头盔向后推，可作为礼仪用帽、便帽等多种用途。在今天遗存的许多古希腊陶瓶画和雕塑中都可以清楚地看到，甚至在一些烈度较低的战斗中，古希腊人也采取这种佩戴方式。这自然对科林斯式头盔的设计水平提出了较高的要求，因为在两种佩戴方式下都要保证头盔前后的平衡，可见古希腊工匠对于力学原理的熟练掌握。科林斯头盔的制造有两种途径：铸造和锻造，铸造固然能达到更大的厚度，很可能需要的工时也少，但铸造头盔并不像看上去那么坚实，因为即使在现代技术条件下，铸造也难保证不出现气泡从而影响强度，更不必说在缺乏精密测量设备的古代。锻造需要的工时可能更多，但冷锻大幅提高了分子密度，使头盔抗击打能力大幅提高，这都使当时的雅典、斯巴达等城邦的步兵具有很强的单兵战斗力，和密集方阵队形结合起来后整体战斗力就更为可观。不过，这一身铠甲十分沉重，希腊重装步兵往往采取攻击战术就是因为全副武装者难以长久保持备战姿势。在马拉松战役中，他们正是这样做的，按希罗多德的说法（他出生于此役后十年内，记述可信）："列站完毕后，波斯人开始向雅典阵地前进，而希腊步兵亦发动了进攻，他们背负武器，先小步慢跑，逐渐加速，最后竟狂奔起来……没等波斯人放出几轮弓箭，雅典步兵就已冲到近前……渐渐地，波斯人两翼的防线承受不住希腊密集阵的猛烈冲击，面对雅典人无坚不摧的凌厉攻势，波斯士兵的战斗意志开始动摇。"[①]

马拉松战役最后以希腊联军阵亡 192 人，歼灭 6000 余波斯士兵大获全胜而结束。希腊联军取胜原因自然多样，但从希罗多德的描述中可以看出，双方士兵的护身装备差距无疑是重要原因之一。前面已述希腊重装步兵个人防身护甲遮护面之大，防护效果之佳。但反观波斯人两翼，即希腊联军的主要冲击方向，主要有 10 行纵深组成，只有最前面的一名队长有盾牌，且"上身披轻便的鳞片甲"，后面的 9 名弓箭手"一般不披甲"。波斯人在铠甲制作方面有卓越技术，能够多向活动并可调整尺寸适应不同着装者体型的鳞片甲理论上也比希腊士兵的整装铠甲更轻便、更先进。但是在这样狭小的地形上，两者防护效果上的优劣一目了然。西方世界军事服饰成型期在防护性能上的最高成就和两种不同思路的对抗，可以从马拉松战役中找到全部答案。

（二）防护问题在东方

与西方相比，军服的防护问题中国不但在实战中演化，而且得到学术思想高度的重视和研究。这与中国春秋战国年间的政治与军事环境有关，当时

---

① ［古希腊］希罗多德著，吴玉芬、易洪波编译：《希波战争史》，重庆：重庆出版社 2007 年版，第 153 页。

相对统一的中央王朝已不复存在，大量的诸侯国之间不断征战，既促进了军事实践经验的丰富，又产生了对有实践指导意义的军事理论的强烈需求。一批中国军事家对前人经验和当代实践加以总结升华，以更好地为战争服务，其结晶就是以《孙子》《吴子》为代表的著名兵书。尤其是著名军事家孙武的《孙子》，以13篇共五千九百余字的篇幅，广泛而系统地论述了军事哲学、军事地理、军事地形、军事后勤、军事建设、军事预测等问题，其思想深度和战略广度都达到了古代军事学空前的高度。二千余年来，《孙子》一直深深影响着中国、东方及至全世界的军事理论发展。中国明代末年的兵学家茅元仪对《孙子》的评价颇具代表性："前孙子者，孙子不能遗；后孙子者，不能遗孙子。"尽管军事问题伴随人类社会的不断发展而日趋复杂化，但《孙子》的光芒不但没有黯淡下去，反而有越来越多的人认识到了其真理性和巨大的实践指导意义，影响力甚至传至军事界以外。

作为先秦诸子百家中的独特一员，兵家学者的研究领域集中于军事本身，即使含有社会内容，也是为军事目的服务的。《汉书·艺文志》承刘歆《兵书略》著录，分兵权谋家、兵形势家、兵阴阳家和兵技巧家四类五十三家。春秋末期的孙武（《孙子兵法》）、司马穰苴（《司马法》）、战国的吴起（《吴子》）、孙膑（《孙膑兵法》）、尉缭（《尉缭子》）等都是兵家的代表人物和代表作品。尽管军事服饰本身的物质形态功能不是兵家学者的主要论述对象，但是他们的著作也反映出了对这一问题的独到认识。首先，兵家学者指出了军事服饰在实现防止着装者遭兵器杀伤这一功能的同时，容易造成对御寒和散热的功能有所削弱。这种深刻的、全面的认识可能来自他们的现实生活体验。《吴子·图国第一》中，吴起"以兵机见魏文侯"，后者则推托自己"不好军旅之事"。吴起没有直接反驳，而是借用自己观察到的现象："今君四时，使斩离皮革，掩以朱漆，画以丹青，烁以犀象。冬日衣之则不暖，夏日衣之则不凉。"① 意思是，您费这么大的力气制作皮革服饰，却既不能为着装者保暖也不能帮助着装者散热，那您的目的不就是为战争，为社会生活的非常态行为做准备吗？犀利睿智的诘问令魏文侯悦服，并进一步采纳了吴起的诸多军事建议。

---

① 周百义译：《武经七书》，哈尔滨：黑龙江人民出版社1991年版，第68页。

吴起，还有其他兵家学者都认识到：服饰品的防御功能和保持体温等其他物质功能在实际操作层面上存在相互之间的矛盾，其防御功能的设计初衷是在保持体温和便于行动等其他物质功能上做出让步而得以实现的，最终结果就是着装者要在舒适度上付出巨大牺牲。当兵家学者们做出这样的论断后时间不长，用于增强军服防御功能的材料由犀皮过渡为防御性能更好的金属，因为金属单位质量更大、热传导性更好，因此着铠甲的军人就更为辛苦。冬天寒彻肌骨，用唐代岑参的名句形容即"都护铁衣冷难着"。夏季，铁甲内为了避免磨损皮肤而着的棉絮衣"胖袄"又使着装者湿热难耐。更不必提着装者身负数十斤铁甲，行动不便，"介胄之士不拜"之说除其社会意义外，与此不能说没有关系。

通过这种观念可以看出，兵家学者的理论尽管为战争服务，但其本质蕴含着深刻的和平主义思想。既然铠甲这种为战争服务的功能服饰会令一个着装者不适，那么战争，尤其是不义的、过度的战争更会令一个国家的正常发展受到损失。要求着装者以舒适换防御是对人社会生活本性的违背，为战争目的设计制作具有防御功能的服饰则是一种社会的非常态，因此战争及军事装备不能擅用，没有正义的目的更不宜轻启战端，即《尉缭子》中言"兵者，凶器也。争者，逆德也。事必有本，故王者伐暴乱，本仁义焉。"①。尉缭子甚至认为最理想的状态是军服这样的战争装备根本不必被使用，即"组甲不出于橐，而威服天下矣。"②（橐 tuó，一种口袋，此处泛指盔甲的包装）

战争对人类的危害是有目共睹的，中华民族一贯热爱和平，奉行防御军事战略，甚至列出"不征之地"名录，这些行为无不与兵家先贤对战争客观规律的深刻认识有关。这种深刻认识并非凭空得出，而是来自兵家先贤对现实的观察，是他们总结了好战、黩武、疲师久戍远征的恶果。21世纪初一些个别国家正在经历，甚至不能自拔。中华民族早在两千多年前的无数次惨烈战争中就得出了宝贵的经验教训——"国虽大，好战必亡"（《司马法》）。

另外，"好战必亡"与"天下虽安，忘战必危。"不可分割，兵家先贤在强调和平战略的同时，也没有放松对战术细节的规划和对战术优势的谋取。他们对军事服饰物质形态功能的要求在这里显露得更加清楚，即"足用为

---

① 周百义译：《武经七书》，哈尔滨：黑龙江人民出版社1991年版，第261页。
② 周百义译：《武经七书》，哈尔滨：黑龙江人民出版社1991年版，第257页。

美"。"足用"即在战争中，服饰的防御功能越强就越能保护着装者免受伤害，对战役结果越为有利。《司马法卷之下·严位第四》中对此多次论述，如"凡车以密固，徒以坐固，甲以重固，兵以轻胜。" "凡马车坚，甲兵利，轻乃重。"①，《吴子·治兵第三》中的"锋锐甲坚，则人轻战。"② 等，都是在强调坚厚盔甲对于保全着装者生命，对于提高部队战斗力直至谋取胜利有重大意义。这是服饰功能美学观中一种理性的、温和的现实主义态度，与法家在同领域内偏执的、狂热的现实主义态度截然不同。其原因在于兵家学者的背景和工作环境，在先秦时代的战争中，他们往往要亲自指挥战役，吴起、孙膑等人都获得过一系列重大胜利。对于防护问题，设身处地的他们要比端坐书斋的学者看得更为透彻。所以，对于服饰的防御功能，他们认为（在不影响机动性的同时）铠甲越坚厚越好。

兵家认为军事服饰物质形态功能应该"足用"的观点作用于实际，就是厚盔重甲，以单兵战斗力冠绝六国的"魏氏武卒"的出现。《汉书·刑法志》记载："魏氏武卒衣三属之甲，操十二石之弩，负矢五十，置戈其上，冠胄带剑，赢三日之粮，日中而趋百里……"③ 关于这三属之甲的形制，书注"属音烛"，"三属谓甲衣也。覆膊，一也；甲裳，二也；胫衣，三也。甲之有裳，见左传也。"中国古代兵器研究先驱周玮先生在《中国古代兵器史稿》中认为"上中下三甲，即肩甲胸甲腿甲，以三种革分制而成者，尚有头甲（盔）则非衣矣。"④ 这为我们生动描绘出一套厚重皮甲防护全身，持戈携弩仍可长途行军的精锐武士形象。而《史记·苏秦列传》记述魏国有这样的武士"二十万"。上文中出现于《吴子》中的那位魏文侯，即魏开国君主，他欣赏兵家学说，重用吴起、李悝和西门豹等人，整军经武。厚甲加身的"魏氏武卒"一度助魏文侯获得巨大军事优势，其在位期间勇夺秦河西地，兵家"足用"的军事服饰功能观功不可没。

尽管兵家的"足用"观取得了一定的实践成果，但不能将其意义绝对化。"魏氏武卒"的成功至少基于一个重要前提：中原地区战役地幅有限，重装步

---

① 周百义译：《武经七书》，哈尔滨：黑龙江人民出版社 1991 年版，第 130–131 页。
② 周百义译：《武经七书》，哈尔滨：黑龙江人民出版社 1991 年版，第 82 页。
③ 《二十五史》，上海：上海古籍出版社 1987 年版，第 472 页。
④ 周玮：《中国兵器史稿》，天津：百花文艺出版社 2006 年版，第 105 页。

兵不必做长距离战略机动。事实上，《司马法》也同样强调需要辩证，全面地看待"轻"和"重"的问题："战相为轻重"。在愈发残酷的战国末期战场上，重装的"魏氏武卒"很快就要面对一个战术观念和着装观念完全不同的强悍对手——"虎狼之秦"……

从精神理论与观念回到具体的物质因素层面，需要看到，中国战国和秦汉年间在军事服饰防护功能领域出现了由金属取代皮甲的历史转折，由于青铜质地和造价方面的原因，铁取其地位而代之。铁是日常生活中使用广泛的金属，其加工难度相对金、银等贵金属要高，而且含有杂质的铁在潮湿空气中极易生锈。这都使铁不适合纯粹作观赏用途。但是铁矿蕴藏量大，成品硬度高。这一切都使铁成为军事防御服饰的首选金属质料。目前出土的最早的中国铁甲出现于战国中期，后经过不断发展，演变为由甲身、双袖和垂缘三部分组成的典型汉代铁甲。1968 年，在河北满城西汉中山靖王刘胜墓中出土了迄今最为完整的西汉铁甲，共由两千余片甲片编织而成。甲片共分槐叶形和四角抹圆的长方形两种形状，普遍经过淬火，硬度与延展性均较好，使铠甲整体具有优越的防御功能。

因为出土铁甲普遍锈蚀严重，因此关于铁甲的真实颜色尚存在疑点。《史记·卫将军骠骑列传》中记载霍去病去世后："上哀悼之，发属国玄甲"[1]，而注曰玄甲即铁甲。另外，玄一般意为黑色，而"铁"在中国传统文化中也可指黑色事物。所以，目前尚不知道西汉铁甲是否染成黑色，还是铁甲本色（纯铁为银白色，氧化后有不同色彩效果）。无论怎样，铁甲，也称玄甲、铁衣，从汉代开始广泛成为史书和文学作品中的常用词汇，如曹丕在《广陵记》中即有："霜矛成山林，玄甲曜日光。"《木兰辞》中的："朔气传金柝，寒光照铁衣。"以及唐"大历十才子"之一的李益在《度破讷沙》中的："平明日出东南地，满碛寒光生铁衣。"等都是当时铁甲形态的真实记载，这些生动的描绘也指出了铁甲的冷色调本质与一定的反光性能，这赋予了铁甲一种厚重、冷峻、刚劲的阳刚美感。

（三）标示问题在东方

战国时期是中国军事发展史上重要的转折阶段，战争具体形态日趋复杂，

---

[1]　《二十五史》，上海：上海古籍出版社 1987 年版，第 596 页。

战争规模日趋庞大，相应地，军队的组织结构和战法也都要随之改变。如前所述的商军内部的简单标示手段已经落后于时代。《司马法·天子之义第二》中总结了夏、商、周三代使用的简单服饰标示手段："章，夏后氏以日月，尚明也。殷以虎尚威也。周以龙，尚文也。"① 这些章既有简单的标示功能，同时表现了龙、虎等或虚幻或真实的猛兽形象，也具有一定的威慑功能，但这种简单手段已无法保证战术安排得到贯彻和实施，需要更为完善复杂的新型服饰标示手段。

《尉缭子》在详尽论述军服纵向标示手段的必要性上走在了兵家学者前面。《尉缭子》的作者和成书年代都还存在争议，认为是战国魏人尉缭所著的观点居主流地位。据传尉缭和孙膑、庞涓一样都是鬼谷子高徒，后应魏惠王之邀赴大梁（时魏都）陈述兵法，所得大致为今所见《尉缭子》五卷二十四篇。在战国兵家著述中以其意义深邃又贴近实际的风格，独树一帜，取得无可置疑的高度理论成就，颇得历代军事家推崇。《尉缭子》较早提出了对数量日趋庞大的士兵队伍进行有效管理的必要性，并专作《经卒令第十七》，其中服饰对于标示各部的位置至关重要："经卒者，以经令分之，为三分焉：左军苍旗，卒戴苍羽；右军白旗，卒戴白羽；中军黄旗，卒戴黄羽。卒有五章，前一行苍章，次一行赤章，次三行黄章，次四行白章，次五行黑章，次以经卒，亡章者有诛。前一五行，置章于首，此二五行，置章于项，此三五行，置章于胸。次四五行，置章于腹，次五五行，置章于腰。"②

这番描述呈现了一个综合运用符号色、体位等标示手段的符号标示体系，精巧、复杂甚至有些理想化。尉缭的设想很明确，即这套系统能够将士兵与基层军官对应起来，使官与兵，或说"吏卒"融为一个个有机的集体，即能做到"卒无非其吏，吏无非其卒"的目标。这有助于上一级指挥官或最高级别指挥官进行视觉辨识，并发布有针对性的阵型调整命令。

建立明确的服饰标示体系，提高士兵管理效率，归根结底是为战争胜利服务的，尉缭子设想为"鼓行交斗，则前行进为犯难，后行退为辱众，逾五行而进者有赏，逾五行而后者有诛，所以知进退先后，吏卒之功也。"在这里，服饰的符号标示体系被精确到对个体赏功罚过的层面。这一中国战国时

---

① 周百义译：《武经七书》，哈尔滨：黑龙江人民出版社 1991 年版，第 115 页。
② 周百义译：《武经七书》，哈尔滨：黑龙江人民出版社 1991 年版，第 247 页。

期对军服标示功能的最高认识水平，体现了东方军事服饰由单一使用标示手段到综合使用标示手段的跨越，并为进化到复合使用标示元素奠定基础，在这一基础上，最终产生了东方军事服饰标示功能的最高成就——中国专业武官服制。

三、军事服饰定制时期

世界军事服饰定制期的一个显著特征就是农耕文明将自己的武装力量进行规范化建设，军事服饰也在保留己方传统的基础上广采众家之长，形成了视觉特征鲜明、防护效果出众的军事服饰。相对于东方的类似情况，古罗马军团士兵的军服更具有世界军事服饰定制阶段的代表性。因为定制阶段的军事服饰必然建立在军事组织改革、编制调整、武器更新的基础之上，所以要想解释古罗马军服的演变就必须追溯古罗马军团组织标志诞生的源头——公元前6世纪末的塞维·图里乌军政改革。

古罗马人属于拉丁语系民族，长期和拥有发达文明的埃特鲁斯坎人（印欧人种，语属不详）混居，在古罗马"王政"时期甚至迎来过三位出身埃特鲁斯坎权贵的国王，其中第五位王即为塞维·图里乌（约公元前578～前534年）。塞维·图里乌的这次改革以人口登记结果为准，所有罗马男性公民根据财产多少分为6个等级（也有称五个等级，即去掉财产在11000阿司下的无产者）。第一级由财产在10万阿司以上的男子组成，是战争的主力。其中45岁以下的青壮年组成40队，主要担负机动作战任务。45岁以上的中老年男性编成40队，主要担负扼守城池、要塞等任务。他们的个人装备都是按同时期重装步兵的标准配备的。此外，这一级别还要组建两个技术百人队，负责战争机械的管理运用，罗马军队此后数百年的技战术优势很大程度体现在他们对于各种大型工程野战机械的掌握上。第二级、第三级和第四级的组成者财产分别在75000～100000阿司、50000～75000阿司、25000～50000阿司的男子组成，三个级别各组织20个百人队，共60个。第五级由财产在11000～25000阿司的男子组成，包括30个百人队。这一级别还负责组建两个对于当时战争指挥和士气鼓舞必不可少的吹号手百人队。第六级由数量众多的财产不足11000阿司以下者组成，他们理论上不服兵役，因此象征性地组织了一个百人队。这六级总计175个步兵百人队，是战争的主力。

　　此外，作为一个农业民族的罗马，本身不具备边缘游牧部落的畜牧优势，但战争方式的演变使他们认识到了骑兵的重要性。尽管当时还未发明马鞍和马镫，骑兵在马背上无法发力，只能主要担当掩护步兵主力侧翼、迂回、侦察和追击等次要任务。但他们还是决定由第一级别再组织18个骑兵百人队。买马的费用是由国库出的，养马的费用则由富有的寡妇和未婚少女提供。这样，整个罗马社会被组建成一个井然有序的、全民皆兵的半军事化组织，这193个步兵和骑兵百人队既是武装力量又是行使政权的单位。遇有需全民表决的大事，每个百人队各出一票，由于最富有的阶级出兵出钱最多，因此无可辩驳地占据了国家政治权力的核心地位。

　　这场意义深远的改革可堪为埃特鲁斯坎人留给罗马最宝贵的财产。这一改革将原来建立在氏族血缘关系上的政治权力与义务体系，转变为按照财富多寡划分的阶级层面。用恩格斯的话说，这是一场由"以个人血缘关系为基础的古代社会制度"到"一个新的，以地区划分和财产差别为基础的真正的国家制度"的转变。同时图里乌改革具有的浓重军事色彩，以及初步建立的以"百人队"为基础的新军事体系，确保了在马略军事改革前罗马一系列军事胜利的基础。

　　塞维·图里乌为古罗马人创立的这种军事制度尽管在今天看来新奇且有诸多不足之处，但放在当时的历史背景下这确是一种行之有效的并且极为先进的军事制度。在当时的地中海周边甚或全世界，常备军还是一种很遥远、很模糊的概念。像罗马同时期或更早的雅典、斯巴达、埃特鲁里亚等城邦的军队均是由包括农民、工匠在内的众多自由民为主组织起来的，平时解散，战时集合。今天，中国的史学家和考古专家还在争论统一中国的强大秦军，究竟是国家统一配备装备还是士兵自备装备，在一座秦士兵家属墓中，出土了两位名为"黑夫"和"惊"的士兵的家信，信中请母亲寄布来好做衣服，如家中布贵，也可寄钱来。由此专家们初步得出结论，秦军士兵的武器装备由国家统一配备，但士兵个人衣物却要自筹。不过，中国古代典籍对军事后勤制度的这一历史转折记载严重不足，与此相对应的是，罗马早期士兵装备来源有明确的记载：战士的装备需要自筹。对于很多罗马公民来说，这无疑是巨大的经济压力。这种制度使富有阶层在战争中担负了更大的义务，但同时能享受到更大的政治权力。第一级士兵需要装备青铜头盔、圆盾（木质包铜皮）、青铜胸甲、青铜胫甲、矛、剑等。第二级士兵可以没有至关重要的胸甲，第三级士兵尽管还有剑和盾，但已经基本没有铠甲防护。第四级、第五级士兵，基本完全无防护，主要以矛、标枪、投石索等价格低廉的武器作战，这就是罗马军队初创时期有关服装的真实情况。

关于罗马士兵在公元前 5 世纪至公元前 3 世纪的具体装备情况，由于同一时期的实物很少遗存下来故缺乏直接证据，当时的罗马雕塑、绘画也不像公元纪年后那样发达，所以视觉资料也明显不足。但是，有一点可以肯定，当时罗马军队的装备无疑受到希腊诸城邦的重大影响，两者装备的头盔、胸甲、胫甲和盾牌等不但名称完全一样，具体形制也有相同之处。富勒在《西洋世界军事史》中援引古罗马学者波利比奥斯所著《通史》的记述，强调当时只有高等级士兵才采用胸甲："（罗马士兵）头戴铜盔和胫甲，胸甲有一块铜制的护心钟，若是财力充裕时，才有全副的胸甲。"① 还有一尊塑像表明罗马士兵装备了一种简易防护服，其特征是三个铜盘以皮条连缀防护着身体正面胸腹部位。

经过图里乌改革后的罗马军队一度占据了对周边部族的巨大优势，但强悍的高卢人利用更灵活的战法于公元前 390 年入侵并占领罗马城，迫使罗马人议和并交付赎金。此役后，罗马军队开始将图里乌改革中军政合一的百人队，改组为一种更适合野战的军事编制——军团，并初步统一了各阶层士兵在训练和装备上的差异。罗马军队注重安营扎寨，防备敌人偷袭的特点据说也是在这次战役后逐步形成的。罗马军团是一种高度组织化、正规化的军事单位，其根本特点，或者说是她对世界军事和文明发展的贡献，在于比较早且制度化地奠定了近现代军队组织形式的基础。其最小的单位为"营帐队"，一般是 8 个人，这正是近现代军队中"班"这一单位的雏形，这 8 个人行军时使用一头骡子负载辎重，宿营时睡在一个营帐内。"营帐队"上一级的单位是百人队，约 80 到 100 人，其长官称为"百夫长"，是古罗马军团最普遍使用的步兵单位。5 个百人队再编为一个步兵队，九个步兵队再加上近千人的专业人员，共编为约 5000 人的军团（这一数目也处在变化之中，但多固定于此），约相当于近现代军队一个旅的规模，在实际战术运用上更类似于近现代

① ［英］J. F. C. 富勒著，钮先钟译：《西洋世界军事史》，桂林：广西师范大学出版社 2004 年版，第 107 页。

军队的"师"级单位。军团的出现彻底改变了此前军队组织随意性强的局面，更有利于基层将领的培养和运用，更有利于战略决策者精确调配兵力，也更利于演练复杂的阵型变化。

在军服形制方面，面对整体式胸甲在罗马军团战术运用中暴露出的弊端，一种最初起源于西亚的编织型铠甲开始缓缓进入罗马军团的装备序列，它们带来了一场最终被证明是革命性的变化。编织型铠甲的特点是将大量预制的小甲片编织在一起提供防护。这种铠甲传入地中海沿岸后最先为希腊人采用，主要装备轻装步兵，公元前440年的希腊瓶画上就出现了身着编织型铠甲的英雄阿喀琉斯。在一尊也许出自公元前4世纪埃特鲁斯坎人之手的战神马尔斯雕像上，也可以清楚地看到这种铠甲当时已经在亚平宁半岛上流行开来。编织型铠甲具有一个最根本的优点：它可以根据穿着者的体形调整大小、松紧甚至长短，从而适应胖瘦高矮不等的战士。对于几乎没有调整余地，需要熟练工匠为特定穿着者量身打造的整体护甲来说，这一点是万万做不到的。编织型铠甲的这一优点使它可以大批量制造，甚至不必过分依赖熟练工人，足以支撑罗马军团日益壮大的规模和频繁的战事，这是国家战略层面上的巨大优势。在个人或者说战术层面上来看，编织型铠甲赋予了穿着者更大的灵活性，使其在即使没有人掩护侧翼的情况下也可自如前进、机动或躲闪。同时，编织型甲片还可以有效防护穿着者的髋部，在以前的整体式护甲中，腰部以下通常是裸露的，编织型护甲则可以通过悬挂的金属条组成战裙的形式给予这一部位有效防护。（见图5-5、5-6）

图5-5 瓶画上的阿喀琉斯，人物已不着整体式胸甲铠甲，代之以编织型铠甲（约公元前440年）

在头盔部分，伴随战术和军队组织上的巨大变化，科林斯式头盔从古希腊时期就开始不断演化，在雅典的一些盘绘上已经可以看到这样的画面：交战双方都头戴科林斯式头盔，只是其中

一方头盔的耳部被有意切掉以免影响使用
者的听力。在亚平宁半岛上，这一变化显
得更为激进，原先的护鼻被彻底取消，护
颊变成活动合页式，赋予了穿着者更宽的
视野，基本已经可以做到视野不受阻挡。
同时，耳部完全暴露在外则是基于战术考
虑，使士兵能够更好地听清楚命令或敌人
接近的声音，以便更快、更好地做出反应。
这样一来就诞生了一种全新的头盔样
式——阿蒂卡式头盔。在不长的时间中，
阿蒂卡式头盔便成为罗马军团的主要装备。
编织型铠甲和阿蒂卡式头盔的广泛使用既
是罗马军团灵活战术催生的产物，又反过
来加速了这一战术的成熟。这两种装备在
先进程度上远远超过了马其顿军队，代表
了当时地中海地区最先进的技术和创新因
素。军服形制上的巨大优势使罗马军团变
成了难以战

图 5 - 6　反映古罗马战神马尔
斯的青铜雕塑，身上盔甲完全来
自现实生活，属于西亚的鱼鳞式
编织铠甲（公元前 4 世纪）

胜的敌手，也见证了其在数百年历史上胜绩不
菲的神话。（见图 5 - 7）

图 5 - 7　盛行于意大利南部的
阿蒂卡式头盔，露出耳部，有合
页式护颊（公元前 3 世纪）

对罗马共和国而言，强大的军力使征服面
积进一步扩大，大量财富流向罗马，奴隶在各
行各业被广泛使用，助长了奢靡和好逸恶劳之
风。同时，战事绵延，长期服兵役的农民无法
保持对自有土地的耕种，贵族和骑士阶层则加
剧了对土地的非法占用和兼并，破坏了罗马兵
役制的根本。由于土地越来越集中，拥有自有
土地的农民越来越少，罗马兵源日益枯竭，和
国家不断扩大的征服战争形成了几乎不可调和
的矛盾。格拉古兄弟的改革失败，罗马社会矛

盾进一步激化。公元前 111 年，这种种弊端在罗马与灭亡迦太基时的盟友——努米比亚间爆发的朱古达战争中暴露无遗。军纪涣散战斗力低下的问题使战争久拖不决，罗马长久以来沿用的义务兵制度已经走到了尽头。公元前 107 年，富于军事才华的新执政官马略上台，在任期间，他对罗马军团进行了重大的改革，由义务兵改为招募志愿兵，甚至包括大量外族人，一时间战斗力进一步提高。同时改变了原来根据公民财富和训练程度不同划分轻步兵、长矛兵和重步兵的做法，而是使步兵类型统一，使方阵战术更为成熟有效。这一军事改革不但使久拖不决的朱古达战争在短期内胜利结束，而且把罗马军团锻造成一支训练有素、装备精良、枕戈待旦的职业军队，定期发饷，对军事领导的命令绝对服从。这不由得令人想起大唐在开元盛世期间，由府兵制改为募兵制的类似过程。当时唐王朝也面临类似困境，即土地兼并严重，作为府兵主力的自耕农大量流离失所，不得不招募大批无产者作战。从短期内，这可以大幅提升部队战斗力，但从长期看却会使军队效忠于长官而非国家，无法做到"兵归于府，将归于朝。"导致拥兵自重现象的产生，最终酿成"安史之乱"的惨祸。在罗马也是如此，应该说，马略改革把罗马的国力和战斗力带到了空前的高度，却也葬送了罗马共和制，更埋下了罗马盛极而衰后军阀混战的不祥种子。

四、军事服饰交汇时期

美国历史学者斯塔夫里阿诺斯在名著《全球通史》中着重论述了大约在公元前 1000 年至公元前 500 年左右的欧亚大陆古典文明，并指出中国秦汉王朝和西方的古罗马帝国都是这一文明时期的重要代表。古典文明兴起于广泛的技术连接与商业往来，衰落表现为技术与生产力发展的停滞，并最终在游牧蛮族的冲击下彻底或不彻底地覆亡。斯塔夫里阿诺斯认为："（这些）游牧民族同周围（古典）文明中心的互相影响日益增进""游牧民族逐渐定居于帝国边境邻近地区"以及"游牧生活向农业生活的转变，通常使人口增加，经济、军事力量增长"都是游牧民重创帝国精锐军事力量的主要原因。在这一动荡时期，以步兵为主力的农耕文明军队与以骑兵为主力的游牧民族军队不断交战，双方互相学习对方在装备战术上的优势，不同服饰制度不断交汇的结果决定了此后一千年世界军事服饰的大致面貌，这正是世界军事服饰交汇时期发生的主要情况。

（一）西方的情况

在罗马，马略军事改革的直接产物便是马略派与苏拉派的争权，以及最终导致的苏拉独裁。苏拉死后，罗马政坛风起云涌，几位巨头相继崛起，前两人分别是苏拉派的庞培和克拉苏，前者通过东方征战积累了无尽财富，后者则发迹于对斯巴达克思起义的血腥镇压。苏拉派的死敌，马略的外甥朱利乌斯·恺撒的崛起则更富传奇色彩。作为一代名将和传奇人物，恺撒深深改变了罗马的军事和政治面貌，他对高卢的征服掌握了巨大的财富和一支牢牢效忠于自己的军队，他的《高卢战记》日后成为研究古罗马的重要文献资料。庞培、克拉苏和恺撒一度形成"前三巨头联盟"。后克拉苏战死于东方，庞培和恺撒爆发内战，最终恺撒击败了政治对手庞培指挥的元老院军队，成为罗马的主人，恺撒独裁体制正式确立。公元前45年，在罗马广场举行了庆祝高卢胜利和击败庞培的庆典，恺撒就是在这里喊出了那句流传千古的"我来了，我看见，我征服了。"

公元前44年，权倾一时的恺撒因为自己一系列触动元老院派利益的改革而遇刺。尽管在位时间有限，但恺撒还是来得及实现了他对罗马城市规划宏伟蓝图的一部分，其中之一就是修建了恺撒广场。新建的恺撒广场分流了原来完全由古老的罗马广场承担的政治和商业活动，用罗马编年史作家狄·卡修斯的话说，恺撒广场比使用了很久的那个（指罗马广场）"美丽得多"。恺撒广场的中央耸立着维纳斯神庙，其他几面则是一圈店铺，它的后辈将比它更加雄伟、更加壮观。

恺撒死后，他的养子——屋大维，最终登上了权力最高位。这期间，他先是和安东尼联手，在公元前42年的菲利皮战役中击败共和派，刺杀恺撒的布鲁图自杀。后来他又用种种手段击败恺撒部将安东尼和"埃及艳后"克里奥帕特拉的故事早已为人耳熟能详。公元前27年，元老院授予罗马统治者屋大维"奥古斯都"（神圣）称号，并为他立像。作为军团总司令，罗马人称屋大维为Imperator，这正是后来西方语言中"皇帝"一词的渊源。在经历了一个世纪的内战与混乱后，罗马进入帝国时代。

在牢牢掌握权力后，屋大维着手进行大刀阔斧的改革，他采取了一系列有利于国计民生和社会稳定的政策，建立了完整有效的中央集权制度，这些惠及罗马几个世纪之久。当然，屋大维的改革重点依然集中于军事，当时的罗马军队已经发展到 60 个军团的庞大规模，不但成为财政上尾大不掉的包袱，而且功高震主，本身就是在内战中掌握权力的屋大维不会不清楚这一点。于是，屋大维建立了大量殖民地安置退伍军人，成功地将军团数精简到 28 个，并广为布置到帝国的各行省边疆，一定程度上杜绝了军团进军帝国的政治中心罗马夺取权力的可能性。

随着国家战略政策的变化，罗马军团士兵的军事服饰形制也有了巨大改变。由于罗马军团的征服步伐越来越深入北方，如高卢、日耳曼、不列颠地区，成长于温暖湿润气候环境下的罗马士兵就要经历严峻的气温变化挑战。和中国春秋时期中原诸国一样，罗马人也视穿裤为野蛮人的举动，但长时间在高寒地区驻防作战，人的生理极限问题不是抱有某种崇高信念所能克服的。所以，务实的罗马团士兵开始借鉴高卢人的服饰习惯，逐渐装备了一种紧身马裤（也称护腿）。这种裤的形制类似于今天的六分裤，较紧身，长度延伸至膝盖下，不但防寒，还便于骑马。在图拉真纪功柱上可以看到罗马军团上到高级军官下至普通士兵普遍穿着这种服饰。（见图5－8）

图5－8 罗马军团士兵群像，左二身穿斗篷和护腿

另一种学习自蛮族的服饰是士兵斗篷。斗篷是欧洲地区居民较普遍的一种传统服饰，罗马人早就从他们文化艺术上的老师——希腊人那里接触到了短式斗篷，并在其基础上进一步发展成为专供高级军官甚至皇帝穿用的大斗篷，并形成了只在右肩用一根饰针就可以固定的独特穿法。但是直到"五贤

帝"后期，罗马士兵才普遍穿用模仿自高卢战士的短斗篷。士兵短斗篷采用结实的毛毯布料，并具有广泛的用途，罗马士兵可以用它搭建帐篷、用作睡毯，甚至当作行军背包使用。"敌人是最好的老师"，这些模仿自蛮族的军用服饰，对提高罗马军团战斗力起到了至关重要的作用。

屋大维缩减正规军兵力的改革在解决一部分问题的同时，又导致了新的问题——军团数目为 28 个，显得兵力不足，屋大维对此的解决之道是允许各部将领自行招募辅军，也就是地方军或称外省军队。在征服或控制地区招募或收编当地军队，是世界战争史至今屡见不鲜的现象，这样辅军不但可弥补兵力不足的缺点，还熟悉当地风土人情。但是，辅军忠诚度低下的问题暴露之快出乎屋大维的想象。日耳曼辅军将领，已升至骑士级的阿米尼乌斯名义上效忠罗马帝国，实际上暗中领导着反对罗马帝国军队的起义。公元 9 年，他利用新上任的罗马日耳曼长官瓦鲁斯骄傲自大，不熟悉人文地形的缺陷，将其和罗马帝国镇守日耳曼地区的几乎全部兵力——18、19、20 军团诱入阴暗遍布沼泽的条顿堡森林地区。在熟悉罗马军团战术的阿米尼乌斯指挥下，早已埋伏好的日耳曼武士不断投掷杀伤力极强的梭镖，而避免直接攻击穿着精良护甲的罗马军团士兵，只有等后者阵型溃散后才一拥而上。战斗持续了三天，直到罗马军团的抵抗最终化为血泊中的泡影方告结束。统帅瓦鲁斯自杀，包括两万军团士兵和一万随军人员在内的罗马部队全军覆没。这是罗马帝国战史上最大的惨剧之一，其真实地点直至 1987 年才被考古发现确认。

这一惨败改变了罗马帝国初期的边境政策，尽管屋大维和他的继子提比留采取了种种措施进行报复性讨伐，但此后罗马帝国的北部疆界一直没有继续向日耳曼人的地区推进，而是固定在莱茵河附近，直至帝国灭亡。相对，日耳曼人也抵制住了罗马文明和生活方式的影响，继续保持着自己的民族特性，并成为日后灭亡罗马帝国的重要力量之一。罗马的军事编制体系也被改写，此战被消灭的三个军团——17、18、19 军团（帝国 28 个军团各有各的固定番号）再未被重建，一直空缺。条顿堡惨败后，罗马人转而从高卢、西班牙等罗马化程度较高的地区招募辅军。辅军，这支原本不受重视的力量也渐渐走上罗马帝国政治军事斗争的前台。

在此时军团士兵具体的技战术装备上，新型铠甲——锁子甲进入罗马军团装备序列不能不说是一个引人注意的现象。锁子甲也称"锁帷子"，即环形编制甲，这种铠甲打破了原来整体型和甲片编织型铠甲的思路，用一个个直径很小的铜、铁环相串联并用铆钉固定，编织成的铠甲不但有效消除了甲片之间的缝隙，而且重量比整体式和编织式铠甲更轻，赋予穿着者更大的灵活度，是一种在重量上没有明显增加但能有效防护刺杀兵器的铠甲。早在公元3世纪中叶罗马皇帝路德维希石棺浮雕中，就出现了身着锁子甲的罗马士兵，在公元312年的罗马浮雕中也可看到类似铠甲。这种铠甲尽管有自身的特点和优势，但没有支撑性，防钝伤能力差，因此锁子甲经常和甲片同时使用。在西罗马帝国覆亡后长达一千年的中世纪，正是这种锁子甲和甲片的结合，奠定了骑士们横行中世纪的基础。（见图5-9）

图5-9　身着锁子甲的罗马军团士兵

在条顿堡战役后，罗马帝国经历了混乱的克劳狄王朝、过渡的弗拉维王朝与繁盛的安东尼王朝，并在安东尼王朝期间涌现出了的涅尔瓦、图拉真、哈德良、安东尼·庇护和奥里略五位杰出的皇帝（公元96年到180年），史称"五贤帝"。在图拉真任内，帝国通过征服建立了阿拉伯、亚述、美索不达米亚和亚美尼亚四个新的行省，将帝国北疆稳定在莱茵河和多瑙河以北的达西亚地区，东疆至中东的两河流域，西疆为不列颠西北，南疆涵盖了整个埃及、北非，达到了帝国历史上最辽阔的疆域规模。当帝国扩张到达极限时，就会采取守势战略，其代表就是至今仍横亘英国北部的"哈德良长城"。此后，经过戴克里先时的"四帝共治"，罗马帝国开始分裂为东、西两部分。在这一历史时期，在中国遭遇汉帝国骑兵连续打击而西逃的匈奴，经过漫长迁徙，混合众多蛮族开始冲击罗马帝国边境，在蛮族接连不断地冲击下，西罗马帝国终于在公元476年灭亡。

（二）东方的情况

在东方历史上，农耕民族和游牧民族之间互相学习军事服饰形制的最典型例子莫过于"胡服骑射"。

"胡服骑射"的主角是赵国第六任君主赵武灵王赵雍。赵雍即位时,赵国地缘政治形势颇为不利,尤其是中山(春秋白狄别族建立,后为魏灭,不久复国,迁都至今河北平山);林胡(古族名,战国时分布在山西朔州至今内蒙古自治区内)、楼烦(古族名,活动于今陕西与内蒙古南部)等胡人军事政权对赵国的军事压力尤大。这些游牧民族精于骑射,来去无踪,而赵军师承中原军事正统,即从殷商时就已成型的战车与步兵混编战术,适于平原作战,但一追击胡骑至山地就被迫折返。有雄心的赵雍不满此状况,在一次与谋士的对话中道出了强烈的危机感和自己的抱负:"我先王因世之变,以长南藩之地,属阻漳、滏之险,立长城,又取蔺、郭狼,败林人(林胡人)于荏,而功未遂。今中山在我腹心,北有燕,东有胡(东胡),西有林胡、楼烦、秦、韩之边,而无强兵之救,是亡社稷,奈何?夫有高世之名,必有遗俗之累。吾欲胡服。"①

赵雍将"胡服"(名词动用)作为"强兵之救"绝非偶然,当时赵国的车兵、步兵多着大袖长袍,甲靠笨重,结扎烦琐,更不适于骑马。反观中山、东胡、林胡之兵,普遍着短衣、长裤、革靴或裹腿,衣袖偏窄,便于骑射。赵雍相信改着胡服可以适应新型骑兵战术,扭转赵军的不利军事态势,但他遭到"遗俗之累",并对肥义道出苦衷:"今吾将胡服骑射以教百姓,而世必议寡人,奈何?"同样有远见的肥义鼓励他:"臣闻疑事无功,疑行无名。王既定负遗俗之虑,殆无顾天下之议矣。夫论至德者不和于俗……则王何疑焉。"

肥义的话坚定了赵雍的决心,遂下令:"吾不疑胡服也,吾恐天下笑我也。狂夫之乐,智者哀焉;愚者所笑,贤者察焉。世有顺我者,胡服之功未可知也,虽驱世以笑我,胡地中山吾必有之。"后仍有反对者,王斥之:"先王不同俗,何古之法?帝王不相袭,何礼之循?虙戏、神农教而不诛,黄帝、尧、舜诛而不怒。及至三王,随时制法,因事制礼。法度制令各顺其宜,衣服器械各便其用。故礼也不必一道,而便国不必古。圣人之兴也不相袭而王,夏、殷之衰也不易礼而灭……循法之功,不足以高世;法古之学,不足

---

① 《二十五史》,上海:上海古籍出版社 1987 年版,第 215 页。

以制今。子不及也。"遂胡服招骑射。

胡服骑射带来的结果显而易见："二十年，王略中山地，至宁葭；西略胡地，至榆中。林胡王献马。"为赵国成为战国七雄之一奠定了基础。至于改着胡服后的赵军具体服饰形象如何，缺乏实物资料，不过后人可以从战国名器《采桑宴乐水陆攻战纹壶》上一窥短衣紧裤披挂利落的中原武士形象。

中原农耕民族向游牧民族学习适合骑射的先进服制的努力一直延续到汉代，不过，游牧民族显然也在向中原民族学习先进的金属加工技术。东汉名将陈汤一句名言："夫胡兵五而当汉兵一，何者？兵刃朴钝，弓弩不利。今闻颇得汉巧，然犹三而当一。"就很好地说明了这一点。

随着西域战事的激烈，东西方军事服饰的交流也渐趋频繁，最为明显的例证是锁子甲。《晋书》记载前秦苻坚图西域，命大将吕光等人"总兵七万，铁骑五千"出征西域，在攻龟兹时，遭遇胡兵"便弓马，善矛矟，铠如连锁，射不可入"[1]，前秦军"众甚惮之"。这种能有效防护弓箭的铠甲即前述罗马军团士兵开始装备的锁子甲，只是按照西方记载，锁子甲是欧洲凯尔特人发明的，而在东方典籍中，则更多认为这种铠甲是波斯最早发明的。其汉文名最早见于曹植《先帝赐臣铠表》，文中称其为环锁铠，极为名贵。

五、军事服饰互进时期

世界范围内军事服饰的互进时期是交汇时期的延续，欧亚大陆的主要文明和美洲大陆的古文明内部，军事服饰开始自成体系地发展，虽然节奏缓慢，但却是世界军事服饰完善期必不可少的铺垫。这一节主要分为欧亚大陆西方、东方以及美洲大陆三部分论述。

（一）西方的情况

公元476年西罗马帝国覆灭，西方为时一千年左右的中世纪（这个词是后世的艺术评论家提出的，最初指代西罗马灭亡后至文艺复兴前的时期）正式开始。从政治版图上说，前述各蛮族建立的王国（尤以法兰克人最为成功）在模仿罗马帝国官僚制度的基础上建立起了原始形态的国家。但是，大批人才的死亡造成文化知识的缺失，连年战争造成基础设施严重被破坏，这使他

---

① 《二十五史》，上海：上海古籍出版社1987年版，第1601页。

们发展更高层次文明的努力受到局限。更糟的是，由于这些早先的蛮族已经部分脱离了野蛮，开始从事生产，自然地他们成了新兴蛮族的侵略对象。就像契丹击败北宋建辽后，又要面对更不开化的金人从背后攻击，以致他们也不得不开始修筑长城防御。《世界文明史》中的一句话很好地概括了这些日耳曼蛮族的处境："西罗马帝国衰亡后，在蛮族入侵的影响下，西欧各国在半黑暗的时代里艰难行进。"

从公元 11 世纪开始，宗教复兴和开辟近东贸易的大背景，使欧洲人对去耶路撒冷朝圣产生了浓厚的兴趣。早在公元 1065 年，班堡主教就曾率领了一支由 7000 个日耳曼人组成的浩浩荡荡的队伍，访问了耶路撒冷城里和周围的圣地。但是，显然不是每个参加这种群众性远游的人都出自宗教狂热。后世的历史学家在谈起十字军时，除了如"拯救圣地"等神圣的口号以外，总是会提起一些社会和经济上的理由，首先一个原因就是原来日耳曼民族奉行的诸子平分领土制开始被渐渐改变。这种诸子平分制适合不断迁移，不断征服新的领土，不断扩大自己家族血缘影响的历史时期。随着以法兰克王国为代表的一系列日耳曼王国确立疆域，更为适合稳定统治的长子继承制开始流行开来。这一制度的直接后果就是产生了大批没有继承权、没有出头之日的年轻人，他们暴躁好斗，给西欧社会内部秩序造成了极大的混乱。因此，通过将这股能量极大的祸水引向东方不失为一个主意。

第一次有组织的十字军东征直到 1096 年下半年才真正出发，自此以后至 1244 年，一共发生了三次大规模的和无数次相对次要的十字军东征。只有第一次十字军在摧毁土耳其人对基督教徒的领地控制方面，取得较大的成就。1098 年，十字军占领叙利亚的大部，一年以后他们又拿下耶路撒冷。但是这些胜利只是暂时的。1187 年，埃及苏丹萨拉丁领导下的伊斯兰教徒又重新占领耶路撒冷。在 13 世纪结束以前，十字军沿途建立起来的每一个小国都被消灭了。

失败是不可避免的，但是，所到之处那些异邦的文明，特别是地中海一带的古老文明，使十字军受到了极大的启发。各国人民穿着的服装，给十字军骑士留下了深刻、形象的感受。那些精美的纺织布料、珍珠宝石以及刺绣艺术和服装款式，对后来西欧服装的演变和革新产生了巨大而深远的影响。

由于十字军东征的主力是骑士，因而骑士装也曾在欧洲中世纪时流行。

它既给予各国非骑士阶层以模仿的样板，同时在吸收各国服装风格的演进过程中，其时装自身也在逐渐产生变化。更令人印象深刻的是，骑士作为一种特定时代背景和特定战略战术下的武装人员，其铠甲形制的演变是与战术和武器的发展紧密相关的。

骑士不是集体性的武装力量，一个骑士带仆人参加战斗，这样在战斗中往往会遭到多人围攻的情况。这就要求骑士的铠甲防护范围必须尽可能大，而且一般骑士也都自视为贵族阶层，有相应财力，铠甲装备自然要比当年法兰克王国中的战士讲究。在这种现实要求下，原来流行于日耳曼诸王国中的甲片编织型铠甲因为只能防御躯干部分自然不在选择之列，更不必提由于蛮族王国在技术条件和财力上的局限，这些铠甲比古罗马时期的同类型铠甲要简陋得多。

那么，哪种铠甲能够做到在保证足够大的防御面积同时，还能赋予穿着者更大的灵活性？在当时的技术条件下，只有一种类型的铠甲能够相对平衡地做到这些——锁子甲。发源于古罗马时代的锁子甲到了骑士时代早期，制作技巧已日趋完善，主要是将众多直径很小的铜、铁环相串联并用铆钉固定，

图 5 - 10　身穿全副锁子甲的骑士

编织成的铠甲重量轻，防护面积大。而且很重要的一点是，制作锁子甲是一项重复性劳动，不需要熟练劳动力，适应 9—13 世纪欧洲各国较为落后的技术现实。在技术进步和强烈需求的刺激下，锁子甲按照骑士作战的特点进行了大规模改进，首先是上面的甲衣越发长，防御面积越来越大，并分为前后两襟以适合骑马，同时左右两臂都有防护。总之在 11—13 世纪的欧洲与西亚战场上，锁子甲的使用规模达到了一个前所未有的高度，并一度统治了战场，这是人类铠甲发展史上一个特殊的现象。（见图 5 - 10）

　　在这几次十字军东征中，锁子甲的防御性能得到了进一步强化，首先体现在防御面积的进一步加大和类型的进一步完善上。有证据显示，十字军骑士的重甲对于他们打赢部分人数相差悬殊的战役至关重要，富勒记载："虽然缺乏数量、控制和纪律，但是有两个因素却可以抵补这些弱点：一为装甲，法兰克人在这方面是远比他们的对手优越；二为他们也具有疯狂性的勇气。"① 到了第三次、第四次十字军东征时，一套标准的骑士铠甲应该是包括头上的锁头巾、颈部的护面具、身上的锁帷子、手上的锁手套、腿上的锁裤与高到膝盖的锁靴。锁手套形似与冬天的取暖手套，四指相连，只求能握剑即可，锁靴上固定有马刺。这全套装备均为锁子甲形式，总重达 20 公斤，对人的体力是一个极大的考验。铁甲容易腐蚀，需要妥善防护，因此就在腓特烈一世的时代，骑士开始穿一种名为无袖铠甲罩袍的服装，同时这种织物服装上还可以加上骑士的纹章，十字军骑士则缝上各种形状的十字架。

　　这一身完整的锁子甲大大增强了十字军骑士的防御性能，但是在日益激烈的战场上，面对攻击武器虽然缓慢却不断地发展，锁子甲必须有所改进。这首先体现在头部。前面提到过，锁子甲是为了防护长剑等劈砍兵器而诞生发展起来的，尽管坚韧却柔软没有支撑性，毕竟长剑等兵器造成的钝伤并不严重。但是头部的情况就不然了。仅凭柔软的锁头巾防护，人的头骨很容易在刀剑的劈砍下碎裂。本来，古罗马时期的阿蒂卡式头盔已经是一种制作技巧精良、防御性能合理的古代头盔，但是随着西罗马帝国的覆灭，这种头盔的制作技巧也已失传。法兰克时代的头盔则类同于维京海盗的小头盔式样，防护面积很小。于是 12 世纪一种极有特色的，还处在过渡期的头盔——大头盔出现了。这种头盔尽管笨重丑陋，但在骑士铠甲发展历程中，这却是一个不可忽视的，承上启下的环节。它可以看作蛮族工匠试图重新掌握复杂制作技巧的一个尝试，尽管还不完善，但是有着巨大的发展空间。这种头盔的防御性能可以，只是视野和通风环境有些恶劣。（见图 5 - 11）

　　几乎所有骑士都装备了可以防护全身的锁子甲，这在此前是不可企及的。锁子甲的加工虽为重复性劳动但也相当烦琐，20 世纪日本的盔甲与武器专家三浦权利曾做过试验，如果没有专业工具，编织明信片大小的一块锁子甲就

---

① ［英］J. F. C. 富勒著，钮先钟译：《西洋世界军事史》，桂林：广西师范大学出版社 2004 年版，第 365 页。

需要 5 个小时①。这种速度要想装备数万名骑士是难上加难。所幸，当时两个具有重大意义的发明出现，一是锁子甲的主要材料——原本由手工制作的铁丝，开始改为大规模机器制作，产量大幅提高。二是发明了专门工具用于固定铁环间的大头针。产量的提高不仅惠及骑士，还降低了战马的伤亡率。本来由于骑士重甲在身，无计可施的步兵曾一度把目光对准这些可怜无辜的战马。而现在，战马都披上锁子甲（中国古代称之为具装）成为可能。另外，骑士的锁子甲内为了防止磨伤皮肤还穿有紧身袄，这种服装也可以在不穿铠甲时单独使用，这就导致了以后欧洲男子紧身纳衣的流行。

图 5-11　一种样式的大头盔

到了 1250 年时，笨重但防御效果不错的大头盔已经在骑士中广泛装备，马甲也开始投入实战。这样一来，每个骑士都成为令人难以找到杀伤空隙的对手。归根结底，在世界军事服饰互进期内，西欧由于技术和经济的落后，不得不长期沿用锁子甲这种已显落后的铠甲形制，并将其潜力发展到极致。此后，西方军事服饰防御性能的突飞猛进以至完善，是伴随西欧技术革新和资本主义商业贸易发达而产生的。

（二）东方的情况

在军事服饰互进期，东方铠甲以防护面积空前之大的明光铠为第一个高峰。最早出现于南北朝时期的明光铠是一种继承了两裆铠特点的新型护甲，因胸背部甲片上有两个磨亮发光的圆形护心镜得名，这一称呼最早见于魏时曹植《先帝赐臣铠表》。作为一种工艺精湛的铠甲，明光铠在南北朝时期还很珍贵，似乎只有将领才能配备。因为着明光铠的北朝墓俑在形体上要大于同

---

① ［日］三浦权利著，谢志宇译：《图说西洋武器甲胄事典》，上海：上海书店出版社 2005 年版，第 105 页。

墓俑，这在中国传统艺术中一般表现官阶较高者。① 不过，由于唐王朝之后的宋王朝政策内敛保守，后来因与北方各游牧民族爆发长年战争，没有跟上世界范围内的军事形势变化，没有产生适合大规模使用火器的战略战术，更错过了近代化战争模式引起的军事变革，失去了长期保持的军事服饰领先地位。

（三）美洲大陆的情况

公元 14 世纪，崇尚武功的阿兹特克人崛起于古老的墨西哥高原。这一民族以高度军事化著称于世，《全球通史》记载："阿兹特克人的实力建立在持久备战的基础上。所有男人都要携带武器；国家军火库始终备有武器，供需要时使用。"② 阿兹特克人把自己的命运和战争牢牢捆在一起，逐渐发展出了一种美洲大陆独特的全民皆兵制度。一个阿兹特克男性婴儿降生后听到的第一句话，就是，"你的家不在这里，因为你是一只雄鹰或猛虎……作战是你的职责。"他的脐带将被埋到战场上，阿兹特克男孩儿生来就会得到小号的盾牌弓箭，到 10 岁时，他们开始获得"战士"称号，接受极端严格的军事训练。这是美洲大陆的斯巴达，只是一切比后者来得更加严格、更加苛刻。

所有的小战士都会留一小缕头发，直到他抓住自己的第一个俘虏才会剃掉。在美洲独特的战争环境和浓郁的宗教氛围下，阿兹特克人的战争观不是消灭敌人的有生力量，而是捉到俘虏，尤其是完整无缺的俘虏用于献祭。这就使得他们的武器和战术趋向于击昏敌人而非将其杀死，在没有冶炼青铜和钢铁技术的情况下，木棒与嵌有燧石的大刀是阿兹特克武士的主要兵器。

独特的服饰是激励阿兹特克战士的动力，带回第一个完好的俘虏就会得到一件绣有蝎子或花卉图案的特制斗篷，抓到第二个可以得到镶红边的斗篷，抓到第三个会得到在市面上无法买到的高档斗篷，其名字意为"用荣誉编织的珠宝"。如果抓到了众多俘虏，就会成为百战战士"泰魁罕"，加入雄鹰骑士和猛虎骑士的行列，跻身阿兹特克帝国军队的精英阶层。在阿兹特克人的观念中，雄鹰"无所畏惧"，美洲虎"谨慎、聪明、高傲"，这是两种分别统

---

① 刘永华：《中国古代军戎服饰》，上海：上海古籍出版社 1995 年版，第 56 页。

② ［美］L. S. 斯塔夫里阿诺斯著，吴象婴、梁赤尼译：《全球通史》，北京：北京大学出版社 2005 年版，第 509 页。

治天空陆地的掠食者。根据遗留下来的图画显示，这两个阶层的军服与他们的名称是相称的，两者全身被鹰的羽毛或虎皮包裹，面部从兽嘴中露出，连尾巴也模仿得惟妙惟肖。

雄鹰与猛虎样式军服的荣誉意义对一个阿兹特克武士不言而喻，但仅就军事角度来看，这种在军服样式上模仿猛兽的做法是一种历史极为悠久的军服威慑形式，可以称之为利用猛兽习性进行的威慑行为。直接使用猛兽皮毛做军服，或利用其他手段将战士装扮得类似猛兽，利用敌方对猛兽噬人习性的记忆，由此引发相似性的联想，进而使敌人感到恐惧并削弱战斗力。在中国上古神话中，相传炎黄部落与蚩尤部落决战时，相率狮、虎、熊、罴，可以想见这些无疑是身着兽皮的战士。在法国西南部莱特罗阿夫莱尔旧石器洞窟壁画中，就画着早期智人——克鲁马农人穿着兽皮拟装的服饰形象。这尤其适用于社会生产力比较低下，系统的逻辑思维模式没有形成的，将人的兽性和兽的人性混为一谈的阶段和地区。在古代，由于人的观察和思维方式的局限，对一部分难以理解的视觉现象不会做分析判断，而是会默认其神秘性。既然有一定文化素养的古代神话记录者（或创造者）都会将身着兽皮的战士与该种猛兽相混淆，那么文化程度更低，思维中神秘因素更浓重，身处战场、精神紧张的敌方士兵更可能产生误判，思想混乱，最终产生恐惧。恐惧的产生一方面会在心理角度动摇斗志，另一方面会作用于人的生理，大量促进肾上腺素的分泌，使人的动作精确性下降。

阿兹特克军事服饰的防御性能比较独特，由于金属冶炼技术落后，所以其军服往往采用生物材料制作，曾任美国宾夕法尼亚大学考古学与人类学博物馆馆长的美国人类学家乔治·C. 瓦伦特对阿兹特克文明研究颇深，他在《阿兹特克文明》一书中记录："主要的攻击武器是带有黑曜石利刃的木斧"，以及靠"至于防卫装备，通常使用蒙着兽皮的柳条盾牌，有的盾牌上面绘着复杂的图画，或用羽毛装饰起来。阿兹特克人还发明了一种护身甲，它用浸过盐水的棉花做成，像一件连身衣一样把整个身体保护起来。这种护身甲可以有效地防止木斧和投枪的杀伤，西班牙人很快地把它接受了过来，称赞它比钢铁护甲更凉快和更轻便。"① 这里提到的西班牙人，即为 16 世纪毁灭阿

① ［美］乔治·C. 瓦伦特著，布朗主编，万锋译：《灿烂而血腥的阿兹特克文明》，广西：广西人民出版社；华夏出版社 2004 年版，第 225 页。

兹特克文明的西班牙殖民军。阿兹特克人的军装和整个美洲的物质技术发展水平保持一致，利用模仿猛兽的军服恐吓敌人，这在他们和知识程度更低的其他部落作战时无疑收到了很好的成效，但在西班牙军看来，这种手段已经过时上千年了。

在标示方面，阿兹特克军队的指挥体系虽然主要依靠指挥官口头传达的命令，但更多情况下阿兹特克军队都依靠军官特殊的视觉形象来保持作战队形，向长官靠拢。乔治·C. 瓦伦特指出"有些武士还戴着木质头盔，头盔上镌刻着军队序列的标志。这些头盔的装饰价值要比防护价值更大，为老战士的披挂增添了光彩。战士有权根据自己的功劳装饰自己的服装。例如，高级军官的背上就有饰着羽毛的巨大饰架。部落甚至氏族也都带有专门的标志，以此区别敌友和官兵。由于个人想象和爱好千差万别，每人的穿戴便呈现出五颜六色和千姿百态的，我们很难用统一的术语概括他们的标志。"① 由此可见，阿兹特克指挥官不但盔甲华丽，而且背插由羽毛、宝石和金银装饰的编织军旗，以自己作为本部队的集合点。在阿军与当地其他民族作战时，这种装备无疑是最科学、最系统、最有军威的，但面对已经在欧洲大陆征战多年，文明程度远远高出的西军，就变为致命的弱点。科尔特斯给士兵发布的指示尽管冷酷却一针见血，他说挥剑砍杀要砍在那些带着巨大黄金羽饰，身穿华贵盔甲，带有标志（编织军旗）的首领身上。由于多名身份特征明显的首领被杀，数量庞大的阿军陷入混乱并被击败，最终导致了一场重要战役的失败，敲响了阿兹特克帝国的丧钟。

六、军事服饰完善化时期

世界范围内军事服饰的完善化趋势集中于中世纪末期至 17 世纪初期的西欧，随着金属冶炼工艺和力学知识的进步，西欧铠甲制造工艺得到突飞猛进的提高。尽管火器的崛起不久后就令这些优良的铠甲退出战争第一线，不过它们确实达到了人类军事服饰防御性能的巅峰。因此，这一节以西欧铠甲在军事服饰完善期的三个发展阶段为脉络展开：

---

① ［美］乔治·C. 瓦伦特著，布朗主编，万锋译：《灿烂而血腥的阿兹特克文明》，广西：广西人民出版社；华夏出版社 2004 年版，第 225 页。

（一）对锁子甲的改进

中世纪末期，尽管火器还不成气候，但一度统治中世纪陆战场的锁子甲已经面临长矛、长弓甚至钉头锤等武器的威胁。于是，以当时欧洲进一步发展的金属技术为条件，大幅提高锁子甲防护性能的改进工作就此展开。最先的举措是利用铁板局部对锁子甲加强，这并非是"头疼医头，脚疼医脚"的将就之举，而是现实的、稳妥的办法。这里需要说明的是，在中世纪，制作一件完整的，依靠甲片之间互相支撑保持形状和防护性能的全副铁甲，需要材料学、力学、生理学等方面的诸多知识，绝非一朝一夕所能制造出来的。锁子甲之所以横行几个世纪，能够有效防御当时的主要武器固然是原因之一，对制造技术要求较低，且能适合各种体型才是关键。现在，以完整的锁子甲为支撑，在上面以厚铁板加强，既不用考虑复杂的生理学和力学问题，也可以暂时满足需要。

根据人体的要害部位，和受到的威胁不同，首先得到加强的是人体这几个部位——头部、胸部、手腕和整个下肢。头部，毋庸置疑，应该得到优先级别的防护，在日益增大的威胁面前，原先的锁头巾外套大头盔的防护程度已显不够。于是一种形状独特的钵形头盔开始取代锁头巾，这种头盔的前身可以追溯到维京海盗的头盔。依旧由锁帷子制作的盔下护颈用小铆钉固定在头盔下沿，仅仅保护住面颊和颈部，并一直垂到前胸。对面部的防护也是欧洲骑士十分重视的，在13世纪，防护面部有两种方法，一种是在钵形头盔上加一个小型护面，因为盔下护颈防护面积已经很大，需要金属护面防护的仅是很有限的五官所在区域。平时，护面向上打开以保持骑士的良好视野。另一种选择是有一条金属护鼻与盔下护颈连接在一起，平时垂吊于颈部，需要防护时将其抬起固定在钵形头盔上的锁扣中，当然与第一种办法相比这一举措有些简陋，形象也不雅观，防护性能上也有所逊色，但肯定大幅降低制造难度和成本。在这些之外，再套上已经流传上百年的大头盔。在13世纪，除了条顿骑士团等宗教骑士，一般的骑士都开始用家族的立体纹章雕像装饰自己的大头盔，这类装饰品多是皮革制作的，表现形象有狮、鹅等动物，也有国王等人物形象，同样的纹章还出现在骑士的无袖铠甲罩袍和盾牌上。

人体躯干部分保护着众多主要器官，自然也是加强防护的重点，但同时被弹面积大，又是防护的难点。于是，意、德、法等国的工匠们利用整块锻造好的，未经抛光的铁板固定在一起防护人的胸背部，其厚度基本可以在一定距离上防御当时的弓箭，但是离能够防御长矛还相去甚远。毕竟，长矛的威力要大得多，能够有效防御长矛的特殊铠甲还要等一段时间，才会在骑术比赛的强烈刺激下出现。这种正中的甲板是与一种双层皮革紧身袄固定在一起的，套在锁子甲外面，这种皮革紧身袄上部分还有金属铆钉加强，这似乎是一种很复古的做法。在 14 世纪，这种皮甲的回归似乎是西欧工匠一时还不能制作整身金属板甲的无奈之举。

　　有趣的是，在一些图像资料显示这种铠甲板上固定有几根链条，一般是两根，用来拴住长剑、短剑，有时还有第三根，用来把大头盔拴住。这种用链条或绳子将武器与军服连接在一起的方式在战争史上屡见不鲜，二战的大量新闻图片都显示军官手枪柄上有一根绳子与枪套或皮带拴在一起。对于骑士或骑兵来说，在马上作战很容易掉落武器，武器用绳索连在军服上即使从手中脱落也易于找回。只是无论是在 14 世纪还是二战期间，这种方式出现的时间都不长，其原因还值得进一步探究。按照服饰军事学的理论，军事服饰是一种实用性、目的性极强的特殊服饰，除了与民服共同受到时尚影响的因素外，其形态变化只能围绕这样几个功能展开——防御、进攻、伪装、标示、维生和威慑。在军事服饰发展的历史长河中，凡是不符合上述几种要求的军事服饰首服、足服和随件都会被无情淘汰，由此可见，这种将武器用链条固定在身上的做法一定是不适应实战需要的，链条短可能制约使用者的动作，链条过长又会造成牵扯情况。

　　同时，肢体末端也得到进一步防护，原来类同于冬季连指手套的锁手套，制约人的动作，使一些更复杂的武器持握法不能实现，已经随着锁子甲的全面落伍被淘汰。取而代之的是做工精致的护手铠甲，也称铁手套。骑士的腿部一向是步兵攻击的重点，因此首先出现铁护膝，随后是只防护前半部分的大腿铠甲和小腿铠甲，最后出现完整的大腿、小腿和膝盖铁甲。足上是多部分组合而成的铁靴，这些都大大加强了对骑士下半身的防护，使其冲入密集步兵方阵时也可以无所顾忌。

　　应该看到，在 14 世纪时，西欧工匠还无法创造出全套金属板铠甲，但是他们已经尽可能地从多个角度尝试了这一点，如头盔已经和护颈连在一起，整个下肢护甲已经连在一起并基本达到了完善的地步。随着不断积累宝贵的制造与使用经验，尤其是实战经验，对于铠甲制造者进一步改进铠甲的设计至关重要。

整体式金属板铠甲也对称在铠甲里面的紧身纳衣提出了新的要求。新的紧身纳衣务必剪裁合理以求贴身适体。服装各部位越是合身适体，越是紧贴躯干和两臂，就越适合人体活动。由于衣服紧瘦又要穿脱容易，并便于大幅度活动，所以衣身的开襟处和袖子的肘部到袖口处，出现了密密麻麻的扣子。前襟的扣子一般为 30～40 个；袖子上的扣子多的达 20 余个。贵族的衣扣多用金质或银质，以显示豪华与尊贵。从这种紧身纳衣演变来的服装款式，是用更多的填充物使肩、胸的造型变得更加突起。有时为了使肩到上臂的袖子上部更加膨大，要在这个部位重点填充，而腰部则以革带使腰身收紧，以此来强调男性的宽厚的肩部、胸部和窄俏的臀部的壮美。不仅面料考究，有的衣服上还用毛皮装饰，使着装者更显得高贵气派。由于两腿改为比较贴身的金属板铠甲，并且清楚地显露出各处的接缝和边缘，所以长筒袜更加显示出其功能的合理性与外观的健美性。为了将长筒袜系牢，可以在上衣的里面缝缀细带或饰针。穿着长筒袜时，用上衣的细带或饰针将长筒袜上端连接系牢。以后，当骑士们不再穿铠甲的时候，紧身衣和长筒袜越发显得潇洒自如，灵活而又大方，一时成了西欧男装的标准样式。

（二）哥特式与超哥特式

从 13 世纪开始兴起于法国的哥特风，是继罗马式之后又一个席卷整个欧洲（不包括自视甚高的意大利）的艺术风潮。以教堂建筑为代表的哥特式艺术，一向以尖拱券、小尖塔为特征，极力营造轻灵向上升腾的意境，带给虔诚信教者一种宗教天国的神秘色彩。哥特式风格很快影响到欧洲服饰风格，首先是尖头鞋，在公元 12～14 世纪期间，尖头鞋或是直接在袜底缝上皮革的长筒袜，都是将鞋尖处做得尖尖的。待到 15 世纪时，其鞋头之尖状的程度，已经令人瞠目。可以想见，这种以尖利突出为主要特征的服饰风格将同时统治军民服饰两个领域。

初步体现出哥特风格的铠甲首先出现在意大利北部的自由城市米兰。这座城市不但有着哥特风格教堂代表作——米兰大教堂，更有着当时领先欧洲的铠甲制造业，尤其是以米萨基利亚家族为代表的铠甲制造家族企业在引领欧洲铠甲时尚上发挥着重要作用。这些意大利铠甲制造商在利润的驱动下，以极快的速度进行产品的更新换代，其速度虽然比不上今天汽车和家电的改款升级，但在中世纪的社会节奏下却属于有过之而无不及。因此，研究中世纪欧洲的铠甲演变，实际的军事需求是不断提升性能的动力之一，制造商为了不断牟利推波助澜的作用也不可忽视。总的来说，在15世纪后半叶，米兰制造商推出了一种新式的全套盔甲，和之前较原始的全套铠甲相比，这种新铠甲防护更加全面，当然也有几个值得注意的特点。一是左胸部的甲板被适当加厚，这在一定程度上是骑术比武比赛的需要。二是在右腋的部位，加上一个枪钩，其实成为长矛托更恰当，其主要作用是使骑士在托举沉重的长枪时有一个依托，避免很快耗尽体力。三是胸腔甲板的形状更为细致，符合人体工程学的要求，在甲板和人体中间适当留出一定空隙，使受击的甲板有一定的变形空间以吸收冲击力，避免像以前那样将大部分冲击力传给人体造成致命的骨折。同时髋部的甲片样式变化最大，从腰部以下，甲片仿佛撑开一个伞形，不像之前的皮革紧身袄将髋部紧紧包裹。这种设计不但将髋部完全防护起来，同时中间前后还都打开缺口以便于骑马，自从古罗马军团铠甲用垂挂的甲片组成战裙防护髋部以后，欧洲铠甲设计中再一次体现出了对髋部的特别重视。应该说，米兰推出这种新式的全副铠甲，与其说成就是材料学和工艺学上的，不如说体现在人体工程学上更为恰当，铠甲设计处处体现出对人体骨骼、肌肉等结构的精确掌握，这无疑是当时意大利人在人体解剖上的大胆突破。

当这种新型的铠甲传入德国时，对新思想总是持审慎观点，但是一旦接受起来又异常执着的德国人开始用自己的理念改造这种铠甲。本来，在艺术与技术领域，北方的德国人远比不上繁荣富庶的意大利北部，因此在铠甲设计制作上一般是亦步亦趋，但是此时他们的雄心壮志已经有了一个坚实的支撑。这还要从15世纪后半叶西欧掀起大规模金属热说起，德国境内金属矿藏丰富，在这种强烈的需求刺激下，德国境内的矿业和工艺制造渐渐达到一个高峰期。德国北部的银矿和铜矿大量开采，勤勉的德意志矿工满足了欧洲需求的相当大一部分。这就为德国铠甲设计制造奠定了几个有力的基础，一，任何金属矿区都不会只满足于出口原始矿石，对其进行深加工不仅是提供附加值，获取高额利润的绝佳机会，而且在当时欧洲落后的道路交通状况下这还能减少运输量，更不必提当时德国境内林立着数千个大小诸侯，减少货物的数量与体积也是减少纳税的措施之一。因此，德国境内的金属加工业越发繁荣，分工进一步细化，并出现了纽伦堡和奥格斯堡等金属工业中心。二、银矿和铜矿等贵金属矿藏的出口，为德意志诸侯带来了巨额财富，使他们不但有财力大量采购铠甲装备军队，还在追求奢侈品的意愿下鼓励制造商生产更高端的铠甲，即15世纪末在德国发扬光大的哥特式铠甲。（见图5－12）

就哥特式铠甲革新的重点来看，形式胜于实际内容。一件哥特式铠甲给人最醒目的特征便是铠甲轮廓大量尖利的锐角，甚至于甲板上也有众多锻打出的线条，营造出一种升腾感与神秘感，甚至还有一种可怖的特征。不管是大腿甲的顶端，还是肘甲的末端，所有能用锐角的地方绝不用平面或圆弧面代替，整件铠甲看上去是由众多小平面与小三角构成的。最有特点的还是完全模仿尖头民鞋式样制作的铁靴，铁靴本就极为尖利，前面还加上更加锋利

图5－12　防护严密的超哥特式铠甲

的尖嘴，令观者不寒而栗。这部分是为了迎合那个时期的服装时尚，部分是为了体现权贵者的地位（哥特式铠甲的使用者大多是贵族）。但是就像民鞋一样，这种尖嘴长到了一定程度以至于妨碍穿着者的正常行动，因此只能是骑在马上穿用，下马时再摘下。

在尖利的轮廓外，德国哥特式铠甲最明显的特征，莫过于头上那顶酷似倒置水罐的夏雷尔式头盔。夏雷尔（Schaller）的本意为壳，这种特殊头盔的形象也确实类似于某种无脊椎动物的硬壳，显得颇为另类。可见，在铠甲发展到鼎盛时期之前，设计思想是非常多元的，当然这也是任何事物到展到鼎盛期之前的状态。夏雷尔式头盔起源于法国的勃艮第人（英法百年战争中与

英国结盟），15 世纪中后期正是勃艮的服装风格广泛影响德国的时期。其视觉特点非常鲜明，盔顶光滑，中间有一道立起的盔冠，后脑的防护得到了极大的重视，一个被称为盔下护颈的装置保护着后脑甚至后颈部。这个类似帽檐的装置由多层制作，可伸缩，以不妨碍使用者仰头。一个被称为颚甲的部件保护着下面部和颈部，面甲大大缩小，被称为半面甲，抬起时只露出眼部，放下时通过其上一条窄缝观察。就防护面积而言，夏雷尔式头盔可以说是前无古人，后无来者，但是也极大限制了使用者的视野甚至呼吸。其外形审美特征更是特立独行，难说美，也不能妄言丑，有时甚至给我一种其他类型头盔戴反了的错觉。

15 世纪末，富可敌国的德国蒂罗尔大公基克门多向奥格斯堡盔甲制造家族海姆斯密特家族发出邀请，希望他们制造出全世界最华丽高贵的盔甲，这显然是希望新盔甲能够在形式上引领时尚，在做工上精益求精，在防护上尽善尽美，在装饰上美轮美奂。其时海姆斯密特家族的领衔者洛伦茨接受了这一不同寻常的订货，他将自己长时间的盔甲制作经验，德国手工艺界不断提高的水平，以及当时德国贵族的雄厚财力，都体现在这次制造的盔甲上，最终成就的是震惊欧洲的盔甲杰作——超哥特式盔甲。就一件工艺品而言，超哥特式盔甲是装饰性与实用性的完美结合；就一件兵器而言，超哥特式盔甲是威慑性与防御性的相互交织；如果说它们代表着什么，它们代表着德国在 15 世纪末高度发达的制造工艺；如果说它们预示着什么，他们预示着德国军工制造业一脉相承的深厚积淀，超哥特式铠甲预示着 19 世纪的克虏伯大炮、20 世纪的"虎王"坦克，就连二战期间声名大噪的德军 M1935 式头盔上也可以依稀看到夏雷尔式头盔的影子。

（三）马克西米连式

1504 年，蒂罗尔大公基克门多的侄子——神圣罗马帝国皇帝马克西米连集中有限的资金在其领地因斯布鲁克开办了大规模的军需工厂，广募技师，生产火炮和铠甲，为帝国雇佣军的发展做物质技术上的准备。因斯布鲁克地处西欧要冲，交通便利，更主要的是铁矿资源和水源都十分丰富，后两者对于军火生产尤其必不可少。在盔甲制造方面，由于有了哥特式与超哥特式的技术积淀，有来自奥格斯堡的一批经验丰富的德国技师，更由于皇帝本人的热衷与理解，因斯布鲁克工厂一开始就走在了前面。欧洲铠甲发展史上的一种杰作将在这里诞生。

鉴于哥特式盔甲已经落伍，马克西米连的事业是从 1500 年出现于德国的"过渡式铠甲"开始的。这种铠甲废除了夏雷尔式头盔，取消了尖头铁靴，将胸甲改为整块铁板，使整件铠甲的实用性再次压倒装饰性。为了防止长矛攻击腋下的薄弱环节，还加上了两个形似小圆盾的腋甲。以这种铠甲为起点，马克西米连采纳盔甲技师孔拉·佐森霍夫的建议，对盔甲形制做了进一步改进。将肩甲上的冠板进一步加大以保护颈部，将护腿甲进一步加大，以至成为类似蓬蓬裙的形式，这种看上去一体的护腿甲实际由四层构成，内部有皮带相连可以滑动。这些形式上的变化只是新型铠甲优越性的一方面，马克西米连最得意的莫过于新铠甲在工艺上的突破——冷锻、卷边和隆条。

"冷锻造"对应于一度流行欧洲的"热锻造"。电视上经常出现工匠用铁钳夹持着烧红软化的铁板，另一只手抡锤锻打使之成型的画面，这即为热锻。热锻的缺点在于，红热状态下锻打成型的铁板冷却后金属分子会变得稀疏，从而影响强度。另外，在红热状态下以铁锤锻打也难以保持精度。马克西米连与孔拉吸取了当时弗兰德地区的冷锻技术，这种技术首先利用"退火"使铁板软化，冷却后工匠可以手持铁板进行精细的锻打。同时冷锻压缩了金属分子之间的距离，使之更紧密，铁板硬度更大。

卷边则是采用冷锻法后得以出现的新工艺，在以前的哥特式铠甲上，由于热锻工艺限制，铠甲边缘都是切边处理，毛糙锋利。马克西米连与孔拉则将新盔甲的边缘内卷，使之成为卷边。即使甲板边缘光滑不易伤人，又无形中加强了铁板的强度。此种做法的优势不言而喻，只是成本较高。在重视精兵政策和装备生产的德国，卷边工艺从此一直延续，经历神圣罗马帝国、普鲁士公国、第二帝国、魏玛共和国，直至二战时期，德军的 M1935 式头盔一直是卷边处理，直到后期战线吃紧，败象显露后才改为切边。

新铠甲不再是由大量平面组成，而是锻打出大量的隆条，这些隆条沿着铠甲的弧面放射开来，雍容优雅，令人印象深刻。隆条的装饰功能只是其中之一，能够增强防御性能才是最重要的。孔拉认为，为了提高防御性能，沿着加厚甲板的老路走下去只会进入死胡同，而当时防护面积最大的铠甲已经重达 25 公斤，接近人体负重的极限。过重的铠甲已经不是提高而是减低了士兵的生存能力，令他们难以发挥格斗技术。基于此，他决定在一块较薄的甲板上锻打出大量隆条，并使甲板与身体保持一定距离，可以有效防止铠甲被洞穿或造成对人体的钝伤。这一原理很简单，一张纸可以向横竖两个方向很轻松地被折叠，但是当你在竖直方向上将其折叠几次，再将其横向折叠就会变得异常困难，这正是利用了纸张的侧向支撑力，对甲板来说是一样的道理。通过对整件盔甲（小腿甲除外）锻打隆条，这种新盔甲可以在防护性能不减的前提下将全套重量降至 20 公斤。

这种采用了众多新科技、新工艺的盔甲，被后世称为"马克西米连式盔甲"，鉴于这位皇帝在其中付出的巨大心血，他当之无愧。他拥有了一身足以令自己为之骄傲，令朋友为之羡慕，令对手为之嫉恨的铠甲。对这位重视骑士风度的皇帝来说，这一点尤为重要。他在半小说半纪实的自传《WeissKunig》（意为白色的国王）中讲述了自己不平凡的一生，版画家布鲁克麦尔为该书绘制了大量栩栩如生的精美插图中，最著名的一幅莫过于表现马克西米连身穿全套马克西米连式铠甲骑马行进的场面，确实壮观不已。同时，马克西米连铠甲经过简化，保留上半身铠甲后广泛装备了德国雇佣兵部队，尤其是作战风险极大的前

图 5 – 13　布鲁克麦尔版画中表现的马克西米连，全副戎装，意气风发，时间是 1518 年，当时他已成为欧洲举足轻重的人物

卫长矛手和剑士。这种重装备可以保证他们面对敌人滚滚铁骑时保持勇气以及起码的生存能力，一时大大提高了德意志雇佣兵部队的战斗力，也在一定程度上整肃了军容。（见图 5 – 13）

但是，当以金属为主要材料的传统护甲发展到这样一个前无古人的顶峰时，也面临即将退出历史舞台的尴尬，火器在 15 世纪末的欧洲陆战场迅速普及开来，身穿重甲的骑士成为显然的目标。以民族君主国为主角的新型战争是 16 世纪的主要现象，由此引发的一系列关乎财税制度、兵役制度和装备体

系等变革，保证了欧洲诸国此后将近 500 年的军事优势。

七、军事服饰风格化时期

16 世纪的西欧战场，古代军事制度基本崩溃，现代军事制度还未完全建立，没有任何现成的建军模式可循，分裂的亚平宁半岛诸国、法兰西王国、空有其表的神圣罗马帝国、二元共主的西班牙纷纷以自己的方式投入这场西欧历史上第一次"在城邦和随后在较大王国之间进行的原始形式的军备竞赛"（保罗·肯尼迪语）。在资本驱使和基础科技的推动下，任何一方都在竭力钻研新技术和新的编制方式以谋求优势，其对手则竭力反制，最终导致军事技术和作战水平的螺旋形提升，这就是西欧范围内的军事现代化进程。

这场西方军事实践领域的深刻变革，在一定程度上是由代表资产阶级理想的文艺复兴引发的，不夸张地说，文艺复兴不但深远影响了西欧社会、文化、经济等领域，更变动了上层建筑，改变了战争形式和军队建设模式。体现在具体层面上就是军事制度的变革，中世纪盛行的封建雇佣兵制度全面没落，普遍义务兵役制开始居主导地位。用英国学者富勒的话来说就是："在 17世纪当中……军事服已不再是一个阶级的专利权，而成为一种民族性的职业。陆军虽尚未大众化，但战斗却已经大众化，这种发展实为这个时代的特色……"[1]。此外，从纯技术角度而言，兵器技术和步骑兵战术也产生了深远的变革，具体体现为火器的普及，以及火器在技术上和战法上的不断提高。

这一时期，以黑格尔为代表的近代欧洲哲学成就为军事研究者提供了辩证法这一有力工具。在这样三个基础上，以德国军事理论家克劳塞维茨和瑞士军事理论家约米尼为代表的近代欧洲军事理论研究者开始建立起系统的西方军事学体系。前者的《战争论》和后者的《战争艺术概论》结合拿破仑战争和之前的战争实践，对战争和军队建设中的各种现象进行深入分析，取得了高度成就，被誉为闪现西方军事理论思想光辉的双子星座。[2] 即使在各种新兵器、新战法、新理论层出不穷的 19、20 世纪，克劳塞维茨和约米尼搭建的

---

[1] ［英］J. F. C. 富勒著，钮先钟译：《西洋世界军事史》，桂林：广西师范大学出版社 2004 年版，第 43 页。

[2] ［德］克劳塞维茨著，李传训编译：《战争论》，北京：北京出版社 2007 年版，第 3 页。

严谨军事学理论框架依然发挥着不可替代的作用。

世界军事服饰在高度完善化和国际化普及之间的这一个特定发展阶段应该被定名为风格化时期，大致从 15 世纪初延续到 19 世纪初。之所以如此定名，主要还因为这一时期，引领世界军事技术进步的西欧正经历最著名的几场艺术领域变革——巴洛克、洛可可和新古典主义等，因此这一时期普鲁士、法国等有代表性的西欧军事强国军事服饰富于深远意义的变革被掩盖在华丽鲜艳的色彩与装饰之下，这是世界军事发展过程中的一个特殊现象。总体而言，世界军事服饰风格化时期是西欧历史、文化背景下的必然产物，根据本质与表象的不同，这一阶段西欧军事服饰有两大显著特征：

（一）去护甲化

纵观人类战争发展史，杀伤手段与护甲两者的关系总是相生相克又如影随形，杀伤手段占据主动，护甲的发展则往往针对特定杀伤手段，显得比较被动。由于两者的相继发展平衡经常被打破，因此人体护甲的发展并非完全呈线形，而是具有一定的循环往复特征——从早期的皮甲，发展到皮革上缀金属片，再发展出锁子甲、鱼鳞甲和更为复杂的形制。冷热兵器混用的中世纪末期，西方护甲出现一个传统意义上的高峰——上文提及的防护全面、做工精良的马克西米利安式盔甲，日本武器专家三浦权利曾以"完美"加以形容。① 但在这一高潮之后，由于军队的战术越来越以火力和机动性为要素，大部分士兵就不再将盔甲视为防护的首选，因为穿戴盔甲不但不能阻挡住穿透力越来越强的枪弹，还会制约自己的动作。

在防护硬杀伤军服——护甲的演变过程中，出现的这些从无到有，又从有到无，或者从薄到厚，再从厚变薄的规律循环现象，不但有研究价值，而且颇有戏剧性。尽管西方护甲自马克西米利安式盔甲之后的衰落，从社会文化背景上可以被理解为封建雇佣兵制度的崩溃和义务兵役制的普及。东方护甲自唐明光铠后的没落，可以理解为宋代崇文抑武风气和金、元游牧民族作战模式使然。但在事物的表象下会隐藏着本质，穷究这种种现象的本质，是军服的防护力与武器杀伤力间的绝对竞争，以及军服重量与人体负载能力之间的相对竞争。

---

① ［日］三浦权利著，谢志宇译：《图说西洋武器甲胄事典》，上海：上海书店出版社 2005 年版，第 160 页。

这种革命性的变化体现了人体护甲发展史上的一种客观规律：当由于护甲质量太大以至穿着者的灵活程度低过某一个临界点后，人们就开始倾向于通过放弃防护来获得彻底的机动性，以躲避硬杀伤手段。这一临界点是不断变化的，一般来说，一个作战人员的负荷（包括护甲、装备、补给品等）不能超过自身体重的三分之一。当护甲和其他装备的重量超过这个限度，穿着者从增强防护上获得的好处就被机动性下降的弊端所抵消。因此，对于军用防护服的穿着者和制作者来说，制作和穿着任何一件防护服都要根据当时兵器的杀伤性质和杀伤范围来决定。所以，在这普遍去除铠甲的时代，在普鲁士、法国等均序列中，依然有一个重甲在身的兵种——重装骑兵。重装骑兵是风格化时期普、法军主要的地面突击力量，其前身可以上溯到欧洲中世纪连人带马都包裹在铠甲中的骑士和重装骑兵，二战时所向披靡的坦克集群可以看作其直系后裔，其作用都是凭借坚固的防护和机动力，在敌人防线上打开一个缺口让后续部队涌入彻底消灭敌人。当然，这时期的重装骑兵和他们的前辈比起来已经不那么"重"了，昔日重达数 10 公斤以至令人马都活动不便的铠甲已经被头盔和胸甲所取代。以拿破仑时期的法国重装骑兵为例，骑兵统一配备重约 10 公斤，由前后两片组成的胸甲，因此又称"胸甲骑兵"，富于古典美的头盔上有高高的红色顶饰和长长的马鬃束。因为重装骑兵不下马作战，所以马靴为了防护而做得长且重，马刀也更宽更长，官兵军服精工细作，军威壮伟不凡，是拿破仑时期法国国力强盛，法军意气风发面貌的最好写照。

（二）华丽化

从 16 世纪初到 19 世纪初的欧洲陆战场往往呈现出华丽炫目的视觉效果，因为军官、士兵们往往身着鲜艳的红色、蓝色、白色军服，佩戴假发、装饰品，其他服饰形式力求以夺目为要，这似乎与追求隐蔽的军事服饰设计要素相悖。这一现象背后固然有当时欧洲男性流行修饰、打扮的特殊服饰审美观在起作用，也与当时的武器和采取的战术有关。

从 16 世纪到 19 世纪初，西欧步兵的主要武器——步枪，性能一直没有根本的改进，前装滑膛枪长期是步兵主要装备。这种武器装弹过程烦琐，要经过向枪管内倒入定量火药，放入球形子弹，再用通条压实，即使是技术熟练的士兵，能达到每分钟三、四发的射速已属不易。同时，步枪在 100 米以外的精确度会大大降低。因此，当时的法军步兵不得不排成横队，依靠鼓点保持严密队形，依靠齐射保证命中率，依靠前后排战友火力掩护来完成烦琐的装弹过程。但这时的步兵已经普遍放弃了防护，以至伤亡率较高，这应该算是一个战术与装备发展略显脱节的时期。在这种战术环境下，士兵既然不能寻求隐蔽，军服自然没有必要以伪装色为主，而亮丽的色彩与鲜明的形制则可以明辨敌我，壮本方士气，灭敌人威风。

在风格化时期，普鲁士军队的高峰是18世纪中叶，在腓特烈大帝统率下实现的，当时普军步兵身穿红色军服，这应该是自英国克伦威尔新模范军的红色军服发展而来。两条白色武装带呈"X"形分布于左右肩，分别吊挂弹药包和军刀。白色裤子紧紧抱住双腿，软皮靴筒裹住硬皮军靴。头上则依然是那个时代男子普遍佩戴的假发，再戴上普鲁士特有的尖顶帽。就那个时代的技术水平而言，这身军服剪裁合体，利于机动，颜色统一、醒目，便于己方军官指挥，更可震慑敌人。普军轻骑兵身穿绿色制服，由于不担负冲锋任务，所以不穿铠甲，马刀、马靴都更为轻便，以突出灵活性。（见图5-14）

图5-14 现代德国居民身着1740年的军服在狂欢

相比之下，法军军服的发展高峰则是在19世纪初，在拿破仑统领下实现的。当时的法军步兵军服既带有同时期欧洲军服的普遍性，又带有法兰西民族传统文化和审美观念的特殊性。他们头戴平顶圆筒帽（类似于今天法国的警察帽，但稍高）上面装饰有一个红绒球，今天在法国水兵帽上仍可以见到。

士兵上身内穿白背心，军服为蓝色燕尾服，带有白色翻领和红色装饰袖，下穿白色半长裤。从一个角度来说，这身军服色彩明丽，不利于隐蔽。但换一个角度看，主色调——红、蓝、白正是法国国旗的颜色，象征自由、平等、博爱，而且做工精良、颜色丰富，足以壮观瞻，身着这样的军装无疑会令士兵倍增自豪感和荣誉

图 5 - 15　正在发起冲锋的法军，军服鲜艳醒目

感，同时对敌人产生某种程度的威慑。（见图 5 - 15）

　　法军重骑兵的服饰前面已经介绍，法军轻骑兵更突出轻装前进的特点，主要担负追击、侦察和掩护主力侧翼的任务，服装的主色调为蓝色，包括缀满金丝缎扣、饰带的蓝色短外衣，以及蓝色马裤，头戴高平顶圆筒帽，正中有翎饰，今天在法国宪兵头上依然可以看到类似形制的军帽。另外，还有一支很特殊的作战力量——龙骑兵，其"龙"并非与其作战任务或风格有关，而是因其军旗上绣有龙形图案得名。龙骑兵头盔上如重装骑兵一样有鬃毛装饰，但没有胸甲，也可以看作骑马行军，下马作战的步兵，取骑兵和步兵之长（当然也集两者之弊），在特定的战场环境和年代中，是战斗序列中一支不可取代的力量。

　　这样的军队行进在原野中的景象一定是极为壮丽的，法国大文豪雨果在《悲惨世界》中这样描述："带红缨的高顶帽，飘动着的扁皮袋，十字形的革袋，榴弹包，盘绕轻骑兵军服，千褶红靴，螺旋流苏的笨重的羽毛冠……裹着白色长绑腿的我国御林军……这一切构成了幅幅图画，而不是行行阵线。这种场景是萨尔瓦多·罗扎（一位以用色富丽闻名的画家）所需要的，而不是格里博瓦尔（法国将军）所需要的。"

八、军事服饰国际化时期

　　世界军事服饰国际化从 19 世纪上半叶开始，直到 21 世纪初仍在不断探

索之中。这一国际化趋势又包含两个重要的驱动因素，一是西方强国依靠军事、经济实力，向全球展开殖民活动，在给亚、非、拉国家造成惨重损失的同时，也推动了这些国家的军事变革，使得这些国家在军事服饰形制上模仿西方列强。中国清末民初军事变革中服饰全面模仿西方就是例证之一。二是西方军事强国内部在科技进步推动下进行着深层次的变革，军服形制由风格化时期的华丽鲜明转为简练和富于隐蔽性。

在军事服饰国际化时期，世界范围内的军事服饰的功能更为复杂、科技含量更高，出现了大量信息化装备，还出现了大量与士兵息息相关的机械化平台。因此，这一节的论述将从利于行动、防护、标示和伪装四方面展开。

（一）利于行动

英国的工业革命深刻改变了西欧人的生产、生活方式，这无疑对机器使用者，也就是社会中人的服装款式和纹样产生了根本性影响。且不说每日操作于机械之前的工人必须换掉以前在作坊中穿着的粗笨的日常服装，戴上简便的帽子，穿上合身的工作服和减轻疲劳的鞋子以保证安全，即使王公贵族们的服装也必然地要为之大变。首先是交通工具的改善，其次便是运动场的开辟，都不允许再穿以前那样的烦琐服装。更重要的是，飞速发展的机械化使人的审美观念发生了根本的变化，人们不再热衷于巴洛克、洛可可式的精巧与富丽，而是随着工业机械和工业产品的外形和功能开始崇尚率直、简洁、大方和整体感。整个社会生活的节奏突然加快，随之而来的自然是对以前宽大服装大刀阔斧地改革。军服也无疑将跟随其发展脚步进行变化。

对西欧军人尤其是身处战场一线的步兵而言，上身军服首先必须适当减短长度，尤其是适当缩减袖子和衣身的宽度，使其尽可能合身又保持一定宽松度以方便运动。以前紧裹腿部的及膝套裤、长筒袜也被彻底淘汰，取而代之的是一种直线条的长裤。这种宽松长裤来源于法国大革命时的进步人士，他们也被穿着及膝套裤的贵族蔑称为"无套裤汉"。甚至一段时间俄国沙皇亚历山大一世认为穿长裤代表颠覆，曾下诏要把长裤齐膝剪掉。但是，时代潮流不以个人的意志为转移，服装改革迅猛发展，舒适、轻松、简便、大方、少饰件的男装，赋予了19世纪男子以崭新的精神面貌。在这方面，19世纪中叶，合身、简洁、威武的普鲁士新军服正是这种军人崭新面貌的最好体现。

由于机动距离大大增加，因此对士兵的足服也必须加以改进。从统一战争开始，普鲁士便不惜重金为士兵配备了精工制作的牛皮褐色长筒皮靴。这首先被认为是一种具有高度实用性的军事服饰，普军的主要战场——中欧气候湿润，道路建设不完善，春季积雪融化后道路泥泞不堪，只有穿长筒军靴才可以迅速通过，这也是普军将长筒军靴统称为行军靴的缘故。同时，由于做工和选材的精良，普军长筒军靴隔湿防潮的功能较好。后来，第一次世界大战演变为一场战壕战，穿矮腰靴的士兵往往因长期潮湿患上"战壕足"。这是一种由于长期身处湿冷环境，双脚无法保持干燥而导致坏疽的疾病，如果没及时救治就不得不截肢。在 20 世纪的多场战争中，"战壕足"已经造成了不计其数的非战斗减员。但是穿长筒军靴的德军中，"战壕足"的病例相当少。这种生理原因也是普军和后来德军一直穿着长筒军靴的缘故。随着第二次世界大战进入尾声，军服制造部门原材料开始匮乏，德军长筒皮靴靴筒也日益缩短。当战争临近结束时，德军已经广泛开始使用一度为自己所不屑的绑腿，他们也将此称为"败退绑腿"，意思是这种服饰的装备过程和德军节节败退同步。① 抛开实际功用，需要看到，长筒军靴是奠定部队心理优势和鼓舞士兵自豪感的重要手段。作为男性阳刚美的一种具体体现，长筒皮靴壮观瞻，有助部队军容整肃和士气提高。俾斯麦本人就是这一政策的热心鼓励者，他曾说过这样的话："行军靴的样子和行军时的脚步声，是军队的有力武器。"这句话语包含了服饰心理学和服饰军事学中的诸多原则，也是普鲁士勃兴时心态的真实体现。（见图 5 - 16）

图 5 - 16   德意志南部符腾堡公国的军官和
士兵穿着长靴

---

① ［英］安德鲁·莫罗著，叶正茂等译：《二战军服全记录》，上海：世纪出版集团上海人民出版社 2006 年版，第 245 页。

源于普鲁士军事改革的合身军装与工业化生产的军用皮鞋，此后成为世界范围内各国军队竞相学习的对象。从 20 世纪后半叶起，陆军开始高度机械化、摩托化，步兵需要长距离行军的情况越来越少了，世界范围内的主流军鞋样式是系带的高勒军靴，侧重于能快速穿脱和保护脚底、脚踝。

（二）提升防护

从 19 世纪中叶到 21 世纪初，世界范围内的军事服饰防御功能经历了巨大的起伏，一开始，由于传统材质护甲难以抵抗枪弹，世界各国军队渐渐放弃护甲，士兵依靠灵活机动的散兵线战术进行自我防御，只有第一次世界大战德国突击队的铠甲和第二次世界大战期间苏联工兵的钢质防弹背心等少数特例。但物极必反，军事服饰设计者一直没有放弃设计能对抗枪弹的护甲的努力，从美军在第二次世界大战中为轰炸机飞行员配备的锰钢防高炮碎片背心开始，新型人体护甲——防弹衣开始登上战争舞台。在凯夫拉纤维等材料之外，代表世界防弹衣研究先进水平的美国陆军又开始广泛在"拦截者"系列防弹衣中添加高强度的陶瓷板，在一定距离和角度上甚至能够优先对抗大威力的步枪弹。但与此同时，导致传统金属铠甲退出历史舞台的因素——重量与人体负荷极限的矛盾又显现出来，防弹衣从形制简单的防弹背心，逐渐加上护膊、护裆并又演变为全面防护性的护甲，重量又接近了士兵负荷极限，身着重甲的步兵难以保持灵活机动。不过 21 世纪初电气和伺服技术开始成熟，许多国家，尤以美国为代表，开始尝试动力介入，产生了多种形制的，以化学能为动力的人体外骨骼设备，能够有效增加人体负重，部分型号已经在阿富汗战场上试验性应用，具体效果尚待观察。

（三）推动标示

16 世纪中叶以后，西方军事服饰原有的旧式纵向级别标示无法适应新的战争形式，作战单位的扩大化和战术使命的复杂化都需要进一步明确各级军官和各部门的级别身份。这一变革的结果就是最早由俄国创立，美国于 18 世纪下半叶实施的军衔制。西方军衔制是欧洲军事领域文艺复兴以来封建雇佣兵制度崩溃和普通义务兵役制度建立的直接产物，也就是说，只有正规化的常备军才具有实施军衔制的基础。另外，军衔制不但顺应了军政分开的历史大趋势，并直接推动和加速了这一趋势，军人不再沿用贵族等级（欧洲），也不再服从于文官级别（中国），开始使用具有军事系统独立性并兼具战术考虑的服饰纵向标示体系。这种改进是西方国家在向东方拓殖中的巨大军事优势的一个组成部分。

对于军服的纵向标示体系来说，军衔制带来了根本性的变革，是形式上的，即军衔制使军人纵向级别更为丰富，一般来说，达到 5 或 6 等（多为帅、将、校、尉、军士、兵，有的更多），二十余级。这样一来，无论是使用单一元素还是综合元素，都不能适应如此之多的级别，如果强行使用会给识别者带来巨大困难。因此，与军衔制相匹配的军服标示系统必须做根本性改变，要在军队纵向级别大幅增加的情况下，使其他军人能在最短时间内，毫无歧义地辨识另一个军人的级别，以决定是否听从其命令或是否向其敬礼，这就需要给观察者设定一个有助于根据视觉形象选取记忆路径的办法，把问题分解，使复杂的问题简单化。其解决手段就是选取数量有限的元素，进行分级设置和循环设置。比较常见的图案元素是线和星，比较普遍的一种做法就是先根据一到三条线来确定处于尉、校、将中的哪一等，然后再根据一到三颗星确定是少、中、大的哪一级，同时辅之以色彩、材质、图案尺寸等元素，这就是标示元素复合运用的第一层意义。标示元素复合运用的第二层意义是纵向与横向的结合，即纵向标示符号本身在标示级别的同时也具有标示横向位置（单位）的意义。这也是这一时期西欧各国军队内部各兵种制服差异明显的原因。

在军事服饰国家化时期，越是与西方军队交手频繁的国家对西方军事制度和军事服饰的学习就越彻底。在这方面，经历两次鸦片战争惨痛失败的清军的经历颇具有代表性。太平天国被平息后，清政府决定引进西式海战装备，建立新式海军，其中一个重要象征就是 1888 年北洋海军的建立。但是北洋海军的服饰出于所谓不能以夷变夏的陈旧观点，基本保留了旧式服装样式。出于折中考量，这套服饰借鉴了西方海军军服的纵、横向标示手段，进行了颇有趣味的中国化改造。明清以来，中国的武官服主要通过颜色、样式和胸前补子的图案来辨明级别，这在前面已有所详述。但在日趋专业化的近代海军中，需要明确标出军官准确的级别和专业背景、负责部门，当时中国军服改革效仿的对象——英国海军通过袖口、肩章等位置显出级别。因此，1882 年北洋海军在引入西方先进设计思想的同时，为了更好地和中国传统接轨，专门设计了一套别具匠心的符号。这套符号体系以中国传统吉祥图案为基础，以祈福心理和谐音现象作为主线，取得了良好的效果。

首先，北洋海军军官的制服粗看之下与传统的武官官服差别不大，依然保留了以不同材质冠顶区分等级的做法。但在纵向标示方面，通过袖口云头纹内部的图案来区分等级。最高的是统领（舰队司令），共有九个"寿"字，每个袖口云头纹中有三个（大致类同于上将级），分为长、圆两种形制。管带（近似于舰长，是一艘军舰上的军事主官）袖口的三个云头内共有七个"寿"字（中间三个，左右各二，类同于少将级），大副袖口的三个云头内分别有两个"寿"字（共六个），以下二副、三副的"寿"字图案则递减。这种单一符号的数量变化是纵向识别的重要手段，另外，单一符号的形状变化也能用来进行横向标示，如"寿"字的长圆变化区分了舰上两个最重要的部门——航海部门和轮机部门的军官，这两个部门的军官袖口云头纹内分别以长"寿"字和圆"寿"字为标志，前者的军官——管带、大副、二副的标识都是长"寿"字，轮机部门的领导大管轮（今天的轮机长），袖口的标识为五个圆形的"寿"字。（见图 5 – 17）

图 5 – 17　"致远"舰官兵合影，可见当年北洋水师军服。中间头戴军便帽者即邓世昌，其右为身着洋员军服的余锡尔

在利用单一符号的数量增删以及形状变化进行纵、横向标示外，北洋海军的军服还可通过符号的意义进行横向标识的工作。运用的符号主要是其本身具有象征意义的，如以煤气灯图案象征管灯者，而不是采用被赋予特殊意义的符号，如规定某种几何图案代表管灯者。符号形状和基本色、符号色等手段是综合运用的，如管灯、管旗、生火、木匠、号手等岗位分别用煤气灯、旗子、煤铲、斧子和军号代表，鲜明生动。这些符号的形象与其意义一致，如果用造字方法类比，大概可以称之为象形法。依次类推，有丰富寓意的指示法和形声法也被广泛采用，如正鱼雷匠，就没有简单画一枚鱼雷，而是将一条鱼和一个扳手上下画在一起，用"鱼"之音和扳手之形。这两个部门外的技术军官标示则似乎更多见于杨柳青年画，如以在中国传统吉祥符号中谐音"吉"的方天画戟代表正管炮（枪炮官），以灵芝寿桃和蝙蝠这些中国传统的吉祥图案代表医务官。这些符号都能在尽可能短的时间内为受训程度低的水兵所熟悉，帮助其清楚不同兵种的技术使命，以便于其执行日常勤务。

总体而言。北洋水师1882年在《北洋水师号衣图说》中制定，并于1888年在《北洋海军章程》中予以规范、解释和补充的这套服饰标示系统体现了丰富的想象力和极大的灵活性，借鉴了西方军事标示手段的逻辑性，但结合中国实际，利用形象化的中国传统符号代替西式标示体系中需要被赋予意义的符号（如星代表将官），是东方服饰纵、横向标示事例中一个"中学为体，西学为用"的成功例子，对于了解世界范围内军衔制度如何具体发挥作用也有一定的帮助。

（四）增强伪装

军服要注重伪装的观念在世界军事服饰发展过程中出现较晚，因为在冷兵器时代和火器精度与在装填速度都还不尽如人意的情况下，单兵的伪装没有明显的战术意义。在精确火器和散兵线战术出现前，军事服饰普遍注重色彩鲜艳和盔甲明亮等视觉效果。最早注意使步兵制服的色彩能够伪装于自然环境的当属19世纪中叶致力于军事改革以统一全德国的普鲁士陆军。当时的普军放弃了曾经的红色制服，而是改用和中欧原野色调较接近的浅灰和深灰色，根据季节不同加以调整。尽管很多观点认为现代军服重视伪装于自然环境是从1900年布尔战争开始，是以英国放弃沿用了数百的红色军军服为代表的。但是应该注意到，普鲁士军队很早就放弃采用鲜艳色彩的制服，只是因为这种灰色只适合于中欧特定地理位置，不能算作草绿、土黄等真正意义上的伪装色。后世的研究者将这种带有伪装用途的单色服装定为迷彩的起源，即迷彩的第一种——单色保护迷彩，在整个20世纪，世界各国军事服饰广泛采用的绿色、土黄色、原野灰色军服来伪装士兵，并采用过白色等特殊色彩以适应雪原作战。

在第二次世界大战开始前，德国纳粹党的武装——武装党卫军缺少国防军完整的军事后勤体系，缺少重装备，因此着重强调抛开传统战法快速突击，这样一来士兵的隐蔽性就显得十分重要，这和需要大兵团正面展开的陆军截然不同。所以从一开始武装党卫军就要求用伪装服代替陆军军服，早在一战期间德国突击队就采用了在头盔上绘出伪装图案的方法来隐蔽自己，党卫军则将这一细节进一步发扬光大，以致成为迷彩服的鼻祖。迷彩制服的研发计划从二战爆发前就展开了，当时武装党卫军的规模还很小，这一项目领导者是席克教授，他领导他的研究小组设计制造出了由33%人造纤维和67%棉线混纺制成的高质量棉帆布（缩写为HBT）。在克服了印花、合适的迷彩图案数量等难题后，党卫军开始为步兵部队配发迷彩罩衣和迷彩钢盔罩。

武装党卫军的发明即为第三种迷彩，第一种即为上述的单色保护迷彩，第二种是仿造迷彩，是与背景颜色相近的多色迷彩，多适于伪装陆地上的固定目标。最后是武装党卫军最先发明并装备的变形迷彩，主要是由形状不规则的几种大斑点组成的多色迷彩，以歪曲目标外形。武装党卫军使用的变形迷彩图案一共出现过四种不同的图案："橡树叶""悬铃桐（法国梧桐）""棕榈叶（一称边缘模糊）""豌豆"，以适应不同的作战环境。在武装党卫军的启迪下，苏联红军也开始为狙击手配发迷彩服，美军在越南战争后也开始试验新型迷彩服装备部队，并创新性地研究数字迷彩服，能够对抗先进光电侦察设备，使着装者隐避于不可见光环境的军事服饰也成为各军事强国竞相研究的重点。

伪装于自然环境只是军事服饰伪装功能的一种体现，如何使级别较高的着装者伪装于所处部队中，也就是体系内的纵向伪装行为也需要考虑，尤其热兵器技术水平快速进步阶段。16世纪中期，欧洲陆战场上出现了远射程的精确杀伤手段——改进型来复枪和专业狙击手的结合，该战术的目标直指服饰醒目的敌方军事指挥主官。这一战术被 18 世纪美国独立战争中的双方——英军和大陆军广泛采用。萨拉托加一役中，英国将军西门·弗雷泽遭狙击身亡，直接导致战役的失败。另外，1777 年的一场战役中，英国头号狙击手佛格森上尉瞄准了百余米外的一个大陆军军官，但其衣着极其平常，似乎级别较低，加上他正调转马头快要离开有效射程，向来弹无虚发的佛格森认为不值得为这样一个价值较低的目标暴露自己。但后来令他追悔莫及的是，此人即大陆军最高领导人——美国开国元勋华盛顿。这是一次改变世界历史的不成功的狙击，也是一次改变世界历史的服饰纵向体系之间伪装成功案例。

面对狙击战术的严峻威胁（1815 年，英国海军名将纳尔逊成为死在狙击手枪下最高级别的将领），欧美军官开始放弃贵族传统，改着普通军服，务求在军服形象上与周围的士兵接近，以免引起狙击手注意，并多次成功依靠这种服饰的体系内纵向伪装手段骗过敌方狙击手。当然，伴随此过程的是军衔符号辨识体系的成熟。

由于清朝闭关锁国的政策，西方军事界用鲜血换来的改革军服的教训并没有被中国军队所吸取，反而是日本在明治维新后全面为陆军换装西式军服。在 1894 年的甲午战争陆战场上，经过变革的日军与中国陆军援朝主力——淮军正面对抗。淮军为李鸿章一手创建，诞生于镇压太平天国中，是当时中国近代化程度最高的陆上武装力量。当时的淮军将领和同时期清武官一样穿类似文官蟒袍的行袍，为了适合骑马，右膝处的衣裾较短并扣在袍上（因为大多数人都是从左侧上马，需要右腿跨过马身），此外还要穿马褂，头戴官帽（分暖帽和凉帽）。可以说，淮军军官与士兵制服的差异之大，还停留在冷兵器时代，没有跟上世界范围内军官服饰战场形象与士兵趋同的大潮流。反观甲午战场上的日军，在明治维新后，装束完全向西方看齐，军官与士兵的军服从远处难以分辨，不会被对方的狙击手注意，但近看完全可以表明军官的级别，不影响指挥。这一问题在甲午战场最残酷的平壤保卫战中暴露无遗，淮系奉军统领高州镇总兵，回族将领左宝贵，身穿御赐黄马褂，头戴顶戴花翎出现在战斗最激烈的玄武门上，身先士卒激励士兵英勇作战，多次拒绝部下劝他换掉朝服的建议，并亲自操作机关炮开火，他的英勇精神值得所有人钦佩。但是醒目的装束也不可避免吸引了敌人密集的火力，不久左宝贵在身中两弹后胸部被弹片击中，壮烈殉国，成为中国牺牲在朝鲜战场级别最高的陆军军官。失去指挥官的中国守军在付出巨大伤亡后，丢掉了地位重要的玄武门，使平壤保卫战的失败成为必然。

甲午战争失败后，中国军事界开始意识到这一问题，袁世凯呈送的《练兵处奏定陆军营制饷章》之"军服制略"中即指出：军官服饰"颜色华丽，易招敌目。"官兵服饰"分别太显，殊非战时所宜。"因此在 20 世纪初编练清末新军中，专门要求新军军服设计能"敌人远视，官兵莫分，军队相逢，尊卑各判。"① 就东方服饰的体系内纵向伪装手段而言，这是一次虽有些迟来但依然值得肯定的变革。

第三节　防御——军事服饰的物质形态功能之一

意大利文艺复兴时期著名政治活动家、军事家马基雅维里在《兵法》中如是评论军服的防护功能："德国步兵配备的武器是进攻用的矛和剑，几乎没有任何防护用具……德国人没有任何防身之器，而他们的对手却个个都周身裹着铠甲……没有护身装备的士兵是注定不免一死的。"② 这一评述点出了军事领域中一条亘古不变的真理：保存自己才能更好地消灭敌人。对于军人来说，防护各种威胁，保证自身安全和保持继续执行任务的能力无疑是最重要的考虑因素之一。防护是多角度的，可以依托自然屏障，可以利用人造掩体，更会有钢筋铁骨的坦克、装甲车伴随，但与军人关系最紧密的当属具有防护作用的军服。

防护，是作为物质形态的军事服饰最重要的功能，很可能也是最早出现的功能。在漫长的战争史上，可以看到人类为了达到保证自身安全并继续战斗这一微观目的和最后夺取战争胜利这一宏观目的，开发了从早期简单的皮甲到 21 世纪初昂贵复杂的复合材料防弹衣等种种可以防护敌人硬杀伤手段的军事服饰。因为战争在人类社会中的重要地位，这些具有防御特性的军事服

---

① 徐平、徐海燕著：《中国百年军服》，北京：金城出版社 2005 年版，第 7 页。

② ［意］尼洛克·马基列维利著，袁坚译：《兵法》，北京：解放军出版社 2007 年版，第 65 页。

饰中凝聚了每个时代、地区人类最聪慧的脑力，体现着每个时代、地区的军事技术发展层次以及战略、战术的最高研究成果，其中很多甚至成为古典艺术精品和具有现代工业美感的艺术品。

在分析军服的防护功能时，有多种分类方式，可以按照防护原理来划分，可以按照防护效能来划分，可以按照材料……但究其根本，军服防护功能的形态与材质选择，取决于兵器的发展、杀伤方式的演变和军人执行任务时所面临的环境。

避免军人被杀伤是军服防护功能的根本，根据兵器的不同还可分为防护硬杀伤和软杀伤。另外是防止一些特定人造物体和环境因素的伤害，这部分可归结为意外伤害因素。应该说，这些因素基本囊括了军服防御性能的方方面面，设计和制造军服必须考虑这些因素中的全部或至少大部分。

一、防护常规武器杀伤

常规武器主要指大规模杀伤性武器之外的兵器，包括冷兵器和热兵器，其主要杀伤手段为硬杀伤。硬杀伤泛指对人身体器官造成机械性损伤的杀伤手段，也是最古老的杀伤手段。当军服因为特定的迫切需求导致形制、功能发生巨大变化，最终从民服中脱离出来后，最先定型的特殊防护功能正是为了防范冷兵器时代的硬杀伤手段。尽管在战斗人员总伤亡率中硬杀伤不一定占据最高的比例，毕竟冻、饿等因素造成的减员才占了最大份额，但防护常规武器硬杀伤的需求却是军事服饰在物质形态和视觉形态最重要的决定因素。军服防护常规武器硬杀伤的理论和技术发展历史最为悠久，体系最为庞大，内涵最为丰富，也最有研究价值。

作为一种被动的防护手段，人体护甲的诞生、发展始终伴随着硬杀伤手段的演变。纵观战争史，护甲出现的根本原因——人类的硬杀伤手段基本上是呈线性发展的，即呈杀伤力越来越强的趋势。尽管有过短暂停滞的历史时期，但总的来说，在硬杀伤手段谋求达到最大杀伤效果的意图和实现这一目的的努力过程中，尚未有反复的现象出现。由此展开一个永恒的话题，即攻与防，或者说弹与甲之间的矛盾。弹与甲相生相克的类似现象也出现在坦克、舰船的发展领域，只不过规模比在人体护甲和枪弹破片之间更大。在特定战争模式和军事技术水平下，硬杀伤兵器的威力和杀伤方式，决定了所在地区护甲的主要形式与防护等级。

（一）防护冷兵器

冷兵器泛指不带有火炸药或其他燃烧爆炸物质的兵器，包括戈、矛、戟、剑、刀、锤、弓弩等，现代的刺刀和匕首也在其列。冷兵器的杀伤方式主要有劈砍、刺杀、锤击等，弓弩、抛石机等冷兵器则经过抛射这样一个力量投送过程。因此，防护冷兵器的护甲形制也围绕这些杀伤方式发生变化。

冷兵器时代的早期护甲材质上以皮革为多，《汉书·艺文志》记载："后世燡金为刃，割革为甲，器械甚备。"① 就很好地说明了这一点。随着金属冶炼技术的提高，铜、铁等金属逐渐成为护甲制作的主流材料。在冷热兵器并存的时代为了防护早期铅弹还出现过纸甲、布甲等，在特殊的情况下还出现过如《三国演义》中描述的藤甲，尽管其真实性还有待考证，但不能否认其在热带地区存在的理论可能性。

防护冷兵器的护甲形制主要有这样几种，第一种是整体型，其特点是躯干甲、臂甲、胫甲等多由一整块甲片构成。这种护甲较早见于丹德拉的一座迈锡尼人陵墓，陵墓中出土了一件由多块金属板组合而成的铠甲，防护面积大，但分量重灵活性差，穿着者应该是乘坐战车的贵族阶层武士。② 斯巴达人和雅典人将这种铠甲形制进一步发挥，使坚厚的胸甲和步兵方阵战术契合得天衣无缝。整体护甲在欧洲中世纪时达到了防护能力的顶峰，其战斗价值得到充分发挥的主要原因是当时欧洲主要的战争模式，欧洲平原地域有限，不需要长距离战略机动，加之欧罗巴人种体形较大，作战更注重力量，因此可以接受质量较大、灵活性欠佳的整体型铠甲。第二种是中国古代戎装中常见的甲片编织型铠甲。第三种是东西方兼有的锁子甲，在前面"军事服饰交会期"中论述过这种铠甲的特点。对于整体型护甲来说，刀、短剑等完全可以对暴露的躯体造成杀伤，这样就迫使整体型护甲加大重叠面积，但这会加大重量，制约行动。要切实有效地对抗刀剑等兵器正是锁子甲从罗马帝国后期大规模投入使用的原动力。

在面对冷兵器威胁时，护甲的形制主要取决于其面临的主要威胁，也就

① 《二十五史》，上海：上海古籍出版社1987年版，第532页。
② [美]戴尔·布朗主编，李旭影译：《爱琴海沿岸的奇异王国》，北京：华夏人民出版社，南宁：广西人民出版社2004年版，第165页。

是主要敌人采用的武器的杀伤方式，根据杀伤方式的不同，可以将防护冷兵器的护甲分为以下几种。

1. 防护劈砍

劈砍兵器是人类历史上出现最早的兵器之一，在中国旧石器时代遗址——周口店就出土了相当数量的打制石斧，尽管这时的石斧还兼有生产工具的作用，但亦可看作劈砍兵器的雏形。在新石器时代，石斧变得更为精致、锋利，加上了柄，使打击范围和力度都有所加强。在青铜时代，世界范围内的武装力量普遍装备了刀、斧等为代表的劈砍兵器，这类兵器有单面或双面刃，使用方法简便、灵活，对使用者的力量要求较高而对技能要求相对较低。为了有效防护劈砍兵器的攻击，人类开始求助于各种质地坚韧致密的自然材料，依靠其提供的防御性能制作最原始的人体护甲。由于劈砍兵器攻击面较大，因此早期的人体护甲必须也有较大的防护面积。最早的在冶炼技术不发达，金属供给量较少的情况下，经过特殊加工的皮革顺理成章成为制作护甲的主要材料，直至 20 世纪初，中国部分少数民族聚居区中仍然可觅使用皮甲的现象。[①] 但当面对高烈度战争中劈砍兵器大规模高密度使用的情况时，皮革等硬度不够的传统材料基本已丧失了防护能力，一部分继续用于特殊情况，另一部分退居礼仪场合。

因为劈砍兵器的自重一般轻于捶击兵器而重于刺杀兵器，使用灵活性则介于两者之间。这就要求穿着者不能寄望于彻底避开其攻击，必须针对其杀伤特点进行有效防范，要防御劈砍兵器的杀伤，护甲穿着者必须在防护与机动之间求得彻底的平衡。劈砍兵器造成的钝伤较轻，且攻击方向多来自上部（这样使用者最利于发力），部分来自左右。可以说，冷兵器时代的头盔、护肩主要的防护对象正是由上而下的劈砍兵器。举例说，中国古代护甲在唐以前并不是很重视护肩，但唐代一种长三米有余的"陌刀"大规模投入使用，其集长短兵器的优势于一身，攻击范围和力度都十分强大，此刀在唐时也被称为"长刀"，《资治通鉴》卷第二百二十记载："嗣业（名将李嗣业）帅前军，各执长刀，如墙而进，身先士卒，所向摧靡。"在陌刀这种强大劈砍兵器的空前威胁下，唐代中国以明光铠为代表的人体护甲最明显的变化就是上半

---

① 周纬：《中国古代兵器史稿》，天津：百花文艺出版社 2006 年版，第 215－216 页。

身，尤其是肩、臂部的防护大大加强。①
同时为了防护劈砍兵器来自左右方向的
攻击，明光铠从南北朝时期出现了盆领
以防护颈部。（见图 5 – 18）

2. 防护刺杀

刺杀兵器同样出现很早，在中国殷
墟遗址中可以发现商代铜兵器中已有形
制完善的矛，也是有效的刺杀型长兵
器，此外还有兼具刺和勾双重功能的
戟，以及剑和匕首等短兵器。刺杀方式
的盛行与人类早期武器的主要材料——
青铜的特殊性质有关，美国学者杜普伊
曾在《武器和战争的演变》中指出青铜
武器在使用方式上的局限："青铜剑起
初是尖头的，剑头比剑身要大，看来既
可用于刺杀，也可以用于劈砍，因为青
铜质地较软，故青铜剑最初主要是用于
刺杀。"这也可以解释为什么几乎没有
青铜刀被广泛使用。长矛的威力在刺杀

**图 5 – 18　身着明光铠的唐彩绘釉陶
武官俑，可见防护颈部的盆领**

兵器中居首，在它和护甲无尽无休之争中，一开始矛居于下风。但随着马镫
和马鞍的完善，手握长矛的骑兵可以充分利用马匹的冲击力，使矛的杀伤威
力凭借惯性变得更加巨大。金属冶炼和锻造技术的提高，则使矛更为坚硬。
另外，即使是弓、弩，甚或标枪等抛射型兵器，尽管威力较矛小，也多采用
刺杀方式作用于人体。

刺杀方式的破坏力量集中于一点，使护甲局部承受极大的压强，导致护
甲组织结构被破坏从而失去防御功能。甲片编织型铠甲是应对刺杀杀伤方式
的直接结果，其特点是将小块甲片编织起来，并局部辅以整体甲片强化对要
害部位的防护。从中国历代铠甲的发展沿袭来说，从春秋战国时期，历经秦

---

① 刘永华：《中国古代军戎服饰》，上海：上海古籍出版社 1995 年版，第 79 页。

汉，再到唐宋，中国的裲裆铠、明光铠多是这种形制，这和中国技击术（搏击敌人的武艺，最早源于战国期间齐国步兵的攻守之术，《汉书·刑法志》记："齐愍以技击强。"）较发达有关，战士必须保证较高的灵活性，而在赋予着装者生存能力的同时保证其灵活性正是甲片编织型护甲的优势。可以说，明光铠集中了整体型护甲和甲片编织型护甲之长，在形态上针对多种杀伤方式进行了卓有成效的改革，成为东方护甲中防护性能最出众的种类之一。

古希腊历史学家希罗多德记述了波斯人的鳞片甲在防护刺杀方面具备的卓越优势："马西斯塔斯是波斯军中享有盛名的骑兵指挥官，他身着黄金鳞片甲，骑在他心爱的坐骑上……马西斯塔斯身先士卒，奋勇冲杀……雅典弓箭手们也立即抓起长矛、拔出短剑，冲过来试图杀死马西斯塔斯。然而希腊式短剑和长矛一起戳刺在马西斯塔斯身上却并不能刺入身体……雅典人意识到他们的武器无法穿透马西斯塔斯身上的黄金鳞甲时，所有的攻击都转向了他的头部。"① 由这段翔实的记载可见，希波战争时波斯人的鳞片甲能够抗住步兵的长矛和短剑等刺杀型兵器的杀伤，不过从文中也可以看出这种铠甲的制作成本相当高，只有高级将领才能配备。

步兵使用的长矛只能延长步兵的攻击距离，就力量来说与短兵器相差无几，但随着马镫和马鞍的完善，手握长矛的骑兵更可以充分利用马匹的冲击力，再加上金属冶炼和锻造技术的提高，矛的威力更加巨大。对于被攻击者来说，一旦被刺中就会立即丧失战斗力。这种战斗模式在欧洲中世纪的骑士决斗活动中达到了顶峰，当时使用的长矛最长达 4.6 米，加之很长一段距离的助跑发力，当时几乎没有一种铠甲可以抵住这种攻击，因此当时的部分西欧铠甲出现了在左胸部加有一大块厚铁板的现象。对于普通士兵来说，在重要部位有限使用整体金属板护甲可以尽可能有效抗击长矛等刺杀型兵器，而且还可以寄望于光滑的金属表面使矛尖打滑。

如前所述，护甲的形制与材质是由同时期局部战场上杀伤武器的杀伤机理决定的，因此特殊材质的护甲有时也能发挥出乎意料的作用。比如，16 世纪登陆墨西哥的西班牙侵略军尽管自恃文明程度更高，但他们发现阿兹特克武士穿着的用盐水浸泡过的棉布甲胄有很好的防御能力，因此西班牙军内广

---

① ［古希腊］希罗多德著，吴玉芬、易洪波编译：《希波战争史》，重庆：重庆出版社 2007 年版，第 200 - 204 页。

为接受效仿。

即使在各式枪炮普及的热兵器时代，刺杀仍不失为一种极为高效的杀伤手段，尤其是匕首等短兵器仍是严重的威胁。从第二次世界大战后的历次局部战争可以看出，尽管以动能弹为主要防护对象的防弹衣在正规军队中已经广泛装备，但刺刀、匕首等刺杀武器的杀伤机制与动能弹截然不同，其尖端远小于枪弹，而且带有剪切作用，也就是说，因此防弹衣的防弹原理决定了其基本不能防刺，这也是可以有效防护25焦耳动态穿刺力的专业防刺服出现的需求。

3. 防护抛射型刺杀兵器

抛射本身不是一种杀伤手段，只是一种能量投送手段，其杀伤机制类似于刺杀。弓和弩都是典型的冷兵器时代抛射兵器，尽管其出现非常早，但一直没有成为战场主流，因此在很长一段历史时期内对人体护甲发展的影响不是十分明显。古罗马军团十分重视抛射兵器的使用，他们将包括投掷石头、箭和投枪统称为"特拉"，并由来自各征服行省的士兵操纵。弩作为一种构思精巧的武器，可以不再依赖人的臂力而长时间瞄准待机，穿透力也大大提高。在中国，弩在秦汉时就已广泛使用，秦始皇陵兵马俑坑中出土的青铜弩机在尺寸标准化上已经达到了令人惊叹的一致性。但是，在欧洲历史的更多时候，弓弩和它的使用者都被蔑视，这其中既有当时弓箭制作技术不过硬，杀伤力弱的主观原因，也有社会习俗的影响。在西方文化的源头——古希腊，只有有产者才有财力置办重型铠甲，而由他们组成的重装步兵方阵是作战的中坚力量。与之相比，弓箭的远距离杀伤方式被这些重视格斗技术、体力和勇敢精神的古希腊战士所轻蔑，甚至称之为"没有土地的穷鬼使用的武器"。当波斯皇帝薛西斯向斯巴达人发出战争叫嚣："我们的10万名弓箭手一旦射箭，遮天蔽日。"斯巴达人则笑答："那我们可以在阴凉下作战了。"部分程度上是因为这种有意地轻视，弓箭的杀伤特点很长一段历史时期内都没有对人体护甲发展产生明显影响。因此，对弓箭、弩箭等抛射性刺杀兵器的防护没有太多考虑。

但是，一旦当战争法则被改变，弓弩被用作战场主战兵器时，就会给同时期人体护甲的防护效果带来巨大冲击。比如，在欧洲中世纪中期弓箭被广泛使用，其远射程、高精确性和与劈砍兵器截然不同的杀伤机制，沉重打击了锁子甲在欧洲骑士中的垄断地位。其中一个代表战例就是 1066 年发生于英格兰人和诺曼人之间的黑斯廷斯之战，这一战中诺曼人的多次弓箭齐射令英格兰人的锁子甲几乎形同虚设，英格兰国王哈罗德一只眼亦被射中后身亡。①这一战暴露了单纯依靠锁子甲防护的弊端，但此后的十字军远征推迟了欧洲骑士更新护甲的需求。直到 12 到 13 世纪之间，几种抛射兵器家族中的佼佼者——英国长弓、蒙古大型混合弓、滑车式弩涌现出来，它们无论在射程还是力量上都令它们的前辈望尘莫及。先说英国长弓，其射程和穿透力惊人，在英法百年战争中的克雷西战役中，英国弓箭手大展身手，短时间就将大批重甲（已经在锁子甲的基础上有铁板加强）在身的法国骑士送入冥府，曾经有一支箭穿透重骑兵的腿甲，木质马鞍后又深入马腹。在《Discovery》做的一期人类历史上十大致命武器的评选中，这种一人高的武器与马其顿长矛、AK—47 自动步枪、日本刀和使用中国功夫的人皆并列其中，可见地位之高。在英法百年战争中的阿赞库尔一役中，以逸待劳的 6000 名英国弓箭手以每 10秒 1 发的速度向行进中的法军射箭，拥有精良铠甲但移动缓慢的数万法军在极短时间内即丧失了近三分之二的有生力量，可见面对高密集度的弓箭，以锁子甲为代表的人体护甲在防护面积和坚固程度上已跟不上杀伤手段的发展。这之后，欧洲锁子甲开始依靠附加的金属板增强防护力，这一举措类同于今天的凯夫拉防弹衣附加陶瓷防弹板。就如维尔斯所言："中世纪晚期，长弓和弩弓的引入（它们的箭或弩箭能够穿透锁子甲），使欧洲的勇士们开始采用由重叠的铁片或钢片制成的盔甲。"② 13 世纪横扫欧洲的蒙古骑兵使用独特的大型混合弓，据认为在杀伤力上更胜于英国长弓，可于 180 米开外致命，更不必提这些射手是在高速飞奔的马上射箭的，这一点令英国弓箭手难望其项背。此外，随着欧洲人在金属工艺和机械技术上有所创造和革新 13、14 世纪弩开始在欧洲战场上普及，几种运用滑轮原理的滑车式弩的发明尤其值得重视。这种武器的革新性不在于杀伤方式，而在于储存能量的方式。最基础的物理知识显示，一个滑轮的使用可以节省一半能量，这种弩的末端有左右两个手

---

① ［美］迈克尔·李·兰宁：《决战 100——历史上最具影响力的战役排行榜》，北京：当代世界出版社 2007 年版，第 5－7 页。

② ［美］查克·维尔斯著，吴浩译：《武器的历史》，哈尔滨：黑龙江科学技术出版社 2007年版，第 44 页。

摇柄，通过它们，弩手可以更快、更有力、更便捷地上弦，从而大幅提高了弩的杀伤力。（见图5－19）

图5－19　秦兵马俑持弩跪射俑，自身防护范围较大

重型弓箭和具有较高技术含量的弩被作为主战兵器使用，可以称为是热兵器时代的前奏，在其影响下，14、15世纪后欧洲的人体护甲开始向两个相反的方向发展：一是继续担当主攻任务的重装骑兵，为了防护弓弩，必须穿着防护力更强（自然也更重）、防护面积更大的铠甲，甚至口鼻都保护起来。这样的铠甲价格昂贵，不可能大量投入使用，而且穿着者增加了数十公斤的负荷后，如果下马基本丧失了快速行动能力。再加之采邑军制存在的基础逐渐丧失，转由国家供给的骑兵渐渐只保护胸部和头部，用整片金属制成的拱形胸甲和头盔成为最主流的防护手段。二是担任野战防御或壁垒防御的弓箭手，因为特殊的兵器和相对靠后的作战区域，他们的铠甲出现了简化的趋势。这里只举几种情况，一是双方野战对攻时，使用弓弩为主战兵器的一方，由于可以保持在较远的距离杀伤对方，故可以穿较轻便的防护服，甚至放弃防护。秦兵马俑中的立射俑已经可以看出这种端倪。蒙古大军西征时，面对波兰重装骑兵时采取的也是这种战术。二是防御一方以弓箭为主要武器，由于防御方可以得到城墙工事的掩护，并可以利用弓箭在远距离作战，因此弓箭手的铠甲逐渐简便，只需防护射箭时暴露在工事外的身体即可。这种分化一直延续到弓弩彻底退出欧洲战争舞台后方戛然而止。

由于弓箭特殊的杀伤机制，以及需要较大甚至是全面的防护面积，硬度高韧性差且自重较大的金属不见得是防护弓箭等抛射兵器杀伤的最佳材料，许多织物也能在特殊的历史背景下发挥自己的功用。维尔斯记录了这样一种情况："一种最为有趣的非金属盔甲是蒙古骑兵穿的生丝衫。因为这种丝的强度小，如果敌人的箭射入骑兵的身体，丝布就会随同箭头进入伤口，这样就使箭可以相对容易地拔除，较之其他戳入身体的武器危害性更小。"①

4. 防护捶击

捶击即利用锤、棒等兵器给被攻击者造成"钝伤"的方式。美国军事历史学家罗伯特·L. 奥康奈尔在《兵器史》中认为："钉头锤并不是第一件武器，但是它是第一件专门制作出来对付人类的武器。"他的理论出发点有几个：首先人类直立行走，因此人类的头部正、侧或后方都易遭打击；其次由于进化，人类的头"变得更大更加易碎"；最后"这些兵器制造方法简单并且所需材料十分普通。"② 奥康奈尔主要是根据苏美尔和古埃及的战例得出结论，但他也将中国的类似情况包括其中，即这类捶击武器的巨大威力导致对头部的重点防御，即头盔的诞生。而"两毫米的铜下面垫上两毫米厚的皮革"就能有效对付钉头锤。周玮先生记述了20世纪上半叶在当时的南京中央研究院历史语言研究所见到的"殷代头盔"，并描述："此盔里面底质，系粗糙之天然红铜，并未腐锈，外面则镀厚锡一层，光泽如新，且夹有白光，恐除铅锌等质外，或尚加有镍质在内……此盔作饕餮文，为虎头形，并不高大，而恰合今人之首，想当时盔上尚有饰品如羽翎之类。"③ 两下对比，早期中国头盔对捶击兵器的防护效果显然很有针对性。

但是捶击兵器对于可有效防护弓箭的锁子甲造成了巨大的威胁。锁子甲的穿着者一旦被锤或棒击中，往往会造成严重的骨折和内伤。《旧五代史》中就有："张万进……易以大锤，左右奋击，出没进退，无敢当者"的记载。当然，捶击兵器自重较大，相对使用不够灵活，因此在任何战场上都不会大规模使用，使用者往往是身怀绝技的将领或绿林人士。对于铠甲的着装者而言，面对捶击杀伤方式，可以利用整片式金属板加强重要部位防护，但更有效的方式则是放弃对次要部位的防护以增大灵活性，有效躲避其攻击。这就是功

---

① [美] 查克·维尔斯著，吴浩译：《武器的历史》，哈尔滨：黑龙江科学技术出版社 2007 年版，第 44 页。

② [美] 罗伯特·L. 奥康奈尔著，卿劼、金马译：《兵器史》，海口：海南出版社 2009 年版，第 25 页。

③ 周纬：《中国兵器史稿》，天津：百花文艺出版社 2006 年版，第 105 页。

能服饰在防御功能和机动功能之间的平衡问题，通过改变护甲形制以减轻其自重，从而提高机动性以增强防御性，提高着装者在严酷战场环境下的生存能力。

除去手持的捶击兵器，抛射的石块也具有类似的杀伤机制。对于投石机抛射的呈高度抛物线的石块尽管没有很好的防御手段，但在特定情况下，如攻城一方必不可免遭到守方投掷的石块。在这种需求下，公元前1世纪的罗马军团广泛装备了青铜或铁制的高卢式头盔，这种头盔有一个独特的、几乎和后脑相垂直延伸出去的帽檐，除了防御垂直投下的石块，其独特形制显然很难用其他原因来解释。① （见图5-20）

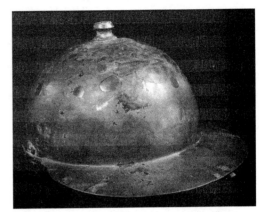

图5-20　出土于不列颠的罗马军团青铜头盔，高度注重后颈部防护（约公元1世纪中叶）

5. 其他

还有一些非主流的冷兵器杀伤方式，也相应改变了军服的形态。如越南战争中，越南游击队员广泛使用原始的木棘、竹陷阱，给美军造成了较大的影响。尽管木棘是一种非致命性武器，但据统计，在战场上，一个受伤后失去行动能力的士兵需要3~5个战友将他抬下前线，在后方还会牵制更多的后勤、医疗、运输人员。因此，美军在越战后开始设计新一代适合热带雨林气候的军靴，着重考虑了靴底的防穿刺能力。在1990年定型的新型热气候战靴中，靴底专门包夹了金属片，但这不可避免带来了舒适性下降的问题。改进型上使用制作防弹衣的凯夫拉材料代替了金属片，并在1993年的野外实验中取得了成功。② 这可以看作护甲发展史上第一次侧重防护攻击人脚底部的尝试，也是冷兵器在20世纪依然具有蓬勃生命力的象征。

---

① ［日］三浦权利著，谢志宇译：《图说西洋武器甲胄事典》，上海：上海书店出版社2005年版，第56页。
② 王书勤："千里之行始于足下——形形色色的战靴"，《兵器知识》，1997年第7期。

（二）防护热兵器

热兵器泛指带有火炸药或其他燃烧爆炸物质的兵器，与冷兵器相比出现较晚。热兵器进入战争舞台源自火药的发明，中国人于公元 10 世纪之前就发明了火药，随后将火药与箭结合，利用化学能提高了抛射箭头的距离和力量。1250 年到 1300 年之间中国人发明的火炮随着蒙古东征散播开来并进一步演化。一开始热兵器并没有显示出其绝对的优越性，其杀伤威力是随着冶金、化学等方面的技术水平提高而不断增强的。一开始枪弹不见得能穿透厚重铠甲，铠甲的制作者也在寻找方法对抗这种新生的杀伤方式。热兵器具体的杀伤方式主要有动能弹、破片、火焰、冲击波等多种，这些杀伤方式的作用机理也决定了热兵器时代人体护甲的形制。在热兵器的发展史上，尤其是对单兵来说，最先出现的应该是火焰杀伤。动能杀伤则紧随其后出现，中国最早的火枪——宋代的突火枪，就可同时发射铅弹并喷射火焰杀伤对方。① 《宋史·兵十一·器甲之制》中记载："开庆元年……又造突火枪，以钜竹为筒，内安子窠，如烧放，焰绝然后子窠发出，如炮声，远闻百五十余步。"② 众所周知的是，热兵器的普及给战争模式带来了根本性的变革，对东方铠甲的形制也产生了深远的影响。

通过增加厚度或改变形态，传统铠甲长期以来对抗着上述各种杀伤方式的攻击，在部分战争技术条件下，很好地完成了保护着装者的设计初衷。但总的来说，热兵器的发展最终迫使传统护甲退出历史舞台，尽管这一历史进程是缓慢的、渐进的、拉锯的，之间或还有反复，却不可逆转。

发明后相当长一段时期内，火枪、火炮都使用不能爆炸的实心弹，依靠动能杀伤敌方。可以爆炸并利用破片杀伤的榴霰弹出现得较晚，但由于其高效能而逐渐占据主导地位。二战后美国军方统计，平均要数万发动能弹才能杀伤一个敌人，与之相比，破片杀伤占了敌人伤亡率的大部分。这一统计成果，正是美国军方极力开发 OICW（理想单兵战斗武器）的原因，这种武器最大特点是以 20 毫米榴弹为主要杀伤手段，这也为新世纪人体护甲提出了更高的发展要求。

---

① 周纬：《中国古代兵器史稿》，天津：百花文艺出版社 2006 年版，第 148 页。
② 《二十五史》，上海：上海古籍出版社 1987 年版，第 5796 页。

1. 防护动能弹

动能是物体由于做机械运动而具有的能量，动能弹即利用动能来杀伤目标的武器，使用动能的杀伤模式也称点杀伤。在传统观念中，点杀伤是枪的专利，炮都使用破片，即面杀伤。当然也有特例，美军"越战"期间装备的40毫米M79榴弹枪即采用破片杀伤模式，而早期的火炮只能发射实心弹，也应该被看作使用动能弹的点杀伤。动能弹是出现较早的热兵器杀伤手段，而且目前是战场上最广泛使用的杀伤方式，这一地位即使到可预见的未来仍不会有根本改变。围绕动能弹的发展，护甲本身也在不断进化，迄今为止军事服饰在防护动能弹杀伤上基本有以下四条途径：

（1）加强传统护甲

需要看到，以金属为主要材质，采用传统加工工艺的铠甲并没有随着热兵器的发展而退出历史舞台，毕竟铅弹的穿透力用了很长时间才强大到没有任何传统铠甲可以抵御。初创时期的火枪装填烦琐、受天气因素影响大、射程近、杀伤力弱。16、17世纪欧洲文艺复兴铠甲中、后期型号基本可以正面对抗火枪，人们在选购铠甲前，都会用火枪向其试射，确定不能穿透才会购买。与此同时，在幕府时代的日本，通过与葡萄牙人和荷兰人的贸易往来，日本人获得了由坚实甲板制成的西欧铠甲，并立即进行仿制，进而产生了有西洋铠甲之质和日本传统铠甲之表的"南蛮式铠甲"，性能全面优于由小块皮革编缀而成的日本传统铠甲，可以防止当时的火枪射击，保留至今的铠甲上可以清晰地看到铅弹未能洞穿留下的凹痕①。有资料记载，德川家康在1600年的关原之战中即穿"南蛮式铠甲"上阵。但随着火枪射程、枪弹穿透性和准确性等指标的不断提高，传统铠甲防御起来已经渐感吃力。到了19世纪，火器普及和由此导致的战争模式的改变基本上将传统铠甲淘汰出历史舞台。拿破仑时期法国重装骑兵的头盔和胸甲可以说是传统人体护甲最后的辉煌。一战期间现代头盔的大规模装备部队点燃了护甲以涅槃的形式重回战争舞台的烽火。

传统护甲最终的消亡不仅因其在强度上无法抵御铅弹来解释，这涉及社会政治背景、战略战术、兵役制度等多方面深层次原因。火器，或者说发射

---

① ［日］三浦权利著，谢志宇译：《图说西洋武器甲胄事典》，上海：上海书店出版社2005年版，第266页。

动能弹的步枪之于护甲发展的意义并不仅在于穿透力的大小，而且在于用化学能代替了人力，并极大拉远了交战距离，使战争的节奏大大加快，时间上更为短促，空间上更为广阔。面对动能弹的威胁，17、18 世纪的人们当然可以把铠甲不断加厚，但这要以丧失机动能力为代价。而使用火器的一方可以进行非接触性作战，另一方使用传统进攻方式冲过火枪数百步的射程（早期火器射程多用步为计算单位），或躲避其瞄准射击，势必遭到难以接受的伤亡。同时，使用化学能为动力，为火器提供了一个几乎可以无限制（就火器刚大规模使用的时代而言）升级的可能性，通过改变枪械结构、发射药成分、弹头结构等途径，火器以非常之快的速度进化，这一点是依靠人力的弓箭所不能及的。尽管明代中国还广泛使用布面甲、绵纸甲来防御铅弹，尽管欧洲重装骑兵在 19 世纪初叶还广泛穿着重达十余公斤的胸甲，但这都无法在保持穿着者机动能力的同时抗拒枪炮在穿透力上的巨大进步。

在 20 世纪，单一金属材质的传统形式护甲在一些特殊情况下重返战场，如德国在第一次世界大战的堑壕战中，德方给德制 1915 年头盔前方安装了两个钮，可以外挂一块防弹钢板，以此给将头探出堑壕观察敌情的士兵提供掩护。此外，还有德军在堑壕战期间投入作战的"突击队"，主要由强壮富于激情的士兵组成，负责在敌方防线上撕开口子，他们部分装备了 20 世纪的古代盔甲。[1] 二战中包括苏联在内的一些国家，为担任主攻任务的部队配发了金属胸甲（苏联称防弹钢板马甲），但由于材料重量限制无法大规模推广使用。这些特例是传统护甲面对命运的最后抵抗，但归于失败，此后开始彻底退出历史舞台，取而代之的是使用新型设计思路和新型防弹材料的防弹衣。

（2）放弃传统护甲

从 17 世纪开始到 18、19 世纪，传统护甲在与动能弹的斗争中开始呈现败象。既然在可接受的重量和预算内，传统护甲不能抗住枪弹，那么不如干脆放弃护甲从而提高机动性。这正是当时大部分欧洲军队所采取的对策，但是武器装备和战术在这时出现了一个断层，因为散兵战术要求单兵武器具有较高的准确性和火力持续性，而直到 19 世纪前半叶的步枪还难以做到这一点。因此步兵不得不排成横队，依靠鼓点保持队形，依靠齐射保证命中率，

---

① ［英］克里斯·麦克纳布著，卫平、张洪、童怀林译：《20 世纪世界各国军服小百科》，济南：明天出版社 2004 年版，第 94 页。

依靠前后排战友的火力掩护来完成烦琐的装弹过程。这正是机动灵活的散兵战术并没有立刻成为铠甲防护战术终结后的接替者的原因。

但是，在18、19世纪陆战场呈现出战术与装备青黄不接的特定历史阶段特征，因为步兵已经普遍放弃了防护，而交战双方的步枪则往往具有相近的射程，所以下一幕悲惨情景屡见不鲜：服装鲜丽的士兵们在鼓点声中正步前进，根据口令齐射，随后又被一排排放倒，毫无机动能力可言。由于装备因素，伤亡率巨大的横队战术统治了欧洲陆战场，直到1870年普法战争才彻底消亡。19世纪中期，后膛装填步枪出现，其意义甚至大于来复枪取代滑膛枪的历史转折。后膛装填的便利性和由此大幅提高的精确性使单兵几乎可以在任何姿势下装弹，自由寻找掩蔽，得以彻底发挥放弃铠甲后机动灵活的优势，散兵战术自此开始盛行。从这以后直到第二次世界大战末期的百余年间，虽然采用现代化冶炼和锻造技术的钢盔广泛使用，但主要用来防护弹片，单兵防护动能弹杀伤主要依靠掩蔽、躲避或先发制人消灭对手。

（3）采用新型防弹材料

在世界军界，转用金属之外的新型防弹材料防御动能弹的尝试一直没有中断，早在中国明代就创制出了以压紧的棉花为主要材料的甲衣，据称"鸟铳不能大伤"。当然这里的鸟铳发射的还是小颗粒铅弹，动能有限，防护难度不大。面对威力更大的单粒铅弹，不管是布、纸，还是其他非传统材料都难免力不从心。

20世纪中期化学纤维研究的突破性进展为军服防护动能弹带来了曙光，在朝鲜战场上，美军在为飞行员研制的尼龙防破片背心成功后，实验性装备了由12层特制尼龙纤维制成的防弹衣。由于动能弹穿透力强，防护动能弹的难度远较防护弹片大，因此真正具有动能弹防护能力的防弹衣出现较晚。至越南战争前，美军的主要防弹衣是海军陆战队使用的以一种塑料纤维为主要防护手段的M—1951（以及在其基础上发展起来的M—1955），以及美国陆军装备的以尼龙为主要材料的M—1952，两者防护步枪弹的能力依然十分有限。在越南战争的实践经验基础上，美军将全尼龙材质的M—1969防弹衣列为制式装备，减少了士兵伤亡。[1] 但传统铠甲存在的问题——自重过大，降低士兵

---

① 蒋炫："美军防弹衣纵横谈"，《兵器》，2007年第1期。

作战效能，再一次出现于现代防弹衣上。在越南战场湿热的气候条件下，这一弊端体现得尤为明显，穿着防弹衣的美军士兵仅能短时间保持原来的70%作战效能，而且依然不能有效防护大威力步枪弹（典型防护对象就是越南北方装备的 AK—47 发射的 7.62 毫米枪弹）。

20 世纪 70 年代，更为先进的人工合成化学纤维——凯夫拉运用到防弹衣的设计制造中，这种材料的抗张强度超过了尼龙的两倍以上，实验证明，凯夫拉纤维的特有柔韧性质以及纵横交织的合理编织方式，有效地化解了弹头的巨大动能，以该纤维为主要材料的防弹衣较之尼龙防弹衣具有更好的防弹性能和穿着舒适性。从此，人类战争史和军服发展史上第一次可以有效防护动能弹的杀伤。尽管凯夫拉可以称得上是一种理想的防弹衣材料（类似的材料还有日本开发的线性高分子材料——泽隆等），它的应用使单兵护具的重量和价格都降到了可以大规模装备部队的地步。但是这类防弹衣依然无法防护大威力步枪弹，这也是很长一段历史时期内，防弹衣广泛装备警务部门和准军事部队的原因。因为这些部门面对的主要是手枪弹（典型防护对象就是手枪或冲锋枪发射的 9 毫米巴拉贝鲁姆弹），而军人在高烈度战场上所处的环境要险恶得多。

图 5-21　"拦截者"防弹衣

实践证明，单纯依靠人工合成纤维的防弹原理不能有效对抗步枪弹，因为凯夫拉适合防护弹头圆钝的手枪弹，这类枪弹强调的更多是在人体内的停止作用，而弹头尖细的步枪弹更强调穿透作用。显然，必须寻找新的材料。陶瓷，作为一种古老的材料，在和现代科技结合后焕发新生，具有耐高温和高硬度等特性的新型合成陶瓷在 20 世纪末就被适用于航天、动力等领域，自然也引起了军服设计部门的注意。2001 年 1 月，美军开始正式列装"拦截者"式防弹衣，这种防弹衣的主体部分依然采用传统的凯夫拉材料，能达到ⅢA级防护（美国防弹衣按照防护能力的高低分为Ⅰ、Ⅱ、Ⅲ、ⅢA、Ⅳ五个等级），能防护手枪弹。当在前胸后背的口袋里插入两块碳化硼陶瓷防弹插板后，就可以达到Ⅳ级，有效对抗大威力步枪弹。当然，在防止弹头穿透之余，弹头巨大动能给穿着者造成的"钝伤"也不可轻视。①（见图5－21）

动能弹，或者说对动能弹的防护极深远且显著地改变了21世纪初的军人形象和军服的功能，厚重严整的防弹衣几乎成为发达国家步兵的标准装备，军人形象似乎又回归身着铠甲的冷兵器时代，由此带来的单兵机动性下降问题有待解决。

（4）采用新型防弹思维

除了一味加厚铠甲，尝试采用新思维进行防御的努力也一直没有中断。西方的文艺复兴式铠甲即广泛采用在甲片上锻打出棱条的方式来防弹，面对早期火枪的铅弹，确实取得了不错的效果。

正如在坦克设计领域永无休止的"甲弹之争"一样，单兵防护领域也有类似的情况，弹头的穿透能力和防弹衣的防护能力竞相增长，新一代的可穿透各式防弹衣的子弹已经被开发出来，一部分经过特殊设计的手枪弹，如捷克发明的一种10毫米手枪弹也具有了不亚于步枪弹的穿透力。

这些枪弹领域内的技术突破为军服设计者提出了严苛的要求，并展现了一幅令人担忧的前景，即大多数枪弹都可以贯穿防弹衣进而杀伤使用者，全面加厚防护层只会提高造价，重量也将不能接受，这一矛盾在现有技术条件下还难以解决。类似的两难抉择也同样出现在17世纪铠甲设计者面前。但是，21世纪的设计人员拥有更为强大的技术支持，他们开始独辟蹊径，运用20世纪末被推广于军民领域的"模块化"思路的方法应对挑战。美军最新装备的"拦截者"防弹衣就采用模块化设计，由战术背心、凯夫拉防弹内层和防弹插板组成，为了防止超重而采用插入式碳化硼陶瓷插板，大幅提升了防护能力，并允许步兵根据威胁程度调整防护能力，具有更高的灵活性。"拦截者"防护面积增大，不但可以彻底保护穿着者的躯干部分，还有可选装的护臂、护档等部件，这也是美军伊拉克战场伤亡人员死亡率大大降低的重要

---

① 齐龙、常凯辉："卓然的"拦截者"防弹衣"，《轻兵器》，2002年第12期。

原因。

但对于防弹衣的设计者来说依然有一个最终无法突破的上限，也是铠甲设计者数千年来面对的同样问题——人的负荷能力。带有两块插板的"拦截者"已经达到 7.4 公斤，再超过这个指标，穿着者就难以保持灵活性。而动能弹的设计者则没有这样的顾虑。因此，从理论上说，克服防弹衣重量上限和防护极限的最佳选择应该是一种"非常备型"的防护手段，也就是士兵在平时不需要为超强防护能力而负荷巨大重量，但是防弹衣在遭遇攻击时会改变形制或性质以提高防御性能。这种设想很可能在 21 世纪初被英、美等国研制的液体防弹衣实现。研究者摒弃了过去总希望在纤维自身性能挖掘上钻牛角尖的道路，而是寄希望于改变纤维与射弹之间的关系。该技术的核心在于一种聚乙二醇和硅微粒的合成液体，该液体浓度极高，在受到外力重击时会迅速变硬，外力消失后又会恢复原状。当这种液体涂在薄薄的凯夫拉纤维上可以极大加强纤维的防弹效果，使用该技术的防弹衣可以在达到目前最强防弹性能的同时减重近两公斤，而且可以使穿着者运动自如，应该说这种灵活的防护手段正是未来防护动能弹的发展方向。[①]

2. 防护破片

在热兵器的杀伤手段中，破片的出现较动能弹晚。因为早期火炮炮弹往往是实心的，后来逐渐发展到可以爆炸并放射小粒霰弹杀伤暴露在外的人员。再进一步发展到了制作最简便的爆破弹，即利用炮弹爆炸后的金属外皮杀伤人员。在大规模战争中，破片是一种比动能弹更有效的杀伤手段。根据对第二次世界大战伤亡率的统计，对人员造成最多杀伤的正是破片而非动能枪弹。就对现代战争做的不完全统计来看，由破片造成的伤亡占总伤亡率的 70% ~ 80%。尤其是第二次世界大战中出现了预制破片的手榴弹等武器，即在弹体内部或外部划出一定深度的槽，爆破后即可碎裂成规则的破片，使杀伤力达到最大化。可见，对于单兵来说，防护弹片的迫切性不亚于防护动能弹。

防护破片杀伤和防护动能弹基于不同的出发点，积极的一面是破片的穿透力远逊于枪弹，也就是说，一定厚度的防弹材料可有效防护破片杀伤，因此但凡能防动能弹的防护服，如各式防弹衣，普遍都可以防破片杀伤。消极

---

① 刘焕松、潘星夷："现代超级铁布衫——高性能防弹衣闪亮登场"，《兵器知识》，2007年第 12 期。

的一面则是战场上的士兵难以准确判断炮弹落点，更不能掌握弹片破碎数量和射入角度，人员难以躲避。

现代头盔是为了专门对抗破片杀伤而出现的军事服饰，也是装备范围最普及的现代军事服饰之一。作为一种从冷兵器时代就已成型的古老军事服饰，头盔在具有辨识身份和鼓舞士气等功能外，还可以有效防护多种冷兵器杀伤手段。但随着火枪的普及，传统材质的头盔往往难以防御枪弹，因为传统头盔除了皮革内衬等，没有可有效吸收冲击力的结构，因此即使没有被子弹彻底贯穿，给中弹者头部带来的钝伤也不可忽视，从而渐渐退出战场。在18世纪到20世纪初，只有精锐骑兵部队还保留着礼仪性质大于实用价值的头盔，大部分步兵都转而头戴布制军帽上战场。

但这一情况在第一次世界大战战场上遭遇尴尬，大口径、远射程的榴弹炮开始普及，横飞的弹片给身处堑壕中的双方士兵都带来了巨大的伤亡。面对这种情况，法军于1915年首先列装了由奥古斯特·路易斯·艾德里安设计的头盔，可以按设计者的名字称为艾德里安头盔，也可以按列装日期称为M—1915式头盔。① 关于这种头盔的来历一直存在一个未经证实的故事，一名法国炊事兵在遭遇炮击时将炒菜铁锅扣在头上，弹片打在铁锅上纷纷弹落或滑开，后来艾德里安根据这个消息设计出了第一顶头盔。这个故事的娱乐性可能大过真实性，因为这顶头盔的造型更多借鉴了同时期法国消防队专用钢盔的造型，保留了古代头盔的部分造型特点，中间竖起一道高脊，盔檐曲线富于变化，充分体现了法国人的美学观念，而根本看不出对炒菜锅造型的继承性。如果说谁更可能根据炒菜锅设计头盔，那非一战时的英国人莫属。英国于1916年装备的MK头盔，也称为托尼头盔，造型扁而平，酷似炒菜锅。对头部的遮护面积远小于法国M1915头盔，与后来兴起的德国M—1935头盔更无法比拟，但设计者认为这种宽且平的外形容易使子弹打滑，且较宽的盔檐也有利于挡雨，这显然与英国殖民地多，作战环境不一有关。

一战期间现代头盔的出现并非是人们又重新发现了防护头部的必要性，而是现代冶金工业已经可以提供韧性硬度俱佳的钢材，实现了防护炮弹破片的目的。其例证就是一战的主要参战国——沙皇俄国就没有装备头盔，主要

---

① ［英］克里斯·麦克纳布著，卫平、张洪、童怀林译：《20世纪世界各国军服小百科》，济南：明天出版社2004年版，第70页。

就是因为俄国冶金技术落后，制成的头盔硬度有余韧性不够，容易碎裂，所以没有装备部队。但现代头盔最根本的改变是增加了悬挂结构，使金属盔体与穿戴者的头部不直接接触，从而有效避免了钝伤现象的发生。

除头盔外，另一种为了专门对抗破片而出现的军事服饰则出现在空中。第二次世界大战期间，远程轰炸的规模被发展到了一个空前的高度，而对飞行员来说，最大的威胁来自装有无线电近炸引信的高射炮弹。相较步兵，飞行员的防护有一个重要的先天优势，即他们不需要自行负担防弹衣的重量行军。因此，美国轰炸机飞行员于1942年开始装备一种装有大量锰钢片的防弹衣，重量较大，可以有效防护人体躯干部分，大大降低了飞行员的伤亡。而且考虑到飞行员的特殊情况，这种防弹衣配有供快速解脱的拉绊，可以避免飞行员跳伞时为重甲所累的困境。① 可以说，二战以后任何一种以防护动能弹和破片为主要目标的防弹衣上都可以看到它的影子。

尽管以美国"拦截者"为代表的现代防弹衣已经具有出色的防护动能弹能力，但遮护面积只有人的躯干部分。在伊拉克战争中，面对不计其数的路边炸弹威胁，尽管防弹衣确实降低了士兵的阵亡率，但暴露在外的四肢依然会被破片杀伤，造成了截肢率的居高不下。为了改变这一状况，美国开始给该防弹衣加上三角肌防护件和腋窝防护套，以有效防护破片杀伤士兵身体的外露部分。

3. 防护火焰

防护火焰杀伤在军服的防护功能中重要性略低，尽管火焰是一种历史极为悠久的杀伤手段。在进入热兵器时代之前很久，人就在战争中广泛运用火来杀伤对方，而冷兵器时代的人类却缺乏利用军事服饰防范这种武器的有效手段，甚至在文学作品《三国演义》中还出现了"火烧藤甲军"这种极端的例子。当然在反映抗日战争和解放战争的影片中，可以看到战士身披浸过水洒过土的棉被闯过火海的情景，也算一种应急的权宜之计。但在20世纪出现了火焰喷射器这样完全依靠火焰进行杀伤的武器，迄今为止还未出现能有效防护的常用军服。

当然，直接面对火焰喷射器的威胁毕竟是少数情况，更多的时候军人要

---

① 蒋炫："美军防弹衣纵横谈"，《兵器》，2007年第1期。

防止的是由于爆炸引起的火焰，这要求军服具有很好的阻燃性。首先要不容易着火，一旦着火至少要烧得慢，而且其样式要方便脱下来以避免对皮肤造成进一步伤害。普通棉布材料在这些方面有诸多弊端，所以现代军服广泛使用化纤材料来达到阻燃的目的。氯纶具有遇火收缩而不自燃的优点，但其摩擦会产生静电。中国人民解放军于 20 世纪 70 年代广泛使用锦纶、涤纶、棉花三种材料的三元混纺布，这种材料具有较好的防火性，遇到高温往往收缩变硬，但一旦烧着就烧得快，所以还不够理想。20 世纪末的军服广泛使用"诺梅克斯"做阻燃材料，美军的车辆乘员就广泛装备了以这种材料制成的阻燃服装。新一代阻燃服材料配比更为科学，由 65% 康耐克斯芳纶和 35% 阻燃棉混纺布组成，要求能保证士兵在 800 度高温中，12 秒不受伤害。中国陆军装备的新型作战服将阻燃织物与棉混纺在一起，可以做到燃烧时碳化结焦，离开火源可以自熄而绝无续燃现象。[①]

4. 防护冲击波与防护破片结合

冲击波是炸药爆炸带来的一种附带损伤，也可称为超压作用，但对其的防护很长时间内却没有得到专门对待，这是因为如果距爆炸点足够远，冲击波的威胁远远比不上弹片，如果足够近则没有可行的防护方法。应该说，能够防护大威力动能弹的防弹衣和头盔都对冲击波有一定防护作用，但面对最明显、最具威胁的，同时也是杀伤角度最有防护把握的武器——地雷或类似杀伤性质的爆炸物，人类还是在不懈地寻找可以有效防护的军服。

地雷的杀伤特点是杀伤距离很近，以冲击波为主，破片和霰弹丸为辅，高温和火焰次之，（定向地雷除外），如果用专业术语归纳其杀伤机理，即超压、烧蚀和机械冲击。在现代战争中，正规部队的军人执行作战任务往往都会得到完整的工兵扫雷支援，尤其是大量排雷机械如爆破索发射车等的支持。因此普通士兵仅需要有限的防雷手段，以不影响机动作战为限。但对于担负扫雷任务的工兵和担负排除爆炸物的特种部门人员来说，伤亡近在咫尺，死生一念之间，合理有效的防护服不但从保护工兵的角度来说是必须的，从鼓舞他们的士气并继续作业来看也是必不可少的。较早具有实用效能的扫雷人员防护服是美国陆军军需部于 1947 年在步兵 M—1912 型防弹衣的基础上研制

---

① 米洋、王书勤："迷彩图案落剪刀——中美新型陆军迷彩作战服"，《兵器知识》，2004 年第 12 期。

的，但其更多重视地雷在人员附近爆炸对身体造成的伤害，而对人员脚部防护重视不够。当然以当时的技术条件和地雷装药量，地雷一旦在人员脚下爆炸也没有任何防护手段。

在20世纪后半叶，这一情况在两方面发生了逆转性的变化，一方面，新技术、新材料的使用，具有防雷能力的军靴出现提供了可能性。另一方面，二次世界大战后，地雷的设计思想也发生了变化，即开始以杀伤人员而非杀死人员为主要目的。这主要来自一项颇具残酷意味的研究，即认为当一名士兵在战场上阵亡后对该作战分队战斗力的影响有限，反而会激发战友的悲愤情绪甚至增强整个分队的战斗力。但如果一名士兵受到重伤不能行动，该作战分队就必须派遣多名成员将他送到后方，在后方又会牵制更多的医疗、后勤人员以及物质资源为他服务。而且受伤士兵的叫喊与视觉形象无疑会对他战友的心理产生一定的不良影响。两相对比，杀伤一名敌方人员使其丧失继续作战能力显然比直接将他消灭更合算。基于此，相当一部分地雷减少了装药量，仅能炸伤一个人的下肢使他不能继续行动。而且这样的地雷价格更低廉、体积更小、埋设更容易，当然由于爆炸威力的减小，这样的人员杀伤地雷单兵防护起来也更容易一些。

英阿马岛战争结束后，阿军在马尔维纳斯岛上留下了数不清的地雷，其中大多为几乎没有金属部件的橡胶壳地雷，再加上该岛独特的地理条件，造成排雷难度极大，排雷人员时有伤亡。英军于1988年专门针对这一情况研制成功防雷靴，从视觉上看，该靴酷似中国京剧中的厚底官靴，靴底厚达10厘米以上，主要采用了浸环氧树脂的凯夫拉纤维和特殊泡沫塑料以及其他强化材料，并采用多孔橡胶做靴底，对冲击波有极大的缓冲作用。[①] 在中国扫雷部队清扫广西边境遗留地雷的作业中，也广泛装备了类似的防雷靴并取得了优异的防护效果。

特种扫雷靴只装备扫雷人员，重量较大，活动不便，不适于普通步兵。随着科技的进步，在普通军靴设计中采用新技术新材料，可以使普通步兵面对地雷的冲击波杀伤有效地保护自己。这种军靴广泛使用吸能原理，其代表就是美国于海湾战争期间给部队紧急配发的新型沙漠战靴，这种战靴在靴底

---

① 王书勤："千里之行始于足下——形形色色的战靴"，《兵器知识》，1997年第7期。

加入蜂窝状的铝质保护层，蜂窝状结构被公认为是一种有效的吸能结构，被广泛运用于小到包装纸箱大到直升机抗坠毁系统的各个领域，也是目前对抗冲击波杀伤的主要手段。

二、防护非常规武器杀伤

非常规武器主要包括核、生、化等大规模杀伤性武器与激光等定向能武器，军事服饰对这些杀伤方式的防护必须基于与防护常规杀伤武器完全不同的设计思路，并采用完全不同的材料。

（一）防护大规模杀伤性武器

大规模杀伤性武器主要指核生化武器。利用生化手段杀伤敌人的办法古已有之，匈奴人曾在戈壁水源中抛下腐烂的动物尸体，使远征漠北的汉军大量中毒。公元 1097 年十字军东征攻打尼西亚城时，就用投石机将敌人腐烂的头颅抛入城内以传播瘟疫。在中国明代已经广泛使用燃烧后可喷出毒烟的火器，如龙云霹雳猛火炮、毒雾神烟炮等。当然这些战例更多是一种基于经验的做法，化学作为一门科学，直到 17 世纪才被波伊尔确立，这为现代化学武器的出现奠定了基础。化学武器包含毒气、发烟剂和纵火剂，其真正大规模投入使用时在第一次世界大战期间，德军在 1915 年的伊普勒战役中使用钢瓶盛装氯气，并借助风力吹向协约国军队，并造成了上万人的巨大杀伤效果。在嗅到有味道的氯气后，又出现了无色无味的光气，但当时对化学武器的防护手段十分落后，普遍采用的是浸透水或药液的口罩，而且迟至化学武器投放战场一年后才出现。这种滞后性是军服防御功能被动性的正常现象。内部含有活性炭以吸收有毒物质的橡胶防毒面具很快应运而生，当然形制较简陋。道高一尺魔高一丈，很快又出现了可使人裸露皮肤发生糜烂的芥子气，以及可穿透防毒面具，使人丧失自控能力的神经性毒气，这种毒气使人发狂抓掉防毒面具，最终被其他毒气杀伤。

制造化学武器的门槛并不高，因此二战期间欧洲和北非战场的交战双方普遍装备了化学武器及其投送装置，同时也装备了防毒面具。德意军和英、美、苏军双方都很清楚，谁一旦使用化学武器就会遭到对方同样手段的回击。这种类似于后来核武器带来的"恐怖平衡"手段也是二战欧洲战场未出现大规模使用化学武器的原因。但在远东战场，由于中国军队装备落后，既没有可投入实战的化学战部队也没有普遍装备化学武器，因此日军得以猖狂地使用化学武器，犯下了罄竹难书的战争罪行。各类化学武器的广泛使用和其体现出的巨大威力，使防毒面具在二战前就已成为世界各军事强国的单兵标准配置，由此也在一定程度上改变了军人的服饰形象。这种防毒面具头面部被橡胶包裹，仅有两个镜片和一个形似猪鼻的呼吸过滤器，带给人一种恐怖的视觉体验。平时，防毒面具和其他防化用品也要占据军人装备的一定空间。看过二战电影的人都会记得德军士兵身后总是背着一个不大不小的圆筒，里面装的就是防毒面具。无论挥汗如雨修筑工事，还是在战壕中匍匐摸爬，德军士兵都不能放弃这个圆筒，这也成为当时德军士兵的一个视觉识别特征。

核武器、生物武器和芥子气等糜烂性化学武器的出现，使研制一种可有效防御核、生、化武器的全身型防护服具有了很大的迫切性，这就是现代三防服出现的原动力。以英国马克—3型三防服为例，三防服主要由防毒面具、上衣和裤子组成，衣裤由两层面料组成，第一层耐火耐光辐射，而且极为光滑，毒剂和放射性沾染物很难在上面留存，即使有限留存也容易被洗消。内层由经过化学处理的特殊织物组成，主要用于阻挡和吸收穿透第一层面料的毒剂与微生物。

目前单兵防毒面具或全身式防化服是世界各国精锐部队的标准装备，这些服装可以达到预想的防护指标，但士兵穿着后散热通气都不方便，平时携行也嫌过重。面对类似情况，20世纪末的军服研究人员开始尝试使单一军服具有多用途，如美军将防弹衣和携行背心整合起来，英军则最早成功地将作战服和防化服合二为一。美国陆军于2001年启动的"理想部队勇士"计划中的集成作战服就是将防化功能融入迷彩服的成功例子，这身军服配有内置式生化防护层，头盔全封闭并带有可清洁循环空气呼吸器，可带给士兵极大灵活性，可根据温度、作战任务、环境等选择将防护服与御寒、迷彩、制服配套穿着。同时新材料与新工艺的使用，使这身防化服的重量大为减轻。[1]（见图5-22）

---

① 董跃农等主编：《轻武器装备第四次浪潮——士兵系统》，北京：国防工业出版社2006年版，第26页。

（二）防护定向能武器

定向能武器特指在很小的立体角内定向发射能
量束毁伤目标的武器，目前已经正在得到深入研究
和采用的武器主要有激光武器、粒子束武器、微波
束武器和等离子武器等。囿于能量储存和集中释放
等技术难题，目前具有毁伤效果的定向能武器的广
泛应用还存在诸多困难，目前只在部分实验性部署
的导弹防御系统中有所应用，微波束武器也被实验
性地用于驱离暴力抗议人群等情况中。

人的肉眼易受强光伤害，早在公元前 4 世纪古
罗马历史学家阿米安·马凯林记载道：波斯人用无
数披挂着铠甲的骑兵排成一队接一队的密集队形攻
击我们，移动的人体上包裹的铁皮将耀眼的光芒反
射到那些敢于直视他们的人眼中。显然铠甲的强烈
反光直接攻击人的眼睛，属于一种原始形态的定向
能武器杀伤方式。还有一个流传甚广的传说，阿基
米德制作的巨大镜子反射阳光不但烧着了古罗马军
舰的船帆，而且还晃瞎了许多古罗马士兵的眼睛。

图 5 - 22　美军未来
士兵系统方案，将防
毒面具整合进军服

如果传说属实，这应当属于致盲武器第一次在战场上的运用。中国古代军事
史上最著名的铠甲"明光铠"，其胸前两块大型圆护被磨亮反光，据推断也具
有类似的作用。

随着热兵器的广泛使用，出现强光并对人造成伤害的可能性越来越高。
早期的军用护目镜最早的用途以防风沙为主，其防御强光的最早动因是防止
枪口焰的光芒损害射手眼睛，典型个案是美军在二战中广泛装备的 M44 型护
目镜。但这一时期，由于技术和意识的局限。强光还没有被用作有意识的杀
伤手段。苏联红军在二战末期强渡第聂伯河的战役中通过大量探照灯、坦克
和汽车车灯的集中使用，在一定程度上达到了使对面防御德军短暂丧失视觉
的目的，为战役胜利打下了基础。热核武器的出现，使战场上可能会在瞬时
间出现一个几十万度高温的火球，任何没有防备的人员看到它都会瞬时致盲，
这正是具有变色功能的护目镜作为三防服一部分的原因。这种护目镜的镜片

能够在 100 微秒内由无色转为黑色，保护视网膜，强光过去后又恢复正常，不妨碍士兵继续执行作战任务。

激光在诞生不久即被用于军事领域，这是由它具有崭新的光源、崭新的热源、崭新的信息探测、传递与处理手段这三方面特征决定的。激光方向性强、散射小、亮度高出普通光源万亿倍。尽管目前的科技水平距发明出科幻电影中单兵携带并能击毙敌人的激光枪还相距甚远，但在 20 世纪的战场上，小功率的激光武器已经普遍得到应用，正是由于功率有限，所以要想发挥作用，就必须将目标定在敏感部位，也就是精密的光学传感器和人的肉眼。早在 1982 年英阿马岛战争中，就有报告说一部分向英舰俯冲投弹的阿军战机莫名其妙失控，还有阿军飞行员表示似乎遭到强光照射瞬间丧失视力，后来逐渐揭开了英军装备的舰载激光致盲武器的面纱。随着反舰武器普遍采用视距外攻击的方式，这种武器再未见大规模装舰使用，而且关于其在道德层面的争论从未停止过。

除了专门设计并从未得到承认的激光致盲武器外，低能激光在战场其他用途的适用范围越来越广，从激光测距仪，到步枪上的激光瞄准器，以及依靠激光束指导的反坦克导弹和激光制导炸弹，形容现代战场上不同波长不同方向的激光四射毫不夸张。尽管这些激光不以攻击人眼为主要目的，但如不加以防范势必带来严重后果。尤其是相当一部分先进坦克装备了可进行主动防御的激光反制设备，这种武器可以侦知敌方激光测距仪和反坦克导弹制导的激光波束，并主动利用激光束加以反击，通过攻击敌方观瞄设备上的光学窗口以及射手的肉眼，达到使导弹失准的目的，从而防护自己。在这种情况下，现代化步兵的护目镜开始普遍增加了防激光的功能，美军聚碳酸酯材料的护目镜就可以在低能激光照射下有效防护人的视网膜，而且可以更换白天的茶色镜片和晚间的绿色镜片，具有较高的灵活性。"陆地勇士"系统中的整合式头盔子系统将防致盲激光\防破片风镜整合到头盔中，进一步简化了后勤负担。①

三、防护意外伤害

在各种自然或人为环境中，有多种因素会对人体的特定部位造成伤害或

---

① 黄伟杰："21 世纪的步兵——数字化战士"，《世界航空航天博览》，2002 年第 13 期。

程度不一的磨损，从而影响士兵继续执行任务的能力，更有甚者会严重危及生命健康。对这些意外情况的防护，正是军服防御功能的一个重要组成因素，对其的防护机制往往也不同于防御敌方杀伤。

（一）防震荡

空降兵，也称伞兵，是军事强国作战序列中一个特殊的军事群体，除了需要直面人类对高度的本能恐惧，他们在训练作战中还要面临一个其他兵种难以遇到的危险，就是着地时的巨大冲击。如果没有经过专门训练，如果没有专门设计的军服，即使有降落伞仍然难以避免冲击主要集中于脚部带来的伤患。这正是伞兵靴拥有高技术含量的重要原因。以中国空降部队装备的91式夏季跳伞皮鞋为例说明，首先，伞兵靴靴腰较高，紧紧包裹住伞兵的脚踝，避免着陆时扭伤，91式夏季跳伞皮鞋靴腰高达15.2厘米。其次，着陆时不但会扭伤更会受到震伤，这一震荡不但会伤及脚部骨骼肌肉，还会沿着脊椎传达到脑部。因此伞兵靴腰具有很好的防震性能，91式夏季跳伞皮鞋前部较宽，有助于分散压力，靴底还有减震钢板，可以在着地瞬间有效减轻震荡强度。还有，因为伞兵经常要背负全部装备在运输机舱的金属地板上移动，伞兵靴要具有较好的防滑性能，91式夏季跳伞皮鞋鞋底别出心裁地安置了数百个相反方向的橡胶斜坡。这样几种特殊设计使伞兵靴可以有效防护落地时带来的伤害。

（二）防碰撞

与现代战争有关的大部分作战工具都由金属为主要材料，操作它们的成员必须在一个充满往复和旋转机械，由坚硬物质组成的环境中工作，而避免成员被这些部件的运动过程、独特外形与坚硬质地所伤害的任务就落到了军服上。

任何可动的作战平台都是机械环境，如舰船内部等，但最具有典型性的是坦克、飞机等紧凑型作战平台的座舱，因为这些环境空间狭小，设备密集且外形各异，而且平台机动性能强，动作剧烈，这都要求保护成员在与舱壁、设备和其他硬质部件的撞击中能够有效保护自己，这正是飞机驾驶员和坦克手头盔的独特要求。这两种头盔是以撞击为主要防护目标，内部有完善的减震防撞结构，而且外形较小。当坦克跨越障碍，飞机遭遇气流时，成员头部难免会撞击舱壁等部件，这时头盔就会起到应有的保护作用。

由于世界坦克设计分为多个流派，有着不同的出发点，自然也造就了不同的悬挂，如扭杆式、液气式等。不同的悬挂设计和不同的战术运用思路也影响着坦克头盔的设计，主要装备苏式坦克的国家，其坦克头盔主要采用软质，上有条状的橡胶缓冲物，造型独特，其设计起源于一战期间德式飞行帽。以美式坦克为代表的西方国家，主要装备上有散热孔的硬质坦克头盔，其设计源流可以上溯到步兵钢盔。二战中的德国装甲部队尽管是在为错误的目的服务，但不可否认其在装备和战术思想的先进程度上曾数年居世界领先地位，德国装甲兵的头盔却一直独树一帜，其初期装备的橡胶防撞头盔外形类似大号贝雷帽但内部有衬层，可以在撞击中有效保护坦克乘员的脑部不受伤害。到了第二次世界大战后期，德军装甲兵大号贝雷帽已经不见踪影，被一顶装甲兵黑色船形帽取代。这种军便帽的好处是不言自明的，它轻便，也不会妨碍佩戴耳机。这一服饰上的改变源于德军装备的"虎""豹""虎王"等几型坦克。众所周知，坦克的履带行走装置设计关乎着坦克的机动能力，"虎"Ⅰ坦克开创性地采用了一种交错负重轮结构，即在其他坦克每侧只有一排负重轮的情况下，"虎"Ⅰ每侧有三排负重轮，这样就以更多的负重轮数量，降低了车辆的最大接地压强，从而行驶起来变得极为平稳。这正是随着"虎"Ⅰ和"豹"的列装，德军装甲兵开始敢于只戴船形帽的原因。这也是技术装备特性影响军人服饰形象的典型例子。（见图5-23）

图5-23 二战期间苏联红军装甲兵的坦克帽

（三）防磨损

军事服饰对磨损的保护首先来自一个历史悠久的故事：古代士兵在行军中将剑和长矛扛在肩上。为了防止磨伤皮肤，他们将金属条编缀在军服肩部，这便是现代肩章的起源。这一传说的真伪有待考证，不过古代军人的铁护甲确实会对身体造成磨损，因此在铁甲内还要穿上各种防护衣物，宋代称"胖袄"。《宋史·卷一百五十·兵十一·器甲之制》记载："至道二年二月，诏：先造光明细钢甲以给士卒者，初无衬里，宜以绸（绸）里之，俾摄者不磨伤肌体。"①

到了后来冷兵器退出历史舞台后，士兵肩部确实容易为枪带磨伤，由此产生了许多具有防护功能的特定服饰结构。比如，在中国人民解放军1948年军委后勤部召开全军后勤会议时，规定全军服装颜色样式时，特别规定士兵军上衣肩部加增强补片，正是为了防护枪带磨损。② 与此同时，其他兵种的特定防护需求也应得到重视，如骑兵在作战行军训练中，军服裆部、大腿内侧与马鞍摩擦较严重，炮兵经常需要单膝跪地，膝部磨损严重，因此1948年人民解放军军服在这两个兵种军服的裆部和膝部加了增强补片。

同样，进入20世纪末的美军也对军服的特定部位防护给予了足够重视，并长期依靠特定的护肘和护膝加以防护，具有良好的防护效果，但不可避免造成了阻止血液流通的弊端。因此其ACU战斗服的膝部和肘部也加厚了布料，提高了舒适性和实战性。

第四节　进攻——军服的物质形态功能之二

一般而言，在单兵装备体系中，武器系统是进攻行为的主体。但如果把进攻行为看作一个从信息获取、交流到转移阵位，最终实施火力打击的全过程，会发现现代军服中的很多元素也在进攻行为中发挥着自己不可忽视的作用，尤其是对现代战争日益重要的信息掌握和提高机动性等因素。当然，在一些特别情况下，军事服饰上的部分元素也可以起到直接进攻的作用。

一、信息掌握

克劳塞维茨在权威著作《战争论》中曾用单列一章论述过"战争中的情报"，并认为情报是"战争中一切思想和行动的基础"。③ 几乎在任何形式的战争中，能够有效获取信息，对信息进行处理，并及时将信息汇报上级或与

---

① 《二十五史》，上海：上海古籍出版社1987年版，第5794页。
② 徐平、徐海燕著：《中国百年军服》，北京：金城出版社2005年版，第139页。
③ ［德］克劳塞维茨著，李传训编译：《战争论》，北京：北京出版社2007年版，第23页。

战友共享，都是制胜的关键。然而在无线电发明前的数千年间，人类的战争都是在一种信息极不透明的状况下进行的。因为人的信息获取渠道无外乎视觉、听觉、嗅觉等，信息传递手段尽管多种多样却效果极为有限，如快马递送、飞鸿传信、烟火、令旗、号、鼓、锣等，不但传递速度慢，而且信息量有限。更重要的是，这些信息掌握手段都必须在一个庞大体系内才能发挥作用，个人在这一体系中起到的是为信息服务的作用，而信息则为集体服务。就以克劳塞维茨撰写《战争论》的19世纪战争背景为例，获取情报通常还是高级指挥人员的专利，普通士兵只需执行长官发出的命令即可，或者担负侦察任务获取信息后也主要是将情报上报而非自行处理。

因此，只有当信息获取与传递设备体积足够小巧、功能足够强大并能单兵携带时，才能说是信息为个人服务，而将信息获取与传递设备整合到军服上的行为则使这一过程变得更为人性化，并大幅加快了战场节奏和单兵战斗力。在人与其他人、人与机器的信息交流中，军服是最重要的媒介。传统的信息获取、交流手段与军服的整合工作比较简单，如内置耳机的头盔、别在作战服上的步话机等。从20世纪后半叶以来一系列世界热点地区的冲突来看，信息获取与传递的设备如果不能有效整合到军服上，不能和人体的运动与知觉特征天衣无缝地结合起来，就不能发挥应有的作用，不能适应日益激烈的信息化战争的要求，这正是一代代军服科研工作者致力于改进的目标。

（一）军服作为人—人交换信息的工具

现代战争中，无论是塔台控制人员与飞行员之间的信息交换、抑或是同样身处巷战一线的两名战士之间的信息交换，对于保全作战者生命并取得胜利都有着至关重要的作用。当军服作为人与人之间交换信息的工具时，只要通过听觉和视觉发挥作用。

1. 听觉（语言）

语言是人与人之间信息交换最常用的手段，有线通信设备和无线电设备的出现拓展了人自身的交流能力，使相距千里的两人可以如近在咫尺般通话。这一点对于军事活动来说意义非凡，通信技术的提高使调动兵力和侦察敌情的过程都发生了质的变化。但是军事人员双手往往有其他工作，因此受话装置（耳机）和送话装置（麦克风等）必须与人的头部柔性结合，以腾出双手。这是人体工程学在设计工作中的基本原理，今天已不再新鲜，而且有线耳机或无线蓝牙耳机已经在民事领域普及开来。但在军事领域内，对信息的掌握必须和军服的其他功能，尤其是和作训服的功能结合起来。最明显的就是头盔和通信设备的结合，将防护与通信合二为一，使战场联络更为简便。最早整合到军服上的信息设备是飞行员使用的带有无线电送话和受音装置的头盔，其后是坦克内部成员使用的带有耳机的头盔和喉头送话器，这些嵌入军服的通信设备还需要平台搭载的通信设备的转接。

第二次世界大战期间，德国装甲部队对通信问题高度重视，由于坦克内部噪音巨大，成员之间要想相互交谈是绝不可能的，即使通过对讲机也不行，为此德军装甲兵使用贴在喉部的喉头送话器，将喉部的震动转化为声音信号。德军车组成员之间、车组与车组之间，都可以通过头上佩戴的耳机和喉头送话器交流，第一时间发现敌情下达指令，使制定精妙的战术成为可能。相比之下，同期日本坦克由于技术落后，车长向驾驶员下达命令必须结合按钮和肢体语言，车长拍一下驾驶员左肩代表向左转，反之则是右转，体现出技术落后的弊端。不过，在20世纪末与21世纪初世界军事强国的军用服饰中，具有即时性并且与军服融为一体的通信设备已经十分普遍，这无疑是军服在人—人信息交换领域的一场革命，极大地改变了新时代的战争形态，使战争更为即时化，拥有便携的先进通信装备的一方获得制信息权，从而可以大幅降低伤亡率。

2. 视觉（图像）

依赖听觉途径在人与人之间交换信息的传统通信途径——耳机、麦克风等，主要以语言作为信息交换的媒介，功能还相当简单，传递的语音信息容量有限，而且带有口语化随意的特征，不够直观，接受信息方往往需要时间去理解，不能适应新时代日益复杂的战争形势。数据链技术和无线军用局域网的应用，使人与人之间可以传递更为复杂、容量更大的信息，如文字、现实图像，三维合成图像、视频等。士兵与士兵之间可以收发电子邮件，可以将拍摄的图像或视频放到网络上共享，敌我位置的移动被转化为高度直观的三维合成动画，这些都有赖于头盔显示器以及其他整合到军服上的输入和输出设备，如法国数字化步兵系统"FELIN"中士兵腕上类似于手表的液晶显示器，就可以直接显示来自上级的指令。这些士兵系统中的部分型号已经在阿富汗战争和伊拉克战争中实验性应用，对于提高使用方的战斗效率确

**图5-24 信息化士兵的信息
获取能力大幅提高**

实发挥了一定作用，不过操作烦琐，在高尘高温环境中使用的可靠性也还有待考验。（见图5-24）

（二）军服作为人—机交换信息的工具

经过特殊改装或专门设计的军服作为接口，是着装者从外部设备获取信息，并发送信息控制外部设备的重要媒介和通道。具有人—机交换信息功能的军服尤其适用于飞机、坦克等可独立移动、战斗人员有限，并有大量外部信息获取设备的军事环境，主要的信息交换途径包括通过视觉接收、通过听觉接收和通过动作发送等几种。

1. 通过视觉接收

军服在作为人—机交换信息的工具时，最重要的作用首先是把设备得到的信息传达给着装者，以弥补人自然感官获取信息的不足。这其中最直观，信息量最大的途径莫过于作用于人的视觉的设备，即各类显示器。这其中比较典型的是飞行员的头盔显示器，数字化步兵的头盔显示器，数字化步兵携带的主计算机系统的屏幕等。

现代战斗机速度高，技术密集度大，因此保证飞行员从各种先进传感器及时获取信息意义重大，这些信息第一类是飞机姿态，包括飞机的俯仰、倾斜、航向等，第二类与发动机有关，发动机转速表、温度表、燃油量以及一些警示灯；第三类是飞机特有的功能性状态显示，像控制襟翼角度的液压系统和起落架状态等。从早期战斗机舱的照片中可以看出，纷繁杂乱的指针式仪表和红红绿绿的信号灯令人目不暇接，需要飞行员用很大的精力去分析和归纳各种信息。

由于现代空战节奏快，飞行员的视线必须时刻注意前方和搜索四周，因此20世纪70年代以后，上述几种主要信息主要通过计算机集成的几个荧光屏表现出来，并出现了使飞行员在不影响视线的情况下得到信息的HUD（抬头显示器，中文也称平视显示器）。然而，现代空战场态势瞬息万变，电子干扰日趋强大，隐身技术、预警机和数据链技术的运用使大量的敌方"静默"目标可以在不开雷达的情况下，依靠预警机发来的信息，躲过本方雷达与红外传感器发起攻击，而人的肉眼不会受欺骗，在一定距离内，依然是一种可靠的信息采集手段。因此，飞行员不能把大量时间用来看仪表、研究、分析，而需要时时"HeadUp"（抬头）和"HeadOut"（头向外），以掌握战况，因此信息开始显示在飞行员飞行头盔的目镜上，并且不会影响飞行员的视线。①

军服在作为人—机交换信息工具时，尤其是在飞机、坦克等主战平台上时，本身不必整合过多态势感知设备，只需保留显示器等，重量可以得到控制，技术难度可降低，但军服与外部设备之间的连接是一个问题，有线连接可靠性高，但当成员必须脱离战斗工具时必须加以处理，如战斗机飞行员不得不弹射求生时，信息导线必须能迅速断开，否则会造成伤亡。

数字化步兵的头盔广泛运用了飞行头盔的成果，使单兵的信息掌握能力达到了空前的高度。但单兵由于负载有限，不可能携带大量的观瞄器材，因此作为人—机交换信息工具的步兵头盔主要是和武器上的观瞄装置配合，武器上的电视瞄准具（兼有夜视功能）通过导线直接与头盔目镜相连，这样士兵可以深藏掩蔽处，仅伸出武器射击，在城市战中尤其可以减少伤亡。

2. 通过听觉接收

在激烈的战斗过程中，人视觉所能接受的信息通道有限，在这种情况下，战斗机飞行头盔中的耳机会告诉飞行员一些信息，这些信息既包括较简单的蜂鸣警告，也包括计算机合成的语音，如被敌雷达锁定，飞行姿态异常等信息。

3. 通过动作发送

军人可以利用自身的动作，通过某些媒介向军服或军服上集成的设备发送指令。这样的媒介包括数字化步兵配装的键盘和其他输入设备等，在美国的"陆地勇士"系统中，与掌上电脑大小类似的键盘固定在着装者左小臂上，着装者可以通过按键进行操作。② 但利用人体动作在人—机之间进行信息交换的军事服饰中，最具有突破性意义且技术含量最高的当属飞行员头盔瞄准具。

飞行员头盔显示器仅是态势感知设备单方面向人发送信息的工具，相反

---

① 杨增辉："电眼如炬——浅析世界头盔瞄准具发展"，《兵器》，2004 年第 12 期。

② 董跃农主编：《轻武器装备第四次浪潮——士兵系统》，北京：国防工业出版社 2006 年版，第 17－20 页。

地，着装者可以利用头盔瞄准工具向飞机发布指令。头盔瞄准具的出现有着复杂的技术、战术背景。在以前的空战中，飞行员使用机炮和离轴发射角（空空导弹发射时目标与飞机纵轴线的夹角）很小的早期红外空空导弹，必须用机头对准敌机，使机载瞄准具工作，才能进行有效攻击。随着二代战斗机机动性能的不断提高，新型空战战术（如能量机动）的日臻成熟，离轴发射角越来越大的高灵敏度近距格斗导弹的出现，这些联动因素既相互制约又相互协调，彻底改变了20世纪70年代以后的近距空战。没有任何一种机载瞄准具能够跟上转瞬间可以做出极大G力机动的新型战斗机，但人的视线可以，唯有将瞄准具与人的视线整合到一起，做到"发现即攻击"，才能发挥新型空空导弹的优势，在空战中有效保存自己消灭敌人。这些因素正是头盔瞄准具出现的推动力。美国1973年装备海军F—4"鬼怪"机飞行员的是第一代头盔瞄准具，视场还较窄，80年代以以色列DASH为代表的第二代头盔瞄准具将视场放宽到了20度，20世纪末普遍装备的是以美国JHMCS（联合头盔提示系统）为代表的第三代头盔瞄准具，广泛运用了液晶显示、超大规模集成电路等人类尖端科技。第三代头盔瞄准具可以做到飞行员转动头部对准目标，机载系统即可将其锁定并根据飞行员的指令指导导弹发射。

头盔瞄准具的关键技术是视觉耦合，为了保证机载设备可以准确追踪飞行员头部转动的角度，目前广泛使用的是磁感应和光敏技术，前者主要有座舱下方的磁力发生器制造包围飞行员的弱磁场，然后飞行员转动头盔就会引起磁场变化，头盔中的若干个磁力感应仪便可据此计算出头盔转动的角度。可以说，头盔瞄准具是最早具备人—机交换信息功能的军服之一，其重要意义怎么高估都不为过。[1]

4. 通过语音发送

在战斗机上，语音控制早就被作为飞行员给即在电脑下达指令，控制观瞄设备的手段之一。只是在飞机上，飞行员控制的设备是外在的，即使不通过头盔，也能被设备感知。因此不能算完整意义上的人—机通过军服交换信息的例子。

在新世纪世界各军事强国竞相发展的数字化步兵系统中，用语音控制军

---

[1] 杨增辉："电眼如炬——浅析世界头盔瞄准具发展"，《兵器》，2004年第12期。

服上配装的主计算机系统或其他子系统具有不亚于战斗机飞行员的迫切性。因为步兵往往身处前沿，作战环境险恶，数字化步兵语音控制装置就此应运而生。21世纪初最典型的步兵语音控制装置是美国"陆地勇士"系统的"VCS"，其可以识别如"更换频率"等口语指令，特别是高性能辨音器极为适合陆战场喧嚣嘈杂的环境，可以极大缓解士兵的压力。

（三）军服作为机—机交换信息的工具

军服在作为人—人、人—机信息交换工具时，信息发送和交流的主动权由人的主观意识掌控。但在以下几种情况下：一、信息需要时时更新；二、着装者失去知觉和行动能力；三、发送获取信息需要极快的速度以至远远超过人的反应能力的时候，现代化军服上的信息储存和发送设备就会自动向其他设备发送信号并回答其他设备的问询，这时军服就作为机—机交换信息的工具，主要可分为军服上的设备主动定位和进行敌我识别。

1. 主动定位

在作战和训练中，士兵需要时时了解自己的位置，只有在这一前提下才能准确评估敌我态势并计划下一步行动。美军从20世纪末开始广泛使用的GPS军用信号接收机，体积小巧，功能完善，尽管目前还是以军服为平台的独立装备，但在"陆地勇士"系统中已经与军服进一步整合，并加上了位置坐标推算模块，通过计步器、电子罗盘等设备弥补GPS的不足。在GPS军用信号接收机工作时，其将时时与地球同步轨道上的三颗卫星交换信息，从而准确得出自己的三维位置。[①] 尽管这一信息交换过程没有人的直接参与，但获取与发送信息却是由人的主观意志决定的，因此可称之为主动定位。

2. 敌我识别

通过视觉形象识别敌我是军服标示功能的重要组成部分。但识别敌我充满不可预测性，距离、能见度、伪装、化装都有可能会造成误判，既有误伤战友的可能，也有可能被敌人化装渗透而遭到攻击。基于此，在单兵军服中引入早已在飞机、坦克等作战工具上广泛使用的敌我识别装置具有很大的迫切性。在美国的"陆地勇士"项目中，CIDDS（徒步步兵作战识别系统）已经成为标准配置。该系统包括装在武器上的红外激光询问机和无线电接收机，

---

① 董跃农等主编：《轻武器装备第四次浪潮——士兵系统》，北京：国防工业出版社2006年版，第18页。

以及头盔上的激光探测器和无线电发射器，系统采用激光和无线电两套手段，自动工作，可以在不到 1 秒的时间内进行有效的询问应答。在这种情况下，军服是本方人员之间，或敌我双方识别系统交换信息的工具。

（四）军服作为采集并加工信息的工具

随着科技的发展，新时代军服不但可以用作人与观瞄设备之间的接口，而且许多军服自身就具备了强大的信息采集功能。军服采集信息的功能是对人类自身视觉、听觉等功能的放大、增强，并弥补其不足，这也就决定了具有态势感知能力的军服所采集的不能只是原始信息，只有对信息进行加工才能使之为人所用。最典型的具有采集并加工信息功能的军服莫过于整合了夜视仪的军用头盔。相关研究早已证明，和许多动物相比，人类的夜晚视力较差。尽管在历史上的部分战例中，一些军队致力于发展夜战优势，但人的生理极限终究无法克服。要想在军事行动中隐蔽监视，能够掌握敌方行踪又不被敌方所发现，使战场做到"单向透明"，就要发展可以单兵携带的夜视装备。在第二次世界大战末期，作为"末日奇迹"的一部分，德军最早在"豹"式坦克上装备了原始的红外夜视装置，尽管工作距离只有 500 米，但毕竟开风气之先，为以后红外夜视装置进入单兵装备序列，进而与头盔整合为一体做出了开创性的贡献。

在代表 21 世纪初科技水平，普遍采用成熟技术的第一代数字化步兵系统，如美国的"陆地勇士"中，夜视器材尽管还没有彻底与头盔融为一体，但至少已可以依托头盔上的夜视器材承架和显示器协调一致地工作，目前比较普遍采用的是微光夜视仪。微光夜视仪可以将有限的自然光大倍数放大，从而提高人的夜间视力。整合了夜视器材的头盔是最典型的采集原始信息，并进行加工处理使人的肉眼可以清晰分辨事物的军事服饰。在视觉之外，采集原始声音信息，并进行加工处理以增强人听力的设备也已被发明，"陆地勇士"的头盔上整合了人工听力增幅器，借助这一设备，远处敌人挪动的脚步声和低声说话会被定位放大，极具实战意义。[①]

（五）军服作为采集（接收）并分析信息的工具

如果说采集信息并加以处理的军事服饰，加强了人体态势感知的能力，

---

① 黄伟杰："21 世纪的步兵——数字化战士"，《世界航空航天博览》，2002 年第 13 期。

那么能够对采集的信息加以分析处理的军事服饰，加强的就是人脑分析信息判断局势的逻辑推理能力。随着大规模集成电路在"摩尔定律"作用下价格越来越低，性能越来越高，21 世纪初电脑摆放在人们的书桌上，出现在汽车轮胎里，被随身携带，甚至出现了造型略显夸张的电脑时装。在军事领域，电脑帮助人脑处理信息并做出分析判断由来已久，只是"嵌入"军服的时间并不长久。在第一代数字化步兵系统"陆地勇士"中，单兵主计算机系统及其操作系统具有核心作战功能、通信管理功能、硬件管理功能等八大功能，可以协助士兵管理协调外界传递来的信息，如 GPS 数据、友邻呼叫等，也管理自身装备的信息，如电力检测、时间管理等。不夸张地说，数字化步兵系统中的计算机对使用者的意义不亚于台式机或笔记本对一个现代都市白领的意义。

第一代数字化步兵系统中的计算机还没有和单兵的观瞄设备广泛结合，也就是说，不能对原始数据和信息进行分析。在完全根据数字化战场要求全新设计的第二代数字化步兵系统——美国的"未来士兵2025 系统"中，新型头盔整合了环境监测传感器和小型雷达等态势感知设备，计算机可以根据这些设备得到的信息进行分析，将友军和敌军进行定位，并自动进行威胁排序，指导士兵对威胁最大的目标反击。这样一来，军服作为采集（接受）并分析信息的工具，已经完全在一个封闭循环中运作，变得更为完整。[①]（见图 5 - 25）

**图 5 - 25　美军"未来战士 2025"
的一种方案**

（六）军服作为采集并转发（共享）信息的工具

在航天领域，最先进的战斗机设计方案正在尝试将天线整合进飞机蒙皮，一来使飞机外形光顺利于隐身，二来维修便利。这也启发了数字化步兵系统的设计师们，因为现有数字化步兵各分系统大多使用各自的天线，不但容易

①　董跃农等主编：《轻武器装备第四次浪潮——士兵系统》，北京：国防工业出版社 2006年版，第 29 页。

损坏，使携带者运动不便，而且还使电磁兼容性变差。基于此，美国"未来士兵 2025 系统"将片状天线与战斗服表面融为一体，初步解决了第一代数字化步兵系统在天线问题上的麻烦，也使军服本身成为极好的接收、转发、共享信息的工具。

二、提高机动能力

相对于防护武器杀伤和协助着装者掌握信息等功能而言，提高着装者机动能力这一军事服饰物质形态功能显然具有"柔性"特征，甚至在具体界定上还有些模糊成分。如果铠甲不妨箭会令着装者受贯穿伤，无法与战友顺畅通话也会造成伤亡，与此等严重后果相比，服装是否能提高着装者机动能力在重要程度上似乎要逊色很多。这也是相当多军服设计制造者为了实现部分"硬性"的主要功能需求以及其他视觉形态功能而不惜牺牲后者的主要原因。但对于防护能力本就较弱的单兵来说，机动能力的强弱对于保全生命完成任务意义重大。当然，这里的机动能力与军服（护甲）的重量无关，只与形制有关。如果沉重的护甲可以带来防护性，为此付出一定机动能力下降的代价也是值得的。但如果因为军服的形制设计不合理而减弱士兵机动能力则是应该尽力避免的。机动能力永远不是绝对的指标，而是相对于特定情况而言的。在这一原则的指导下，军服的形制应该和特定自然环境、战略战术以及人的生理特征相适合，从而提高着装者机动能力。另外，在现代科学技术飞速发展的情况下，尝试通过动力介入来提高单兵机动能力的设想和实践也值得重视。

（一）通过适应自然环境提高机动能力

此处所指的自然环境，不同于温度、湿度等不直接与人身体接触的因素，而是特指地表形态、植物等直接接触着装者的自然事物组成的特殊环境。特殊的地表与植被形态需要着装者的足服和下装拥有特殊形态。

在这方面最典型的例子莫过于从古至今，陆军士兵只要穿裤装，通常会将裤脚扎进靴腰中或用绑腿绑紧，其主要功用就是为了避免树枝灌木钩挂，防沙土灌入鞋中，这应该是一种自发形成后被制度规定的做法。在适应极度恶劣的自然环境过程中，军事服饰便于着装者行动的功能自然升级为避免着装者受伤害的功能，这与前一节论述内容有所重合。例如，《晋书·高祖宣帝》中记载："关中多蒺藜，帝使军士二千人著软材平底木屦前行，蒺藜悉著屦，然后马步俱进。"① 这是一种巧妙利用服饰质料特性，在保护着装者的同时适应自然环境变化以利于行动的军事服饰范例。很多时候，在山地作战的部队应该采用适于环境的军事服饰，尤其是向民服学习，居住于山地的居民的足服必须适于爬山，必须结实耐磨且轻便随脚，而且底部必须有较大的摩擦力，这些已为山民所深深体会并应用在足服制作中。常走山路的人通常不依靠随穿随破又可随手扔掉的草鞋，他们编制葛履、打制木底鞋、皮底鞋。很多地方由妇女们用糨糊将一层层布头粘起来，晒干以后，再将粘好的"夹子"剪成鞋底样，几层夹子用粗线密密缝在一起，俗称"纳鞋底"。这与明清时期可防鸟铳铁弹的布甲制作方法大同小异。在八路军依靠山地环境伏击日军的平型关大捷中，八路军官兵主要穿着中国传统民鞋——布鞋，这种鞋虽然不耐磨、寿命短也不够坚固，但其轻便、善奔、善爬的优势在山地作战的情况就显得十分宝贵。在该役最激烈的时候，八路军（事实上参战的115师此时尚未办完易帜手续，仍应算是工农红军）部队曾与日军争夺一处重要战略高地——老爷庙，说此战斗决定了整个平型关战役的胜利毫不夸张。八路军官兵能够抢先一步登上老爷庙，应该说与轻便的布鞋分不开，而当时营养更佳、体力更好的日军之所以迟缓，在很大程度上也是因为其装备的厚重皮靴。在林彪的战后总结报告中有这样的文字："一到山地，敌人的战斗力与特长均要大大降低，甚至于没有。步兵穿着皮鞋爬山简直不行。虽然他们已爬到半山，我们还在山脚，但结果我们还是先抢上去，给他们一顿猛烈的手榴弹……"② 可见在山地作战环境中，八路军装备布鞋确实具有很大的优势。

当然适应某一时间、某一地点自然环境的军服，换了环境可能就会显得不适应。比如，地处中欧的德国陆军在20世纪还一直保持着延续自19世纪普鲁士军队穿长筒皮靴的传统，因为欧洲气候湿润，在道路建设滞后的19世纪行军容易陷入泥泞，只有长筒皮靴才能有效保持士兵机动能力。20世纪欧洲道路建设发展速度很快，到德国发动第二次世界大战的时候应该说部队已经没有穿长筒皮靴的必要，德军依然保持这一传统更多是出于壮观瞻的目的。与德国情况相似又有所不同的是，苏联红军在着装上也一直延续着之前俄军

① 《二十五史》，上海：上海古籍出版社1987年版，第1249页。
② 京炎："威名天下扬——平型关大捷点评"，《兵器》，2007年第9期。

的传统，步兵、骑兵等各兵种士兵普遍穿高筒皮靴，这很显然是为了适应苏联境内硬质道路匮乏，道路泥泞的状况。而当时苏联境内畜牧业发达，能够保证充足的军用皮靴原料供应，这正是其不同于德军之处。即使在 20 世纪 90 年代世界各主要军事强国都已普及低靿系带军靴的情况下，俄军步兵仍广泛装备传统样式的高筒皮靴，这在反映车臣战争的大量图片资料中都可以看到。

通过长筒皮靴来适应泥泞路况的做法，当属利用隔绝的原理，与之相比，20 世纪 60、70 年代的北越士兵普遍穿塑料凉鞋作战则是一种开放性的选择。这是一种完全取自民间的军鞋，除了脚底外几乎不能为任何其他部位提供防护，但在越南丛林高度湿热多雨、多溪流的环境中，这种鞋却比美军装备的厚重军靴更为适应。这种凉鞋可以保持脚部通风，进水后可以很快恢复干燥，同时也不会有皮革长期浸泡易损坏的弊端。这正是军事服饰以开放方式适应自然环境，从而提高单兵战斗力的例证。① 不过前提是着装者必须具有吃苦耐劳的精神，适应当地环境。

在一些特殊地形环境中，军服也会衍生出各种独特的样式来提高穿着者的机动能力，但也需要注意这种特殊军服适应的环境越极端，其在其他环境中使用的范围就越狭窄，使用不当给穿着者带来的危险也越大。比如，苏联红军在第二次世界大战保卫列宁格勒期间，为了适应列宁格勒周边密布的湖泊河流而配备了一种特殊服饰，这是一身高达胸部的防水胶皮衣，腰间有一个充气橡胶救生圈并用皮带固定在身上，这样士兵进入湖沼中就可以如一个"微型橡皮艇"一样，依靠手腕上挂着的两个小桨划水前进并依靠一根长铁杆测水深。②

（二）通过适应战略战术提高机动能力

不同的国家根据国力强弱和地缘政治形势会采取不同的战略，不同的军队根据自己的长处与实际装备状况会采取不同的战术。士兵的军服如果能适应这种特定的战略战术，相对而言就会提高机动能力。

基于不同技术水平层面的战争，往往会依托完全不同的作战平台或交通

---

① ［英］克里斯·麦克纳布著，卫平、张洪、童怀林译：《20 世纪世界各国军服小百科》，济南：明天出版社2004 年版，第306 页。

② ［英］克里斯·麦克纳布著，卫平、张洪、童怀林译：《20 世纪世界各国军服小百科》，济南：明天出版社2004 年版，第293 页。

工具展开。由此，作战平台或交通工具驾驶者和搭载者的服饰形态也需要不断进行调整。适应一种战争形态和相应交通工具的服饰，未必适应新的战争形势。这就使着装者所归属的集体（一般是国家）在下一场战争中归于落伍，甚至有丧权辱国的危险。就以赵武灵王胡服骑射为例，改革前的赵军服装为上衣下裳，完全适于车战模式。车兵、甲士的下裳和对应的甲衣均较长，适于下肢不需运动的车战。相比之下，普通士兵的裳则明显短于甲士，因为要便于他们随战车奔突冲锋。但是面对由车战向骑战转变的历史性军事变革，这种服装样式和搭配方式完全落伍了。赵雍于是命百官和赵军将士改着适于骑马、适于搭弓射箭的胡服样式，这就是系统服饰定制者根据自身利益，自上而下改变服饰形态以便于着装者行动的典型案例，在前面已有阐述。

不过，赵武灵王师法林胡、楼烦的胡装并非一劳永逸之举，当其经由中原民族一次次适应性改造或新作战方式出现时，又需要变革。在中华民族大融合的魏晋南北朝期间，由裤褶到缚裤的演变就最具有代表性。裤褶是一种上衣下裤的服式，谓之裤褶服。《释名》释裤即为"绔也，两股各跨别也"，以区别于两腿穿在一处的裙或袍。褶，按《急就篇》云："褶为重衣之最，在上者也，其形若袍，短身而广袖，一曰左衽人之袍也。"观其服式，犹如汉族长袄，对襟或左衽，不同于汉族习惯的右衽，腰间束革带，方便利落，往往使着装者显露出粗犷剽悍之气。魏晋南北朝时期中国南北民族大融合，裤褶随胡人入居中原，很快被汉族军队所采用，晋《义熙起居注》载："安帝诏曰，'诸侍官戎行之时，不备朱衣，悉令裤褶从也'。"这种服式后来广泛流行于民间，男女均服，可作为日常服用，质料用布、缣，上施彩绘加绣，也可以锦缎织成，或用野兽毛皮诸料。《世说新语》云："武帝降王武子家，婢子百余人，皆绫罗裤褶。"《邺中记》载："石虎皇后出，女骑一千为卤簿。冬月皆著紫纶巾，蜀锦裤褶，腰中著金环参镂带，皆著五彩织成靴。"裤褶虽然轻便，但用于礼服，两条裤管分开毕竟对列祖皇上有不恭之意，可谓离汉族服式裙、袍相距过远。于是，在此基础上，有人将裤脚加肥，以期增大视觉体积，站立时双腿并于一处宛如服裙，行动起来既方便又不失翩翩之风。但因为裤形过于博大，还是有碍上召或军阵急事。于是，为兼顾两者又派生出一种新的服式——缚裤。缚裤：《宋书》《隋书》中讲道，凡穿裤褶者，多以锦缎丝带裁为三尺一段，在裤管膝盖部位下紧紧系扎，以便行动，成为既符合汉族"广袖朱衣大口裤"特点，同时又便于行动的一种急装形式。① 在保存至今的大量魏晋南北朝时期砖画、浮雕上，都可以看到大量着缚裤奔跑、起舞的人物形象，可见其十分适于着装者活动。

还有的军事服饰利用比缚裤上的锦缎丝带更为复杂的机构来改变形态，以利于着装者行动。《宋史·兵十一》中提到宋代铠甲的"腿裙"："绍兴四年，军器所言：'得旨，依御降式造甲。缘甲之式有四等，甲叶千八百二十五，表里磨锃。内披膊叶五百四，每叶重二钱六分；又甲身叶三百三十二，每叶重四钱七分；又腿裙鹘尾叶六百七十九，每叶重四钱五分；又兜鍪帘叶三百一十，每叶重二钱五分。并兜鍪一，杯子、眉子共一斤一两，皮线结头等重五斤十二两五钱有奇。每一甲重四十有九斤十二两。若甲叶一一依元领分两，如重轻差殊，即弃不用，虚费工材。乞以新式甲叶分两轻重通融，全装共四十五斤至五十斤止。'诏勿过五十斤。"② 由此可见，这种长腿裙在马上作战时可以有效防护着装者腿部，但其重量很大，甚至于妨碍着装者步行，因此出现了在大腿根部的吊挂装置，可以将长甲裙拉起一部分以不妨碍着装者走路，在中国雕塑名作——明代平遥双林寺千佛殿的韦驮像上可以清晰地看到这个装置使用的效果，这是一种通过改变着装机制，满足着装者的防御需求和不同行动方式的杰出设计。另一种是清代的"缺襟袍"，即右襟下摆单裁出一块方形，平时走路或用于礼仪时以纽襻扣住，乘骑时则可以解开纽襻，使右边前襟短了一尺余，便于上下马。

中国早在清末新军建设过程中曾引进了先进的西式军鞋制作技术，应该说西式军鞋以及其 20 世纪上半叶的形式——低勒军靴坚固、耐穿、防刺等优越性早已被中国军人所认知。但在整个 20 世纪中，中国军队中只有极少的单位装备了军靴，个中原因不能完全用财力不足来解释。中国工农红军诞生后，经过一系列大战历练，基于自己装备落后但作风顽强、士兵吃苦耐劳的特点，将运动战作为主要歼敌手段，在基本上没有现代化交通工具，畜力也很匮乏的情况下，磨炼"铁脚板"，也就是快速徒步机动能力，曾创下过一昼夜行军120 华里的奇迹，这在世界上都是比较罕见的，因此轻便的布鞋就成为装备主流，缴获的日军皮靴尽管坚固，但在特殊的战术考虑下也难以大规模应用。

---

① 注：北魏一尺相当于今日 30.9 厘米。
② 《二十五史》，上海：上海古籍出版社，1987 年版，第 5796 页。

八路军的这一装备惯例后来被人民解放军继承，并改为更适宜大规模生产的胶鞋。在抗美援朝战争中，志愿军装备的单胶鞋尽管御寒性能极差，但却极为适合志愿军采用的需要隐蔽接敌的近战、夜战战术，美军将领对这种"走起路来悄无声息的胶鞋"留下了极深的印象。即使到了经济条件大为好转的改革开放后，甚至 21 世纪初的几年中，解放军陆军仍以经过技术改良的新型胶鞋和军用布质裹腿为主要装备，只有部分特种部队、驻港澳部队以及出国的蓝盔部队装备了军靴。这也是中国陆军在漫长的"骡马化""摩托化"建设期间仍主要依靠徒步机动的特殊情况造成的。随着中国陆军"机械化"建设的推进，皮革军靴才开始广泛装备。

西方军队尽管一直有装备各式军用皮靴的传统，也有与之相衬的财力和制作工艺，但其军靴根据不同的战术使用环境也有形制上的变化。比如，拿破仑时期的骑兵包括几个组成部分——重骑兵、轻骑兵和龙骑兵。重骑兵也称"胸甲骑兵"，统一配备十余公斤重的胸甲，担负突破敌阵的任务。重骑兵部队官兵不下马作战，其皮靴为了适应防护力的需求做得十分结实，质量亦很大。与之相比，龙骑兵作为骑马行军，下马作战的部队，其官兵的军靴就做得更为轻便，适应徒步和骑马的双重需要。① （见图5 – 26、5 – 27）

（三）通过适应生理特性提高机动能力

负载足够基数的弹药、食品、饮水以及其他物品，是单兵保持战斗力的源泉。这些必须携带的物品有多种意义，携带的弹药属于保障进攻能力的范畴；携带的防化用品属于防护杀伤范畴；携带的食品属于维持新陈代谢范畴等。携带的物品本身有很多不属于军事服饰范畴，但携带物品的装具则是军事服饰范畴，追溯这些装具的起源、演变和现状，可以得出一条结论：怎样使士兵在负载较大的同时还能保持机动能力？

战斗装具是携载武器弹药和武器及其配套设备的军事服饰，早在第二次世界大战前德国陆军就装备了设计合理的战斗装具，装具为身前两条皮带，在背后变为"Y"型并与武装带连接，子弹盒、防化装备、刺刀、水壶等都挂在武装带上，并利用肩部皮带将原本由腰带承载的重量分散至肩部，具有一定科学性。在 20 世纪六七十年代后，西方国家的陆军大多借鉴特种部队的

---

① 博阳："高卢公鸡的坚喙利爪——拿破仑军队装备琐谈"，《兵器知识》，2005 年第 12 期。

经验，开始装备多用途战术背心，将重量均匀负载在身体重心部位，并力求其外形不妨碍匍匐、翻滚等战术动作。在 20 世纪 90 年代以后，随着防弹衣的普及化，具有强大携载能力的战术背心还出现了与防弹衣融为一体的趋势。

图 5 – 26　法国画家籍里科《受伤的重装骑兵退出阵地》，1814 年，画面上可以清楚看到重骑兵的头盔、胸甲和格外厚重的皮靴

图 5 – 27　法国画家籍里科名画《负伤的龙骑兵》1812 年，可见马靴比重骑兵要轻巧

由于历史的原因，我军单兵长期采用"分件单挂"的方式，有一段时间部分战士戏言："我们像树杈，啥都往上挂"。20 世纪 90 年代《解放军报》上刊登过一篇文章《看看战士身上的带子》："一个全副武装的步兵身上竟绑着 11 种（13 根）带子；右肩左挎的有挂包带、水壶带，左肩右挎的有手榴弹带、防化包带；双肩挎的有背包带、子弹带，后肩有枪带，脖上挂的钢盔带，腰间系有外腰带，还有明确规定的干粮袋和锹镐带。据有关科研人员统计，有些特种兵身上的带子竟多达 16 ～ 22 种。"这在长时间的行军和剧烈的战术动作中，不可避免会制约使用者的动作，甚至降低肺活量。这也是我海、陆、空三军在 20 世纪末大力研制并大规模换装新型战术携行装具的动力，犹

以陆军特侦装携具一体化背心、空军和海军陆战队装具携行具为代表。①

即使是在战场交通工具高度机械化的 21 世纪，作为携行具主体的军用背包也还是步兵须臾不可分离的伙伴，舒适、容量大的背包是士兵安心作战巡逻的帮手，因此军用背包设计看似没有过多技术含量，实则难度更大。内部无框架的背包也称软式背包，式样较简单，适合装载量较少的任务。为了增大士兵的负重量，并减少背部紧贴背包的汗湿感，结合框架的背包已成为主流，其中又包含外框架热势、部分外框架架和内框架式，其中后者可以通过两个螺丝调节框架的曲度与长度，使之完全吻合人体背部曲线，使包的重心与身体更为接近，减轻背包者的疲劳感，是体现人体工程学原理的绝好例子。②

（四）通过适应武器与工具形态变化提高机动能力

武器装备的自身形态和动作机制必然会与操作者的服饰发生关系，如果操作者的服饰形态与武器的固有形态不谐调，容易产生钩挂，或影响武器的动作，就会影响武器的正常使用，甚至危害着装者的安全。东方游牧民族的传统服饰袖口多较为窄小，部分原因就是为了适应弯弓搭箭的动作。

形状不规则的、运动部件较多的大型化武器往往需要大型作战平台搭载，这些平台内部往往不能为穿行其间的操作者提供太多的空间，因此对其中操作者的服饰要求就更高。尤其是工业革命以来，大型作战平台和武器形态改变操作人员服饰的例子就更为普遍。有着悠久航海传统，又是工业革命发源地的英国海军服饰简洁，适应蒸汽化军舰内部的促狭环境。当清王朝在鸦片战争后被英国人的"坚船利炮"打开国门后，深感自己军事差距，于是决定引入以西方蒸汽军舰为代表的新型装备。在实践操作中，传统的清朝水师官兵服制皆不适于空间狭窄的军舰环境，尤其是高膛压的身退和管退火炮、三胀往复式蒸汽机及至后来蒸汽轮机的广泛使用，都使操作空间中布满快速运动的金属机件。当时清军水师官兵依然沿用传统剪裁技艺的宽大号衣，普遍不合身，易钩挂，尤其是依然保留的发辫一旦被卷入机器，后果不堪设想。因此去除发辫的呼声在清末海军中一直十分强烈。最终在 1910 年，"海圻"舰在程璧光率领下出访途中，第一次成建制地剪去发辫，得到早已深感其弊

---

① 廖新华："我军的新一代单兵装具与携行具"，《兵器》，2000 年第 8 期。
② 王正和："军中百宝箱——背包"，《兵器知识》，2001 年第 3 期。

的全体官兵拥护。

尽管在北洋海军期间发辫一直未剪，但首服也进行了一定的改革以适应舰上环境和新出现的军民两用工具。从北洋海军各级军官的留影上可以看到，当时军官普遍头戴清朝冬季官帽——暖帽似乎与平常的暖帽形制无二，但其实这是北洋海军专用帽，比标准暖帽窄小一些，顶戴花翎也短一些，更适合舰上狭窄局促的环境。此外，军官经常需要用望远镜观察远处，这种改良暖帽与望远镜镜头不会互相干扰，体现出设计者及从实际出发又兼顾传统的设计风格。在一张"致远"舰中外军官的著名合影上集中展现了北洋海军最典型的军官军便服，画面正中是"致远"舰管带邓世昌。中方军官全部头戴黑色毡制的军便帽（俗称瓜皮帽），这种军帽小巧舒适，主要在非礼仪性活动如会操、指挥作战、日常会客中戴用。值得注意的是，帽顶也有标志官员级别的顶戴珠子。军官服是典型的带有云头纹的中式短褂，这种短褂作为北洋海军军官的标准制服，已经为适应海上作战生活收紧了腰摆，袖口虽还较宽但已不妨碍工作。作为中国最早具有近代化特征的武装力量，北洋海军在中国传统戎装走向现代化的进程中做出了可贵的尝试。

（五）通过动力介入提高机动能力

以上四种军事服饰形态提高着装者机动能力的传统做法都属于原有技术水平上改变军服局部形态的范畴，一旦在脱离开其适应范围后就会暴露出种种弊端。因此，现代军服设计者一直力求给军服结合上动力设施。毕竟现代战争中，尽管步兵大部分时间可以乘车作战，但很多情况下，尤其是巷战和特种突击作战，仍需要步兵背负所有装备徒步行进，这时为了作战便利而准备的大量观瞄装备、个人计算机、电池系统以及备份弹药口粮就会成为士兵的负担。这些装备有时甚至会达到 75 公斤之多，已经达到人体机能的上限。在这种情况下，美国加州大学伯克利分校接受美国国防先进研究计划局的资助，正在研究一种"伯克利极限下肢外骨架"（BLEEX），这种设备由计算机控制，用动力装置提供液压动力，与使用者的下肢连接在一起，可以提供巨大的携带物品的能力。在实验中，测试者只用背负 2 公斤物品的力就可以负载 32 公斤物体，发展前景十分光明。① 在美国的"未来士兵 2025 系统"中，

---

① 祝翠："自带动力的外骨架帮助人运动"，《兵器》，2004 年第 12 期。

也采用了将"身体增强记忆纤维或机械辅助肌肉结合到制服中，以加强士兵在未来战场上的体力和耐久力"的做法。① 当然这种办法也有自己的局限，如技术过于昂贵复杂，战场修复艰难，能源保障不可靠等，其大规模应用的前景仍不明朗。

（六）通过减弱其他功能需求提高机动能力

综前所述，一件军事服饰，其设计中考虑的各种功能需求，都要根据其主要使用环境决定。因此，军服设计者的主要工作就是平衡各种功能需求的比重，最终确定一件或一类军事服饰的外在形态与功能元素。前面论述过，通过加厚甲片、增大防护面积来提高服饰防御功能往往要以牺牲机动能力为代价。反之，要想提高服饰便于着装者行动的能力，一种根本性的解决之道即减弱其他功能需求。《资治通鉴·太祖文皇帝中之中》里记载："安都怒，脱兜鍪，解铠，唯著绛纳两当衫，马亦去具装，瞋目横矛，单骑突陈；所向无前，魏人夹射不能中。"这即反映出减弱防御功能后，着装者在战术机动能力（阵型转换和单兵格斗）中灵活性的提升，当然这里也有后面要提到的反常着装行为的威慑作用。《宋史》中也有："更造轻甲，长不过膝，披不过肘，兜鍪亦杀重为轻，马甲易以皮，车牌易以木而设转轴其下，使一人之力可推可擎，务便捷不使重迟。"② 的相关记载。

在减弱防御功能之外，减弱礼仪等附加于服装之上的需求也能提高着装者的行动能力。隋唐时期士庶、官宦男子普遍穿着的常服圆领袍衫（亦称团领袍衫），即为此类实例。从大量唐代遗存画迹来观察，圆领袍衫明显受到北方民族的影响，一般为圆领、右衽，领、袖及襟处有缘边。文官衣略长而至足踝或及地，武官衣略短至膝下。幞头、圆领袍衫，下配乌皮六合靴，既洒脱飘逸，又不失英武之气，是汉族与北方游牧民族相融合而产生的一套服饰。所以宋代朱熹说："今之上领公服（指唐之常服），乃夷狄之戎服，自五胡之末流入中国，至隋炀帝巡游无度，乃令百官戎服以从驾，而以紫、绯、绿三色为九品之别，本非先王之法服，亦非当时朝祭之正服，今杂用之，亦以其便于事而不能改也。"圆领袍衫虽不是严格意义上的军事服饰，但从唐代遗留

① 董跃农等主编：《轻武器装备第四次浪潮——士兵系统》，北京：国防工业出版社 2006 年版，第 30 页。

② 《二十五史》，上海：上海古籍出版社 1987 年版，第 6550 页。

的艺术作品中也可以看到这种男子常服也广泛出现在骑射训练游艺中，这生动说明了减弱其他礼仪性需求可以有助于改变服饰形态，提高着装者行动能力。在圆领袍衫基础上，还有一种在腋下开衩儿的缺胯袍，更广泛地被用于军事场合，其形态便于着装者行动。

三、直接参与进攻

就单兵而言，直接攻击敌人的装备应该是携载的武器系统，但如果军服能够直接投入进攻，对敌人造成杀伤，那无疑会增添一份胜算。在冷兵器时代，一部分铠甲在护腕上缀有利刃，可以在近距格斗时作暗器使用。许多头盔顶部配有类似于矛头的饰件，让人自然而然联想到其可以作为武器使用，只是目前尚没有其曾有效使用的例证。前面也提到过如明光铠等军事服饰能够通过强反光干扰对手的情况。

自古以来，情报部门为其特工配备了先进且令人眼花缭乱的武器，出于情报工作的特质，这些装备的相当一部分十分隐蔽并与服装结合在一起。比如，苏联克格勃（国家安全委员会，缩写为 KGB）特工，部分装备了靴尖可弹出利刃的靴子，在近距离的生死格斗中可以起到出其不意的作用，手表上有可以拉出的钢丝绳，勒住敌人脖子可置其于死地。克格勃特工虽然不是军人，这些服饰也很难划归军服范畴。但它们的存在证明了这样一个事实，即军服本身具有进攻性在技术上完全可能，制约其出现的完全是成本和战术使用的不同。当然，当时苏联的"格鲁乌"（军事情报局）特工完全是军人，尽管对他们所知甚少，相信当时"格鲁乌"特工的装备不会逊于克格勃，他们的服装完全可以作为特种军服来进行研究。

对军服的进攻功能来说，真正具有革命性意义的是德国头盔枪（与其说是实物不如说是这一概念）。关于这种武器的热烈谈论从 80 年代初就已开始，根据流露出的资料和一部分猜测图，可以肯定该头盔将发射无壳弹的枪支及其瞄准装置整合进头盔内部，射手使用嘴边的气动击发装置，用吹气的方式控制射击。仅就这一概念而言，其革命性不仅在于将士兵双手解放出来，而是在于直接将武器与人体上具有最精确瞄准功能的器官——眼睛安置在同一轴线上，可做到"发现即攻击"。

然而，尽管沸沸扬扬，也令无数人激动不已，却从未见过这种武器如预期般投入使用，甚至是否制造出了原型也不得而知。原本该头盔是作为德军"2001 士兵系统"（德国当时预想的数字化步兵系统）的一部分。① 但现在德国的未来士兵系统（Idz）已经投入阿富汗战场，经受实战历练。② 但这套装备中却无从寻觅头盔枪的影子，个中缘由何在？一定是遇到了无法解决的技术瓶颈，结合其他事实，这一问题恐怕出现在头盔枪选用的无壳弹上。头盔枪选用的枪弹必须满足一些特殊的要求，如自重轻，整个头盔的重量应该在 1公斤到 2 公斤之间，否则就会超过人颈部的耐受力。另外，枪械靠近人最敏感的脑部，要求可靠性高，后坐力引起的震荡小。无壳弹从理论上可以满足这些要求，由于没有弹壳，弹头埋在成型的裸露发射药中，自重很轻，又没有烦琐的退壳要求，可靠性高，后坐力小。使用无壳弹的 G11 步枪为此一度成为世界轻武器领域追捧的对象。然而在 G11 步枪长期的测试中，却暴露出无壳弹一个难以克服的技术障碍——没有弹壳保护，进入过热枪膛内的发射药会自燃。这个问题如此顽固，以致被戏称为"老妖婆"。这一问题最终导致了 G11 步枪成为世界轻武器领域的一个匆匆过客，同样使用无壳弹的头盔枪也难脱此命运。然而并不能否认武器直接与军服结合是一个必然的趋势，美国"未来士兵 2025 系统"中的主武器系统就是一个形似鼠标，重量不超过2.5 公斤，佩戴于士兵手腕的"超轻量复合弹药发射兵器"，不再使用武器上的准星，而是将观瞄装置集成于头盔显示器中。应该说这一构想继承了头盔枪的衣钵，并扬长避短，在一定程度上代表了未来武器系统与军服渐行渐近的发展方向。③

第五节　维生——军服的物质形态功能之三

任何一件军事服饰作为物质形态存在时，其首要功能是满足军事目的，即防御和进攻。但是军事目的的实现必须以作战人员在严酷的自然和人工环

---

① 弥伦、苏刚、张千军："新概念头盔"，《军事世界》，1998 年第 11 期。
② 蒋炫："德国未来士兵系统——单兵武器系统变革的先行者"，《兵器》，2005 年第 9 期。
③ 董跃农等主编：《轻武器装备第四次浪潮——士兵系统》，北京：国防工业出版社 2006年版，第 30 页。

境中生存并保持良好的身体状态为前提。因此在攻防之外，军服的另一个重要功能就是维持穿着者的生存，避免其健康状况和持续作战能力受到各种自然因素和其他因素的损害。

人体只有在各种生理指标正常的情况下才能维持各器官直至整个肌体正常运转，在此基础之上才能完成各种工作。军事服饰在维持穿着者生存这一点上与民服有一定程度的共性，但是军事行动具有特殊性，军人往往要在各种条件极端恶劣的自然和人工环境下工作、战斗，在这些极冷、极热、极潮湿、极低气压等环境中，军人要想维持生存很大程度上要依赖穿在身上的军服。因此军服为了适应环境而发生的种种形态变化，其最终目的就是在各种严苛甚至不适于人生存的自然和人工环境中保证穿着者身体各方面指标维持在一个正常值的范围内。

一、保持正常体温

军事服饰的使用者，或服饰文化学意义上的着装者——人类，属于恒温生物，其身体主要器官和血液循环只有在一定的温度范围内才能有效工作。按照口腔温度计算，这一数值大致在 36.5~37℃。人体拥有天然的体温调节机制——中枢神经系统能够通过神经末梢感知外在温度的变化，并运用多种手段保持身体中心温度的稳定。但如果外部温度持续变化，超出了人体自身调节能力，就会导致体温过高或过低，从而对人体行动能力（短期内）和健康状况（相对较长时期内）造成严重伤害。基于这一生理学上的现实，军事服饰的设计制造者，往往将军服保持着装者体温的功能作为重中之重，以设计出能够有效对抗严寒、风沙、日晒的军服为至高目标。

要实现保持着装者体温的功能需求，使设计制作出的军服得以实现自身物质形态功能，军服设计制造者需要解决三个主要问题——避免体温下降、避免体温上升以及避免体温剧烈变动，就目前来看，解决的手段多样的、灵活的，在很多时候还是因地制宜的。

（一）避免体温上升

在高温环境中，人体自身产生的热量不能有效通过空气热交换被带走，于是人的神经中枢开始依靠散发汗液带走多余的热量，以使大脑和重要脏器保持恒定温度。但当温度继续上升，汗液蒸发的功能失效，就会使大脑丧失控制体温的能力。应该说，军服的散热要求和军服其他功能，如防护动能弹、标示技术岗位、伪装等，在很多根本层面上是相互矛盾的。在革命性的技术（如单兵微气候调节系统）大规模投入使用前，设计军服仍是一个避免体温上升与其他功能相互斗争的过程，以及一个最终相互妥协的结果。

就目前来看，在士兵执行作战任务和勤务过程中，可能遇到的高温环境有整体自然高温环境、人工整体高温环境、人工局部高温环境等五种。由于各种高温环境的具体情况往往与士兵的特定战斗岗位、任务不可分割，因此军服在避免穿着者体温上升时往往会根据具体情况采取不同的防护方式。

1. 应对自然整体高温环境

军人在执行军事任务时，自然环境中的局部高温威胁尤其是火山爆发、森林火灾等，从空间和时间范围上说是有限的，并不会太多影响军服设计，但在沙漠这样的整体高温环境下作战和执行勤务却是常见的。沙漠环境没有遮蔽，直射和反射的阳光会给人造成灼伤或使人脱水等，防护高温的根本出发点是在接受高温环境这一现实基础上，采取力所能及的防护措施。这些具体措施又分为四种方式：遮蔽身体、增大服装反射能力、增加体表散热面积以及隔绝。

（1）遮蔽

尽可能利用轻薄透气的面料，采取遮蔽手段防止紫外线直射对人造成的伤害，并尽可能有效地避免身体与服装之间空隙积蓄热量，这是一种很古老的手段。从古至今众多沙漠游牧部落军队就是如此，即使在现代化军队中，仍保留了具有遮阳功能的军帽和军帽后边护住脖颈的遮阳帘，法国著名的外籍军团军帽就带有这样单块的遮阳帘，二战日军军帽则带有多条状的遮阳帘。

（2）反射

夏天穿白色衣服凉爽，穿黑衣则较热这是一个习以为常的现象。如果要解释其原理，则要用到知觉、热力学等多门学科的知识。因为不同的颜色其光谱特征也不同，反射光线的性能也不同。白色几乎可以反射各种颜色，因此吸热性最差，如果将白色的吸热性作为基准点100%，那么黑色就是208%。这正是在炎热气候环境下作战的士兵多穿浅色甚至白色军服的由来，如海军士兵夏常服多为白色或上白下蓝，而冬常服则多为蓝色。身穿白色军服军队最为声名显赫的，莫过于第一次和第二次世界大战期间主要在中东作

图 5 – 28　头戴白色军帽的外籍军团

战的法国外籍军团，他们身着宽松肥大的白色军装，在恶劣的沙漠地区与游击队作战，并赢得了沙漠战神的美誉。（见图 5 – 28）

（3）散热

增大体表散热面积是很早就被广泛采用的防护高温手段，甚至可以说自人类战争的第一天就已出现。在今天保留下的诸多壁画和雕塑中，可以看到古埃及军队在北非炎热的气候下多只身着短裙作战以尽可能多散热的情形。即使在现代战争中，这种古老的方式仍然在广泛采用，比较具有代表意义的是第二次世界大战北非战场的英联邦军队，如英军、澳大利亚军等，以及另一阵营的意大利部队，都普遍穿着短袖上衣和短裤作战。他们为了保护小腿穿长筒毛袜，军帽选用具有较大遮护面积的样式，澳军戴着类似于牛仔帽的宽边软檐军帽，意军则戴专门设计的有长帽舌的军便帽。①

（4）隔绝

增大散热面积进行防护只适用于人体与空气进行热交换的情况，在人体与地表的直接接触中（白天沙漠地表温度可能高达 70℃ 以上），要想保证不受高温伤害就只有将足部与地表进行有效隔绝，其范例就是美军在海湾战争期间装备的新型沙漠战靴使用具有极佳隔热性能的轻型丙烯酸丁基腈材料，表现出"轻便、稳定的优点，而且舒适、透气性好，能防沙子钻入，不需擦油，有一定防雷能力。"②

2. 应对人工整体高温环境

人工整体高温环境，是在非自然因素下产生的具有极高温度的整体环境，来自各种可燃物质如燃料、发射药等燃烧释放出来的巨大热能。对于士兵来说，防护人工整体高温环境的需求更为迫切，因为人类为了战争运用的化学能燃料和弹药在反应、工作或意外情况下会释放出巨大的热，从而产生众多

---

① ［英］安德鲁·莫罗著，叶正茂等译：《二战军服全记录》，上海：世纪出版集团上海人民出版社 2006 年版，第 84 – 100 页。

② 王书勤："千里之行始于足下——形形色色的战靴"，《兵器知识》，1997 年第 7 期。

极限温度超过自然高温的特殊环境。人工整体高温环境和自然整体高温环境有显著不同，其首要特征就是极高的温度，这决定了军服对其防护和防护自然高温有着形与质的区别。最典型的人工整体高温环境就是军用陆上机场或航空母舰机库与甲板爆发的火灾现场，这些空间为了保障作战飞机的训练作战任务往往堆放着大量的航空燃油、弹药，一旦燃烧或爆炸，负责扑灭他们的士兵将会面临世界上最危险的工作环境。在这种情况下，防护服要防护的主要是灼伤、烧伤和吸入高温气体（800℃的高温气体会使人喉咙发生水肿从而窒息），这决定了必须采用具有高度阻燃性的材料并采取全面的防护方式。第二次世界大战期间，英国空军广泛装备了一种阻燃性石棉防护服，其形制类似于防生化服，但采用高度阻燃的石棉纤维布制作。在制作工艺上，注意将接缝降到最低，并尽可能采用重叠结构，如裤子可以遮住鞋、手套长达肘部等。迄今为止，这种服装是保障士兵在人工整体高温环境下体温不会大幅上升的典型例子。①

3. 应对人工局部高温环境

军服要防护的一种局部人工高温环境来自各类长时间发射后的炮管与枪管，以及其他相关部件，在连续发射后这些部件的温度可能会上升到一个令人惊愕的程度，这时军用防护服主要的功能是防止烫伤。坦克兵之所以穿连体工作服，有便于动作的考虑，但同样也考虑到坦克内空间狭小，而又充斥着如炮尾、弹筒等高热物体，穿连体服可以避免后腰被烫伤。对于步兵来说，自动步枪与机枪枪管则更是不折不扣的高热物体。尤其是机枪，担任火力压制任务，一旦枪管过热就会变形，或使弹药早炸，因此必须加以冷却。一些重型机枪，尤其是马克沁机枪依靠水循环冷却，但轻机枪则更多运用气冷方式，即更换枪管。在一些人体工程学运用得当的机枪，如捷克 ZB—26 上，副射手可以通过枪管上的提把抽出枪管，但一些设计稍逊的机枪，如美国M240，则需要士兵直接把枪管取下，为此就需要专门的军事服饰来防护，即具有很好抗热性的石棉手套。

4. 应对作战平台内部高温环境

作战平台是现代武器系统内具有运载功能且可作为火器依托的载体部分，

---

① ［英］克里斯·麦克纳布著，卫平、张洪、童怀林译：《20 世纪世界各国军服小百科》，济南：明天出版社 2004 年版，第 237 页。

包括坦克、飞机、舰艇等武器系统中除火器以外的部分。这些作战平台内部大多有供乘员操作的有限空间，这些由金属材料包围，内有动力装置的空间在大多数情况下都是一个现实的（或潜在的）高温环境，尤其是在空气调节装置诞生前。作战平台内部的高温环境成因并非单纯是自然或人工因素，而是两者共同作用的产物。因为金属是热的良导体，能够传导外界热量并在空间内积聚，而工作着的动力装置则源源不断地散发热量。根据这一结论推导，这些作战平台内部在大多数情况下都是一个高温环境，鼓励士兵克服对其的本能恐惧并减低生理不适感，除了科学且不间断的训练，更需要有针对性的、防护性能良好的军服。

军用汽车驾驶室、舰船动力舱都属于典型的作战平台内部高温环境，但最为严酷的作战平台内部高温环境当属坦克，尤其是早期坦克内部。毕竟汽车可以开窗敞篷、舰船空间宽敞可以安放下体积更大的散热通风设备，而坦克作为一种高度紧凑的战斗工具，减去厚重的装甲、动力单元、炮、弹药还要让三到四个成年男人协调工作，空间极为局促。坦克成员往往紧挨着舱壁、发动机，在热带地区作战舱内温度甚至有可能达到50℃，许多坦克成员不得不挥汗如雨地工作，早期坦克中经常可见成员中暑的现象。这种情况使第二次世界大战坦克大规模使用以来，军服设计人员一直在寻求可以有效防护高温威胁的坦克成员服装。二战中开赴北非战场的美国装甲部装备的坦克头盔是当时军事领域的最新成果之一，大量运用了人机工程学的原理加以设计，首先采用特殊纤维为原料，使盔帽在有效保护头部的同时还具有极轻的质量和较小的体积，从坦克内部空间局促和坦克成员劳动强度极大这两点上都具有重要意义。此外，盔帽顶部还有两个圆孔，这是为了散发头部的热量。① 相比较采用更先进的物理和化学降温方式的现代坦克头盔，这种早期坦克头盔尽管还显简单，但已经体现了设计者开始让装备去适应人而非人去适应装备的新思路，开始在设计过程中初步运用科学人体工程学的原理。在技术进步的背景下，二战后类似的军事服饰层出不穷，水冷头盔、水冷背心……难以一一尽数。

应该说，在现代技术条件下，降低作战平台内部人员体温，保证其持续

---

① ［英］克里斯·麦克纳布著，卫平、张洪、童怀林译：《20世纪世界各国军服小百科》，济南：明天出版社2004年版，第260页。

作战能力并不是一件太困难的事。毕竟穿着者不必自己负担这种冷却服装的重量长途行进，而是可以由作战平台加以承担。比如，美军在海湾战争期间就已将带有微气候冷却系统的降温背心投入大规模使用，在防护作战平台内部高温环境的过程中，这种装备的形制具有一定的典型意义。

5. 应对军服内部高温环境

一件单独的军事服饰不能算作一个封闭空间，但是大多数具有防护能力的军服遮蔽面积都较大，且广泛使用金属等热传导性能优良的材料，一旦外界气温变化，着装者就将遭遇高温挑战。中世纪欧洲骑士往往在全副锁子甲外面套上无袖罩袍，可以标示家族、部队的标志，如完全由德国骑士组成的条顿骑士团骑士就身穿上有黑色十字的白色罩袍。但更重要的原因就是避免阳光直射，使铠甲迅速升温。

大规模杀伤性武器投入战场后，使全密封的防化服（或扩展到核生化防护服）成为各军事强国军队的主要装备。这种防护服内部的高温环境应该是士兵最切身相关、最难以摆脱甚至是最难以忍受的高温环境。结构致密的防化服能够防止有毒气体、液体，甚至辐射波穿透，这不可避免会带有透气性差的弊端。当穿着这种早期防化服的军人在高温环境中作战时，身体与外界合理热交换的机制受到阻碍，在训练行军结束后，脱下的防化服甚至可以倒出汗水来，其艰苦程度可见一斑。当军服内部高温状况与作战平台内部高温状况同时发生时，着装者只能保持很短的持续作战时间，1980 年美国陆军曾进行过一次试验，在高温环境中"坦克乘员按'第 4 级化学防护状态'规定着装（着防毒面具、防化外衣、防护手套和防护靴），在关闭通风口和坦克舱盖的情况下进行装退教练弹、转动炮塔和俯炮口等动作，模拟主炮射击。一个小时后，坦克乘员即丧失了操作能力。"[1]

为了改变此类局面，军服设计者在现代科技的基础上，尝试利用"设备介入式"或"主动式"应对防化服内部的高温威胁。这些装备主要从成熟的电气化技术出发，如美国陆军的"单兵冷却系统"（PICS），由冰袋、电池、泵和热传感外衣组成，可以说，在穿着者身体与防化服之间营造了一个小冰箱冷藏室，能够有效降低使用者体温。当然也有技术局限带来的不利因素，

---

① 刘红松：《军事心理学》，北京：解放军出版社 1986 年版，第 316 页。

包括总重量达 5 公斤半，以致影响穿着者机动能力，而且冰袋每隔 30 分钟就要更换一次，电池也只能连续工作 4 小时，真正使用起来限制很多，其最终完善还有待于技术，尤其是仿生技术在材料上的突破。至"陆地勇士"系统时就已在集成方面有了一定突破，气冷背心被融入微气候空调\电力子系统中，能在极端气候下调节战斗服内的温度。①

在现代战争条件下，尤其是进入 21 世纪以来占据世界主要军事强国训练课目首位的低烈度战争中，作战对手的装备往往技术含量较低。这样一来，士兵也许并不需要长时间穿着防化服，但防弹衣的穿着时间却大大增加了，在高温环境下，结构致密的防弹衣造成穿着者低温升高的情况并不鲜见。在美国等国的"未来士兵系统"中多使用复杂的降温设备，需要电力和精密的元器件，一旦战损修复起来难度很大。在这种情况下，美军广泛装备的"单兵饮用水携行系统"（简称"驼峰"）起到了意想不到的作用，就因为水是热量的良导体，而且紧贴使用者背部，具有很好的降温效果。②

（二）避免体温下降

从历史战例来看，与自然高温威胁相比，自然界中的低温环境对士兵生命健康以及持续作战能力影响更大、更明显。因为很明显，人在遇到高温时，一方面可以不断减少衣物以调节体温，另一方面高温环境在时间和空间上都是限定的。但低温威胁不同，低温会在特殊气候条件和地理条件影响下突如其来，缺乏准备的士兵遇到这种情况如果没有足够的衣物保持身体热量，势必会给健康造成损害。在这种情况下，人的精力只能放到如何保存自己生命而不是作战上。防护低温采用的方法也可分为顺向和逆向两种，但因为低温环境与高温环境对人体迥然不同的作用机制，因此对低温的防护手段更丰富，技术含量更高，技术创新和思维创新的空间也更大，这都注定了军事服饰在防御低温威胁时的分类方式更多样化。

1. 应对整体自然低温环境

自然界的整体低气温是军事服饰需要防护的对作战人员的主要威胁之一。对于一支部队来说，在低温条件下如果没有合理的冬装补给势必会丧失大部分作战能力，1812 年拿破仑率领下远征俄罗斯的法军就是如此，68 万大军冻

---

① 黄伟杰："21 世纪的步兵——数字化战士"，《世界航空航天博览》，2002 年第 13 期。
② 追猎者："美军单兵装具新宠——'驼峰'储水系统"，《兵器》，2004 年第 6 期。

饿之下生还者仅有数万。1941 年兵抵莫斯科城下的纳粹德军遭到寒流袭击，冬装准备严重不足，在零下 40℃的严寒中大批身着单衣的德军被冻死、冻伤，遭受巨大兵员损失，被迫转入防御甚至撤退。

面对此类低温，人的本能反应无外乎穿更多更厚的衣物，加厚衣物是一种简便可行的御寒方式，可以用一般的保暖材料，较低的价格达到较好的御寒效果。从简单化的角度来看，军服防护低温的出发点是人的本能，如果后勤补给体系没有正常运转，身处寒区的部队没能得到冬装，士兵出于本能会自行寻找御寒材料或衣物，包括将随身携带的衣服穿在军装内，或穿用缴获的敌军冬装等。在 1943 年斯大林格勒战役结束后的新闻片中留下一位德军战俘的著名形象，他用布包着头面部，大衣里塞满了干草和报纸，靴子外套着一双样式粗陋的干草编织套鞋，目光呆滞，成为德军显露败象的典型形象。①目前来看，应对此类自然环境整体低温，军事服饰主要采取以下几种办法：

（1）样式创新

一味增加填充御寒絮料会降低着装者灵活性，因此军事服饰的设计者必须考虑如何在不过多加厚衣物的情况下，通过巧妙的设计，创新样式，可以大幅提高保暖性能并给予士兵更大的灵活性。苏联红军在二战中装备的皮棉帽就具有这种样式创新的内容。其特点是护耳等几部分冷时放下，平时卷起系于头顶。传入中国后，和解放帽并称"皮质解放帽和布质解放帽"，还有一种俗称"三块瓦"。在国民党政府和德国于 1933 年开始的军事合作中，为了改变中国士兵当时还普遍头戴大檐帽，军礼帽和作训帽不分的落后情况，德国军事顾问团根据中北欧"滑雪帽"的形制结合中国人的头型设计了一种军便帽，造型十分独特，帽舌较大，周边的护布可以放下为面颊等部位御寒，但一般折叠起来用两颗纽扣固定在帽子前端，在两颗纽扣上面是一颗较小的青天白日帽徽。这种军便帽造价低廉，使用方便，当工农红军划归国民革命军第八路军序列后也用这种便帽取代了传统的八角帽，使用时间几乎贯穿抗战，使用地域几乎遍及中国全境，只是在"皖南事变"后大多数部队都取下了青天白日帽徽以示和国民党顽固派的决裂。②

---

① ［英］安德鲁·莫罗著，叶正茂等译：《二战军服全记录》，上海：世纪出版集团上海人民出版社 2006 年版，第 185 页。
② 徐平、徐海燕著：《中国百年军服》，北京：金城出版社 2005 年版，第 136 页

在军服设计中，防风、防寒、防水三
种功能经常是被捆绑在一起的。防风的根
本目的还是御寒，但又与加厚衣物的单纯
御寒有不同之处，因为风可以加速空气流
动，加快人体与外界的热交换，所以在相
同大气温度下，风力越大人就会越寒冷。
在一些由于地理因素造成风沙较大的地区
更是如此。因此使用质地致密的材料制作
遮覆面积大的服装可以有效防风，从而达
到御寒效果。中国古代军队主要配备风帽
和披风防风沙，以北朝时期最盛，现今出
土的诸多北朝武士俑普遍身着披风。但有
趣的是尽管披风有袖，但武士俑普遍空着
袖子，将其像斗篷一样披在肩上，可能是
执勤时披着更易保暖，作战时再穿入袖子

图 5 – 29　身穿有袖披风的北朝武士俑

以利于活动。① 在机械化装备大规模采用前，各国军队中担负执勤任务的哨兵
普遍重视军服的防风功能。骑兵，尤其是俄国哥萨克骑兵身披的斗篷，不但
有很好的御寒防风功效，而且肩部高高耸起，视觉形象威武。在一些御寒衣
物上也普遍加入防风考虑，如苏联 20 世纪 80 年代装备的冬季大衣采用暗扣，
有效避免寒风吹袭胸口。②（见图 5 – 29）

（2）理念创新

当气温降低时，人的本能是加厚衣物。但军服有其运用场合上的独特性，
一味加厚衣物不可避免会带来行动不便，加重单兵负荷等弊端，因此一种分
层着装理论给士兵原衣物的形态带来了革命性的创新。这种理论强调多层薄
料服装的保暖性能远胜过单层厚料服装，美军于 1944 年广泛投入使用的 M—
1943 式军服是这种理念的产物。M—1943 式军服具体由保暖内衣、带有加厚

① 刘永华：《中国古代军戎服饰》，上海：上海古籍出版社，1995 年版，第 56 页。

② ［英］克里斯·麦克纳布著，卫平张洪童怀林译：《20 世纪世界各国军服小百科》，济
南：明天出版社 2004 年版，第 302 页。

型保暖棉布衬里的作战服以及最外面防风防水的作战夹克等组成。① 该型军服在 1944 年欧洲阿登地区的严寒中初露锋芒，在 1950 年零下 40℃的朝鲜长津湖畔充分体现优势，不但减少了由冻伤引起的非战斗减员，而且保证士兵依然可以灵活自如。至于单纯依靠理念创新提高军服御寒能力的可能性，显然是无法预测的，但只要和其他方法，如材料、设备等结合起来，显然还具有相当大的发展空间。当然，分层着装理论依然需要棉花这样的天然纤维做保暖絮料，要想进一步提高军服的防寒性能，必须进一步挖掘材料性能的潜力。

与防护高温威胁一样，更进一步的低温防护手段仍然是单兵微气候调节系统，其具有非常广阔的前景和无与伦比的技术优势（即使目前还仅仅是在理论上的）。这应该说代表了未来防护高温的大趋势，而且可以和防护低温的功能合二为一。在美国仍处概念阶段的"未来士兵 2025 系统"中，士兵生理监视系统和编织于服装中的大量小型热感应器结合起来，可以自动调节温度。② 如果在可预见的未来，这种设备介入的防低温方式能够实现相当程度的可靠性，就一定会革命性地改变单兵的后勤状况和服饰形象。

（3）材料挖潜

古往今来，动物皮毛是被军队广泛使用的御寒材料。从战争肇始，动物皮革的功能就兼具防御和御寒双重效能，并贯穿人类战争的始终。尤其是以骑兵为主力的游牧部族军队，更是以皮革作为唯一的御寒服装。现代战争规模更大，参战人员更多，而皮革作为天然材料来源有限，不可能大批量投入使用，只能装备数量有限的特定岗位人员（如飞行员、坦克手）或高级军官，或是军靴等足服以及头盔内衬等。当然，在一部分工业生产力低下而农业经济体系较完整的地区与时代，也会有特例，如中华民国期间冯玉祥的西北军在五原誓师后缺乏冬装，当地人民捐赠了数千张羊皮解决了这一问题，20 世纪的军队穿着光板羊皮冬装作战可算是一道奇异的风景。③ 此外，需要看到羊毛属于多细胞的蛋白质纤维材料，细胞排列紧密有序，因此羊毛纤维制成的

① ［英］克里斯·麦克纳布著，卫平张洪童怀林译：《20 世纪世界各国军服小百科》，济南：明天出版社 2004 年版，第 274 页。

② 董跃农等主编：《轻武器装备第四次浪潮——士兵系统》，北京：国防工业出版社 2006 年版，第 29 - 30 页。

③ 中国第二历史档案馆编：《民国军服图志》，上海：上海书店出版社 2003 年版，第 35 页。

御寒军服具有极好的防寒性能，而且弹性、韧性都较好，但和其他类似的蛋白质纤维一样不耐碱腐蚀。

与古代游牧部族军队多采用皮毛做御寒材料不同，东方农耕民族在工业化进程之前，大量以农业种植手段获取植物纤维，以此作为军服的主要保暖材料。在所有植物纤维的人工栽培中，当属棉花的栽培最为普遍，产量最大，应用范围也最广。其中东方军服采用的主要御寒材料即亚洲棉，亦称"中棉"，是人工栽培棉种之一，一年或多年生亚灌木或灌木，苞叶三角形，蒴果小而下垂。由于亚洲棉纤维粗短，不能纺细纱。因此东方服饰制作者在绩、捻、纺等传统加工工艺基础上，开发出了纤维加捻操作，通过加捻使纤维变长，同时又可使纤维更结实，更富有弹性，这一发明直接促进了短纤维的广泛应用。袄即为中原民族最常见的以棉花为主要絮料的御寒服式，大多内加棉絮或衬以里子。即使在现代战争中，以棉花为主要保暖絮料的军事服饰在许多军事强国的装备序列中也扮演着重要的角色。比如，第二次世界大战中，苏军装备的泰勒格里卡喀什军装无疑是以棉花为主要保暖絮料军服的巅峰之作。这种军服包括棉衣与棉裤，用里外两层咔叽布料加上棉花制成，其采用独特的竖条式衍缝方法，既得到良好的保暖效果又保证了较大的运动灵活性，外形特征上众多竖条十分明显。① 但用棉花保暖的军服也有不利因素，一是自重较大，二是浸水后保暖性能极度下降，三是行动不便。属于多细胞的蛋白质纤维材料，细胞排列紧密有序。当然这些也是几乎所有植物纤维的通病，由于棉花短缺英军二战中甚至采用了一种使用木棉做絮料的大衣，士兵穿着后很难有效机动作战。② 四是外形臃肿，很难达到挺括的效果，不利于保持严整的军威军容。

因为化学纤维来源广泛，便于大规模工业化生产，适合现代战争和现代社会政治经济条件下建设武装力量的需求，所以化学合成纤维的推广使军服御寒性能中一些过去未能实现的梦想变为现实。在化学合成纤维中，保暖性能较突出，且可满足军服一些特种要求的纤维主要是维纶、丙纶和腈纶。维

---

① ［英］克里斯·麦克纳布著，卫平、张洪、童怀林译：《20 世纪世界各国军服小百科》，济南：明天出版社 2004 年版，第 294 页。

② ［英］克里斯·麦克纳布著，卫平、张洪、童怀林译：《20 世纪世界各国军服小百科》，济南：明天出版社 2004 年版，第 224 页。

纶的外观、手感、吸湿性和舒适程度等都与棉花接近，这也是其被称为"合成棉花"的原因，但它的良好耐磨性却是天然棉花所不及的。腈纶则被称为"合成羊毛"，也具有良好的保暖性。丙纶以质量轻而闻名，并具有耐洗易干不变形等优点，尽管不耐热，但正好用作防寒材料。这三种材料合成在一起后，取长补短，如腈纶耐磨性差而维纶耐磨性强，这样一来可以大幅提高军服的保暖性能。这种合成絮料保留了丙纶质量轻的优点，又具有维纶耐洗涤的强项，远远胜过棉花。如今，合成絮料已被广泛运用于各军事强国的军服，美军用合成絮料制作的活动衬层，用途广泛，保暖性能与两条军毯相当，重量还不到一磅（一磅为0.454公斤）。

从长远来看，单纯依靠化学纤维很难实现军服在质量不变或更轻的同时大幅提高御寒性能的要求，取得突破的希望更多集中于仿生学领域的进展。仿生学的成果早就广泛运用于军事和民用领域，军服设计人员也开始将目光转向动物，探究它们度过严寒的秘诀。比如，借鉴北极熊毛的中空结构，研发出人造中空纤维，可以使紫外线射入然后将其阻隔在内而不散失，从而保持穿着者的体温。可见，从动植物温控机制中寻求突破，是设计人员启发性思维的结果，也是使军服在重量、造价、系统复杂程度上没有上涨的同时增强温控功能的解决之道。

2. 应对作战平台内部低温环境

由于空间狭窄并安装动力设备，大多数作战平台内部空间在运行状况下都是一个高温环境。但是当飞行作战平台在高空作战时，其内部空间又会下降到相当可怕的低温程度。对于飞行员来说，解决之道显得较为丰富，既可以采用毛皮等御寒性好的材料，也可以加厚衣物，由于飞机舱内的特殊情况，还可以利用机内设备通过服装取暖，如美国在二战期间为高空轰炸机机组人员配备的电加热服装。

坦克（有些时候也包括其他装甲车辆）因为其金属材质外壳具有热传导性强、空间狭窄等特点，使其容易受外界气温变化影响，并会将其影响放大后施加给乘员。如同在高温环境下的类似境况一样，在高纬度高海拔地区作战的早期坦克内部又会变得极冷。最早领教这一点的是二战期间东线战场上的德军装甲兵，在莫斯科郊外、斯大林格勒附近零下三四十度的酷寒中，德军装甲兵因为制服御寒性能考虑不足而战斗力大减。后来党卫军装甲部队专门装备了一种厚重的冬季连体服，以保证装甲兵在坦克舱内正常作战，但因为从 1943 年起，德国原材料来源日渐枯竭，不得不大量采用质地稀松、性能不完善的人工纤维做保暖絮料，令整件冬季连体服十分笨拙，以至没有他人的帮助就无法穿上，是否能保证装甲兵在狭小的坦克舱内灵活自如的效果就很值得怀疑。其后果就是陆军装甲部队没有装备，而党卫军自己在当年就用两面穿冬季短大衣将其全部取代。

3. 应对作战平台外部低温环境

内燃机的广泛使用彻底改变了数千年来作战平台以风力、畜力、人力为主要动力的局面，各国军队由此普遍装备了速度更快的作战平台，并先后迈入摩托化和机械化时代。正是由于其快速移动性，身处这些移动作战平台上的人员等于经受了更猛烈的风，对他们来说，通过军服设计先防风、后御寒以保持正常体温的要求就更为急迫，尤其是摩托车驾驶员、快艇舱面工作人员等。

第二次世界大战中，德军侦察部队的摩托车装备量比较大，摩托车手普遍身穿外观光滑的风雨衣，M1935 头盔上别着护目镜，有效达到了防风、防雨、防沙以至御寒的最终目的。在海上类似情况更为严重，海上没有遮蔽物，风力更强，一艘逆风全速行驶的快艇（时速 30 节以上），将经受相当于 11 级大风的考验。据研究，在大多数情况下，高速行进的舰艇舱面温度至少比周边海域要低 8℃以上，这正是各国海军要装备海上特装的原因。举例来说，我国作战海域纬度较高的北海舰队为快艇部队专门装备了全套的快艇出海服。其特点是遮护面积大，既可防水也可防风御寒，帽子为套头式，袖口和毛口还有胶质海绵密封，防止进风进水。

（三）避免外界温度剧烈变化

应该说，改变军服的厚度、遮护面积，以避免体温过度上升或下降终究是一种被动的防护方式，其方式相对原始，其效果受到衣料选择、人体承受能力等不可变指标的限制。比如，在严酷多变的沙漠作战，白天气温极高而到晚上气温又会骤降，适合于散热的沙漠军服马上遇到挑战，士兵必须依靠半大衣、军毯来保暖。

再举例来说，苏联相当一部分国土地处寒带，故对坦克成员服装的御寒性能十分重视，但二战期间当苏联红军反攻推进到乌克兰时正值夏季，很多坦克成员不得不仅在帆布连体工作服内穿一条内裤。当第四次中东战争期间，苏式坦克帽、1955 式土黄色连体棉布工作服与苏联坦克一起援助给阿拉伯国家，但在中东炎热的沙漠性气候中，这些带有毛皮内衬的坦克帽却令中东国家装甲兵苦不堪言。因为坦克帽与 RT \ IC 内置耳机集成到一起，摘下帽子成员就无法正常接受信息，这（当然还有其他原因）使许多中东国家坦克手在坦克内中暑彻底失去战斗力。显而易见，面对新世纪战争节奏更加短促激烈，空间范围更大的局面，要想保证士兵在舒适人道的环境下正常作战和执行勤务，这种传统方式的发展空间有限。

这种较落后的装备现状和日益扩大的作战需求之间的矛盾，正是军服设计人员寻求科技手段介入，开创主动保持体温恒定方式的原动力。目前的大趋势是通过现有材料的合理运用和现有技术的正确组合，创造出一个供单兵使用的微气候调节系统。在 21 世纪初世界各先进军事国家着力开发的士兵系统中，这都是一个重要的子系统，其普遍特征是利用自动监控和自动调节（多通过军服夹层中的微细水管，利用水循环升降温）。目前最具代表性的是美国已基本成型的未来士兵系统"陆地勇士"，其包含有一套微气候空调 \ 电力子系统（简称 MCC \ PS）其特点是在战斗服的小环境内部为士兵营造一个温度舒适且具有三防（防核、生、化）能力，系统由大气资料传感器、核生化过滤器、空气循环装置和气冷背心组成，功率 300 瓦，重 4.5 公斤，可以在极冷极热的环境下让穿着者保持完整的作战能力。如果顺利完成，将实现很多科幻电影对未来战士的预言。

然而，不能因为尚在幻梦中的美好未来而忽视现实困难，单兵微气候调节系统具有诸多不利因素，造价高昂，需要大量能源，尤其是电力。目前"陆地勇士"系统的电池工作时间为 12 小时，可供单兵微气候调节系统工作的时间有限（最多 4 小时），因为还有计算机子系统以及整合式头盔子系统等需要大量能源。除非将来发明出电力储藏量惊人而体积质量十分有限的电源储存设备，否则这一切只能是一场代价昂贵的梦幻游戏。即使能源储存关通过，还有可靠性、普及性等诸多考验，在严苛而且充满不确定因素的战场上，这种设备能否发挥出预想的效果还有待时间考验。或者从单兵的理论定义角度说，为其配备复杂、昂贵、沉重的设备本身就是一种误区，是"步兵"这一概念的悖论。历史已经无数次证明，最理想的单兵装备应该把可靠性放在首位。在越南战争中的例子再好不过地说明了这一点：美军的 M—16 步枪要时常擦拭，防弹衣要时常保持干燥，不用时要放到塑料袋中，还要不时倒出军靴中的积水。相比之下，北越士兵脚穿塑料凉鞋，手中拿着可靠性极高的 AK—47，身前背着功能完善、结构合理的中国式弹匣袋，不会有太多的故障，没有各子系统之间的掣肘（当然着装者在伤亡率和舒适性上要付出一定代价）。

尽管如此，21 世纪军服数量减少，功能更为集成，功能渐趋强大这一大趋势是不会被扭转的，通过科技手段时刻保持士兵体温恒定并不是不可能的，需要的只是脚踏实地的战术指标和持续不断的研发投入。

二、保持体表干燥

长期身处潮湿环境是人体健康的大敌，对于长期身处湿热自然与人工环境的军人更是如此。服装与人体之间有空隙，军人在作战训练时活动量大，每小时出汗可能达到 1000 毫升到 2000 毫升，这些水分都留存在服装上，如果不能及时通过军服表面排放到空气中，会造成极度的不适感。更不必说汗液并非单纯由水分组成，其中还有氯化钠（盐）、乳酸、葡萄糖、尿素等化学物质，这些是汗液轻微酸臭味的来源，而且具有轻度的腐蚀性，长期留在服装上与人体接触，会反复刺激皮肤，增大患皮炎的可能性。军事服饰只有在潮湿环境下都尽可能保持穿着者身体的干爽，才能保持部队的战斗力。当然，在自然条件下，潮湿往往是和高温与低温结合在一起作用于人体的，因此军服在防护上也要有所应对。

（一）应对自然湿热环境

在热带雨林地区作战训练，大气湿度经常会达到让人感觉极不舒适的地步，以前除了尽可能使衣服样式宽松，使材料透气、吸汗外没有太好的办法。显然，不论军服还是军靴，保持身体干爽不能只采取将水汽拒之门外的策略，否则军人穿橡胶靴就可以了。所以，军靴设计中防冷湿的一些要求看来是相互矛盾的，既要保持体汗、脚汗排出，又要防水，甚至防风，解决之道仍有赖于新材料的突破。就目前的情况来看，高尔泰克斯（core—tex）——一种碳氟纤维制造的军服、军靴，既可以将内部汗液排出，又阻止外部、湿气进入，美军的中间冷—湿战靴和德军于 20 世纪 90 年代投入使用的作训服都广泛使用了这种材料。① 更新的军服材料可以有效地做到防风，并将其与防水、透湿结合起来，如中国近来研制成功的一种有"人造皮肤"之称的织物，全称是"防风防水透湿层压织物"，其上布满孔径小于水滴又大于水蒸气分子的微孔，外界的风和水难以侵入，但内部的汗液却可化为水蒸气分子排出。② 这无疑将带给穿着者极大的舒适感，保证了复杂气象条件下的战斗力。

现在仿生学的研究还为军服防潮湿提供了一种崭新的思路，如松树的鳞状叶可感知大气湿度，湿度大时就合拢，湿度降低时就张开，英国正在模仿松树叶的这种呼吸机制设计防潮的人造纤维军服。

（二）应对自然湿冷环境

长期身体内处湿冷环境可能导致战壕足等病症。作为一种由于双脚无法保持干燥而导致坏疽，如果没及时救治就不得不截肢的病症，战壕足在 20 世纪的多场战争中已经造成了不计其数的非战斗减员。英阿马岛战争中英军因为长期待在冷湿环境，而穿着的 Mk—1 军靴极易渗水，导致军中战壕足病例非常之高。实践证明，只要保证双脚温暖、干燥，勤换袜子就可有效防治战壕足。基于马岛战争的惨痛教训，英国开始在 Mk—1 军靴的基础上设计 Mk—2 军靴，着重强调了防水排湿的功能，并将防水透气的防水袜作为标准配置发放。财力雄厚，推崇全球部署的美军因为要面对各种作战环境，对军服、军靴防冷湿也给予高度重视，继越战后研制成功可有效防湿热环境的热气候军靴以来，美军又投入巨大人力、财力研制成功中间冷—湿战靴，适合于 0℃ 到 23℃ 的环境。③

（三）应对作战平台内部潮湿环境

潜艇内部的潮湿环境是一种人工环境，由于潜艇密闭，空间狭小，空气流通不畅、人员数量较多且发动机组密度较大，所以大多数情况下成为一个高度湿热的环境，甚至达到 40℃ 左右。尽管潜艇内的高温环境不如坦克内恶劣，但考虑到潜艇人员很可能要长时间身处其中，潜艇服装必须具有保证人员在长时间湿热环境下正常生活作战的能力。质地较粗的亚麻纤维因为其良

① 董跃农等主编：《轻武器装备第四次浪潮——士兵系统》，北京：国防工业出版社 2006 年版，第 41 页。

② 米洋、王书勤："迷彩图案落剪刀——中美新型陆军迷彩作战服"，《兵器知识》，2004 年第 12 期。

③ 王书勤："千里之行始于足下——形形色色的战靴"，《兵器知识》，1997 年第 7 期。

好的反射、吸湿、散水性能成为潜艇工作服的首选，尽管其视觉观感上不够挺括，质感也不够细腻，但在潜艇内部的湿热环境中，只有亚麻服装是保证艇员出汗后不贴皮肤，吸汗后较长时间没有异味最合适的选择。

三、保持正常呼吸

战争的爆发不分地点，首先地球表面积的70%是水，可以想见相当多的军事行动都难以避免和水打交道。不论海军飞行员、海军陆战队员、水面舰艇人员，还是经常需要进行渡河作业的陆军都可能会面临落水后溺水的险境。因此，执行特殊任务，经常会面临落水威胁的军人，其军服设计应着重考虑保证穿着者落水后的生存能力。另外，随着飞机被广泛应用于战争，跳伞飞行员和伞兵也面临在空气稀薄除保持呼吸的挑战，这都是军服设计者所要考虑的问题，目前来看，选择的主要手段有以下几种：

（一）保持头部露出水面

不借助任何机械和电子设备，通过增强浮力使人上半身自然露出水面，以使口鼻部与空气接触，是最传统最简便可行的救生措施。这种能力的实现有比较全面的方式，如经常执行海航任务的飞行员，其在座舱中飞行时，会有氧气面罩与座舱设备相连供氧，但一旦弹射出舱后，其救生措施的核心就是有效保证飞行员落水后上半身浮出水面以维持正常呼吸，如穿着体积小巧的救生衣，并可在一定时间内保持体温等。

海军飞行员这样的全套救生装备价格昂贵、保养不易，对于其他岗位的士兵，如水面舰艇人员来说，构造简单、有良好浮力性、色彩鲜艳醒目的救生衣是必不可少的。这类救生衣一般以不透水的橡胶材料做表皮，内部填充木棉等材料，可以产生相当于自身重力10倍以上的浮力。当然，水兵服本身也有一些特定的功能有助于提高落水人员的生存能力，如水兵裤普遍较宽大，有助于落水后迅速挣脱，甚至可以将裤脚和裤腰扎紧保持一部分空气做气囊使用。

海军陆战队人员经常执行两栖任务，其作战使命和作战地域决定了在救生方面有其特殊性，如何使士兵在实行两栖任务时不必再单穿救生衣从而提高灵活性，成为提升两栖登陆作战速度和隐蔽性的瓶颈。一个悲剧性的例子就是二战期间诺曼底登陆中，许多缺乏经验的美军士兵，因为身背的行囊阻碍救生衣穿在肩部，所以违反规定将救生衣系在腰间，但下水后一失去平衡马上翻倒，腰部而不是头部露出水面，结果大批溺毙于齐腰深的水中。

在丰富两栖作战经验的基础上，美国海军陆战队以扩大士兵在两栖作战条件下的生存能力为出发点，从21世纪初就开始对一种新型作战服——"全范围战斗装备"（FSBE）进行评估，希望用它取代目前不适合海上作战的"近距离巷战装备"（CQBE），后者没有漂浮能力，浸水后重量大增危及穿着者生存。（FSBE）将LPU\ –34P浮力领作为标准配置，并与呈流线型的防弹衣融为一体，总质量仅5公斤但产生浮力达到320～360N（浮力标准计量单位），具有非常光明的应用前景。

（二）在水体中保持呼吸

海军特种部队的"蛙人"作战地域在水下，自然需要装备先进的水下呼吸设备。传统的这类水下呼吸设备是以压缩空气瓶为基础的，一般潜水员多背负1~2个，不但具有保持人员水下呼吸的功能，还成为一种鲜明的服饰形象，比较典型的是俄罗斯海军特种部队装备的AVM压缩空气瓶。

更先进的、军事色彩更浓的水下呼吸设备——"全封闭"循环水下呼吸器可以克服压缩空气瓶笨重、易暴露的弊端，可以满足"蛙人"在水下长时间作战和执行任务的需求。在进行了军事用途的提高改进后，这类呼吸设备还可以通过专用回收器收集潜水员呼出的、传统上排入水中的二氧化碳，可以不冒出气泡，以避免暴露人员行踪。IDA—71"全封闭"循环水下呼吸器，是苏联于1971年研制成功的，现在俄罗斯特种部队仍在广泛使用。

在潜水员的传统领域外，其他一些作战人员也对能在水下保持呼吸的服装产生需求，这就是直升机机组人员。作为一种不需要大型起降场地的旋转翼飞行器，直升机自20世纪四五十年代开始崭露头角以来，在各军事领域内广泛应用。但由于其旋翼的特殊位置，除了俄罗斯的卡—50外，各种直升机都没有发展出行之有效的弹射救生方式，而是极力加强结构上的抗坠毁能力。但是对于在海上执行任务的机组人员来说，一旦坠毁，即使没有死于和水面的冲击，也会在坠入水中面临窒息的危险，其境况类似于开车翻入水中的司机。基于这一现象，美国的"全范围战斗装备"（FSBE）继承了一种新设备——SRU—40型"直升机机组呼吸装置"（HABD），它置于防弹衣背部，并融为一体，通过臂下的一根供氧管相连，可保证随直升机坠入水中的机组人员，在不依赖机上设备的情况下应急呼吸两分钟，这段时间已经足够人员浮出水面逃生了。

（三）在空气稀薄处保持呼吸

大气层中的氧气密度是随着高度增加而下降的，高空的氧气密度不足以满足人的生存需要，这也是大多数现代军用飞机都将供氧功能集成在飞行员头盔中的缘故。

除了飞行员头盔外，部分伞兵也配备了高空跳伞头盔，以便在可能的高空跳伞行动中保证士兵的生存和作战能力。例如，德国"未来士兵系统"（IDZ）中，由德国 EADS 公司研制的多功能头盔就带有这种功能。[①]

四、保持其他身体机能正常

（一）保持身体内外压平衡

飞行员在执行高空（12000 米以上）任务时，一旦座舱故障失去气密性或准备弹射时，都要面临低气压对人身体健康甚至是生命的巨大威胁。这正是众多执行高空任务的飞行员会身穿"高空代偿服"的原因，这种服装多为连体衣裤，内有管状胶皮气囊，棉织物或锦纶织物质地。其工作原理与抗荷服有类似之处，当感知到舱内气压下降危及飞行员安全时，气囊会自动充气，这样代偿服就会紧紧压住飞行员身体强迫身体内外压处在一个平衡的状态。美国侦察机 U—2、SR—71 飞行员和苏联米格—25 侦察型的飞行员都要身穿特别制作的高空代偿服执行任务，使其看起来与宇航员的服饰形象颇为类似。

（二）保持血液循环

人体运转依赖于稳定的血液循环，血液中的红细胞无时不在携带着充沛的氧气和颜料由心脏泵出，奔向全身各个部位。影响血液循环正常运转的因素是较多的，如动静脉破裂造成失血过多、疾病造成血管狭窄甚至堵塞等。但在一个特殊的军事领域，血液循环一个易受影响的方面就显露出来了：血液时时受到重力的影响。

重力的存在是人类生存之所系，失去重力，人的肌肉会萎缩，骨骼会流失，健康会受到严重损害。然而重力的存在也造就了一些危险的环境。歼击

---

① 蒋炫："德国未来士兵系统——单兵武器系统变革的先行者"，《兵器》，2005 年第 9 期。

机飞行员的工作特质使他们身处对抗重力威胁的最前沿。众所周知，当我们静止不动时，身体承受的重力相当于我们的体重，当跑跳时则承受相当于体重 2~3 倍的重力，开车急转弯和坐"云霄飞车"时承受的可能更多一些。但当歼击机飞行员身处高亚音速，甚至超音速的飞机时，当他猛踩方向舵急速改变飞机飞行方向以摆脱敌机咬尾时，他本人将承受 6~9 个 G（重力加速度）的过载。尽管飞行员的身体被牢牢固定在座椅中，但全身的血液却是可流动的，受重力支配的液体，在重力作用下，血液会迅速流向下肢，造成身体上部，尤其是大脑等重要器官的贫血，其中视网膜的失血会使飞行员眼前一片漆黑，这也就是黑视的由来。由于承受巨大重力加速度造成的黑视和短暂昏厥，飞行员会放弃对飞机的控制，以致飞机进入螺旋状态而坠毁。在多次血的经验教训后，军服设计部门开发出了气体抗荷服。这种服装由多个密闭气囊组成，包裹住飞行员的小腹和下肢，并与飞机上的增压气源相连。当飞行员经受巨大过载时，气体抗荷服会迅速充气，气囊会压迫人的下肢，促使血液回流，有效防止了黑视和昏厥的发生。

由于气体抗荷服具有反应滞后的弊端，因此最新出现的液体抗荷服着力于提高反应速度，使飞行员可以在承受 8~9 个 G 时还可通话，在承受更大过载时还可活动自如。但是不得不说，抗荷服的发展依然落后于日新月异的飞机发展，现代战斗机动力强劲，气动性能和电传操纵软件日益复杂且功能强大，在很多机动动作中飞机的机动能力已经远远超出了人的承受范围。比如，韩国空军最新接受的 40 架 F—15K 就发生了一起空难事故，其中一架坠落于韩国外海，机上两名飞行时间超过 1000 小时的种子教官身亡，事故原因调查显示就是两名飞行员在机动中发生了昏厥导致的。基于此，很多飞机设计师已经认为制约下一代战斗机设计的主要因素不是任何材料和工艺问题，而是人的承受能力，如果没有飞行员，飞机的全重不但可以大大减轻，更能够毫无制约地提高机动能力。随着人工智能的发展（尽管要赶上人的判断能力还有待时日），下一代主战飞机（西方称第四代，俄罗斯称第五代）很有可能是无人的，或有人与无人机混合编组作战。

此外，在军服保持血液循环中还有一些细节，如军用绑腿，作为一种再简单不过的军用服饰，一般被认为起着防止树枝钩挂裤腿的作用。但实际上绑腿还有一个作用就是可以压迫小腿部，在长途行军时避免血液大量流向小腿部造成不适感。

（三）维持新陈代谢

新陈代谢，是生物的基本特征之一，通过代谢，生物体同环境不断进行物质和能量的交换。首先生物体将从食物中摄取的养料转换成自身的组成物质，并储存能量（合成代谢），反之生物体将自身的组成物质分解以释放能量或排出体外（分解代谢）。代谢失调会产生疾病，代谢停止会导致死亡。对于经常在极端条件下执行任务的军人来说，保证水、热量、蛋白质的正常摄入，以及身体废弃物的正常排泄，就显得更为重要。军事服饰在这一点上正起着越来越大的作用。

水具是士兵一刻不可缺少的装备。对于需要长期隐蔽寻找战机的狙击手来说，通过水壶喝水动作过大，容易被敌人发现。而且在沙漠地区作战，为了满足饮水需求士兵可能要将多个水壶挂在腰间，但这样一来既妨碍翻滚匍匐等战术动作，又容易疲劳。针对这一情况，美国一家民间体育用品公司开发了针对军用市场的"单兵饮用水携行系统"，简称"驼峰"储水系统，这一装置类似背包，使用者背在背上，通过嘴边的软管饮水，既符合人体负重结构，又可以降低体温还具有安全便捷等优点。[1]

五、便于救助

较早在军服设计中融入便于救助思想的是坦克成员作战服，首先其特殊的连体服设计可能在一定程度上降低了舒适性，但也避免了对后腰部的烫伤。尤其是这种连体服构造加之肩部的两根带子有巨大功用，由于坦克内空间狭窄，进出都要靠上部的舱口，因此一旦坦克乘员受伤昏迷，外面的人就可抓住这两根带子把坦克乘员拉出来，从而大大提高了乘员生存概率。

飞行员服装当飞行员迫降于海上后服装可以发散出染色剂，甚至驱鲨剂，不但标示自身位置，还可以保护飞行员人身安全。降落于陆地上的飞行员服装内配有小型无线电装置，时时发出特定频率的无线电信号，便于本方搜救人员根据信号方位、强弱来找到他。

美国海军陆战队等部门正在测试中的"战术医疗协同系统"，将是信息化

---

[1] 追猎者："美军单兵装具新宠——'驼峰'储水系统"，《兵器》，2004年第6期。

战争条件下大幅降低士兵伤亡率的先奏。在这一系统中，美军普遍装备的身份确认牌首先被结合了 GPS（全球定位系统），可使救护人员第一时间对伤员定位，找到后通过便携设备"阅读"该伤员的各种信息以利于现场救护和后续治疗。由于这一定位的信息交换过程并没有身份确认牌佩戴者主观意识的参与，身份确认牌中的微芯片自动工作，因此可称之为被动定位。

美军正在研制的未来单兵战斗系统中的军服内部有微芯片，可以适时掌握士兵的健康状况。一旦士兵被击中，军服所在部位的金属纤维就会被击断并发送信号，甚至还会在第一时间向士兵体内注入包含有镇静剂、止疼药甚至营养物质，尽可能使医疗人员赶到前保持受伤人员的清醒意识。①

第六节　威慑——军服的显性视觉形态功能之一

从现代军事学术的角度解释：威慑即为以声势或威力迫使屈服，在军事欺骗研究领域，示形法范畴内部存在慑敌示形方式，强调综合运用各种技术手段和谋略战术达到震慑敌人的目的。军事服饰的视觉形态是其中很重要的一个组成部分，通过欺骗敌方为己方谋取利益存在。如果从军事心理学的角度分析，以军事服饰的特定视觉形态威慑敌方是战术性心理战的重要组成部分。心理战是以人的心理为目标，以特别的信息媒介为武器，对目标个体和集体的心理施加刺激和影响，造成有利于己方但不利于敌的心理状态，从而达到分化瓦解敌人，以小代价换取大胜利甚至不战而胜的一种作战方式。心理战的理论基础主要有阶级基础、谋略基础、暗示理论基础、社会心理基础和神经生理基础。

军事服饰的视觉威慑功能主要作用于人的社会心理基础与神经生理基础。通过对具体案例的收集整理，可以发现军事服饰的威慑功能主要表现为对比观照威慑、猛兽行为联想威慑、人类行为联想威慑、死亡形象威慑和不可知形象威慑这五种方式。

---

① 董跃农等主编：《轻武器装备第四次浪潮——士兵系统》，北京：国防工业出版社 2006年版，第 26 页。

一、尺度对比威慑

在正常的自然环境下，生物种类的高度和体积往往是重要的竞争优势。无论是面对其他物种的直接掠食性攻击，还是面对同种群内个体的挑战，巨大的尺度都很容易与相应的战斗力对应起来，因此它更容易不经直接战斗就慑退潜在对手。因此，各种动物中的雄性个体竞相发展出没有实际意义但能增大自己视觉尺度的部分，如公鸡的鸡冠或雄狮的鬃毛。绝大多数生物体进行斗争的目的都是为了保存自己，因此尽可能威慑对手以不战而胜风险最低，效益最高。这其中很容易使用的一点即为扩大自己的体积（毛发或体表），或暴露具有杀伤力（或真或假）的器官，以使潜在对手退却。不论是把自己膨胀成球形以避免被食用的河豚（采用类似手段的动物通常具有较高食用价值，或者说味道鲜美），还是弓身并竖起全部毛发与狗对峙的宠物猫都是如此，而且越是高级的生物在这方面就越具有表演天分。

在进化程度更高，社会性更强的灵长动物中，群体往往根据体型大小分成炫耀权威与服从权威两部分。在一个猴群中，往往是形体最高大、皮毛最光亮、气宇最轩昂者为王，即使很难像其他生物那样通过生物性地改变外形来扩大自己的体积，猴王会采用如翘起尾巴等方式来进一步增大自己体积，以宣示自己的权威。猴王保持这样一副威严不可侵犯的仪表，其很大一部分动机就在于威慑群落中或群落外其他想窥伺王位的公猴，而其他公猴翘尾巴的高度依他们在群体中的级别而定。

人类的社会性要比其他灵长类动物高级，因此通过服饰品增大自己形体就成为一种成本较低的，更具可操作性的威慑方式。军事服饰的视觉威慑手段也采用类似的原理，只是这种方式还要受到冠服制度和服饰自身尺度限度以及着装者生理承受极限等三种主要因素的制约。尺度对比威慑作用于冠服制度体系内时，威慑的对象往往是同级或级别低者，一个明显的特征是级别高者戴的冠往往比级别低者要高。最典型的例子莫过于中国的高山冠，中国古人自古就讲究"峨冠博带"，但是战国至汉代流行的高山冠尤为尺度醒目。《后汉书·舆服志》记载："高山冠，一曰侧注，制如通天，顶不邪（斜）

却，直竖，无山述展筒。中外官、谒者、仆射所服。"① 这种冠最初只有齐国国君才有资格戴，秦灭齐后将此冠赐给近臣，为汉沿用。

上到天子下到官员都着袍，固然有礼法和无须参加体力劳动等因素，但视觉上的尺度对比威慑也是有意无意地成因之一。袍扩大了着装者的视觉体积，使他们比着"短褐"露出双腿轮廓的劳动者显得更高大。这对外显示出本区域和本民族神圣不可侵犯的相对独立体的特殊威力，对内即所有臣民塑造出一种不容忽视的有着绝对权威可以主生杀祸福，甚至具有某种神力的统治者的形象，以达到攘外安内的目的。中国所谓"黄帝、尧、舜垂衣裳而天下治"（《周易·系辞下》）就特别提出了在塑造帝王形象时，服饰所起到的不可替代的作用。同样，藏于袍服下的厚底官靴对增大着装者体积也有巨大贡献。

图 5 - 30　20 世纪的英国近卫军，头戴高
大的熊皮帽

在军事领域，此特征就更为明显。军事主官在公开场合倾向于穿尺度更大的铠甲，为了以尽可能轻的质量达到尽可能大的尺度，中国唐代以后多由皇帝赐给军事主官已不具实战价值的犀皮甲。中国古代军事主官头盔（兜鍪）上的翎饰也比副主官要高，有时还依靠斗篷进一步扩大体积。现代军服中高级别军官的大檐帽在视觉体积上也往往远大于士官和士兵。（见图 5 - 30）

二、猛兽行为联想威慑

使用猛兽皮毛做军服，或利用其他手段将战士装扮得类似猛兽，利用敌方对猛兽噬人习性的记忆，由此引发相似性的联想，进而感到恐惧，这就是猛兽行为联想威慑。作为历史最为悠久的军服威慑形式，猛兽行为联想威慑尤其适用于社会生产力较低下，逻辑

① 《二十五史》，上海：上海古籍出版社 1987 年版，第 844 页。

性思维模式没有系统形成的阶段和地区。

猛兽行为联想威慑方式的使用范围随着人类社会的不断发展而逐渐减少，这是因为猛兽行为联想威慑对社会生产力低下时期和地区的军队，对文化程度低的士兵所起的作用更大，因为他们没有用科学方法来分析这些威慑性视觉图像的能力。

（一）完全模仿型

利用野兽毛皮将整个身体化装成猛兽，是最早出现的猛兽行为联想威慑方式，也可称为完全模仿型。在中国上古神话中，相传炎黄部落与蚩尤部落决战时，相率狮、虎、熊、罴，可以想见这些无疑是身着兽皮的战士。在古代，由于人的观察和思维方式的局限，对一部分难以理解的视觉现象难以做出合理的分析判断，而是会默认其神秘性，因此会导致大量这种传说与神话。既然有一定文化素养的神话记录（或创造）者都会将身着兽皮的战士与该种猛兽相混淆，那么文化程度更低，思维中神秘因素更浓重，身处战场，精神紧张的敌方士兵更可能产生混淆，尤其产生恐惧心理。在中国，完全模仿型威慑延续时间较长，前述阪泉之战即为一个例子。甚至到 19 世纪末，清军勇营士兵身上依然可觅类似的虎皮形军服，周玮先生在《中国兵器史稿》中即描述了这样一种"失去卫体之效能，徒具外观，毫无实用"的采用完全模仿猛兽威慑手段的清军军服："清代虎兵军装，衣裤均画作虎皮形而着黄色，布包头画作虎首形而竖其双耳，根本无卫体作用，初恐欲借虎形以恐吓敌人者，结果恐反为敌所乘。晚清军事之乖谬、武器之退化，于兹可见一斑矣。"[①]

将完全模仿型猛兽行为联想威慑发挥到顶点的是古墨西哥阿兹特克帝国的军队，当战士取得四个以上的战俘后就会加入雄鹰骑士和猛虎骑士的精英阶层。根据遗留下来的图画显示，这两个阶层的军服与他们的名称是相称的，两者全身被鹰的羽毛或虎皮包裹，面部从兽嘴中露出，连尾巴也模仿得惟妙惟肖。这在和当地其他土著部落作战时取得了很好的威慑效果，但 16 世纪的西班牙侵略军由于处于文明程度更高的社会，完全不为之所动。

所以，服饰上的完全模仿猛兽行为联想威慑方式，容易因敌方参战者常识普及而失去威慑作用。此时，该种服饰的使用者处境会更为不利，因为这

---

① 周纬：《中国兵器史稿》，天津：百花文艺出版社 2006 年版，第 207 页。

样的装束一般没有实际防御效果（即使有也很有限），而且使用者视野狭窄、动作受限，更容易因炎热导致体温升高。所以当基础科学教育在大多数社会普及后，这种方式就再也没有出现过。

（二）局部模仿型

随着文明的进步和战争规模的扩大，完全模仿型那种再将全身化装成猛兽的做法成本太高，容易挤占军服用于防御和标示等其他功能的资源，因此自然出现将身体某个部位化装成猛兽的局部模仿型。模仿猛兽的局部一般是头部，这是因为头部最具有代表性。中国唐代广泛使用的兽头盔就是这方面绝佳的例子，河南洛阳就出土了一件带有典型兽头盔的三彩武士俑，护住整个头部，人面从兽嘴中露出。① 《宋史·韩世忠列传》中即有："连锁甲，狻猊鍪及跳涧以习射"的记载，狻猊是一种传说中的猛兽。用在此

图 5 – 31　山西双林寺韦驮像表现的兽头盔

处证明宋代存在局部模仿猛兽，使敌联想猛兽行为进而起到威慑作用的服饰样式。《清史稿·洪秀全》也记载太平天国制定服制时存在："自检点至两司马，皆兽头兜鍪式……"的服饰现象。（见图 5 – 31）

类似的局部模仿猛兽的服饰威慑方式还有秦以后执法大臣的专用首服——獬豸冠，其冠形来自中国古代传说的猛兽獬豸。《异物志》载："荒中有兽名獬豸，性忠。见人斗则触不直者，闻之论则咋不正者"。秦以后，模仿獬豸角形为冠形，戴于执法大臣头上无疑能对堂审嫌疑人起到威慑效果。例如，《隋书·礼仪志》记载："獬豸冠，案《礼图》曰：'法冠也，一曰柱后惠文。'例如，淳注《汉官》曰：'惠，蝉也，细如蝉翼。'今御史服之。《礼

① 刘永华：《中国古代军戎服饰》，上海：上海古籍出版社，1995 年版，第 84 页。

图》又曰：'獬豸冠，高五寸，秦制也。法官服之。'董巴《志》曰：'獬豸，神羊也。'蔡邕云：'如麟，一角。'应劭曰：'古有此兽，主触不直，故执宪者，为冠以象之。秦灭楚，以其冠赐御史。'此即也。开皇中，御史戴却非冠，而无此色。新制又以此而代却非。御史大夫以金，治书侍御史以犀，侍御史以下，用羚羊角，独御史、司隶服之。"①

　　将局部模仿猛兽的做法和实际防御能力结合起来会取得更好的效果，欧洲文艺复兴中期就出产了许多这种类型的头盔，如现收藏在维也纳的狐面甲头盔，1526 年到 1529 年生产于德国因斯布鲁克，类似的还有同时期生产于德国奥格斯堡的鹫面甲头盔。欧洲头盔的特色是将面甲模仿猛兽的样子，与中国唐代兽头盔的做法正好相反，这与欧洲的骑士文化以及相应的作战模式有关。②

　　（三）符号象征型

　　比局部模仿型更高级的是将猛兽形象符号化的象征型。中国古代铠甲上广泛出现的兽形吞口即具有此类威慑作用，广泛出现于保存下来的唐代武士雕像肩部，其特点是不再力求模仿猛兽，而是指利用猛兽的视觉形象达到威慑作用，最大限度地保证了铠甲本身结构的完整性和合理性，反映着人类认识世界能力的增强和写实能力的提高，当然也经常和局部模仿型共同运用，两者在时间顺序上的前后差别并不明显。

三、人类行为联想威慑

　　猛兽行为联想威慑利用人对猛兽行为特征的习惯性经验发挥威慑功能，那么，将某种服饰形象与人的特定行为特征相联系就属于人类行为联想威慑。人的行为较之动物来说尽管不确定性更少，但作为智慧生物，人的头脑、灵巧双手、组织策划能力一旦被用作进攻用途无疑更为可怕，总的来说，人是比虎、豹、狼、蛇都要可怕的"猛兽"，这正是军服上的人类行为联想威慑具有巨大效力的成因。

---

① 《二十五史》，上海：上海古籍出版社 1987 年版，第 3283 页。
② ［日］三浦权利著，谢志宇译：《图说西洋武器甲胄事典》，上海：上海书店出版社 2005
　　年版，第 233 页。

（一）非常着装行为的威慑作用

对正常着装行为和非常着装行为的定义是模糊的、相对的、经常变化的。因为现实生活相对纷乱又相对和谐，各种服饰形象也通常是多元的，但社会礼仪制度和人的普遍审美心理又将服饰形象约束在一个有序的状态之内。因此，人会对现实生活中不同寻常的事物表示关注，并进而产生一定警觉以免其伤害自己。即使在军事背景和战场环境下，上述原则依然在一定程度上发挥着作用。因此，当军人在战场上见到非常着装行为产生的特殊服饰形象时，必然会产生某种程度的恐惧感。非常着装行为的威慑一共有四种形式：强化防护、放弃防护、强化人性、强化野性，其中强化人性可以在战略层面和战术层面实行，其他三者只能在战术层面实行。

1. 强化防护

从带兵心理学的研究结果来看，身处战场士兵的心理状况永远处于波动之中，士气与战斗意志更是一个动态变量，取决于多种因素：战争性质的正义与否、战前动员的充分与否、战局进展的顺利与否等，其中本方装备和敌方装备的技术水平比较是一个尤为不可忽视的因素。这一比较，从广义上说包括运输工具的速度、信息掌握手段等，但从狭义角度来说，主要指双方攻击兵器与防御兵器水平的比较。在传统战争中，双方服饰的比较抗衡最为重要。

如果战场上的士兵发现敌人装备了防御能力极强的新型护甲，自己手中的武器无法对其造成有效杀伤，可以想见心中的恐慌程度。这种战场上的恐慌程度会通过视觉和听觉途径迅速传播，以至其他未进行类似尝试的士兵也会认为自己无法杀伤敌人，从而动摇抵抗意志。这就使强化自身防护能力，不但具有物质形态的实质防御能力，而且从视觉形态的角度还会产生极大的威慑作用。

明光铠出现在中国魏晋南北朝战场的战例，就直接体现了加强防护所能带来的"不战而屈人之兵"的效果。在南北朝的战争中，这种新型铠甲巨大的技术优势、空前的防护面积和由此带来的优良防护性能，作为一种特定的视觉形象，给予之交战的敌军带来巨大心理压力。同样，当16世纪后半叶殖民军在墨西哥登陆后，阿兹特克人如实记载道"他们有些人从头到脚都被金属盔甲包裹着"。在没有钢铁冶炼技术的美洲，西班牙人广泛装备的全面防护的文艺复兴式铠甲，无疑是对阿兹特克人视觉和精神上的极大震撼。

2. 放弃防护

当秦始皇陵兵马俑出土后，人们在震惊于其气势规模之余，也不由得惊异地发现上到将军俑下到跪射俑、驭手俑都没有装备头盔，考虑到兵马俑的高度真实性，可以肯定其如实表现了当年秦军的装备和面貌。战国时期，青铜头盔已经广泛装备六国军队，显然，秦作为兵器工业高度发达的国家，其官兵不戴头盔显然不是技术条件或经济因素制约造成的现象，而是一种具有威慑性的反常着装行为。因为头骨内有人体最重要的器官——大脑，保护头部是人的本能。因而，并不是因为财力或技术因素主动放弃对头部的保护，属于一种超出常理的疯狂行为。不戴头盔，舍生忘死的秦军留给六国士兵一种恐怖的印象。《史记》中有这样的记载："山东之士被甲蒙胄以会战，秦人捐甲徒裼以趋敌，左挈人头，右挟生虏。夫秦卒与山东之卒，犹孟贲之与怯夫；以重力相压，犹乌获之与婴儿。夫战孟贲、乌获之士以攻不服之弱国，无异垂千钧之重于鸟卵之上，必无幸矣。"[1] 可见秦军在战场上经常彻底放弃防护。放弃防护可以减轻重量提高机动能力（当然从理论上说也会提高伤亡率），但同时也会令对方士兵感到其亡命精神，不由动摇作战意志。尤其是秦赵长平之战活埋 40 万赵军后，"秦人野兽"的说法不胫而走，许多六国军队面对秦军即闻风丧胆不战即溃。（见图 5 - 32）

图 5 - 32　秦兵马俑都没有头盔防护

同样，在中国古代不乏描写将领脱掉甲胄赤膊上阵的故事，这都属于放弃防护对对方产生威慑的例子。比如，《资治通鉴·卷第二百二十》记载安史之乱中，唐朝王军于长安迎击安庆绪叛军，李嗣业为前军，大呼"'今日不以身饵

---

① 《二十五史》，上海：上海古籍出版社，1987 年版，第 261 页。

贼，军无孑遗矣。'乃肉袒，执长刀，立于阵前，大呼奋击，当其刀者，人马俱碎，杀数十人，阵乃稍定。"从这个例子来看，着装者放弃防护的行为本身，具有不以生全为要，唯以死相拼的特征。因此从这个层面来说，威慑作用的感受者（对方）恐惧的不是袒露的着装者躯体，除非这一躯体本身极为反常，也不是被脱掉的袍服甲胄，而是他们通过评估放弃防护者在高风险战场环境下的这种反常着装行为，认为其心理状态已经放弃正常利益取舍逻辑，产生了自我毁灭的倾向，这种倾向显然是不利于自己的。由此可能会影响对方的判断能力或抵抗决心，当然和秦军的例子一样，发生于名将李嗣业身上的这一战例同样兼具减弱防御需求以提高着装者运动能力的双重因素。

3. 强化人性

威慑性反常着装行为也可以在一个方向走向极端——在军事服饰上将人的智慧、力量、文明发挥到极致，以此对敌方产生威慑。

《梁书·卷九·王茂曹景宗柳庆远传》记载了这样一个通过服饰产生威慑作用的战例："景宗等器甲精新，军仪甚盛，魏人望之夺气。"[1] 敌人望之为何会"夺气"，显然是曹景宗所率部队的盔甲整齐划一，而且无斑驳锈迹，产生了极大的视觉美感。然而这种建立于巨大、整齐基础之上的服饰形象集体美感，即使无须联想，也会对曹景宗的敌手北魏军产生一种难以逾越的崇高美感，就像英国美学家博克所言："崇高是引起惊羡的，它总是在一些巨大的可怕的事物上面见出。"这是第一层意义。

在更深层次，一方队列整齐，服装鲜明，气势如虹，反映的是着装者士气高涨，后勤保障得力，国家财力雄厚，这些需要联想才能得出的结论，必然会对潜在的敌人产生巨大的精神威慑作用。

这都是威慑作为东方服饰品视觉形态功能审美价值实现途径的经典战例。当然，如果在战术层面使用这种方式往往要付出隐蔽性丧失的代价。因此，是否能运用得当，需要看当时的战术与武器状况。

大多数人类社会的习俗中，都包含尊敬服饰形象比自己整洁高贵的人这一规则或潜规则。因此在和平时期的军事场合或战场上，一方通过威严雄壮、

---

① 《二十五史》，上海：上海古籍出版社，1987年版，第2039页。

无懈可击、极具震撼力的服饰形象使敌方相信自己不可战胜，从而放弃侵略或放弃抵抗，已经成为军事服饰威慑作用的一个重要组成部分。这也可以说是军事服饰形象中强化人性以威慑敌方的一个具体表现。主要分为战略性威慑和战术性威慑。

（1）战略层面

战略是指导战争全局的计划和策略。一个国家、一支武装力量通过强化军服威严程度的动机，是在战略层面震慑潜在敌人，降低战争爆发的可能性。其集中体现是阅兵式，阅兵场上一个个方阵，队列整齐，服装鲜明，气势如虹，必然对潜在敌人产生巨大的精神威慑作用。1945 年 6 月 24 日，苏联在红场举行盛大阅兵式，数万功勋部队身着 1943 式军礼服，亦称胜利礼服，昂首前进，"乌拉"声响彻云霄。当时苏联经济尚在恢复阶段，制作精细、价格昂贵的胜利礼服以几万套的批量制作，令当时的西方各国见识了取得反法西斯胜利的苏联强大国力和苏联红军的战斗力，其效果不逊于同年柏林阅兵式上隆隆驶过的 Js—3 重型坦克方阵。

（2）战术层面

战术即进行战斗的原则和方法，当战争已经爆发，双方在战场上兵戎相见，就需要通过强化军服威严程度对敌方进行战术层面的威慑。应该说，军服设计强化人性威严一面，必然具有礼服性质，鲜亮耀眼，在阅兵场上很适合，但如果在战术层面使用要付出隐蔽性丧失的代价。因此，是否能运用得当，需要看当时的战术与武器状况。在《新元史》中有这样生动的记载："贼众万余人屯史家楼，甲胄精明，官军望之失色。"拿破仑时期法国国力强盛，法军连战连胜意气风发，高卢民族的艺术天性使当时的法军军服精美异常，色彩明丽。尤其是重装骑兵，统一配备重约 10 公斤前后两片组成的胸甲，富于古典美的头盔上有高高的红色顶饰，军服精工细作，军威壮伟不凡。此外，重装骑兵的挑选标准要求身材高大，可以说是当时法军面貌的最好写照。滑铁卢战役后一名英军士兵如此回忆向他们发起冲击的法国重装胸甲骑兵："一大群胸甲骑兵出现了，他们涌上我方高地，占领了我方炮兵阵地，并向我们疾驰而来。这种架势让人胆战心惊——他们每个人身高都在 6 英尺以上（1.83 米以上），头戴钢盔，身着胸铠，我们中胆小的早就屁滚尿流了。他们的队伍威武整齐，我想我们没有任何机会了。"① 这名士兵描述的应该是米约统帅的法国重装骑兵瓦蒂埃师和德洛尔师，当时奉拿破仑之命进攻英荷军中央阵地——圣约翰山高地，该部重装骑兵的气势极大地震慑了英军普通部队和荷军的士气，这也是军服人类行为联想威慑在战术层面成功运用的经典战例。（见图 5-33）

4. 强化野性

服饰的遮羞作用和由此带来的礼制等因素是人类文明的重要特征。而部分放弃服饰的文化内涵，采用身体异化等方式将人性中野性的一面暴露出来并得以强化，表示摒弃礼制和与之相关的文明行为，这对敌方士兵来说无疑是一种威慑。

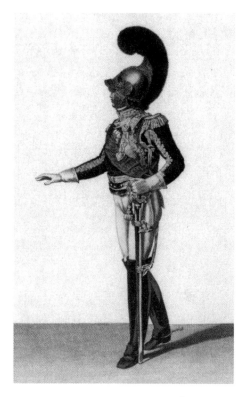

图 5-33　法国重装骑兵

身体异化，如文身等，是人类社会一种流传已久的服饰现象，也是服饰生理学和服饰民俗学的重要研究对象。在军事领域，身体异化行为的威慑作用由来已久，尤其适用于社会生产力落后，战争的复杂性和正规程度都还很低下的环境中，欧洲的古老民族——凯尔特人就在全身纹上蓝白色的文身，象征自己的勇武好战。而大洋洲的毛利族武士，即使在时钟已迈入 21 世纪仍保持着文身的习俗，以此显示自己的勇敢精神并震慑敌人。身体异化行为产生的威慑作用对文明程度更高的敌人效果更明显，因为文明社会的士兵认为这些身体上斑驳不堪的人不会救助伤者，不会宽恕俘虏，不会遵守任何文明世界的交战法则，因此没有理由不感到恐惧。

身体异化行为产生的威慑作用在正规化军队进行的现代战争中已很罕见了，在很多军队中，对入伍人员都有身上不得有文身或其他痕迹的明确规定。

① 博阳："高卢公鸡的坚喙利爪——拿破仑军队装备琐谈"，《兵器知识》，2005 年第 12 期。

（二）"拟装"的威慑作用

"拟"字本身有类似、模仿的释义，在服饰社会学中，通过服饰变化使自己变成别人这种现象被称为"拟装"。[①] 在服饰军事学中，通过服饰变化使自己接近某个为敌方恐惧的人或集体所具有的特殊形象，就是通过"拟装"对敌人进行威慑的行为。依靠"拟装"进行威慑有多种先决条件，其中最根本的一点即拟装者模仿的对象过往的行为具有强大威力，或勇武或韬略，一定要对敌方有相当程度的威慑效果，至少要比拟装者的威慑力大得多。这样，战场上的一方在动用资源模仿被"拟装"者时，就会取得很好的效费比。

"拟装"威慑是人类行为联想威慑的重要组成部分，有着悠久的历史，同样可以分为战略层面和战术层面两种。

1. 战略层面

战略层面的"拟装"威慑行为是一个需要周密安排的宏大计划，舆论机器的宣传、有意泄露机密的行为、某些特殊生活习惯的模仿等都是服饰"拟装"的辅助手段。可以说，为了保证战略层面的"拟装"威慑成功而付出的精力与智慧，是与预期要取得的效果成正比的。

第二次世界大战末期出现了极具代表性的"拟装"威慑战例，一个酷似蒙哥马利元帅英国士兵，被盟军方面指令作为蒙哥马利的替身，除去容貌外，这个士兵主要用服饰上的"拟装"（模拟蒙哥马利元帅的服饰，包括他贵族家庭绣有族徽的手帕）方法，达到惟妙惟肖，然后远在非洲出现，蒙哥马利在敦刻尔克大撤退和北非作战创下的威名使德军被迫加强了这一带的部署。而蒙哥马利本人却跑到欧洲指挥英美大军，在法国诺曼底登陆开辟了第二战场，为反法西斯战争的最后胜利奠定了基础。[②] 这一个案生动体现了服饰"拟装"威慑作用在战略层面的巨大效能。

2. 战术层面

"拟装"威慑在战术层面的运用，有一个并非实际战例却可谓家喻户晓的例子，来自荷马史诗《伊利亚特》中绘声绘色的描写。帕特洛克罗斯在阿喀琉斯拒不参战的情况下，提出借用他的盔甲：

"……再请把你那套铠甲借给我披挂，

---

① 华梅：《人类服饰文化学》，天津：天津人民出版社，1995年版，第223页。
② 华梅：《人类服饰文化学》，天津：天津人民出版社，1995年版，第223页。

战斗时特洛亚人可能会把你我误认，

止住他们进攻……

特洛亚人一看见勇敢的墨诺提奥斯之子（帕特洛克罗斯），

看见他本人和他的侍从都铠甲闪烁，

心里不禁寒战，

阵线也开始溃乱，

以为定然是待在船边的佩琉斯之子（阿喀琉斯），

……大家四处张望，

看哪里能躲避死亡。"①

尽管这是一部文学作品，但近年来的考古成果已经肯定了特洛亚城的存在，而且在距今三千多年，即史诗中特洛亚战争爆发那一历史时期的地层发现了大规模战争的遗存，可以基本肯定这场战争的存在，以及对其描写的真实性。在 21 世纪初好莱坞电影《特洛亚》中提到这一幕时，帕特洛克罗斯头戴的是一顶防护面积极大的青铜头盔，有护面、护鼻，大部分面部都被保护或者说遮掩起来，确实让人难以分辨。但电影中出现的是公元前 7 世纪，即特洛亚战争结束后六百多年才广泛使用的科林斯式头盔，和希腊重装步兵战术同时登上历史舞台。在真实的特洛亚战争年代，参战的希腊人（早期希腊人，与后来以雅典人和斯巴达人为代表的希腊人相区别，荷马史诗中称他们为阿开奥斯人，历史学、考古学和人类学者称他们为迈锡尼人）广泛装备的应该是一种将小片野猪牙缝在皮革头盔上的防护方式，在丹德拉的一座迈锡尼陵墓中出土了实物。《伊利亚特》对此也有记述：

"……并拿出一顶皮制头盔戴在他的头上。

皮盔内层是交错相交的耐用的绳条，

外层两侧插着野猪闪亮的獠牙，

中间垫着毛毡。"②

这种头盔没有护鼻，戴着这种头盔的战士面目很容易被人辨认出来。当

---

① ［古希腊］荷马著，罗念生、王焕生译：《伊利亚特》，北京：人民文学出版社 2000 年版，第 409－420 页。

② ［古希腊］荷马著，罗念生、王焕生译：《伊利亚特》，北京：人民文学出版社 2000 年版，第 252 页。

然，荷马史诗中也多次提到"闪亮"的铜盔，只是现在尚没有实物出土。

如果"木马计"可以被当作特种作战的创始，那么这个故事绝对可称得上是通过"拟装"进行威慑的鼻祖。

在东方服饰故事中，"拟装"威慑最典型的例子可见于《三国演义》，当多疑的司马懿听说诸葛亮已死，蜀军退去后引兵追击，追到山脚下，望见蜀兵不远，乃奋力追赶。忽然山后一声炮响，喊声大震，只见蜀兵俱回旗返鼓，树影中飘出中军大旗，上书一行大字曰："汉丞相武乡侯诸葛亮"。懿大惊失色。定睛看时，只见中军数十员上将，拥出一辆四轮车来；车上端坐孔明：纶巾羽扇，鹤氅皂绦。懿大惊曰："孔明尚在！吾轻入重地，堕其计矣！"急勒回马便走。背后姜维大叫："贼将休走！你中了我丞相之计也！"魏兵魂飞魄散，弃甲丢盔，抛戈撇戟，各逃性命，自相践踏，死者无数……过了两日，乡民奔告曰："蜀兵退入谷中之时，哀声震地，军中扬起白旗：孔明果然死了，只留姜维引一千兵断后。前日车上之孔明，乃木人也。"懿叹曰："吾能料其生，不能料其死也！"因此蜀中人谚曰："死诸葛能走生仲达。"① 在这个例子中，诸葛亮生前最具个人特色的服饰形象令司马懿产生联想起诸葛亮的过人谋略，成功对其产生威慑作用，保障了蜀军退兵。

四、死亡形象威慑

死亡是机体生命活动的终止阶段。尽管所有的生物都会有死亡的一刻，但死亡本身作为一种后果明确的不可知事物，仍激起了人类极大的恐惧心理。恐惧死亡是人社会心理结构中极为正常普遍的一个组成部分，尽管各文明各民族的死亡观有所差别，有的相信轮回、有的信奉永生，但在大部分文化中，与死亡有关联的形象都带有不祥的意味，因此在军事服饰中利用与死亡有关的各种形象来动摇敌方战斗意志也是一种常见的威慑战术。

（一）真实形象

一种死亡形象威慑直接使用与死亡有关的真实物品，如各种死亡生物的骨骼、肢体。在古代西方的征战中，曾有一个历史时期战士获得奖赏的多少，是根据他杀敌的数量决定的，而可信的杀敌数要靠从敌人尸体上割下一部分

---

① （明）罗贯中著：《三国演义》，北京：人民文学出版社1997年版，第533–534页。

肢体（如手）来确定，当一批身上挂满人手的士兵出现在面前无疑会对敌方造成极大威慑。中国文学名著《西游记》中对沙僧最早出场作的形象描述即为："身披一领鹅黄氅，腰束双攒露白藤。项下骷髅悬九个，手持宝杖甚峥嵘。"当然这是文学形象，但在现实生活中也一定有类似情况作为参照。照片证据显示，20世纪，在诸如印度东北部与缅甸交界处的原始山地居民中，仍在头上装饰有猴子的头骨，在宗教用途之外，也带有一种死亡意味的威慑。在和平年代，这种方式只能存在于少数不受社会着装规范制约的着装者身上。这种着装方式在古代战争中尽管普遍存在，却少有大规模使用的例子，其使用规模与人类战争规模的扩大成反比。但即使在20世纪，在诸如印度东北部与缅甸交界处的原始山地居民中，仍在头上装饰有猴子的头骨，在宗教用途之外，也带有一种死亡意味的威慑。

（二）虚拟形象

完全使用真实物体进行死亡威慑会受到一些限制，如增加重量、不好保存等，因此一些原始部落广泛使用能让人产生与死亡有关联想的图案，即死亡的虚拟形象。人体骨骼是具有普遍意义的死亡象征，如许多非洲和大洋洲，特别是巴布亚新几内亚原始部落的武士往往在出征前用白色颜料在身上涂划出人体骨骼的图案，特别是面部，在额头、颧骨等出涂上白颜料，加之深（近于黑）颜色肌肤的对比反衬，使面部酷似人头骨的形象。还有的在身上绘出白色的骨骼，远远望去就犹如一具具骨架在移动奔突，在作战中无疑可以给敌方造成巨大的心理压力。

二战德军和其仆从军是集中使用虚拟死亡形象的典型，德国装甲兵的兵种标志即为黑色底色上的头骨和交叉股骨图案。其他部队，如纳粹武装党卫队将官的大檐帽帽墙上即有"骷髅"图案，这都是典型的使用虚拟死亡形象进行威慑的例子。

（三）符号象征

在军事服饰上采用象征死亡的符号（立体或平面）来进行威慑，是比使用真实死亡形象和虚拟死亡形象更高的发展阶段。标志着人的抽象思维已经达到了系统化和关联性的程度。在这种方式中，死亡的象征被转化为特定的服饰图案、形制、佩饰，即达到了相同的威慑效果，又最少限度地破坏军服其他方面的功能，如穿着舒适性、标准化、防护力等。

阿兹特克战士带回第一个完好的俘虏就会得到一件绣有蝎子或花卉图案的特制斗篷，抓到第二个可以得到镶红边的斗篷，抓到第三个会得到在市面上无法买到的高档斗篷，其名字意为"用荣誉编织的珠宝"，依此类推。① 这些俘虏的命运只有一个——作为祭品献出生命。因此，可以说，阿兹特克战士的斗篷是将死亡符号化进行威慑的最佳例子。

五、不可知形象威慑

人总是为许多臆想，编造出来的，并不存在的事物或形象感到恐惧，鬼神、怪兽、幽灵等。这种事物或形象可以是似人的、似兽的，但更多只是一种原始形象经过人脑中记忆的加工添改，变成现实生活中根本不存在的形象，再经过语言描绘、耳口相传、造型艺术的描绘定型，成为人们头脑中一个有特征的恐怖符号。究其神经生理根本，这种恐惧的土壤是人对不可测、不可把握事物的本能恐惧。究其社会心理根本，是人的社会性需求所产生的宗教和具有影响力的民间传说使然。

正因为这种普遍性恐惧的存在和被认知，才会有基于此的心理战术。从通过服饰形象进行不可知形象威慑的一方来说。其出发点分为无意识和有意识两种。

（一）有意识威慑

通过对敌方心理状况的掌握，主动改变自己的服饰形象，使其与某种敌方信奉的宗教或传统观念中令人敬畏的形象相契，也是对敌方进行有效威慑的重要手段。在英法百年战争中，一位 17 岁的少女贞德，声称自己得到神谕，要率部解救被英军围困的奥尔良城。她为自己打造了一套尽显圣洁之气的白色盔甲，在当时，铁质盔甲普遍呈黑色，因此这套白甲无疑十分醒目，以致具有某种超凡脱俗的视觉魔力。围城的英军同样信奉基督教，也不自觉地相信这个一身圣洁白甲的少女是圣女，自动为她让开了道路。② 在此后的战役中，英军不要说见到她，仅是听到贞德的名字就已胆战心惊。南北朝和隋

---

① ［美］戴尔·布朗主编，万锋译：《灿烂而血腥的阿兹特克文明》，美国时代生活公司授权，华夏出版社广西人民出版社 2004 年版，第 98 页。

② ［日］三浦权利著，谢志宇译：《图说西洋武器甲胄事典》，上海：上海书店出版社 2005年版，第 121 页。

唐乐舞曲目《兰陵王入阵曲》即说明了历史上这样的一个例子：北齐兰陵王高长恭虽勇武善战但天生俊美，深知自己引不起敌人恐惧，于是刻了一个青面獠牙的面具戴在头上，令敌人闻风丧胆，北齐人因此作曲歌颂纪念，此曲至唐称《大面》，《旧唐书》记载为："出于北齐。北齐兰陵王长恭，才武而面美，常著假面以对敌。尝击周师金墉城下，勇冠三军，齐人壮之，为此舞以效其指麾击刺之容，谓之《兰陵王入阵曲》。"这两个例子都十分典型地说明了有意识地改变服饰形象，使自己类同于某种宗教或传说中的形象，可以对敌方产生有效的威慑作用。

（二）无意识威慑

当一方的军事服饰形象无意中与另一方民族文化背景中令人恐惧的不可知形象相吻合，就会对另一方产生极大的威慑力。《中国兵器史稿》的作者周玮就记载了一顶收藏于"伦敦之印度博物馆"的"完全异型"的"蒙古铁胄"，文中说："此胄之来源甚早，据意大利探险家马哥波罗氏所著之《古鞑靼记》（Tadnl—i—Tahih）所载，帖木儿之蒙古军首次侵入印度时，印度妇女见蒙古骑兵之大鼻铁胄以为神怪，群相骇仆倒地，即此种胄也。其铁钵之巅有一小尖顶，略似德国军盔之顶，钵体外加铜铁丝网数道，后有护项网，其钵系用钢铁板片及铜铁丝贯网联系而成者。其奇特之点，乃其硕大无朋之船锚形护鼻器；胄作帽形而无眉庇，故此护鼻器兼有护眼骨及口部之作用，远望之颇呈怪象，无惑乎印度妇女之惊骇也。"[①] 这就是一个典型的由头盔功能结构形象产生的无意识不可知形象威慑。（见图 5－34）

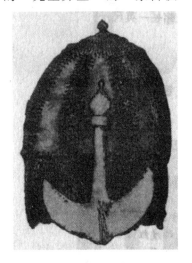

图 5－34　带有巨大护鼻的蒙古头盔，引自《中国兵器史稿》

另一个例子发生在西班牙军队征服阿兹特克帝国的战争中，由于阿兹特克民族长久以来流传着一个神话，即羽蛇神昆兹奥考特克很久以前乘着毒蛇缠绕的筏子去了遥远的东方，临行前发誓会在"一支芦苇之年"（阿兹特克历

① 周纬：《中国兵器史稿》，天津：百花文艺出版社 2006 年版，第 163 页。

法）回来掌权。而科尔特斯他们蓄着的长长胡子与锃亮的铠甲恰好与神话中对昆兹奥考特克的描述不约而同。因此阿兹特克王室对其敬畏有加，一直称他们为"神使"，错失了奋起反抗争得战略主动权的大好机会。① 还有一个例子发生于 1939 年苏芬战争中，苏军为了在日后可能的对德战争中占据更好的战略地形而出兵芬兰，实力弱小的芬军充分利用了本国气候寒冷的特点，避开与苏军主力正面交锋，而是由精通滑雪的士兵脚踩雪橇，身披白色伪装服，对苏军进行袭扰。对于从未接触过这种作战模式的苏军士兵来说，这些白色身影在漫天大雪中忽隐忽现，来去无声，与俄罗斯民间传说中的"幽灵"形象不谋而合，从而军心混乱，并为此付出了巨大的兵员装备损失。② （见图 5 - 35)

图 5 - 35　芬军雪地伪装的经验后来逐渐推广开来，
图为身穿雪地服的挪威士兵

还有现代战争中一些出发点并没有威慑意义的有意识着装行为，却产生了出人意料的威慑效果。现代战争中广泛使用的迷彩油膏，军人将其涂抹在脸、手等暴露在外的部位，可以有效迷惑人的视觉甚至可以对抗一定程度上的电子设备侦察。而其造成斑驳不堪的不可知视觉形象，在特定的时间场合

---

① 〔美〕迈克尔·李·兰宁著，耿丹译：《决战 100——历史上最具影响力的战役排行榜》，北京：当代世界出版社 2007 年版，第 40 - 42 页。

② 〔英〕安德鲁·莫罗著，叶正茂等译：《二战军服全记录》，上海：世纪出版集团上海人民出版社 2006 年版，第 25 - 27 页。

（如近战、夜战）中无疑可以产生一定的威慑效果。

对于通过无意识不可知形象威慑获得成功的一方来说，有的能很快认识到这种优势地位并加以利用，并逐渐将这种本源是无意识的着装行为有意识地固定化，从而巩固对敌方的心理威慑，进一步为自己谋得战略战术上的利益。

第七节　标示——军服的显性视觉形态功能之二

军服在威慑之外的视觉形态功能主要集中于标示，即特定信息的视觉传达。在需要军服标示的信息中，主要分为这样几大类：其一是根本性的，如军民、敌我。其二是坐标型的，如军衔、级别、所属单位、技术职务等标示符号，都是为了确定一个军人在军队这个大系统中纵向横向的坐标，表明其位置。其三是荣誉性的，包括勋章、勋表，以及具有特殊荣誉内涵的标志。此外还有附带性信息和个人信息。军服利用形制、色彩、质地、符号等多种手段综合标示这些信息，同时尽可能不与军服的其他功能相抵触。战争越是复杂和高强度，军队结构越是庞大和分工细化，军服的标示功能就越发重要，在形式上也体现为设计得复杂多样。

一、体系间标示

东方服饰品具有区分两个不同社会体系的功能，这两者的关系通常带有狭义或广义的对立性质，其中主要包括四点：军民之别、敌我之别、圣俗之别和儒众之别。尤其是军民和敌我差别，对于社会正常运转并将战争保持在可控范围内至关重要，因此自古至今的东方服饰设计者都极力强化这两种本质区别。部分情况下着装者则根据需要刻意混淆这一差别，这就属于"伪装"的论述范畴了。

（一）区分军民

军事服饰区分军民的视觉功能最初是在增强防御功能以避免着装者受伤害的过程中间接实现的，因为民服一般不需要对武器的防御能力，而军服为增强防御能力而增大的体积或附加的装置必然会产生特殊的形态。因此，就单纯的服饰品而言，军服和民服的视觉形态区分是自然形成的，而非有意设计的。在早期的战争状态中，战争行为的主体多是成员间存在血缘联系的不同氏族，氏族中全体渐转男子都有参战义务，战争胜负有关氏族全体成员的利害，所以无须以服饰区分军民，这就导致了早期战争中胜者屠杀战败氏族成员或将其贩为奴隶的不人道现象。

随着文明的发展，人类农耕文明内部由于各种因素矛盾加剧，农耕文明与非农耕文明（一般是游牧文明）围绕生存空间与资源争夺的冲突激化，战争规模扩大，战争工具渐趋专业化，对战双方（或至少是一方）的主体逐渐成为国家而非氏族，这就使战争一般由掌握政治权力的阶层少数人发动，农耕文明中爱好和平（主要因为他们的生产生活方式与战争形态相距较远）的平民阶层只是被要求提供兵源和其他物资。为了使被征的平民意识到自己身份的改变，农耕文明国家需要确定军服与民服的鲜明不同，明确军人服饰形象与平民服饰形象的视觉形态差别，归根结底是为了使被征调的士兵意识到自己的义务。这就是《司马法卷之中·定爵第三》中强调的："立法，一曰受、二曰法、三曰立、四曰疾、五曰御其服、六曰等其色，七曰百官宜无淫服。"[1] 其中第五"御其服"即意为，在军中服役的人应着军服，这是确保战争胜利的重要前提之一。就军队内部的狭义角度而言，这也有利于指挥，并避免逃兵的出现。另外，区分军民服饰形态也是统治者或者说欲发动战争者的责任，因为要想让平民去打仗，就必须以国家之财为其配备服装。这也正是《尉缭子·制谈第三》中所坚持的："经制十万之众，而王必能使之衣吾衣，食吾食……"[2]

如果是民众自发组织起的武装力量，由于缺乏正规军服，对采取某种手段区分将自己与未参加队伍的民众分开的需求就更为急迫，如中国西汉与东汉之间，由于王莽篡权，引起国内大乱。一支农民起义军用朱铅将全体成员的左眉染成赤红色，被当时人称为"赤眉军"。东汉末年，巨鹿人张角以创"太平道"为名，组织起数十万人，全部以头缠黄色头巾为起义标志，史称"黄巾军"。

除了让从军者明确自己的职责，军事服饰要从视觉形态上与民服区分开

① 周百义译：《武经七书》，哈尔滨：黑龙江人民出版社1991年版，第123页。
② 周百义译：《武经七书》，哈尔滨：黑龙江人民出版社1991年版，第212页。

也是为了保护民众。因为战争的胜利者逐渐认识到，对方的百姓并不一定真心参战反对自己，保护（至少不滥杀）敌方百姓即"义战"的象征，而且也为迅速恢复占领区生产保存了必要的劳动力。例如，吴起所言："军之所至，无刊其木，发其屋，取其粟，示民无残心。其有请降，许而安之。"[1] 对参战双方而言，战争开始阶段孰胜孰负无法预料，明确服饰上的军民之分，以保证战争限于双方政府和武装力量范围之内，是交战双方的一种责任。通过服饰形态辨识出敌方平民，安抚他们，一方面有利于减少抵抗，另一方面也可以迅速恢复生产，使敌国劳力为胜利者所用。

当然，保护不着军装的敌国平民也容易使战胜者的"仁义"或者说计划被利用，因为敌方武装人员可能化装为平民发动袭击。为了避免或惩罚这种行为，因此近代以后，西方大国制定了《海牙公约》《日内瓦公约》等一系列具有国际约束力的公约，规定了诸多战争法规，如军服能确定被俘者军人身份，胜利者应根据国际法给予他们保护，而不着军装的武装人员将被视为非法参战人员甚至间谍，一般的下场是被处死。1945 年纳粹人民冲锋队被仓促投入东线战场，他们装备匮乏，大部分人不得不穿民服作战，但根据《海牙公约》，不着正规军装的作战人员一旦被俘，将被视为游击队员，不受公约保护，结果战斗结束后但泽市的树上挂满了被吊死的冲锋队队员。这些法则在此后的战争中被相当一部分国家遵守。这之后，服饰区分军民的作用变得更为鲜明。虽然这种带有现代战争特色的国际法模式是间接传至东方的，但应该看到，其所包含的基本道理却早已蕴含在中国传统军事哲学中了。

（二）区分敌我

军事敌对状态是一个社会中体系与体系，或者一个社会系统与另一个社会系统之间不可调和矛盾的最高表现形式，相较于民族或国家之间保持敌对状态的时间要长。很多时候，某个民族或国家的敌人确实对其造成了现实意义上的严重威胁，但也有很多时候，敌对状态被用来使本民族或国家内部成员保持团结。国际交往与人际交往的原理有一致性，一般而言，人与人之间的友谊只有在双方存在共同敌人的情况下才会变得紧密。因此，通过服饰形态的明显不同以区分敌我，对社会化较早且文明程度较高的东方社会而言，

---

[1]　周百义译：《武经七书》，哈尔滨：黑龙江人民出版社 1991 年版，第 95 页。

具有重大的战略意义。延续至今的东方各民族有代表性的民族服饰，在满足物质形态等功能的基础上，可以说，无不带有区分敌我（"他者"与自我）的含义在内。

从低一级的层面来说，区分敌我在战争背景下的战术意义也不可忽视，在军服形态上明确区分敌我首先便于指挥，便于指挥员判明敌我形势。对一支武装力量而言，相同规格的军服是士兵间、官兵间除语言、相貌、个人关系之外最简单易行的信任机制。对于一线作战人员来说，与敌人军服的视觉相异程度决定着判断敌我所需的反应时间，敌我军服差别大则反应时间短，误伤发生概率小，敌我军服差别小则反应时间长，甚至导致误伤事件的发生。

根据服饰敌我标示手段和程度的不同，主要可以分为镜像式对立和添加修改式对立两种主要类型，基于联想的对立则需要语言文字的介入，而不仅仅是服饰元素的采用。

1. 镜像式对立

英国学者富勒顿在《希腊艺术》中指出，一个民族艺术中的"他者"形象其实是这个民族"自我界定"的一种尝试："对事物本体的定义并不仅限于认识到它是什么，可能是什么或应该是什么？对事物本体的定义还应包括对它其他方面的探索，这就还要认识到它不是什么，不可能是什么或不应该是什么。没有对事物'他者性'的考虑而进行的自我定义是不可能的……其实构建他者的形象也是在构建自我的形象。自我与他者之间的截然对立建构了一个感知世界……"① 所以，敌我关系就是自我与"他者"的对立，追求与敌方服饰的截然相反就是这种对立关系的极端表现，而形态上的截然相反与镜像有一致之处。

在敌我服饰形态上追求镜像式对立最明显的一个例子即中国中原人自周代以后都是向右掩衣襟，并因此将中国西北少数民族向左掩襟的习惯一律归为"胡服"样式，将西北边域人称为"左衽之人"。当然，这种对立是自我（中原人）对客观事实的主观定义，因此与服饰上的敌我之分还有区别。但西汉年间发生于内部权力斗争中的一次战斗却使一方主动改变服饰形态以求对立。《汉书·卷三·高后纪第三》记载："禄遂解印属典客，而以兵授太尉勃。

---

① ［英］马克·D·富尔顿著，李娜、谢瑞贞译：《希腊艺术》，北京：中国建筑工业出版社2004年版，第44页。

勃入军门，行令军中曰：'为吕氏右袒，为刘氏左袒。'军皆左袒。勃遂将北军。"① 这是追求与敌军服饰形象镜像式对立的典型代表，"军皆左袒"首先是为战术目标服务，但也有一定的战略意义。

清末的太平天国武装可以被认为是一支有明确组织、指挥与后勤系统的起义军，其内部除了作战部队外，还包括政治人物、工匠以及各种职业的民众，甚至太平天国的作战部队在很大程度上也带有寓军于民的性质。作为一场影响深远的农民起义，太平天国的意义不仅仅在于极大地动摇了清政府的统治，颁布了具有进步性的《天朝田亩制度》，还在于在席卷半个中国的峥嵘岁月中，太平天国发展起了自己的独特服装样式，并有相应的代表性色彩，成为服饰社会学意义上小范围制度更易导致服饰变化的实例，而且太平天国的作战部队也成为中国最早一支有自己服饰制度的农民起义武装力量。

关于太平天国早期的服饰可以从传世实物和当时人撰写的《贼情汇纂》等书中找到可靠记载。在具体表现上，太平天国军民极度厌恶清代服装，认为是满族统治者强加给汉人的"奴隶标记"，因而在起义前期便将清朝官服"随处抛弃""往来践踏"，并定有严明纪律，强调"纱帽雉翎一概不用""不准用马蹄袖""取人家蟒袍去马蹄袖缝其系而著之"等，都是对清朝服饰的坚决抵制。太平天国军民既然不着满族服装，自己的衣冠制度又还未完善之时，他们就穿着根据清初"十从十不从"而保留唐宋明汉族服饰传统的戏装作战。同时太平天国女兵不缠足，体现出与汉族自身陋习的决裂。不过为了满足自身需求，太平天国军民也有凡遇裁缝便"俱留养馆中"的举动。

2. 增删式对立

当原本处于同一体系内的双方突然转化为敌我关系时，全面更换服饰的成本巨大，时间也不允许，在这种情况下，主要采用添加修改的方法，通过修改、添加或去除某些视觉上醒目的，并被赋予特殊意义的服饰元素，以此实现服饰视觉形态上的敌我区别。

中国清代末年"太平天国"起义军的服制经历了戏剧性的变化。其初期旨在反清，所以不穿满族传统服饰，甚至将清廷服饰踩在脚下，后将戏装穿在身上，因为戏装仍沿用明代服饰。这时的太平天国还未定都天京，但当太

---

① 《二十五史》，上海：上海古籍出版社 1987 年版，第 378 页。

平天国最高领导——洪秀全权力欲膨胀以致当上皇帝时，他却也穿上了本人一度贬斥的龙袍，接纳了他曾与之不共戴天的敌对方的着装观。出于自圆其说和自我安慰的理由，龙袍上绣出的龙一个眼圈放大、眼珠缩小，以示射穿一眼，并改名为宝贝金龙。这是极为典型的通过修改某些服饰细节以显示对立的例子。

辛亥革命时期，清末各地方政府建立的新军率先起义，并与前来镇压的清军展开激战，由于双方军服形制相似，所以新军往往以白毛巾或其他白布显示自己的革命身份，"一时间，只要把辫子剪去，在胳膊上缠一条白毛巾，就成为革命派……以首义之地武汉为例，原属新军系统的将士，用白布缠袖……领导上海起义的陈英士身穿学生装，其敢死队队员身穿各式中式短袄裤，左臂一律缠一条白布……"[1] 这是典型的通过增加某些服饰元素以显示敌我对立的例子。

1937 年抗日战争全面爆发，国难当头，国共两党再度合作，捐弃前嫌一致抗日，中国工农红军改编为国民革命军第八路军，这也就是"八路军"这一称谓的由来。南方的红军游击队则改编为"新编第四军"。工农红军的主要武装力量穿上了国民革命军的制服，军帽由原来的八角帽改为与国民党部队一致的军便帽，红色五角星也从军帽前额消失，代之以青天白日的标志。因此，换装过程中引发了红军战士的强烈抵触情绪。当"皖南事变"爆发后，八路军战士彻底撤下军便帽上的青天白日帽章，以示与国民党顽固派的决裂。这属于删除某些有象征意义的饰件以显示敌我对立的例子。

中华人民共和国成立后，首先换装的 55 式军装中的军便帽为苏式风格的船形帽，当时也考虑到这种军帽有诸多战术勤务上的便利性。但一时间引起了广大官兵和全国人民的强烈反对，因为这种船形帽很容易使人联想起 1949 年前在中国横行霸道的美军与国民党军，最终于 1959 年又开始换发解放帽。[2] 部分原因也是因为这时中苏关系已经显露破裂征兆。直到 65 式军服全面换发前，55 式军装配解放帽都属于以增删方式强化敌我对立的做法。

---

① 中国第二历史档案馆编：《民国军服图志》，上海：上海书店出版社 2003 年版，第 18 页。

② 徐平、徐海燕著：《中国百年军服》，北京：金城出版社 2005 年版，第 273 页。

3. 引导式对立

人会接受暗示和引导，对自己的视觉接收信息进行特定方向的联想。20世纪中叶，美国心理学家哈斯托夫在论文《"暗示性"对事物的大小与视觉距离之间关系的影响》中记录了自己的试验：在一个暗室内向接受测试者展示一个发光的圆球，当接受测试者被告知这是一个乒乓球时，他会觉得这个发光圆球较大；如果被告知是台球时，他又会做出这个球较小的判断。① 因此，敌我的服饰形象对立在一定程度上可以被语言文字进行特定方向的引导和夸大。各国的军事宣传部门都会将本方的服饰特点与本民族、地区的文化传统、特定信仰象征物结合，并与光明的、正义的、强大的事物或概念联系起来，这样可以有效激发战士的斗志，屡屡出现于唐诗中的"金甲"就是这方面的代表。"黄沙百战穿金甲"映衬出着装者的雄厚实力与宏大气魄，但实战铠甲最多是涂上金漆，连鎏金都不可能。

引导式对立的另一种情况是使士兵由服饰的视觉形态进行联想以仇恨对方。《孙子》第二篇中指出："故杀敌者，怒也。"② 意为要想激励士兵奋勇杀敌，就要激起他们对敌人的仇恨。没有人会恨和自己几乎一样的人，要使士兵相信敌人和自己不同，并将这一信念转化为形象记忆，首先就需要明确双方军事服饰形象在视觉上的对比（以及对其的诠释）。对于将领和军队的宣传人员来说，如果本方的军服简陋，就要让士兵相信敌人的精美军服象征奢靡腐化；如果本方军服精美，就要让士兵相信敌人军服简陋象征野蛮不开化；如果本方士兵没有足够的护甲，就要让士兵相信敌人的厚甲象征着笨重懦弱；如果本方士兵护甲充足，就要让士兵相信敌人不穿护甲意味着不堪一击。总之，任何军队都会力图使自己的军服与潜在敌人或现实敌人军服之间产生差异最大化，将敌人军服的特点与不好的事物（如妖魔、兽性等）联系打下坚实的心理基础。比如，美国独立战争期间，美国民兵将身穿红色军服的英军称为"龙虾兵"；抗日战争期间，日本南部14手枪枪套造型较圆，解放区军民将之称为"王八盒子"；解放区军民将日军装备的一种独特的分脚趾胶鞋称

---

① ［美］鲁道夫·阿恩海姆著，腾守尧、朱疆源译：《艺术与视知觉》，成都：四川人民出版社1998年版，第359页。

② ［春秋］孙武著，刘仁译注：《孙子兵法》，北京：中国纺织出版社2012年版，第41页。

为"牛蹄子瓣胶鞋"都是这一举措的代表。

这种在敌我军服形制上的引导式对立，从本质上说属于战争宣传的心理方法的一种——符号强化宣传法。"符号强化宣传法就是通过强化军事符号的心理作用而达到宣传效果的方法。军事符号包括军旗、军歌、军号、军徽、军制服、军功章、军人誓词和标志军事意义的装饰品……军功章可以激励军人奋勇杀敌、保持英雄气概；军制服可以使军人意识到自己的责任感、义务感和光荣感。"①

4. 服饰敌我区分的悖论

对大多数社会或某一社会中的集体甚至于个体而言，敌人往往比盟友更值得重视，因为友谊的意义是在与非友谊的对比中显露出来的，只有存在明确的敌人才会有盟友。对这些社会、集体、个体而言，敌人得到的关注度通常与他们对自己造成危害的程度成正比，个体通常都会在自己最强大的敌人身上投以最多的注意力，集体则会集中其最聪明的许多个体去研究自己最主要的敌人，研究的直接目的是为了更好地研究敌人的优势。而这种研究的通常结果，就包括学习敌方的战略思维模式、具体战术组织直到军事服饰，最终却发现自己越来越像敌人。这一演变过程符合人类社会本性，并得到文化人类学家的理论证实。美国学者罗伯特·F.莫菲在《文化和社会人类学》中转引乔治·塞缪尔的观点："处于敌对状态的两个集团倾向于发展同样的领导模式。"他还以美国白人殖民者和印第安人的冲突为例，正是在对付白人入侵的过程中，印第安人通过学习对手"发展了较为有力的政治机构和领导。"②

在中国军事史和服饰史上，中原民族向游牧民族学习骑射战术的故事贯穿始终，而紧身衣裤则是与这一战术配套引进的。尽管赵武灵王胡服骑射的例子已经被用得太多，但用在此处依然具有代表意义。这和中华人民共和国成立后向苏联引进T系坦克，必然要引进配套的苏式坦克帽的道理一样。另外，游牧民族也从未停止向中原民族学习的过程，学习的内容首先即为军事技术，如东汉名将陈汤所言："夫胡兵五而当汉兵一，何者？兵刃朴钝，弓弩

---

① 刘红松：《军事心理学》，北京：解放军出版社1986年版，第352页。
② ［美］罗伯特·F.莫菲著，吴玫译：《文化和社会人类学》，北京：中国文联出版社1988年版，第127页。

不利。今闻颇得汉巧，然犹三而当一。"① 而从更高层级来看，入主中原并成功建立政权的游牧民族经常全面采用汉化礼服、朝服的例子就更不必赘述了。

日本明治维新中改服制的举动曾被清王朝中枢，尤其是清流党人大加贬斥，但当清军在甲午战争中被一贯蔑视的日本击败后，不得不开始在清末新建陆军服制规定中全面改用西式军服，或者说是从日式军服的形态上间接学习西式军服。这其中最明显的例子莫过于著名的小站练兵。甲午战败的当年，中国历史上第一支"全盘西化"的陆军部队——新建陆军以极快的速度开始编练，地点即天津小站。新军最初命名为"定武军"，共10营5000人，最大特点是采用了严格的西方军事训练编组方式。袁世凯接管练兵事务后，这支部队被正式命名为"新建陆军"并有所扩充。建军伊始，新军的军服问题没有引起关注，仍与过去相差不大，优先加以改进的是规范兵种差别，设立步、骑、炮、工、辎重五个兵种，编制上引入西方的规范化方法，分为镇（师）、协（旅）、标（团）、营、队（连）、排、棚（班）。

新军制服规范化始于1898年，当年"袁世凯上奏朝廷，建议效法外国，统一操法典章，并在《新建陆军兵略存录》中对官兵的服制作出规范化要求。"② 这一规范化主要着眼于军容、军衔标记、实战要求三方面，首先是军容，文中多处出现的对颜色、样式、尺寸规定"……不许参差"的文字就很能说明问题，军服一致有利于树立军威和保持作战训练时的秩序。而关于军衔标记，"正头目操衣两袖以红线两道，副头目以红线一道"，③ 则表明西式军衔制度的优越性开始被注意到，这是理顺指挥渠道的重要举措。最后，新军装对实战性提出了初步的要求，"在营军衣均须窄小"避免了以前传统号衣过于宽大，以至于掣肘行动的弊端。应该说，这是新军军服制度改革的前奏，作为一支试验性的武装力量，新军在军服制度上的变更有特事特办的性质，这种既是试验部队，又是实战部队的情况，在西方国家是不多的，却非常适合中国这样近现代军制建设起点较低、基础较薄的大国。（图2–4）

但是，由于服饰区分敌我的悖论使然，新军士兵在视觉形态上远离传统

---

① 《二十五史》，上海：上海古籍出版社1987年版，第642页。

② 中国第二历史档案馆编：《民国军服图志》，上海：上海书店出版社2003年12月版，第5页。

③ 中国第二历史档案馆编：《民国军服图志》，上海：上海书店出版社2003年12月版，第5页。

八旗、绿营、勇营的同时，却越来越接近自己的假想敌——日本与欧洲列强陆军。在光绪二十六年（1900 年）义和团运动期间，清廷调遣新军镇压义和团的上谕中不得不特别要求新军不要着西式军装，而改着传统清军号衣，以免发生误伤事件，原话为："并勿用洋操服饰冠履，以资辨别。"① 不难看到，新军的服饰与八国联军的军服形制颇为相近，以致存在误判的危险。

因此，在确立服饰标示功能的过程中，这种倾向于学习敌方模式的方法，实际上成为以服饰区分敌我的悖论，因为向敌方学习容易使敌我双方的军服大体形态越来越接近，只有在部分有意设置的细节上才能区分开来。这一现象即使在近现代甚至当代军事服饰发展中依然屡见不鲜。

二、体系内纵向标示

任何一个体系内的人类个体或集体的服饰形象如果需要纵向标示手段加以区分，通常意味着这个体系建立于等级制基础之上。并非所有人类社会都存在等级制，因为有证据显示人类早期的社会一般是无等级的。有文化人类学家推断，等级制度并不符合人的本性，他们强调"制度化的等级制……并不是由人性中迸发的，而是从历史中产生的……等级制是由于一系列文化因素在社会进化过程中产生的。社会等级制利用了人对威望和尊敬的追求欲望，使它成为社会对个人刺激和奖励的手段。"②

由于特殊性质使然，军事集团内部的等级制度要比社会集团更为森严，由此必然需要更明确的纵向视觉标示手段。通过对目前已知的军事服饰纵向标示手段进行归纳、整理的基础上，可以总结出这样几条规律：首先，军服上的纵向标示手段必须对体系内的其他成员有可识别性，所以运用的标示元素一般直接基于视知觉，如体积大的级别高于体积小的，数量多的级别高于数量少的；其次，是利用被赋予特殊意义的符号，比如某种颜色之所以被用来标示高级别军官是因为它被赋予了特别尊贵的含义；最后，是基于材料本身的稀缺性，比如同体系内穿丝料者的等级要比穿麻料者高，中国古代武官

---

① 国家档案局明清档案馆编：《义和团档案史料》上册，北京：中华书局，1959 年版，第222 页。

② ［美］罗伯特·F. 莫菲著，吴玫译：《文化和社会人类学》，北京：中国文联出版社1988 年版，第115 页。

首服冠顶（顶戴）是红宝石的就一定比是素金素银的要高，诸如此类。军事服饰的体系内纵向标示主要以这三种方式展开。

（一）基于视觉原理

美国文化人类学家怀特指出："数学是一种行为方式，是特殊种类的灵长目有机体（人）对某类刺激的反应。"[①] 人类在长期生产和实践中，逐步形成了数的概念并培养出计数能力，主要是自然数（正整数）对觅食和战斗有重要意义。对于原始人类而言，八个坚果显然要好于三个同类物品，六个敌人显然要比两个更值得重视。在社会进化过程中，这类视觉上的行为特征被加入了更多的文化元素，但其原理基本未变。由此导致在军事服饰纵向标示体系中，某一元素（可能是实物，也可能是形象）更多的服饰，要比少的级别高，用于区分着装者级别时通常多一个意味着高一级。最典型的莫过于现代军服上肩章、领章、臂章和袖章等处出现的杠条、星徽等图案，在同一军官军衔等级，如将官、校官或尉官等级中，同等元素多者一般来说级别高一级。[②]

然而，简单地以记数来衡量着装者级别的方式只能局限于个位，这是人类生物性和文化因素综合作用的结果，当然也是服饰承载力的结果，一副肩章上出现 17 到 18 个星徽不但超出了人的正常视觉识别能力，也超出了服饰的承载力极限。解决这一局限就需要数学上的进位手段，十进位制在世界范围内比较普遍，即数逢十进一位，此外，还有六十进位和玛雅文明的二十进位，以及电脑技术领域的二进位。东方服饰（尤其是军事领域）标示体系在 19 世纪接受西方影响后，在标示手段上主要采用三进位，操练清末新建陆军的袁世凯等人提出："查东西各国军衣制度大致相同，唯章符号各有区别……若不亟定新制，昭示外人，殊非尊隆国体之道也。"后在《练兵处奏定陆军营制饷章》中设"军服制略"一项，提出"肩头列号，自官长以至兵目，各按等级次第，分设计号，务使截然不紊。"[③] 这次服饰改制活动中的新军官兵制服都结合军制改进向规范化、制度化发展，尤其军衔制度统一为上、中、下

① ［美］罗伯特·F. 莫菲著，吴玫译：《文化和社会人类学》，北京：中国文联出版社 1988 年版，第 274 页。
② 徐平：《漫谈中外军衔》，北京：金城出版社 1998 年版，第 126 - 131 页。
③ 徐平、徐海燕著：《中国百年军服》，北京：金城出版社 2005 年版，第 8 页。

三等，分别类似于现代军衔制度中的将、校、尉，每等又分为一、二、三级。比如，上等第一级，担任军指挥官，相当于上将；再如，清末新建海军于1909年推行的军衔制度，将军衔分为都统（将）、参领（校）、军校（尉），每级又分正、副、协三级；又如1910年程璧光就是以协都统（少将）级别率"海圻"舰出访的。在目前的军事服饰纵向标示体系中，这种逢三进一位的三进位制得到最普遍应用，一般来说，还要结合服饰基本色、服饰质料等其他标示手段综合发挥作用。

视觉对形状尺度的把握也是服饰纵向体系标示的手段之一。一般而言，体积大者等级高是具有社会性的生物种群的普遍法则，人类社会则主要利用服饰来增大着装者视觉尺度。军服形制的差别是最广泛使用的表示军人级别的手段，古罗马军团的军官披大斗篷，士兵披短斗篷；清军军官穿行袍，士兵穿行褂。总的归纳，一名军人在军中的级别越高，他的军服形制就越复杂精良。中国人民解放军65式军服就采用利用口袋多少来区分干部、战士的传统做法。[①]

除服饰的立体体积尺度外，平面图案的尺度也是划分等级的重要手段。在同等条件下，服装上图案、纹样尺度大的着装者，一般具有比服饰上同类（或近似）图案尺度小者具有更高的级别。比如，明代武一品服缀有径五寸的大朵花花纹，二品则为径三寸的小朵花，三品则为径二寸的无枝叶散花，依次类推。

（二）基于文化内涵

在一个军事体系中，标示着装者纵向级别的手段并非仅仅是基于视觉与生物性的原理，更多时候需要利用文化内涵，尤其在东方军事服饰标示体系中，被赋予特定文化内涵的色彩和形象（而非形状）经常被用于此目的。

赋予某种颜色以特定的神圣意义是一个朝代或另一个朝代中不同阶段的特殊做法，也可称之为一个范式。这种范式即一定时期内确定某种颜色尊贵、某种颜色卑下的一个理论框架体系，其根据可能是文化的，也可能带有历史偶然色彩。一旦由于历史进步或政治更迭，旧的范式就会被新的范式取代。比如，按《通志略·历代所尚》所言："商人尚白……以白为徽号。"可见，在商代，白色曾是王族的主要服色，而这些王族成员也是商军的主要指挥员。

---

① 徐平、徐海燕著：《中国百年军服》，北京：金城出版社2005年版，第274页。

所以，在商代，白色是高级别军事主官的象征。

但是，商王朝的例子并不具有典型性，事实上，商以后的中国历史上，军队中的高级主官一般使用红、黄、金黄等暖色调、高明度的服色来象征。从传统文化语境来解释，可以将其与"五行说"对应，因为商为金德，崇尚白色，周为火德，周灭商正是火克金。如果尝试科学解释，也可以将此归因于某种色彩自身的表现性，歌德在《色彩论》中推断一切色彩都位于黄与蓝两极之间，并可分为积极的（或主动的），主要有黄、橙或朱红等，以及消极的（或被动的），包括蓝、红蓝和蓝红。前者能够表现出"积极的、有生命力的和努力进取的态度。"后者则"适合表现那种不安的、温柔的和向往的情绪。"① 不过，在目前的科学研究中，还不能确定某种色彩就能和观看者的某种普遍情绪对应起来。所以总体而言，东方军事服饰标示体系中某些色彩的尊贵特征更可能是文化赋予的而非其因生理而成的，这些颜色只是一种符号，它们的尊贵特征与神圣感可能产生于历史的偶然，并被社会的奖赏手段和惩罚手段进一步加强，金色在中国古代军事服饰纵向标示体系中的地位就是这方面的一个绝佳例子。

唐代诗人岑参的《走马川行，奉送出师西征》曾以奇峻挺拔的笔法为后人留下了唐安西节度使封常清出征途中"将军金甲夜不脱"的动人场景。这并非"金甲"在唐边塞诗中的首次出现，王昌龄早就在"青海长云暗雪山，孤城遥望玉门关。黄沙百战穿金甲，不破楼兰终不还"中塑造了英武高大的"金甲"将军形象。其他描写"金甲"的诗篇还包括李白《胡无人》中的"天兵照雪下玉关，虏箭如沙射金甲。"以及卢纶《塞下曲》中的"醉和金甲舞，雷鼓动山川"。这么多的著名诗人都着力描写"金甲"，可见其地位之殊，意义之重。史书中也不乏将领着金甲的记述，如《新唐书·李勣传》中记："秦王为上将，勣为下将，皆服金甲。"在这些气魄宏大的诗歌中，高级别的将军普遍以"金甲"形象出现，显然这种情况在唐代具有普遍性。

首先可以肯定，这里的金甲绝非用真正的黄金制作，因为纯金质地很软而质量极大，甲胄出于防御和利于行动的双重目的，要求使用质料尽可能坚硬而质量轻，这注定纯金不可能直接作为甲胄的制作材料，而只通过镶金片

---

① ［美］鲁道夫·阿恩海姆著，腾守尧、朱疆源译：《艺术与视知觉》，成都：四川人民出版社 1998 年版，第 466 页。

的形式成为一种装饰，更有甚者只利用金的颜色涂于甲胄之上。比如，《册府元龟》载："唐太宗十九年遣使于百济国中，采取金漆用涂铁甲，皆黄、紫引耀，色迈兼金。又以五彩之色，甲色鲜艳。"从古代典籍和出土文物来看，中国早期这类金色的甲胄多为高级贵族所穿。1979 年，山东临淄大武村西汉齐王墓即出土了一领金银饰甲，菱形的金银饰片固定在铁甲片上，生动再现了汉武帝时期前后——西域初开时期的王族戎服特征，也是汉时即存在"金甲"的强有力证据。在《三国演义》中，同样有过"袁术身披金甲"和"孙权锦袍金甲"的描写，可见金甲并非一般人所能穿戴。

除赋予某种颜色以特定文化内涵外，东方军事服饰还经常通过赋予某种形象以特定的等级意味来进行纵向标示。最典型的莫过于中国明清官员胸前的补子图案，就以明一品至九品武官补子为代表，如武一品补子图案为狮子，从二品至九品胸前补子图案依次是狮、虎、豹、熊、彪、犀牛、海马。清代官员补子图案在沿用明代补子的基础上，也有自己的创新，如"武一品补服，前后绣麒麟……武二品补服，前后绣狮……武三品……补服前后绣豹……武四品补服前后绣虎……武五品补服，前后绣熊……武六品补服，前后绣彪……武七品补服，前后绣犀牛……武九品补服，前后绣海马……"①

以补子上的图案来划分等级确实经历了一个漫长的历史发展过程。历来人们认为唐代武则天时曾赐文武百官绣袍，即文官绣禽，武官绣兽，由此导致了明、清两代补子的风行。《旧唐书·舆服志》是这样记载的："则天天授二年二月朝，集使刺史赐绣袍，各于背上绣成八字铭。长寿三年四月，勒赐岳牧金字、银字铭袍。延载元年五月，则天内出绯紫单罗铭襟背衫，赐文武三品以上。左右监门卫将军等饰以对师（狮）子，左右卫饰以麒麟，左右武威卫饰以对虎，左右豹韬卫饰以豹，左右鹰扬卫饰以鹰，左右玉铃卫饰以对鹘，左右金吾卫饰以对豸；诸王饰以盘龙及鹿，宰相饰以凤池，尚书饰以对雁。"② 由此看来，武则天最初以绣袍赐给百官，确实以禽兽纹样为主，而且装饰部位确实在前襟后背，这实与后世补子的盛行有关，只是武官不单绣兽，也有猛禽，如鹰和鹘（隼）。当然，这只是对一个细微之处的重新认识。总起来说，唐代的这一做法是带有标志意义的，它直接以一个有形的文化符号显

---

① 《二十五史》，上海：上海古籍出版社 1987 年版，第 9201 页。
② 《二十五史》，上海：上海古籍出版社 1987 年版，第 3172 页。

示在服装上，并与着装者的等级联系起来，使其具有了明显的体系内纵向标示功能审美价值。

关于这些具体形象的文化内涵与对应的官级之间的联系仍需要深入研究。不过从这些真实或虚幻生物形象的具体使用来看，似乎有一条略显牵强的规律，即武官补子上的动物则似乎按照攻击性的强弱排列级别，如狮、虎的攻击性显然要比犀牛、海马大许多，况且中国补子上的海马只不过是奔驰于海上的陆地马，而非身长 10 厘米左右的硬骨鱼纲、海龙科海马（龙落子），因此更可看出传统文化认知在服饰标示上的重要性。

（三）基于质料价值

东方军事服饰纵向标示体系还普遍以使用的服饰质料的价值高低为主要标示手段。就以上文中提到的金甲为例，金是一种呈金黄色的贵金属，在自然中的蕴藏量十分稀有，并主要以游离态存在，成吨的矿石被开采出来，却只能提炼出几克黄金，故昂贵异常。除了铂金等合金外，大多数金的颜色都发黄，这也是黄金这一习惯称谓的由来。金的本色在亮度上又较柠檬黄更胜一筹。此外，黄金耐酸碱腐蚀，历尽千年往往还能保持色泽。这些因素综合作用在一起，给黄金笼罩上了高贵、坚贞等神秘色彩，被寄托了最高等级的象征意义，正如金属中金、银、铜、铁、锡这一铁打不动的排序一样，在通过材质、色彩强调级别的古代军服中，以"金"为名的铠甲，位冠三军当之无愧。

再从距离现代最近的中国朝代——清代的官员首服来看，清文武官员夏着凉帽，冬着暖帽，其上必装冠顶，冠顶质料以红宝石、蓝宝石、珊瑚、青金石、水晶、素金、素银等区分等级。① 文官五品、武官四品以上官员区分等级的标志——朝珠，也是依次以琥珀、蜜蜡、象牙、奇楠等料为之，总计 108 颗。（见图 5－36）

图 5－36　带有素金冠顶的清代暖帽

① 《二十五史》，上海：上海古籍出版社 1987 年版，第 9201 页。

这两方面的例子都印证了基于经济因素进行服饰纵向标示的方式。通常而言，等级越高者使用的服饰质料往往在地壳中蕴藏量稀少，开采难度高，由此作为通货或投资而言都很有价值，显然与高级别人士的身份相符，并能满足他们的优越感。另外也需要看到，这种标示方式同样糅合了视觉的原理在内。一般而言，越是价格昂贵的服饰质料肌理就越有特色，越能使观照者产生生理愉悦。比如，黄金就比生铁更有视觉审美价值，丝织品自然要比麻布有欣赏价值，以此类推。

（四）综合运用

上述三种主要的标示手段可以在服饰标示体系中分别单独运用，但更多情况下则是多种元素综合运用。比如，关于明朝武官官服运用图案尺度和补子形状以及色彩标示着装者等级的做法，上文已经分别列举，但需要看到还有第三种标示手段——衣服底色，明武一品服为绯色，服色从五品到七品为青色，八品、九品为绿色。图案尺度、补子形状和衣服底色的综合运用使明朝官服的纵向标示手段丰富、完善，即使两级文武官员的服饰上几种标示元素都重合了，也会有其他的手段补充区分。比如，明武一品和武二品都服绯，胸前补子均为狮，但前者衣料上使用径五寸大朵花，后者使用径三寸的小朵花。衣服底色、图案形状和尺度，可以被看作服饰标示体系中跨越不同范畴的"进位制"，颜色均相同则换以图案不同，颜色、图案形状均同则异之以整体主色调或总风格。

在唐代武官官服中，服饰基本色、服饰元素数量以及质料价值三种手段常被综合运用，如贞观四年（630年）和上元元年（674年）两次下诏颁布服色并佩饰的规定，第二次较前更为详细，即"文武三品以上服紫，金玉带十三銙；四品服深绯，金带十一銙；五品服浅绯，金带十銙；六品服深绿，银带九銙；七品服浅绿，银带九銙，八品服深青，鍮石带九銙；九品服浅青，鍮石带九銙，庶人服黄，铜铁带七銙。"其中紫、深绯、浅绯等衣服底色（庶人服色非正黄）、銙的数量以及金、银等材料价值都被综合运用于标示着装者的等级，构成了一个精密复杂的标示体系。

三、体系内横向标示

任何一个体系都是由若干有关事物互相联系、互相制约而构成的一个整体，其中的若干有关事物即其组成部分。一支武装力量的诸组成部分之间的联系一方面是纵向的，即某些等级的个体或集体可以统辖较低等级的个体或集体，由此产生对服饰等级标示手段的强烈需求，这在前面已经有所论述；另一方面这些联系也是横向的，即事物与事物之间是基本平等发挥各自作用的，它们之间一般不存在统辖关系，对体系的正常运转都至关重要。

这种体系内横向单元之间的关系复杂性意味着，军事服饰横向标示体系不能照搬纵向标示体系中的很多手段，因为在关系平等的体系内各组成部分之间运用价值上贵贱有别的材质，会导致使用服饰质料价值较低的组成部分成员产生不公平和被剥夺感，从而进行显性或隐性的反抗，最终会对这个服饰标示体系甚至于这个社会体系本身的稳定性造成危害。所以，为体系内关系平等的各组成部分制定服饰规制，需要该体系中枢部分运用控制论的原理进行综合考量统筹，并强制各部分遵守这一规制，其根本目的是保证整个武装力量体系的正常有序运转，这即为基于控制论的服饰体系内横向标示手段。

在另外的情况中，服饰的物质形态功能和其他功能决定了服饰视觉形态，从而构成了特定横向单元成员服饰品和服饰形象的独特外在形象，使这些作为体系内横向单元成员的军人个体或集体具有视觉可识别性。最后，体系内的若干组成部分会在自我表现的心理基础上使用颜色、符号等服饰标示手段，以使自己与体系内其他部分区分开来。但这种竞争性行为并不能掩盖它们依然处于一个体系（尽管是相对松散的）内的本质，即这些部分之间的共性依然大于个性。

（一）基于控制论

控制，即掌握住使其不越出范围，主要指对系统进行调整以克服系统的不确定性，使之达到所需要状态的活动和过程。控制论这一概念产生于现代科学理论框架中，但其基本原理还是能在很多东方社会系统的自我调节行为中得以发现。制定服饰规范以区分处于同一等级（一般而言）的诸组成部分，就是最典型的系统自我调节行为之一。

当基于控制论原理调整各组成部分成员服饰视觉形态的行为主体是社会系统时，其行为的强制性较弱，一般基于自觉性和有限的惩罚手段，虽然在宋代逾矩者依然是"众所不容"，甚至会有相应的惩罚手段，但远无法和军事体系中严整缜密的标示手段以及对违反者的严酷惩罚手段相比。军事体系标示其内部各组成部分成员服饰视觉形态的行为，有使军容（军事体系整体服饰形象）整齐的要求，也存在战术考量。因为作战使命和作战地域都相同的部队，由功能决定的军服形态也往往趋同，他们同时在视野所及范围内作战，很难避免识别和指挥上的混淆，因此必须用其他手段进行视觉标示。《尉缭子》中就提出："经卒者，以经令分之，为三分焉：左军苍旗，卒戴苍羽；右军白旗，卒戴白羽；中军黄旗，卒戴黄羽。"① 其设想的标示手段是硬性的，相应的惩罚机制也极为严酷，不但"亡（丢失）章者有诛"，而且"见非而不诘，见乱而不禁，其罪如之。"可见，对违反军事体系内部服饰横向标示手段的行为，惩罚机制相当严酷。

在基于控制论的军事服饰横向标示手段中，除了上文中"戴苍羽"这样的以佩饰颜色为手段进行区分的例子，更重要的是以服饰基本色为手段。最典型的莫过于兼有社会和军事性质的清代八旗制度，这一制度按照服饰基本色将军民分为正黄旗、镶黄旗、正红旗、镶红旗、正蓝旗、镶蓝旗、正白旗和镶白旗。当然这一以服饰基本色为主要标示手段的标示体系内部各部分并非完全平等，也存在等级差别现象。一般来说，八旗使用服饰基本色为标示手段的做法比较昂贵，使用符号色的做法较之成本低一些，且不影响军服其他视觉功能（如伪装）的发挥。利用符号色标示军兵种内各部横向位置的做法，主要见于西方近代服饰标示制度传入中国以后，如清末新建陆军就在普鲁士陆军的基础上将步、骑、炮、工、辎重军官分别用红、白、黄、蓝、紫的符号色标示，以适应现代军队中日益复杂的分工。文字也是体系中横向标示的手段之一，最熟悉的莫过于清朝地方绿营的号衣正中写有"兵"，而在镇压太平天国起义过程中成长起来的正规体制外的湘军和淮军，一般称为勇营，在号衣相应位置则写"勇"字，还有标示其部军事主官姓的情况。

综合以上例子，可以得出这样的结论：任何一个社会体系，尤其是军事体系，一般都给予控制论原理规定其内部各横向单元成员着装，以保证他们都具有可辨识、可区别的视觉特征。系统往往会设立特别的机构以制定这方面的规划，并规定内阁另外的机构执行这一规划。但如果在狭义的军事领域来说，传统陆、海、空三军在军服总体基本色上的差别，就是军服依靠基本

---

① 周百义译：《武经七书》，哈尔滨：黑龙江人民出版社 1991 年版，第 247 页。

色调横向标示的范例，陆军作战地域为陆地，多用绿色或土黄、灰等地表的常见色，空军多用蓝、白、蓝灰等，海军也多用蓝、白色。

现代战争催生了技术含量极高的复杂兵器，这其中内部作战环境最复杂的兵器非航空母舰莫属。可以说，越是像航空母舰这样作战使命复杂的兵器，内部人员的职责区分就越细，同样对基于不同技术岗位的人员服饰的色彩识别需求就越急迫。美国的大型航空母舰甲板被誉为世界上最危险的工作场所，有喷气式飞机频繁起落，不论是它们尾部的喷气口附近还是前部的进气口附近都是危险区，同时多部蒸汽弹射器和阻拦装置的使用，以及大量弹药、燃油等易燃易爆物品的集中堆放都充满危险。管理这些设备和执行这些任务需要数十个工种的人员，设想一下，如果他们全都身穿标准美军水兵服在甲板上忙来忙去，该是怎样一番情景。控制室内的指挥官不能分辨各项工作的进展，有的人员找不到自己的同僚，飞机座舱内的飞行员不能确定这个正在招呼飞机过去的人是谁，当飞机调度人员临时找些人帮忙推飞机，却发现拦下的人负责营救失事飞行员，必须时刻在岗。为了确保这样的混乱场面不会真的发生，美国航空母舰上运用了一套复杂详尽的色彩与文字结合的军服横向标示手段，如失事及打捞人员穿红外套戴红头盔、飞机主管穿黄外套戴黄头盔、负责弹射器和着舰阻拦钩的人员穿绿外套、供应调度人员穿白外套。此外，还有身前身后外套上的文字标示等手段，有效保证了甲板工作秩序的正常进行。

（二）基于物质形态功能

军事服饰的物质形态功能，如御寒、防护等，往往会改变军事服饰元素，从而决定其视觉形态，如果这种由物质形态功能决定的视觉形态特征十分明显，甚至被用来区分某一体系内的不同横向单元成员，这就为基于物质形态功能的军事服饰体系间纵向标示方式。

一支武装力量内部的各支部队，依其作战使命和作战地域的不同，必然需要不同功能的军服，有的侧重防御，如甲士，有的侧重骑射。在这一实现服饰品物质形态功能审美价值的过程中，军服的视觉形态必然产生差异。这种差异固定下来，并为人们所熟悉，就导致了基于物质功能形态的东方服饰体系内纵向标示的行为。比如，北洋水师普通水兵春、秋、冬三季头裹黑色束额头巾，这与淮系陆军一脉相承，但到了炎热的夏季，则换成便于遮阳的草帽，在当年"超勇"舰的一张水兵合影上可以看到这种宽檐的草帽。为了便于观瞄等工作，水兵普遍把正面的帽檐向上卷起，这与当时世界海军先进国家的做法几乎完全一样，而在当时守旧思想浓厚的清朝军界却独树一帜，成为外界识别他们的主要视觉特征。

一支武装力量内部的部队和部队之间，依其作战使命和作战地域的不同，必然会在军服的形制上出现差别。例如，骑兵装备的马靴、马裤对步兵部队来说毫无意义，坦克兵的坦克头盔一般也不会在其他部队中出现，作战地域位于山地的山地步兵师往往会装备更多的御寒服装，以及滑雪、爬山等特种装备，与普通步兵师不同。这些差别的形成不能说是刻意为之的，而是由其作战使命和作战地域决定的，但无形中这种差别却成了军服横向标示体系中最初级的一环。

仅依靠军服形制不同区分部队，一旦遇到作战使命和作战地域都相同的部队在一起执行任务就会必然出现识别和指挥上的混淆。而在战役中，会有大量的参战部队单位集中于相对狭小的地域，这就需要其他的识别手段。

（三）基于自我表现目的

体系中的各部分产生自我意识后，往往会基于自我表现的目的而用各种外在形式标示自身特征。一支军队中的某些部分可能会基于自我表现而选用具有特殊视觉形态的军服，以区别于同一军队体系中的其他部队。比如，明代戚家军就是以着红色服装的步兵为主力，这种色彩既不是某一权力机构统一安排的，也不是根据其他功能需求决定的，所以只能属于该部队的自我表现。

在军服上通过特定性质、符号、颜色做出集体性标示，多见于各国武装力量序列中有着悠久传统、战史的特定部队，这其中最典型的例子就是西方武装力量中的近卫军。作为西方军制中独特的一支力量，近卫军的地位相当于中国的御林军，直接担任皇帝、最高政府首脑或首都的卫戍任务，往往是从普通部队中精选出来的，无论人员条件、武器装备都优于普通部队，战斗力和经验也很丰富。军事史上，西方近卫军比中国御林军更多参加实战，并创下了众多彪炳战绩。拿破仑麾下的法国近卫军和威灵顿麾下的英国近卫军曾共同演绎了滑铁卢战役的辉煌。当时法军近卫军的军装较之普通步兵更为威武，官兵戴的不是步兵的平顶帽，而是高高的，带有装饰的熊皮帽，雨果称之为"大鹰徽高帽",军服上的肩章更具有礼仪性和装饰性,后来只有在将军肩头才能见到。

图5-37 衣着华丽的法国近卫军

随着欧洲帝制渐渐被废除,"近卫军"已经很少再具有固定编制,但仍成为一种受人尊敬的荣誉称号或像白金汉宫门前英国近卫军那样的礼仪性力量。这其中,规模最大,战绩最辉煌的当属苏联近卫军,在第二次世界大战期间,众多苏军部队被授予"近卫"称号,可算是近卫军最后的光荣。在苏联红军序列中,"近卫"称号来之不易,只有在战斗中经历了血与火的洗礼,作战极为顽强英勇的部队才能获得。比如,在1941年9月18日莫斯科会战最艰苦的时刻,四个步兵师因为顽强抵御了德军机械化部队的进攻而获得"近卫"称号。为了表示他们的与众不同,近卫军普遍在胸前别上了一枚特殊的徽章。(见图5-37)

四、体系外标示

体系外标示与前述体系之间标示的区别在于,后者是体系与体系之间的区别,而前者是非体系与体系的区别,主要包括荣誉性、纪念性等因素,是军事服饰实现标示功能的重要组成部分。

(一)标示荣誉地位

荣誉感是军事文化中的重要部分,也是士气和战斗力的重要来源。就个人来说,荣誉感来自勋章、奖章以及其简化形式——勋表以及服装上形式各异的符号、象征物等表现形式。一般来说,勋章和奖章为金属材质,悬挂在布带下,一般在极为正式隆重的佩戴于左胸。由于勋章只有穿大礼服时才佩戴(美军还有穿晚礼服时佩戴的小型版勋章),美军还广泛使用勋表,这是一种长1.25英寸宽0.325英寸的长方形彩色布条,可以和制服配套。

（二）标示纪念意义

纪念是人类特有的心理活动和社会活动之一，美国文化人类学家怀特在其《文化科学——人和文明的研究》中，将人之所以为人归因于这样的原因：人具有符号能力并由此创造了一个崭新的观念世界。如他所言："人生活于观念的世界中，恰如他生活于他所感知的物理世界中一样地真实。……这一观念世界具有外部感觉世界所永不具有的连续性和持久性。它并不仅是由'现在'所组成的，同时也是由'过去'和'未来'所组成的。"正是这种"对往日的业已消失的事件的回想与记忆"赋予了人类改造自然界、组织各种团体并创造文明的部分能力。

可以说，通过军服上的变动来纪念某个具有杰出贡献与尊贵地位的军事领导人，是世界各国军队一种常见的做法。《史记·卫将军骠骑列传》中记载，在反击匈奴战役中立下彪炳功勋的年轻将领霍去病早逝后，汉武帝命令归降的南匈奴五万人着玄甲（黑色的盔甲，可能是漆成黑色的皮甲，也可能是没经过抛光处理的铁甲），从长安列队至茂陵以表纪念。"上哀悼之，发属国玄甲"，[①] 而注曰玄甲即铁甲，玄一般意为黑色，而"铁"在中国传统文化中也可指黑色事物。所以，目前尚不知道西汉铁甲是否染成黑色，还是铁甲本色（纯铁为银白色，氧化后有不同色彩效果）。中国类似的情况还有1929年中国工农红军制作第一套军装时，恰逢列宁逝世五周年，为了表示缅怀和悼念，红四军前委将四千套灰军装的红领章上缀上黑边。

现代海军士兵无檐帽后有两根黑色飘带，据说飘带渊源是为了纪念在英法特拉法尔加海战中阵亡的英国名将纳尔逊，为此还引发了1974年中国海军士兵无檐帽飘带被取消，直至1979年才被恢复的波折。[②] 但有学者指出这种联系没有历史依据，这两根飘带主要的功能是帮助水兵在海上迅速确定风向，具有实际用途。

（三）标示个人身份

一个人成为军人就意味着暂时放弃自己个性的外在表征，他的身份隶属于一个作战单位（无论大小），更高级别的指挥部门和其他人把他当作一个单位中的一个组成部分来看待，个人的信息变得无足轻重。但战争总会有阵亡

---

① 《二十五史》，上海：上海古籍出版社1987年版，第596页。

② 徐平：《人民海军服装60年》，北京：海潮出版社2009年版，第93页。

者，而且战场的混乱情况必然会打破部队建制和所处空间，阵亡者的体貌特征也会受到损伤，这样一来就难以有效确认身份，无论是下葬还是通知亲属都会遇到困难。因此，军人应该在一个成文规定或约定俗成的地方标注必要的个人信息。

中国军人身份标示系统的出现是在汉代，在汉代著名的杨家湾兵俑中（其表现的形象具有很高的可信性），不少步兵的背部有一个被称为"章"的长方形物体，约 20 厘米见方，其上注明了该名士兵的姓名等个人信息。当然这一身份牌在佩戴者生前也有作用，因为佩戴位置明显，也有利于指挥官将散兵归建或辨别逃兵的单位。

将军事服饰的身份识别功能发挥到一个系统化、规范化高度的是美军，即它们历史悠久的身份确认牌——"狗牌"。最早的非标准化身份识别牌出现在南北战争期间，并在美西战争中被发扬光大，直至 1906 年获得官方认可，使"狗牌"成为美国陆军的标准配件。1916 年将确认牌上的信息标准化，军官刻有全名和军阶（发牌时），士兵刻全名和服役时间，这些信息都属于国际公约允许被俘人员透露的范围。美国远征军参加第一次世界大战前夕，每名官兵的"狗牌"由一变二，一个用于收殓尸体，另一个用于归档。在众多反映二战美军的电影中，都可以见到美军士兵从牺牲战友的脖子上扯断身份确认牌带子的镜头。

身份确认牌的意义与价值向精神世界与现实世界两个方向发展，首先，身份确认牌即生命的象征又暗含着死亡的意味，因此在西方军事文化被赋予了超越一般的象征意义，是一个生命，这一生命的情感，这一生命全部个体可识别特征的浓缩。而身份确认牌微不足道的体积和相对廉价的质地恰好是战争中人类生命一文不值的最好反讽。因为每个能拿到手的身份确认牌都代表一个已经消逝的生命，美国战争电影（或者说战争反思电影）中经常出现成把成堆的身份确认牌，用主人公对身份确认牌的调侃与不敬来暗示战争对生命的漠视和对人性的扭曲。

抛开身份确认牌的情感意义，在现实世界中，身份确认牌的信息日益详尽，且向有利于战场救护和尊重个人宗教信仰的方向发展，这固然有个体日益受到尊重的表象，但更确切可以归纳为降低阵亡率的一种举措。二战中，美军的"狗牌"已经标有佩戴者宗教信仰的代表字母，为了有利于战场救护还标有血型，是否注射过破伤风针等原因。这显然相当有利于战场救护，更为完善的"狗牌"将会内嵌包含大量信息的微芯片。

第八节 伪装——军服的视觉形态功能之三

伪装作为军事用语，即指为了隐蔽自己和欺骗、迷惑敌人所采取的各种隐真示假措施。最为现代读者熟悉的伪装方式当属追求与背景颜色相近的单色迷彩（如橄榄绿色军服）或歪曲目标外形的变形迷彩（迷彩服）。与之相对，东方服饰体系在因接触西方近代作战方式而改变之前，一直没有加强军服伪装功能的明显战术需求。因此，就重要性而言，伪装于自然环境在东方服饰的伪装功能中居于末席。但是，作为军事服饰实现自身视觉形态功能的一种途径，伪装在一定程度可以看作标示手段的反向运用。伪装的目的就是要打破公认和现实存在的服饰视觉形态标示体系，从而实现战略与战术目标。这就需要首先从战略高度，系统地看待伪装的作用，在人们熟悉的形象伪装之外，更重要的是军事服饰的身份伪装。

一、军事服饰的身份伪装

伪装首先是要通过服饰视觉形态隐藏或混淆着装者的身份，即身份伪装，如军人身份（相对民众）、交战者身份（相对敌方）等。

（一）军民体系间伪装

军事服饰的军民体系间伪装手段，在一定程度上是前述军民体系间标示手段的逆态。如果一方军队实力弱小，难以在本国领土上与强大敌方军队进行正规作战取胜，那么，第一种可以选择的手段就是让军事人员换着民装。由此带来的显著优势是敌占领军不能有效区分军民，容易放松警惕。从而，主动伪装者可以在部分小型冲突中依靠出其不意赢得胜利。而如果敌方对每个疑似作战人员但着民服者进行仔细甄别，势必会造成作战人力、财力等资源的巨大消耗，这样的实际效果甚至比直接消灭敌有生力量还要大。但这一伪装手段的缺点是打破了服饰军民体系间区分的功能，容易造成本国或本方民众遭到敌方的报复性伤害，有时甚至是屠杀。因此这种伪装方式的成功与否，取决于能在多大程度上得到本国民众的支持。

在第二种情况中，不但军民服饰间存在混同现象，甚至军民性质间都存在混同现象，军即为民，民亦为军。在游击战中，进行抵抗战斗的当地居民尽管有一定组织雏形，但他们甚至可能没有一个统一的领导。更不必谈统一的后勤体系。而没有后两者基于控制论原理统一设计制作军事服饰，显然这些作战人员就无法确保统一制式军服。由此引发的实际作战效果与上一种正规军着民服的作战效果基本相同，但弊端也大致相同，所有东方历史上的游击战中都或多或少存在此类情况。

第三种是侵略方从服饰上伪装成被侵略国民众进行渗透作战，《孙子·用间十三》中指出："生间者，反报也。"[①] "生间"即孙子所总结的间谍类型的第五种，其需要深入敌后搜集情报并送回，这无疑需要在服饰形象上，甚至更深入服俗上都与交战国或潜在作战对象国的民众保持一致。但这一做法的前提是双方在服饰生理学诸多因素，如肤色、身材、面部五官结构等方面具有相近特征，否则没有成功可能。有记载和历史照片显示日军在 1895 年侵略中国辽东和 1944 年 "豫湘桂会战" 中都使用过掠夺来的中国民服，伪装成中国民众进行渗透作战。在现代国际法中专门制定规范制止此类不正当作战行为，这类人员一旦被捕将不享有战俘待遇，而往往被视为非法作战人员处决。

（二）敌我体系间伪装

服饰的敌我体系间伪装具体体现为一方主动换用对方军事服饰，进入敌方内部作战的情况，在军事学中属于军事欺骗的一个范畴。东方服饰的敌我体系间伪装手段，与敌我体系间标示手段呈逆态，一方能够成功使用敌我体系间伪装手段获得利益，是基于另一方敌我体系间标示手段有效运转的基础之上的，而且双方着装者的生理特征需要有鲜明共性。

在中国军事服饰发展史中，成功化装成敌人，出其不意获胜的例子不少，文学作品《三国演义》中出现的一个例子当然是经过艺术加工的，但是极为详尽，并具有典型性，可先来与论点对应而非用作论据。这一情节发生于曹操进攻庞德时："操曰：'何由得人入南郑？'诩曰：'来日交锋，诈败佯输，弃寨而走，使庞德据我寨。我却于黄夜引兵劫寨，庞德必退入城。却选

---

① （春秋）孙武著，刘仁译注：《孙子兵法》，北京：中国纺织出版社 2012 年版，第 338 页。

一能言军士，扮作彼军，杂在阵中，便得入城。'操听其计，选一精细军校，重加赏赐，付与金掩心甲一副，令披在贴肉，外穿汉中军士号衣，先于半路上等候。"① 故事中这一敌我体系间伪装方法取得了良好的效果，无论其在多大程度上贴近（或偏离）历史真实，但它反映了众多使用服饰敌我体系间伪装手段的典型特征。首先，一般情况下，主动采用敌我体系间伪装手段需要双方着装者具有生理特征上的共性。其次，伪装者还要熟悉敌方的部分特殊内部规定与文化机制（如特殊服制、服俗或口令），因此需要主动换装者具有较快的反应速度和其他长项。而具有此类高素质者在一支军队中总是有限的，而且所能获取的敌方服饰一般也是有限的，所以这里的军士是"能言"和"精细"的。最后，使用此种伪装手段和作战模式具有极高的风险性，因此不但要"付与金掩心甲一副，令披在贴肉"，以增强其在可能发生的格斗中的生存能力。同时，也先行"重加赏赐"了，因为这其实是一种敢死式作战方式，有去无回者多。

比文学描述更具可信性的是来自正史的战例，第一个来自《资治通鉴·汉记》，主角还是曹操，即著名的偷袭官渡之战："操……自将步骑五千人，皆用袁军旗帜，衔枚缚马口，夜从间道出，人抱束薪，所历道有问者，语之曰：'袁公恐曹操钞略后军，遣军以益备。'闻者信以为然，皆自若。"当然这里只说到"袁军旗帜"的问题，而且根据敌我体系间伪装的一般原理，似乎很难获得足够五千人使用的敌军服饰，但从曹军与敌军交谈中都能不被识破来看，可能双方铠甲形制、号衣色彩等原本就较为相近，或至少区别之处不易分辨。《周书卷十九·达奚武》② 中记录了另一个细节更丰富的战例："（达奚武）与其候骑遇，即便交战，斩六级，获三人而反。齐神武趣沙苑，太祖复遣武觇之。武从三骑，皆衣敌人衣服。至日暮，去营百步，下马潜听，得其军号。因上马历营，若警夜者，有不如法者，往往挞之。具知敌之情状，以告太祖（宇文泰）。"这个例子不但具有典型性，而且还记载了如何通过擒获三名敌军获得敌军服饰的细节，极具说服力，而且特别强调了这种伪装方式要选在能见度不好的情况下进行，如"至日暮"。再如《资治通鉴》中记载的："甲子，薛讷与吐蕃战于武街……选勇士七百，衣胡服，夜袭之"等都

---

① （明）罗贯中著：《三国演义》，北京：人民文学出版社 1997 年版，第 340 页。
② 《二十五史》，上海：上海古籍出版社，1987 年 12 月版，第 2610 页。

是这方面的成功战例。

在现代战争中也有依靠服饰的敌我体系间伪装功能取得胜利的战例,如中国读者都很熟悉的"奇袭白虎团"。1953 年夏季战役中,中国人民志愿军第六〇七团侦察排一个 13 人的侦察班,化装成护送美国顾问的南朝鲜士兵,连续通过敌多道警戒线,奇袭敌首都师白虎团团部,使该部失去统一指挥,很快为志愿军主力歼灭。

敌我体系间伪装行为是对敌我体系间标示行为的逆向实施,是对规则的破坏,因此,在现代战争中实施此类行为的士兵一旦被俘获,将不被视为战俘受到保护,等待他们的命运一般都是被处死。这其中最典型的一个战例即为 1944 年德军实施的阿登反击战中,党卫军突击队指挥官斯科尔兹内直接受命于希特勒,招募会讲流利英语的德国士兵"身着美军战服,驾乘美式战车,渗透到美军战线,在主攻部队进入前,在美军后方制造尽可能大的破坏。"这些士兵在其后的战斗中给美军后方运输制造了极大的混乱,但由于口音有误差、交通工具不足等问题,"斯科尔兹内的突击队大多在 3 天内就被美军察觉,许多人被抓获并执行死刑。但到那时为止,他们已经制造了混乱。"①

(三) 体系内纵向伪装

军服的伪装功能中很重要的一点就是通过其统一性有意掩盖特殊性,这一特殊性包括级别上的,如高级军官,也有技术岗位上的,如担负某些特别使命的人员。如前论述,军事服饰具有明确的体系内纵向标示功能,从社会生活和战略层面能够满足级别高者的自尊心和优越感,辅助他们确立领导地位。在战术中,军事主官的服装鲜明有助于稳定军心,鼓舞士气,在冷兵器时代,当本方阵形稳固时,主官虽然服饰醒目又很难遭到敌人杀伤,各部可以凭视觉与指挥机关保持适当的距离以便接受旗语、烟火或口头命令,并保护其侧翼。

但是当本方阵线崩溃时,敌方可以快速接近指挥所,这时本方军事主官鲜明的服饰就成为醒目的靶标,容易为自己带来杀身之祸。有少数信念极坚定者拒绝更换服装,但也有现实主义者不拒绝并主动采用体系内纵向伪装方法将自己混同于普通士兵。一个(主角还是曹操)战例虽不出于正史,但知

---

① [英] 邓肯·安德森著,方文军等译:《第三帝国的灭亡》,北京:国际文化出版公司 2002 年第 6 版,第 252 - 254 页。

名度甚高，这就是《三国演义》第五十八回"马孟起兴兵血恨曹阿瞒割须弃袍"所描述的："马超、庞德、马岱引百余骑，直入中军来捉曹操。操在乱军中，只听得西凉军大叫：'穿红袍的是曹操！'操就马上急脱下红袍。又听得大叫：'长髯者是曹操！'操惊慌，掣所佩刀断其髯。军中有人将曹操割髯之事，告知马超，超遂令人叫拿：'短髯者是曹操！'操闻知，即扯旗角包颈而逃。后人有诗曰：'潼关战败望风逃，孟德仓皇脱锦袍。剑割髭髯应丧胆，马超声价盖天高。'"① 尽管这个故事经过艺术加工处理，但依然可以看出服饰体系内纵向伪装的最鲜明特征：它是服饰体系内纵向标示的逆态。曹操着红袍，是因为红色在中国文化内涵中往往被赋予较高的等级；长髯也是通过着装行为扩大自身体积的一种彰显高等级的手段。当曹军被马超的西凉军击败溃逃，曹操无法得到保护时，原本醒目的红袍和长髯都成了西凉军的目标，曹操不得不脱掉红袍又被迫割掉长髯，以改变自身服饰形象试图混入士兵中。

除了战术运用，服饰纵向体系间伪装手段还可具有战略意义，如欺骗敌方使其麻痹大意或恐惧，这个例子还与曹操有关，《世说新语》"容止篇"首即为："魏武将见匈奴使，自以形陋，不足雄远国，使崔季代，帝自捉刀立床头。既毕，令间谍问曰：'魏王何如？'匈奴使答曰：'魏王雅望非常；然床头捉刀人，此乃英雄也。'魏武闻之，追杀此使。"②

军事服饰的体系内纵向伪装功能以及不同时代的军人通过改变服饰形态进行体系内纵向伪装行为这两者，都牢牢植根于同时期武器装备技术和战术发展水平。当战争长期停留在冷兵器时代时，制度化的军事服饰体系内纵向伪装手段没有现实意义，着装者如果不是迫不得已也没有动力实施这一着装行为，军事主官反而要用华丽醒目的服饰来标示自身存在。然而这种举措在本方与敌人面临巨大的技术代差时，尤其是敌人掌握了可以远距离投射火力的武器，哪怕是早期准确性和射程都欠佳的火枪，甚至是拥有更先进的战术思想，都可能会导致华丽鲜明的军官作战服——这一集合了信息发送功能、级别标示、荣誉标示功能的系统，在短时间崩塌。尤其是在文艺复兴之后的欧洲战场上，武器装备和技术的进步，迫使体系间纵向伪装手段日渐高明，并通过明治维新后的日军间接传至中国。从清末新军军服就可看出这种与世

---

① （明）罗贯中著：《三国演义》，北京：人民文学出版社1997年版，第293页。
② （南朝宋）刘义庆：《世说新语》，天津：天津人民出版社1997年版，第389页。

界接轨的体系内纵向伪装局面——官兵作战服服制已经基本相同但细节具有可辨识特征。

（四）体系内横向伪装

服饰体系内横向伪装在一定程度上是服饰体系间横向标示的逆态，其典型行为是将本方战术使命不同、武器装备不同的部队临时互换服装，以达到出其不意的目的，属于一种军事欺骗行为。服饰体系内横向伪装手段能够正常发挥作用的前提是，本方的服饰体系间横向标示有效运转并为敌方所熟知。

最早著录于《隋书·经籍制》，被公认是战国末期佚名作者托"周文王师姜望"之名所撰的《六韬》，较早记述了此种服饰伪装行为的具体运用。《六韬卷之五·战骑第五十九》中论述："数更旌旗，变易衣服"① 并进一步指出了这种伪装行为的效果："其军可克。"

在中国著名兵书《唐太宗李卫公问对卷》（上）里，唐初名将李靖向唐太宗提出一种新颖战术并引起后者极大兴趣，即"汉戍宜为一法，蕃落宜自为一法，教习各异，勿使混同，或遇寇至，则密敕主将，临时变号易服，出奇击之。"这种战术建立于蕃兵与汉兵截然不同的战术方式上。唐王朝的军事体制包容游牧民族以利用他们的骑射天赋，将游牧民族迁入内地置于汉人城市外，轻赋税，有战则随主将出动。这就是唐王朝长期奉行的"城傍兵"制度。另外，以汉族自耕农为主体的府兵擅长步战，数量大，战场纪律严明，尤其长于弓弩齐射。唐以前的历代军事统治者往往将蕃汉军事体制割裂开来，对立看待，但李靖却将二者融合并辩证看待二者优点，如他所言："天之生人，本无蕃汉之别，然地远荒漠，必以射猎为生，由此常习战斗。"② 因此唐军利用二者所长"蕃长于马，马利乎速斗，汉长于弩，弩利乎缓战"，因此一度战无不胜。

但是，当这种战术被敌人所熟悉后，对方就很容易从服饰上（当然还从是否骑马以及武器形态上）分辨出两种武装力量，并针对不同兵种的特点制定战术。敌人的这种行为恰恰是李靖计策的出发点："此所谓多方以误之之术也，蕃而示之汉，汉而示之蕃，彼不知蕃汉之别，则未能测我攻守之计矣。善用兵者，先为不测，则敌乖其所之也。"最后李靖还将此战法上升到"奇

---

① 周百义译：《武经七书》，哈尔滨：黑龙江人民出版社 1991 年版，第 412 页。
② 周百义译：《武经七书》，哈尔滨：黑龙江人民出版社 1991 年版，第 153 页。

正"的高度加以总结:"蕃汉必变号易服者,奇正相生之法也。"这就是一个最为典型的东方服饰体系内横向伪装的构想,虽然缺乏具体战史记载支撑,但李靖本人大破东突厥和吐谷浑的战绩就很具有说服力。

二、军事服饰的形象伪装

军事服饰的形象伪装与一般情况下对"伪装"的理解一致,主要是军服的视觉形态能够帮助着装者融入周边环境,不易被敌人发觉。根据融入环境的不同,可以分为可见光环境伪装与不可见光环境伪装两大类:

(一)可见光环境伪装

在冷兵器时代和热兵器使用的早期,东方军事力量主要依靠整体战法,各部之间以及军事主官与各部之间都需要保持视觉上的接触和可识别性,因此没有通过固定的服饰视觉形态伪装于自然环境的动力。

每个人都是一个环境中的个体,这个环境既可以是人文的,也可能是自然的。如果使穿着军服的士兵藏身于自然环境中的好处明显大于使他们区别于自然的好处,人类可能早就这样做了。这一进程之所以如此晚,主要是因为长时间以来兵器、战术都要求作战人员集体作战,相互之间易于通过视觉辨识身份和保持距离,只有当武器和战术允许部队分散作战时,单兵或小分队不再需要与大部队保持视觉上的接触,伪装于自然界才有根本性的必要。

当然,在这一节点之前,东方战史中就有通过临时的服饰形象使着装者伪装于自然的成功战例,《六韬卷之五·突战第四十四》中提出:"别队为伏兵……勇力锐士隐而处。"《六韬卷之五·敌武第四十六》中又有:"伏我材士强弩"和"选我材士强弩,伏于左右"① 这些埋伏当然首先是利用地形的因素,是否改变服饰色彩与形态文中则没有细说,但不能排除使用某种服色助于着装者群体伪装于自然环境的行为。有记载,戚家军在抗击倭寇时曾在伏击中指示士兵用树枝伪装自己。

直到 18 世纪,一部分狙击手才换装了便于伪装的暗绿色军服,正规部队大规模换装绿色、灰色军服则是在著名的布尔战争之后了,即 20 世纪初。众所周知,20 世纪初,西方军服形制注重自然环境伪装的设计思路辗转传入东

---

① 周百义译:《武经七书》,哈尔滨:黑龙江人民出版社 1991 年版,第 387 – 391 页。

方，在清末《练兵处奏定陆军营制饷章》的"军服制略"中，即有"视线越远，越不能真"和"使（敌）人不能远瞄射击。"① 显然，需要使着装者成功伪装于自然环境已经成为东方军服设计者必要考虑的因素之一。

在自然环境伪装中，迷彩伪装是最常见的手法，特指用各种手段按照设计要求改变目标颜色的伪装方法，分为三种类型：保护迷彩、仿造迷彩和变形迷彩。

1. 伪装手段的保护色化

保护迷彩是与背景颜色基本相似的单色迷彩，世界各国的军舰涂装往往根据本国水域的不同颜色背景涂装；保护迷彩的大规模使用由来已久，自从19 世纪末，身着红色军服的英军在南部非洲与身着绿色服装的布尔人（殖民非洲的荷兰人后裔）作战，付出巨大代价，1914 年，这种英国陆军沿用自克伦威尔新军时期的红色制服，彻底退出英军装备序列。② 世界各国军队开始根据战场环境变换军服和战争装备颜色，二战时期的德军战线拉长，他们在法国作战穿灰色军服，在非洲穿沙色防暑服，在对苏战争后期更是为大部分士兵和坦克都换上白色涂装以求得与皑皑白雪一致。士兵穿上白色伪装服，靴子上套上白色伪装套（与今天的一次性鞋套外形颇为相似）。

2. 伪装手段的变形迷彩化

变形迷彩是由形状不规则的几种大斑点组成的多色迷彩，以歪曲目标外形。其在军服上的大规模使用源自二战时的德国。世人熟知的是，武装党卫军是迷彩服的发明者，但武装党卫军研制和装备迷彩服的动因却十分复杂。作为一支建立在意识形态和民族主义极度偏执基础上的武装力量，武装党卫军要求入伍者具有纯正的雅利安人血统，祖先从 18 世纪以来就没有犯罪记录。由于早期党卫军全由志愿兵组成，新兵的体格、意志都在同龄人中出类拔萃，但武装党卫军的发展即使有优质的兵源和希特勒撑腰也难说一帆风顺，因为其建立和发展很自然受到了国防军尤其是陆军的压力，首先招募人员要在国防军给出的限额之内，其次是没有职业军官愿意效忠这支部队，最后是缺乏装备。这都使武装党卫军的建设既不得不依靠国防军现成的体系，又竭

---

① 徐平、徐海燕著：《中国百年军服》，北京：金城出版社 2005 年版，第 7 页。

② ［英］J. F. C. 富勒著，钮先钟译：《西洋世界军事史》，桂林：广西师范大学出版社2004 年版，第 78 页。

力想展现出自身的特色。独特的作战目标、任务、功能不但是武装党卫军标榜自身意识形态纯洁性和种族优越性的要求，也是在国防军体系之外再建立一支军队的理由所在。这种新的作战目标旨在将武装党卫军塑造成一支比陆军更为机动灵活的突击队，具体作战方法主要出自斯坦因纳之手。他强调应该把党卫军建立成"高度精锐部队快速作战的战斗实体"，这样的现代化部队应该能"在闪击战中把敌人分割开来，然后将其失去联系的部分逐个歼灭。"不难看出，这一建军思想直接源于一战后期德军的"突击队"战术，当时的突击队战术强调集中大批身体强壮富于激情的士兵，快速在敌人的防线上撕开缺口让后续部队涌入消灭敌人。应该说，这是由一战期间堑壕战的特定作战模式以及德国容易两线作战的不利战略位置催生的。

对于党卫军来说，在财力、物力、人力都有限，自身缺乏独立军工研制体系的情况下，要达到这一目标只能围绕"人"做文章，也就是从训练、服装这样花费不大的项目着手。在训练上，斯坦因纳开创了"斯坦因纳训练法"，以使武装党卫军士兵"具有运动员姿态、轻松而又灵活的士兵类型，然而又具有该水平的行军能力和战斗力。"在他的严格训练下，武装党卫军一个营的战斗力相当于普通陆军的一个团，开始这种训练法仅限于斯坦因纳任团长的"德意志团"和他后来担任师长的"维京师"（主要由西北欧志愿者组成，得名自古代北欧海盗维京人），但后来因为效果明显而普及几乎所有武装党卫军部队。

在战法之外，党卫军更重要的革新方面就是服装，由于强调快速突击，士兵的隐蔽性就显得十分重要，这和需要大兵团正面展开的陆军截然不同。所以从一开始斯坦因纳就要求用伪装服代替陆军军服，早在一战期间德国突击队就采用了在头盔上绘出伪装图案的方法来隐蔽自己，党卫军则将这一细节进一步发扬光大，以致成为迷彩服的鼻祖。迷彩制服的研发计划从二战爆发前就展开了，当时武装党卫军的规模还很小，这一项目领导者是席克教授，他领导的研究小组设计制造出了由33%人造纤维和67%棉线混纺制成的高质量棉帆布（缩写为HBT）。在克服了印花、合适的迷彩图案数量等难题后，党卫军开始为步兵部队配发迷彩罩衣和迷彩钢盔罩。武装党卫军使用的变形迷彩图案一共出现过四种不同的图案："橡树叶""悬铃桐（法国梧桐）""棕榈叶（一称边缘模糊）""豌豆"，以适应不同的作战环境。在武装党卫军的启迪下，苏联红军也开始为狙击手配发迷彩服，德国空军野战部队也配发了树叶碎片图案的野战大衣。

3. 变形迷彩的多样化

图5－38　美军装备的沙漠迷彩服

二战后的美军吸收了德国的迷彩设计经验，推出了四色迷彩服，沙漠迷彩作战服采用黑、褐、白、黄四色，后来更加完善的四季通用迷彩服使用黑、褐、绿、黄。美军于1980年装备了BDU战斗服，为了适应美军全球不断扩大的干涉战争需求，分为沙漠和丛林两种迷彩。（见图5－38）

中国人民解放军陆军装备迷彩服较早，20世纪80年代初的第一代迷彩服分为五色的丛林迷彩服和三色的荒漠迷彩服，20世纪80年代中期的第二代和1999年定型的第三代迷彩服以四色为主，可以适应全中国一半以上的地形背景。最新型的中国陆军迷彩服以分为春秋两季的通用迷彩为主，并根据部队需要配有沙漠、雪地、城市迷彩服。装备迷彩服的不止中国陆军，在20世纪80年代末驻扎南沙岛屿，保卫祖国神圣海疆中，身着丛林迷彩服的中国海军陆战队员在南沙海洋、珊瑚礁等蓝白色调的背景中难以隐蔽，战士们不得不光着上身或披上被单进行战术训练。在总后、总参设计部门的努力下，中国海军陆战队率先装备了月白、叶绿、海蓝、黑褐四色的海洋迷彩服，在世界军界引起轰动。1999年的50周年大阅兵上，身着海洋迷彩服的海军陆战队方队昂首走过检阅台，显示了中国军队的威武和中国设计师的智慧。

4. 伪装手段的数字化

美军2003年年初新采用的陆军战斗服ACU（Army Combat Uniform）是一种试图简化迷彩图案的尝试，数字化三色迷彩涂装中混合有绿、褐、灰，可以适应丛林、沙漠、城市环境作战，计划于2005年配发给驻阿富汗和伊拉克的美军。之所以由四色改回三色，主要是经研究发现自然界中黑色很罕见，容易引起对手的警觉。而数字化则代表了世界变形迷彩发展的方向，就是指迷彩图案不再是由色块构成，而是由不同颜色的像素点作为基本单位。众所周知，依靠人工条色做成的传统迷彩色块之间有鲜明的界限，尽管隐蔽性比单一色彩提高了很多，但仍有很多不足，数字化迷彩完全依靠计算机布图，利用大量的小色块模拟真实自然环境，更容易融入各种背景中。中国人民解放军从2007年换发的07式军装就是这一趋势的最新代表，这种迷彩可以达到"远看像大花，近看像碎石"的效果，符合21世纪战场的实际需求。

5. 伪装手段的纳米化

凭借庞大的资金投入与雄厚技术实力，美国在"未来士兵2025系统"中设计了军服的纳米涂层，可以使军服根据周边环境改变颜色，显示出21世纪的军服在系统工程思维的引领下，数量减少，功能更为集成的必然趋势。

（二）不可见光环境伪装

随着红外夜视仪、微光夜视仪等侦测工具在战场上的普及，原来只需要考虑防止被人肉眼观测到的军服必须在不可见光环境下进一步伪装，这种伪装手段根据现在已有的成果和未来的发展趋势可分为"无源"和"有源"两种。无源和有原本是相控阵雷达设计中的一个概念，无源相控阵只有一个中央发射机，信号经过放大发送到各单元，与之相比，有源相控阵每个单元都配装有一个发射/接收组件。把这个概念借用到军服防器材侦测的领域中，可将两者简化为不发散能量和本身发散能量的差别。

1. 无源伪装

现有采用数码像素点阵，迷彩图案分布更为合理的新型迷彩服，在一定程度上可以欺骗红外、微光等侦察手段。中国07式新军装还采用了特殊染料，在红外线和微光的部分波段内可以防侦视，这都属于本身不发散能量的"无源"伪装法。

2. 有源伪装

面对21世纪战场侦视手段进一步完善的现实，尤其是依靠物体热量捕捉目标，而不会被无源伪装方式欺骗的热成像仪大量普及的严峻情况下，一部分设计人员创造性地提出了"有源"伪装的新思路。这种方式通过电流来激活织物表面迷彩图案的金属涂层，使其根据周边环境改变自身温度与热辐射强度，从而达到更大程度地保护自己，甚至向"隐身"的最高目标迈进了一大步，也是设计人员综合运用创新思维，寻找合适的技术突破口，从而提高军服效能的最好体现。

（三）人造事物伪装

随着人类城市化的不断发展，巷战的可能性不断增加，世界上许多国家的军队和准军事部队都开始装备灰、白、黑等色彩的城市迷彩服。这些色彩大多来自城市中常见的建筑材料与外部颜色，还有一些专门在城市作战的特种部队，选用了纯黑色军服，在具有对敌威慑功能的同时，也可以更好地隐蔽于城市建筑较多的阴影中。

从中国人民解放军07式军装的迷彩作训服系列中可以看出城市环境伪装的重要性，四种服装：林地/城市通用型、海洋型、城市型和荒漠型中，与城市作战环境有关的占了半数。

第六章

服饰文艺学

第一节　文艺学与服饰文艺学

一、文艺学概念及研究历程

（一）文艺学的确立与基本内涵

"文艺"一词广为大众熟悉，更是日常生活中不可缺少的精神层面的需求。从学术角度来看，文艺是对文学和艺术的统称，它包括文学及其他各艺术门类，如绘画、书法、雕塑、音乐、戏曲、舞蹈以及影视作品等。文艺学是一门以文艺各种现象为研究对象，阐释其本质、特征及发展规律，并进行分析评判的学科。文艺学是人们在长时间文学艺术实践活动积累中形成的社会科学，是社会意识形态之一。

文艺学有狭义和广义之分，作为一门科学学科建立之时，主要指狭义的"文学学"，伴随着西方现代学术体制的建立而产生。在 19 世纪中期，"文学科学"和"艺术科学"的术语在西方相继产生，并逐渐形成科学体系并发展起来。"文艺学"译自外语，中国的学者依照惯例，把对文学进行的研究称为"文艺学"，也就是"文学学"的研究。

在文艺学学科确立之前，西方对文艺的研究多是对文艺理论原理的探究，中国集中对诗学的研究也是这样。17 世纪时，文艺批评的地位逐渐上升，至

18 世纪，西方文艺批评逐渐成为主流，批评理论著作开始出现。19 世纪历史主义观点在学术研究中得到普及，文艺史的研究也随之兴起。至 20 世纪初，文学研究形成了三个体系：文艺理论、文艺史和文艺批评。在艺术理论的研讨中，这三个体系也得到了认可。俄国季莫菲耶夫的《文学原理》、美国韦勒克和沃伦合著的《文学理论》都对这三方面的相互联系做了说明。日本黑田鹏信的《艺术概论》也是从这几方面揭示了艺术美学的体系。

文艺学从文学学科起始，研究范围越来越广泛。如今的文艺学有狭义和广义之分，狭义的文艺学指文学学，即以文学为研究对象，这也是大多数文艺学著作的研究范围；广义的文艺学是研究文学及各艺术门类的综合学科。

文艺学作为一门学科，要对文学艺术进行全面的综合性研究，为大众提供最基本的文学艺术原理和知识。文艺学所包含的三方面内容得到学者共识，即文艺理论、文艺史和文艺批评。

首先，文艺学研究要使人们对文艺形成科学地认识，这一点主要体现在文艺基本理论的研究上。它包括文艺的概念、本质、特征、原理和规律，以及文艺学的内部联系和外部关系。文艺理论研究涵盖了文艺学各方面内容，从本质论、创作方法、创作主体研究、文艺体裁风格到文艺鉴赏的方法和标准。其重点在于将古今中外的文艺现象通过逻辑分析的方法进行概括，得出一般性规律总结，从而给予文艺史和文艺批评研究理论指导。其次，从文艺史研究文艺的产生、发展及历史演变。包括不同历史时期文艺题材、风格流派、创作方法的发展变化；具体作家作品特征及其历史地位；文艺运动、文艺思想变革等。文艺史要对不同时期的文艺现象进行研究，总结文艺在历史沿革中的发展变化及继承问题，并分析文艺同社会生活、文化发展、政治经济和上层建筑等因素之间的相互关系，总结文艺发展的历史规律。它丰富了文艺理论的内容，将文艺作品同社会历史发展变革和人类生活紧密联系，也为文艺批评提供了历史依据。

文艺批评一般以具体文艺作品和作家为研究对象，对当时的作家、作品进行分析评论。这是对文艺理论的一种实践，通过评论家的评论，总结出经验和方法，以提高文艺作品的创作质量，并帮助大众提高文艺鉴赏水平和评论能力。

文艺理论指导文艺史和文艺批评的研究，文艺史和文艺批评又不断丰富着文艺理论,这三者是相辅相成的,它们各自独立又相互联系。不同的探讨共同构成了统一的文艺学研究范围,丰富着文艺学的内涵发展。

(二) 文艺学的研究历程

文艺学作为一门学科的确立是在近代,但是对文学和艺术现象进行的理论研究从 18 世纪就已经开始了。文艺理论研究有继承性和延续性,这些理论的积累最终形成了文艺学的科学体系。它伴随着人类文明的进步而不断丰富发展,折射出社会的变迁和思想的进步。

18 世纪,德国古典美学和文艺理论内容丰富、体系庞大,在西方美学和文艺理论史上占有重要的位置,对浪漫主义、现实主义的产生都有影响,马克思主义文艺理论就包括对古典主义美学理论的批判继承。康德的理论集中体现在《纯粹理性批判》《实践理性批判》和《判断力的批判》等著作中,他认为,在审美作用下可以完成从知识的人向道德的人的过渡。在《判断力的批判》中,康德还讨论了美的质、量、关系和状态问题。在艺术创作上,康德认为艺术创造的精髓是自由,认为美的艺术是天才的创造,而归根结底是为了表达审美意象的功能。康德总结前人的研究,形成一个完整的审美理论体系,对后世文艺理论产生了深刻影响。

席勒受康德的美学思想影响颇深,他的代表作有《审美教育书简》。他认为,人只有处于自由的状况下才能达到健全的人格,这种健全人格是通过审美游戏达到的。游戏说的精髓是自由,并且涉及文艺的起源论、本质论等问题。

黑格尔是德国古典美学的集大成者,《美学》是其代表作,标志着美学这门学科的成立。他认为,艺术美是经过心灵的浇灌充分显现了理念,体现了理性与感性、内容与形式、一般与个别的统一。艺术美的实现在于环境、性格和艺术家三方面,使西方的艺术理论转向"性格中心"。在艺术发展历史类型的问题上,划分了"象征艺术""古典艺术"和"浪漫艺术"三种类型。此外,黑格尔对艺术进行了分类,在论证了建筑、雕刻、绘画、音乐和诗后,认为诗为最高的艺术形式。黑格尔的《美学》是对美学史的总结,具有历史感和时代感,为文艺学的理论奠定了基础。

18 世纪末至 19 世纪 30 年代,施莱格尔兄弟在《关于文学和艺术的讲稿》和《论戏剧艺术与文学》中系统阐释了浪漫主义文学观。柯勒律治从哲学观点出发，在《论诗或艺术》中对诗的本质给了界定，认为诗表现了心灵化的自然，同时也强调了想象和天才诗人在创作中的作用。雪莱在《诗辩》中谈论了关于诗的本质的问题，他认为诗要表现现实生活中的真善美，使文艺可以提升人们的道德，对社会具有巨大的影响力并具推动社会进步的作用。这也道出了文艺学的一些本质。诗人应具有"革命主张"，成为民族觉醒的先驱，同时应该善良、开明、富于想象。雪莱的浪漫主义理论具有革新性，在西方的文艺理论史上具有重要地位。

法国浪漫主义代表人物有斯达尔夫人和雨果。斯达尔夫人的文艺理论思想主要体现在《论文学》和《论德意志》两部著作中。她将欧洲文学划分为南方文学和北方文学，实为对古典主义文学和浪漫主义文学的区分，并对浪漫主义文学做了充分的肯定。在《论文学》中她还提出了将文学放置到其所处的社会环境和时代背景中去考察研究的论点。雨果是法国浪漫主义文学的领袖，他主张创作的自由和想象力的发挥，并且提出了美丑对比的创作原则，这种创作方法反映了艺术的真实性，其目的是对崇高的美的追求。雨果注重艺术的真实，倡导真实与伟大相结合。雨果的著作集中体现了19世纪文学思想的特征，对文学理论的发展起到很大的推动作用。

19世纪中期，画家库尔贝首次提出了现实主义艺术的纲领。将注意力从理想转向现实，从个性创造到注重社会问题，对文艺的创作也要求像科学研究一样的具有事实根据。

在法国，由于受到自然科学研究和实证主义哲学的影响，强调艺术中对现实表现的精确和具体，严格模拟现实。巴尔扎克的《〈人间喜剧〉前言》体现了他的现实主义创作思想。在对生活真实描写的同时应该着重在对事物原因的探求上。丹纳则开创了用自然科学方法研究文艺创作和发展规律的研究形式。他的主要文艺理论著作有《〈英国文学史〉序言》《关于艺术思想》和《艺术哲学》。他提出了文学形成和发展的三要素：种族、环境和时代，为研究不同民族的文学艺术形成发展和风格提供了科学的理论说明。对于艺术的本质，丹纳认为所有艺术形式都是为了表现某个突出的特征，而被概括为"美在特征说"。

俄国文艺理论研究主要代表人物有别林斯基、车尔尼雪夫斯基和托尔斯泰。别林斯基的评论著作有《论俄国中篇小说和果戈理的中篇小说》《文学的幻想》《艺术的概念》《诗的分类》及《一八四七年俄国文学一瞥》等。在创作上，别林斯基受到黑格尔影响，重视艺术创作的典型化问题。他还多次提到典型形象塑造中形象思维的作用。他的历史批评和美学批评相结合的批评标准，对现实主义理论批评做出了贡献。

车尔尼雪夫斯基提出了"美是生活"的命题，认为"艺术是生活的教科书"，并将其社会作用总结为三方面：再现生活、说明生活和判断生活。他肯定了生活美高于艺术美，同时兼顾了艺术家的主观创作。

托尔斯泰的文艺理论思想体现在艺术理论专著《艺术论》中。他认为艺术是情感的表现和传达，而衡量艺术作品优劣的标准在于它的艺术感染力，其中起决定性作用的是艺术家的真挚情感。托尔斯泰认为艺术作品要有"博爱"精神，艺术应为所有劳动大众服务，但这种见解带有偏见。俄国的现实主义文艺理论对马克思文艺理论的产生有着重要的影响。

19 世纪后半叶，象征主义的出现标志着现代主义文艺的到来。20 世纪，西方的现代主义和后现代主义文艺生成了许多文艺流派，如未来主义、抽象主义、表现主义、超现实主义等。在文艺学学科形成后，西方的文艺理论研究受到了社会政治变迁的影响，并且融合了哲学思想和科学研究的成果，生成了许多文艺学理论研究中的新观点和新方法，如形式主义、结构主义和接受理论等，不断推动着文艺学研究的发展。在历史长河中，文艺理论的不断发展，为这一科学学科的建立奠定丰厚的基础，学科的建立也是文艺理论发展的必然产物。

中国的文艺学学科体系的建立晚于西方，并以西方的文艺学为蓝本。从晚清时期，梁启超、王国维等人就引入了西方的文艺学理论和哲学思想，梁启超提出的"文界革命""诗界革命""小说界革命"及陈独秀提出的"美术革命"都推动着中国文艺学向现代学术研究的转型。1902 年京师大学堂开设了"文学研究法"，1918 年蔡元培为北京大学"中国文学门"所列的课程中，第一个就是"文学概论"。在"五四"运动时期，陈独秀、鲁迅、胡适、李大钊等革命志士高举"科学"与"民主"的旗帜，提倡"反对旧道德提倡新道德，反对旧文学提倡新文学"，其中贯穿体现了西方现代的文艺观，为中国现代文艺学的建立奠定了基础。

20 世纪 20 年代末到 40 年代，许多国外的文艺理论著作都被翻译介绍到中国，如鲁迅翻译的《近代美术史潮论》《艺术论》《文艺与批评》；稚吾翻译的《世界文学史》；梁实秋翻译的《浪漫的和古典的》《文学批评论》；丰子恺翻译的黑田鹏信的《艺术概论》等。中国的学者学习了西方的理论，并开始潜心研究文艺理论。朱光潜的《文艺心理学》和《诗论》，以及蔡仪的《新美学》《新艺术论》是中国 20 世纪文艺理论的重要著作。并且自 20 世纪 20 年代开始，许多文艺"概论"的书籍相继问世。例如，吕澂的《文学概论》《美学概论》；黄忏华的《美术概论》；潘梓年的《文学概论》；夏丏尊的《文艺论 ABC》及丰子恺的《绘画概说》等。在大学任教的学者如老舍、郁达夫等也都根据教学的需要编写过"文艺学概论"类著作。中国独立的文艺学研究开始形成体系。

20 世纪 40 年代后，马克思主义文艺理论成了最重要的理论核心，随着同中国历史现实文化的融合，形成了毛泽东文艺思想，并以毛泽东《在延安文艺座谈会上的讲话》为指导，以"工农兵方向"为文艺运动的方向。马克思主义文艺理论和毛泽东文艺思想成为中国文艺学研究的总指导。

70 年代末 80 年代初，新一次的西学东渐使西方的文艺理论涌入中国，文艺学研究出现了活跃的氛围，对古今中外的文艺研究颇为火爆。在马克思主义文艺理论的主导地位下，同时吸收了西方的文艺学研究理论成果并融合了中国古代文艺理论的精髓，中国的文艺学研究也随着时代的脚步不断发展创新。

二、服饰文艺学的学术定位

（一）文艺与服饰的关系

服饰文艺学从字面意义来讲包括了服饰和文艺两个内容，从学科上而言是服饰学和文艺学的交叉。服饰学包括服饰史、服饰创作、服饰审美一系列内容。服饰史叙述的内容从服饰的起源到各个时期服饰的演变和发展。服饰创作包括服饰的创作内容，如色彩、造型、肌理等；服饰创作思维，即服饰创作的各种灵感来源，包括社会生活的方方面面。服饰创作方法是把创作思维实施到具体的轮廓色彩上，把抽象的思维转化成具象的成衣过程。服饰审美是在各种社会环境下，人们在进行服饰创造时对美的标准的界定，不同色彩、不同款式、不同图案对于生活在不同文化中的人而言其意义和美丑也各不相同。例如，东西方审美观的差异，即造成了两种截然不同的服饰风格，西方崇尚人体美，追求能够体现人体特征的效果，所以服装呈现出立体感和造型感，服饰为了更好地表现人体。东方含蓄的气质使服饰自身具有更多的含义，用服装遮盖人体并且通过宽大的袍服和垂直的线条表现精神上追求的意境美。此外，服饰审美还对服饰具有美学意义上的探讨，研究服饰创作的艺术根源及内外因影响。可以说，服饰学这门学科从历史角度、方法论及美学意义上对服饰发展的脉络、创作根源以及创作方法内容、对人的影响等方面进行了科学的研究。

在这里，文艺学主要指广义的概念，是对文学和艺术的综合理解。文艺学的研究包括文艺理论，即性质、特点、发展规律；文艺发展史，如文学艺术在人类历史上的发展概况；文艺批评，也就是对文艺现象的评论。

服饰文艺学是两种学科的交叉，结合文艺学的理论和文艺学的发展内容对服饰现象进行归纳和梳理，形成一定的体系。文艺在人类生活中占有重要的地位，在人们满足了基本的生活需要后，文艺能够抒发感情，愉悦情操，满足精神上的需求，是人类重要的精神生活内容。文艺是人类生活中不可缺少的，随着时代的发展，文艺创作也在不断进步，社会政治文化的影响使文艺创作风格和创作方法也不停地发展变化。各种文学形式中从来不曾缺少对服饰的描绘和赞颂，小说中的人物形象一部分就是靠服饰塑造的。而绘画作品中的人物形象有哪一个能离开服饰？服饰在舞蹈表演中能够营造出绚丽的效果，同时也能强化舞蹈的主题。在现代的影视作品中服饰已经成为一个重要的看点……

文艺作品离不开服饰，只要和人有关的内容都需要服饰的辅助。除了在文艺作品中出现的服饰，文艺创作和发展同样也影响着服饰的发展。文学家根据人物角色的需要和自己的美好想象在作品中创作的人物服饰形象会引来人们的模仿，绘画作品同样有这样的效果。对于人物服饰形象的模仿，电视电影的作用更大。除了具体文艺作品给服饰带来的变化外，和服饰有更深层次关系的是文艺理论方面的内容。文艺起源和服饰的关系、文艺思潮和文艺流派对服饰的影响，以及文艺批评对服饰的启示使和文艺学相关的服饰研究得到了更多理论上的支持。

服饰文艺学在掌握服饰发展规律和史实基础上，结合文艺学的理论、发展史和文艺评论研究成果，对与文艺各方面内容所关联的服饰现象进行梳理总结，并对一些规律进行理论上的归纳。任何一种学科的建立都应该符合几个特点：应该是全人类的，具有永恒性和普遍性的。服饰和文艺都伴随着人类的发展，在将来也不会脱离开人们的社会生活，并且在历史发展过程中，都形成了各自理论化的研究。在服饰学和文艺学的交叉研究中，形成了服饰文艺学的体系。更重要的是，它必然成为人类服饰文化学中不可或缺的一部分。

（二）服饰文艺学的研究范围与意义

服饰与文艺学，是在各自独立的两种学科基础上建立起来的。从两种独立学科中抽取它们之间相似、相关和相互影响的方面进行研究。这两种学科分属不同的门类，它们各自研究的领域和研究对象也各自独立，但是两种学科所研究的内容在人类文化大背景下的发展过程中不自觉地交织在一起。

在服饰文艺学的研究中要以历史的眼光去看待挖掘服饰现象和文艺作品的关系，从创作方法的角度探询服饰和文艺之间的相互作用，作为服饰评论应该借鉴文艺评论的理论方法，完善和推动服饰创作。

服饰文艺学研究对象的范围全面，纵向上跨越了人类历史发展的历程，横向上包括了现象、史实、理论、创作方法和评论多方面。服饰文艺学的研究对象包括文学与艺术作品中的服饰描述和现象，各时代的艺术风格和文艺创作形式对服饰的影响，文艺思潮和服饰的相互作用，文艺流派对服饰设计的影响，以及文艺批评对服饰设计的重要意义。

服饰文艺学的研究范围和研究对象看似庞大，囊括了服饰学和文艺学两个学科的相关内容，其实研究的中心是围绕服饰的现象和规律进行的。集中在文艺学的范围内，通过文艺学的本质、文艺作品、文艺现象、文艺理论这些载体对服饰发展和创作规律进行理论的归纳。

文艺学的研究对象以艺术作品的形式呈现出来，作为一个社会人所不能离开的服饰是服饰学所关注的内容，但是它们共同体现了一点，那就是人类对美的追求。

服饰文艺学是一门跨学科的研究，通过对文艺作品中的服饰现象的总结，更多地了解历史上服饰发展状况。通过对文艺理论的研究发现它和服饰发展之间的关系。服饰和文艺之间有着密切的联系，服饰的审美特征要求它具有一定的艺术气质，面料肌理、花纹图案都是服饰的重要装饰，服饰色彩的搭配，服饰款式的造型轮廓无不包含审美元素。服饰是生活化的艺术，从艺术化这方面来讲，服饰和文艺有所交叉是必然的。服饰文艺学的研究涉及服饰本质、服饰史、服饰创作、服饰批评，涉及文艺学的本质论、创作论、作品论、鉴赏论、发展论各方面。通过交叉研究，可以把有关服饰创作和服饰审美的艺术性进行更深层次的探讨与归纳。

在服饰文艺学的研究中，会关注到服饰审美和艺术风格变迁之间必然的联系，从而使我们掌握服饰发展的本质，通过一些现象看到推动服饰变迁的文化源头。此外，对于服饰艺术源泉的研究，也对服饰创作有重要的指导作用。集中于一门学科对于服饰作用的研究，使我们对服饰在艺术方面的发展能够形成系统的认识，对服饰美的创作和服饰美的鉴赏以及服饰美的运用都能有一定的指导意义。

第二节　服饰与文艺起源

一、文艺起源的社会基础与服饰起源

文艺的出现和服饰的产生都是和人类的起源有着密切的关系，它们都是伴随着人类文明和发展不断丰富发展的。在人类的童年时代，这两种伴随着人类生存的艺术形式是怎样形成的？又具有什么样的关系呢？

（一）文艺起源说

文艺起源是涉及文艺发生学的问题，对于这一问题从古希腊时期就有所研究。文艺的起源和服饰的起源都是和人类联系在一起的，它们之间的发展有怎样的影响，又有何关系呢？首先还是要从文艺起源的几种理论说起。自古希腊时期起，就有人对文艺的起源进行着不断地探讨，主要形成了几种观点：模仿说、游戏说、巫术说、劳动说。

1. 模仿说

模仿说是文艺起源学说中最为古老的一种，其理论核心认为文艺实践起源于人对自然和现实的摹仿。古希腊的德谟克利特和亚里士多德都是这种观点的提倡者。德谟克利特认为人们织布缝补、造房子和歌唱的本领都从动物那里学的。亚里士多德认为模仿是人的天性，人们从模仿中获得快感。模仿说道出了人类童年时期艺术的产生方式，许多原始文艺形式都是对自然物的模仿，在现存的原始部落中还有模仿动物的野牛舞，因纽特人的海豹舞等。在中国典籍《吕氏春秋·古乐》中记载："帝尧立，乃命质为乐，质乃效山林溪谷之音以歌。"[1] 表明音乐旋律是模仿山谷中溪流高低有致的"叮咚"声创造出来的。模仿说阐释了人类早期艺术创作的方法和动机。但模仿说只强调对自然物和现实的机械模仿，而忽视了人的情感体现。此外，这种观点也缺少社会学、文化学等方面的思考。

2. 游戏说

游戏说源于康德，后由席勒和斯宾塞发展成为一套理论，称为"席勒——斯宾塞理论"。康德曾提出诗是想象力的自由游戏，音乐和色彩艺术是感觉游戏的艺术。席勒在此基础上将其发展，写道："什么现象标志着野蛮人到达了人性呢？不论我们对历史追溯到多么遥远，在摆脱了动物状态奴役的一切民族中，这种现象都是一样的，即对外观的喜悦，对装饰和游戏的爱好。"[2] 他认为，在模仿背后还有更为原始的游戏推动着人们从事文艺创作，剩余的精力促使人们追求自由的境界，游戏便是自由精神的体现。斯宾塞进一步发展席勒的观点，从生理学角度解释人们过剩精力。过剩的精力需要发泄，审美就是在游戏的冲动中形成的。游戏说从生理学和心理学角度分析了文艺产生的原因，但是这种理论过分强调人的本能而忽视了社会因素。

3. 巫术说

巫术说是近代西方一种较为有影响力的关于文艺起源的理论，它认为文艺源于原始人的巫术仪式活动。首先由英国人类学家爱德华·泰勒在《原始文化》中提出。原始人对世界的认识还很有限，认为万物有灵。英国著名的人类学家弗雷泽在《金枝》中指出人类较高级的思想运动就是从巫术开始的。最早企图通过巫术来控制自然，这种方法不能实现后，进而寄希望于宗教的

---

① （战国）吕不韦编著，王启才注译：《吕氏春秋》，郑州：中州古籍出版社2010年版，第78页。

② ［德］席勒著，徐恒醇译：《美育书简》，北京：中国文联出版公司，1984年版，第33页。

力量，当神也无法起到作用时，人们才迈进科学的大门。这种分析道出了原始人艺术产生的动机。人们通过巫术祭祀等活动同自然进行交感，祈求愿望的实现。在早期的岩画中有关狩猎的场景的描绘就是一种企盼围猎成功的巫术手法。为了使巫术更加灵验，在其过程中人们不断将自己理想中与神灵产生联系的情形加以丰富，面具、化妆、舞蹈、念唱都逐渐在祭祀过程中不断丰富，它们既产生于巫术，又是保证巫术进行的条件。人们对神秘自然的不解促使了巫术的产生，原始巫术的盛行增强了人类的审美感知和想象力，不断激发艺术创作，不过其目的还是寄予实用性的。巫术说从社会学角度解释了文艺产生的原因，但是并没有确切的材料表明，巫术是先于文艺产生的，而且并非所有的原始文艺都是出于巫术的目的。

4. 劳动说

劳动说最有名的支持者是普列汉诺夫，他曾引用过德国的米歇尔在《劳动与节奏》中所论述的劳动、音乐和诗歌的关系，认为在发展的最初阶段，劳动、音乐和诗歌紧密地互相联系，但基本的组成部分是劳动。他认为音乐的节奏来源于劳动的节奏，最初的乐器也是由劳动工具演变而来，如我国古代的打击乐器石磬就是由犁演化而来。普列汉诺夫发展了他的学说，他在《没有地址的信》中探讨了文艺起源同劳动的关系。他认为，在原始部落的劳动中，每一种都有自己的歌，拍子与生产动作的节奏相适应。原始人在劳动过程中为了协同合作，发出与所从事劳动相符合的节拍或声音，便是音乐的最早起源。将节奏同具有意义的语言相结合，就产生了最早的诗歌。

上述的几种有关文艺起源的主要学说并未被证明就是文艺起源的直接原因，它们都有道理，但是并不全面。柏拉图认为艺术有两个起源——手艺和灵感。马克思认为是劳动创造了人，劳动同样创造了纯熟的技艺，创造了美感。在原始人心目中任何事物都像人类自己一样具有生命和灵魂，巫术就是寄希望于通过某些仪式达到和冥冥之中主宰万物的神秘力量进行沟通的一种途径。文艺是从劳动技艺和灵感巫术中剥离出来的具有独立审美价值的精神产品。

（二）文艺起源与服饰起源的相关性

服饰伴随着人类成长，见证了人类思想进步的艺术。它和人类的生活更为密切，不似纯文艺作品具有较强精神性，但是它同文艺的产生有着相似的原因。通过专家和学者的探索研究，服饰的起源也同模仿、劳动、巫术等人类的活动有着紧密联系。

服饰产生和文艺产生一样，一部分源于模仿。在人类早期神话传说和岩画中，许多服饰形象就是自然界动物形象的反映。岩画上出现的动物形象就是出于模仿，在狩猎过程中狩猎者和猎物不断接触，对其基本模样、结构和性状的印象不断加深。原始岩画上的象、鹿、牛等形象都能够抓住基本特性，有的还很生动。人们在狩猎过程中经常和动物有直接的接触，从猎获的动物身上获得的物品被作为装饰物，通过对动物形象的模仿来丰富自己的形象。在岩画中可以看到一些原始人身披鸟兽的皮毛将自己伪装以便接近猎物，这种出于捕猎目的地模仿着装行为不自觉地促进服饰的产生和演进。从动物身上借鉴的服饰同文艺学起源中模仿说有相似之处，因为对身边周围事物的模仿是一种人类童年时期的心理反应。神话《山海经·西山经》中对西王母的描述是装饰豹尾挂着虎齿的形象。头戴动物的角、身披兽皮鸟羽，这些鲜明的动物形象被记录在许多岩画中，证明了服饰的模仿特性。

但是在单纯模仿之外这些具有动物特征的服饰形象是否还具有其他深层次的含义呢？人们可以模仿动物的形态舞蹈，是否也可以模仿动物的形象创作服饰呢？记载中就有人们猎杀野猪后食其肉，取其牙为饰的例子。这是否可以理解为人们通过对野兽的模仿，希望能够拥有这些动物的力量呢？可见，服饰的起源不仅源于单纯的模仿，还具有更高级的思想活动。原始人在狩猎之前通常都要举行祭祀仪式，在岩壁上刻画出动物形象，有些绘出正在射杀动物的场景。人们认

图 6 - 1　岩画上的双角女巫

为在祭祀中画出什么样的动物，在狩猎中就能捕获这种动物。此外，大型的动物难以捕杀并对人造成威胁，所以人们身着动物皮毛以求获得强大的力量，或是希望动物繁衍以使食物充足。人们通过狩猎祭祀祈求能够有好的收获，

其中动物形象即成为服饰构成的内容之一。在世界各地的岩画中有众多有关祭祀画面的描绘，许多兽面人身的形象就是原始巫风的记录。在宏大的祭祀场面中，主持祭祀的巫师的服饰形象最为突出。巫师为了区别于常人，体现出同神灵的交流力量，就要从服饰上加以体现。例如，身着斗篷、头戴动物形象头饰或巨大角饰。（见图6-1）由此可见，服饰的起源和巫术仪式也有密切的关系。

中国傣族男子文身雕题，在胸、背、额等身体各处文上像鹿又似象的图案，学者认为这些多数是图腾。此外，那些看似只起到装饰作用的配饰，如项链、头饰等都具有巫术作用。景颇族的祭鬼裙则把巫术的象征意义抽象为几种几何纹样分别代表不同的事物和情节。原始人的美是同功利性紧密联系在一起的，配饰的功利目的在于精神寄托和对种族繁衍的祈求。人们为了表示对神灵的虔诚也会模仿巫师的服饰，在这种严肃且神秘的文化仪式进行过程中，服饰具有了文化意义的传承性。祭祀巫术和图腾崇拜也是服饰不断发展的原因之一。

至于游戏说，当然也是存在的。因为在人类原始时期的艺术作品中，就存在游戏性质的文艺形式。例如，从树上摘下树叶，在花丛中采下花朵后，随手戴在头上挂在身上，这种游戏性质的装饰促进了服饰的产生。电视剧《西游记》中，当孙悟空从石缝中蹦出来欢呼雀跃时，不是也从身边能够触及的地方取来树枝、树叶，出于好奇玩乐似的披挂在身上。这些场景似乎让我们看到了原始人最初始的服饰装扮。更激动人心的是还可以从流传至今的民族舞蹈中看到影像。

在劳动和工具制造过程中，人类有了新的发现，对于陶器上纹饰的发生就有这样一种说法。抽象化观念的形成推动了理性和秩序化的精神。象形纹饰的抽象化表现，是从模仿性造型到主题观念发展的过程，彩陶的纹饰上出现了被抽象化的人面、鱼纹、鸟纹等。据考证，由鱼形纹样衍生出了共用形；曲线纹和垂幛纹由蛙纹演变而来；鸟纹则变化出来螺旋形花纹。

这些在劳动制造工具过程中获得的具有艺术审美观念的服饰意义何在？从人类开始装饰自身后，打磨的方法和技术一旦被掌握就运用到装饰物上，纹饰的发现和掌握丰富了妆饰的内容。在文面、文身、绘面上出现了如同早期纹样一般的直线、斜线和折线的几何纹样。在人类掌握了足够纺织技术后，服饰上开始出现了多样的几何纹样，有些还带有内涵丰富的象征意义。

从劳动中产生的形式色彩以及审美快感，对人体装饰和其他服饰审美起到了关键的启发作用。对形式美的追求运用到了服装上。服饰审美从制造工具中衍生而来，在文艺出现后日益强烈。原始艺术的审美特性逐渐从实用性功能中发展和分离出来。

服饰起源离不开对自然生物的模仿，同时也在劳动过程中通过实用价值的体现而产生。巫术仪式不能一概而论就是服饰诞生的原因，但是在仪式中巫师为了区别于常人，作为神的使者所穿着的华丽服饰能够引起人们创造服饰的兴趣。由此可见，人类通过文艺和服饰的发展，逐渐加强了审美反映，提高了审美素质，致使它们之间形成了相互促进相互依托的关系。

二、早期文艺与服饰的关系

（一）早期文学中的服饰形制

在人类的早期文学形式中，充满着对服饰的自然记录和描写，其中又以神话传说的形式为主。当人们对自然、对科学还没有较为完整和理性的认识的时候，神话史诗传说成为最常见的文学形式。这些神话传说中包含很多有关服饰的内容，同时也是很多民族服饰形成的来源。

关于中国古代女性的内衣——肚兜，在神话传说中就记录为女娲和伏羲通婚为了遮羞创造的。肚兜上的图案则是女娲部落的图腾"蛤蟆蛙"。可见，早期的服饰形制从早期的文学中可见端倪。

彝族神话史诗《勒乌特意》中的英雄格阿龙，出生后便穿上龙的衣服并和龙生活在一起。这是彝族图腾的传说由来，也印证了彝族服装中龙纹的重要特征，至今是彝族服装中具有代表性的特征。

《阿拉卡教》神话记载着门巴族的故事。远古时，魔鬼降灾于世，天神把牛派到人间制服魔鬼，给门巴族人带来了幸福安宁。从此门巴人为了纪念天神派来牛的恩情，妇女们以披小牛皮为饰。在配件上，来自各个民族的早期神话中几乎都有与之相关的记载。在印度神话中蛇是勇敢的象征，除了印度，在受其文化影响的泰国某些地区，族长的衣服上也绣有蛇的花纹。

神话传说中有很多关于服饰的描写，其中包含某些服饰显现的起源。这种传说尤以少数民族居多。中国土族有这样的传说：曾有一位土族将军转战中被敌人包围，当绝望之际欲在手帕上留血书的时候，手帕上绣着的蝴蝶飞起来变成一位身穿盔甲的姑娘，并指引着他朝着蝴蝶飞舞的方向突出重围。土家人把蝴蝶视为吉祥美好之物，在男子的围肚上就常绣蝴蝶图案。

西方神话传说中也涉及有关早期服饰形制的内容，人们生活中常见的服饰被赋予了浪漫的色彩。希腊神话中戏剧性最强的应属雅典娜的故事：由于宙斯惧怕即将出生的孩子会比他强大的预言，将妻子吞进肚子。但是没过多久，他就感到头痛欲裂，只能让火神赫淮斯托斯劈开他的头颅。结果，雅典娜全副武装地从宙斯头中一跃而出。可见，人类早期生活中战服的重要性。在古希腊、古罗马时期被视为胜利象征的桂冠相传来自这样的神话传说：阿波罗讥讽小爱神厄洛斯的小箭没有威力，于是厄洛斯就用一枝燃着恋爱火焰的箭射中了阿波罗，而用另一枝冰冷的拒绝之箭射中了仙女达佛涅，驱散爱情的火花，要令他们痛苦。达佛涅为了摆脱阿波罗的追求，求助于她的父亲，把自己变成了月桂树。阿波罗见此情景非常痛苦，便把爱意转向月桂树，将月桂树枝盘在头上。在古希腊，桂冠是胜利与荣誉的象征，古罗马时期人们有为战争胜利者戴桂冠的习俗，另外也用桂冠来表彰有成就的文哲英雄，称为桂冠诗人，并为后世长期沿用。

北欧神话中爱恋与美之神佛洛夏有一件鹰毛羽衣，传说她披上这件羽衣便可化为飞鸟，翱翔天空。这种美好的期许正是人类早期对自然模仿的一种形态，也反映出服饰发生的一些缘由。在最完整、最成熟的希腊神话中，概括了人类早期服饰的特征。年轻的春神戴着鲜花的发带，夏神有谷穗花冠，冬神披着一头雪白的卷发……神话故事中反映出了现实生活中服饰形象。

在世界各地的早期文学中，总能出现各种对于服饰的描写，也是对人类早期服饰形象的最直接表现。这里所列举有关服饰形制和习俗的描写，并非为了强调服饰的形成与早期文学描写的必然关系，因为这种说法是不能成立的。但是早期文学，尤其是神话传说却是这些延续多年约定俗成的服饰习俗的佐证和依据。在一个民族或一个文化群体中代代相传的神话故事具有特定的文化意义，它是祖先们在原始时期生活的掠影和意识形态的记载。它是一种文化或者说一个文明在发生和起始阶段留下的烙印，已经深深刻入历史的年轮。这种意识在一定范围内很难消除，所以也是服饰形制能够延续发展下来并成为一种固定形式的保障。

（二）艺术风格奠定服饰风格

纵观世界范围内的服饰风格，可以鲜明地看到东西方之间的差异。西方的服饰多以展现自然天成的人体为审美特点，自三千多年前的古希腊，即以和体、贴身，突出人体轮廓曲线为特点。东方的服饰无论中国的冕服、襦裙、襕衫还是日本的和服，都尽量将人体的自然曲线掩盖起来，与此同时又竭力塑造出符合人们审美习惯的飘逸、含蓄的服饰美。东西方服饰之间的区别同其文化背景关系密切，可以从不同地域文明所形成的风格迥异的艺术中看出它们对服饰风格的影响。纵观东西方文明和艺术发展，中国古代文艺形成了一种对境界的无限追求，将世间万物视为一体；西方自古希腊时期就奠定了一种理性的真实的艺术美感，喜欢立体和多维视角。所以，东西方艺术风格的确立必然奠定了各自不同的服饰风格。

1. 中国艺术风格为代表的东方服饰

中国传统艺术的特征归结到一起可以概括为"精神性"这三个字。西方著名美术家、哲学家德西迪厄斯·奥班恩在《艺术的含义》中指出，在中国的传统艺术中包含人宙浑然一体的观念。中国美学从"天人合一"的精神出发，追求精神与宇宙、人与自然的统一美。这是一种对精神境界的美的追求。

中国的艺术风格总体讲究的是一种"意境"。中国古典美学的许多重要命题都同意境有着广泛联系。春秋时期道家的"虚无"哲学思想对中国古代艺术追求意境之美产生了很大的作用。屈原楚辞的浪漫主义，西周到两汉时期的意象说等都着重体现了艺术形象的情感性。例如，汉代绘画蕴含了浓郁的玄学思想，人们在帛画或墓室壁画中描绘出一番羽化成仙的情景。为了追求这种意境，中国人尤为喜爱一种长袖舞，在灯光的映衬下，长袖舞动形成的忽明忽暗的精神寄托体现在艺术作品上。可见，服饰是生活中的美学体现，是人们审美意识的物化反映。

从绘画上看，最为写实的工笔画也并非像西方绘画一样写实性地描画出人物的面貌形体，而是通过细腻线条描绘人物的服饰形象，其中蕴含着人们对美的向往。山水画更突出了对意境的追求，尤其在文人画兴起后，山水画由写实到写意，写意的同时又不脱离具体形象。山水画是一种心物交融，体现了"天人合一"的思想。山水画中的人物是很不起眼的，但却自然地融于自然风景中。（见图 6-2）这也证明了中国美学中尽管人的地位显得无足轻重，但是人的精神却和宇宙交融在一起。写意的精神还体现在绘画中重神轻形的特点，"神韵"超过了"形似"，而"神"就是一种精神气质，以物寓人的现象则是对人物品格的描绘，如梅、兰、竹、菊、松分别代表不同的高洁品格。"心理而非物理，想象而非视觉，整体而非局部，游动而非定点"①，构成了中国传统绘画的空间构图特征。

作为写实性很强的雕塑依然具有写意的倾向。这种写实性的写意是以整体审美效果为特征的，如青铜器中的人面纹、兽面纹在细部上并非完全写实，而是有些夸张变形和象征成分，但在整体上呈现出神秘凝重的狞厉之美，给人的震撼更甚于逼真写实的雕塑作品。汉代的说唱俑在人体比例上有些失真，可是夸张的表情和动作完全塑造出滑稽幽默的人物特征。中国传统雕塑在细部刻画上稍显粗略，但是整体上的审美情趣是生动而逼真的。

图 6 - 2　中国宋代山水画《踏歌图》

在园林建筑中，亭、台、楼、榭，曲径通幽，突出的是一个"雅"字。在空间上以小见大，山石泉池的设置是为了模仿名山大川，以有限的布置传神，达到畅游天下的意境。有限的面积中，经过精心的分景和隔景，达到以有限的面积造无限空间的效果。园中景致绵延不绝，置身其中景外有景，动静相宜，迂回曲折间景色各不相同。在园林中能够感受到一种委婉含蓄而又包含无限美景的美感，宛如置身于山水画之中，其意境之美油然而生。

中国的传统艺术风格主要体现在意境之美，艺术的审美倾向必然会注入

① 彭吉象主编：《中国艺术学》，北京：高等教育出版社 1997 年版，第 241 页。

服饰的审美之中。以中国为代表的东方服装整体上追求一种飘逸洒脱的风格，表现出以衣象征精神的特征。意境和传神也是中国古代服装所追求的境界。"服饰美的标准，是映耀天地，符合身份；在服饰上所追求的艺术意境，是浑然天成、飘然若仙。"① 宽大的袍服和肥大的衣袖可以联袂成荫，掩饰住身形但显示出的是一种潇洒的姿态。这种服饰风格更强调整体的气韵，通过宽松的腰身和外形表达东方文化的精髓。穿着这种宽松飘逸服装的人能够和自然景物协调地融合在一起，达到天人合一的境界。褒衣博带更是文人对闲情逸致的向往，一种精神自由的体现。服饰造型上没有主体的挺拔皱褶，却有自然下垂的含蓄衣纹，并且随着人体的运动产生柔美的变化，对这种美的表达非常委婉，同中国传统艺术中追求整体神韵效果的审美观念相一致。

　　精神性是中国传统艺术的最基本特征，它同样体现在中国的古代服饰中。服饰的作用和目的同精神的关联甚至超过了和身体的关联。服饰含蓄的造型和潇洒的姿态也是一种写意，在这种艺术观念的影响下，亚洲东部国家的服饰都具有普遍的共性。大多为宽松的袍服，不显示身形，服装造型随体态的变化产生自然的褶皱。但就是在这没有过多立体效果的服饰中，蕴含着含蓄的美、精神境界和诗意。

　　2. 古希腊艺术风格奠定的西方服饰

　　古希腊文明是西方文明的源头，直到现在西方国家依然延续着古希腊时期的理性精神。古希腊时期的艺术发达，许多艺术作品无时不流露出希腊人的崇高精神。希腊人的精神意志被罗马人继承，在宗教神学时期被湮没。直到文艺复兴时期，古希腊的艺术精神重新出现，人们为它的伟大而感叹不已，现实的世界再次呈现出来。古希腊人生活在平和优裕的环境中，他们善于学习，热爱思考。古希腊拥有杰出的科学技术文明和高度的思想文明。他们的艺术发达，其影响直至今天。

　　对于古希腊人来说，艺术就是模仿，基于模仿创造的艺术所具有的最大特点就是现实，艺术家对人体的认识又是一种理想化的美。在欣赏希腊艺术时，其逼真的写实和超越自然的完美让人们惊叹。这两种特性奠定了古希腊艺术的风格，也植根于古希腊人的审美意识中，同样体现在了服饰上。

―――――――――

　　①　华梅：《人类服饰文化学》，天津：天津人民出版社1995年版，第539页。

对健美人体的欣赏，使古希腊的服装服务于身体，服装的款式和质感在起到遮盖作用的同时，更是一种对人体美的展示。例如，在克里特岛发掘的克诺索斯王宫圣殿中的供品"持蛇女神彩陶像"为我们清晰地展示了公元前 1600 年克里特时期的希腊服装。距今 3600 多年前的服装，以现代人的眼光来看竟是那样的开放时髦和华美。上衣是一件半袖、前襟敞开的紧身衣，裁剪非常合体，衣服紧贴身体曲线。最让人惊讶的是，上衣将乳房全部裸露在外，而上身的其他部位都紧裹在衣服内，乳下用绳和扣系住，既可以将乳房托起，同时也将腰部束紧。这种服装所塑造出的丰满的胸部

图 6 - 3　希腊克里特岛出土的持蛇女神像

和纤细的蜂腰，依然符合现代人的审美标准，但克里特时期的女性美更加原始和率真。女神下身的裙子呈钟形，有七层之多，并有像围裙一样的罩裙。衣裙色彩鲜艳华丽，图案丰富精美。在纤细的腰下，臀部膨起，凸显了女性的线条美。（见图 6 - 3）克里特女神的服装从整体上显示了女性全部的曲线美，蜂腰阔臀的服装造型在几千年后的欧洲甚为流行，难怪有人称她为"古代的巴黎女郎"。克里特岛上的服装让我们看到了古希腊人对人体的赞美，服装是为了更加突出身体特征，这一点在文艺复兴以后尤为明显。无论是束腰的衣裙、庞大的裙撑，都是为了强调女性的身体曲线特征；而男士的方箱型上衣和劲瘦的裤子是为了明显塑造出男性的健美体魄。

克里特文明之后的希腊服装，是以一种更为飘逸和浪漫的白色袍服形式出现的，统称"基同"。它是一种不经过剪裁，而将布料直接披挂在身体上的服装，又因民族的不同而分为多利安式和爱奥尼亚式。通常在肩部以各种装饰别针固定，使衣服垂挂在肩上。腰间用束带固定，人在走动时，随着衣服的摆动，对折后开口一侧的身体时隐时现，不过有时开口也会在腋下至腰间

缝合。这种由宽幅面料系扎固定的垂挂式服装，穿着后形成了无数竖直的线条，凸凹的纹理增加了服装的立体效果。服装的形制体现了古希腊人对艺术的热爱，生活中对服装及着装美的追求是它们艺术创造和艺术风格的反映。白色的基同，其色泽如同古希腊人最喜爱的大理石，而立体着装效果如同古希腊人最为擅长的雕塑一般。最为关键的是在飘逸的基同里若隐若现的、上天最美的创造物——人体。

当希腊的影响逐渐消失时，西方人的艺术开始逐渐走向装饰。直到文艺复兴时期，人们又重新找到古希腊的艺术精神，现实而崇高的美又重新回到人们面前。古希腊艺术中对人体美的歌颂和记载，直接影响了西方人的审美观念。不但在艺术上出现了大量的写实人体，同时在服装上也远离了中世纪宗教影响下的服装款式。由包裹遮掩宗教特征服饰迅速变为强调两性身体特征的服装款式。古希腊优雅崇高的美此时变得有些拘谨而刻意，但是西方艺术中对人体美的崇尚以及服饰中对人体的显现一直承袭下来。服装上的立体廓形和对体形的塑造，以古希腊艺术精神为源流，也是和以中国为代表的东方服饰的最根本区别。

艺术风格上东方写意，西方写实；构图上东方讲究空间意识，西方讲究焦点透视。西方艺术更多地集中在视觉上，东方则侧重心灵的诗情画意。所以，西方服装突出了人体特征，视觉上更具有直观性，东方服饰则是随意洒脱追求意境。中国的审美追求意境，不同于古希腊的现实主义。中国的巫术和玄学思想浓厚，在艺术上尤其是在中国古代占据主导地位的绘画艺术上集中体现了写意的精髓。这种艺术审美的倾向直接体现在服装上。中国古代的服装是平面的袍（冕服等），西方则是立体裁剪的款式，从古希腊的小岛上"巴黎女郎"的着装就可以清楚地了解西方服装的基本构造。不同的文明造就了不同的艺术风格，形成了不同的审美标准，这一标准直接影响了服饰风格。东西方的文化差异从人类早期就已经形成，服装风格和艺术风格的一致也表明了这两者的共通性。不同地区服饰的差异和变迁，与文艺的风格和发展变化不可分离，这一点直至现在依然如此。

第三节　服饰与文艺创作

在了解或研究服装史的时候，是按照时代进行划分的。就中国服饰而言，每一个朝代作为一个单元，西方服饰也是以时代进程为单位。可见，服饰的变化或者说改进是同时代变迁紧密相连的。正是由于每一个时代具有独特的审美标准，才造就了不同的时代艺术风格。服饰又是清晰体现时代艺术风格的载体。

一、时代创作风格在服饰上的反映

（一）中国各时代创作风格对服饰的影响

中国悠久的文明造就了绚丽的艺术文明，从原始时期就奠定了独具风格的艺术特色，以致每个时代又有着自身的独特风采。

1. 法象天地——秦汉风格

秦汉时期的艺术在中国艺术史上显示出宏伟的气魄。秦国从小诸侯国，最后将中国统一，设立了统一的服饰制度。

秦汉承袭古风，又有磅礴之势。其艺术风格是在有限的空间和文字中包含了世间万象，"容纳万有"，气势恢宏，有一种大气魄。汉代贾谊在形容秦的抱负时用过一段排比文字，能够较为恰当地形容秦汉艺术特点："有席卷天下，包举宇内，囊括四海之意，并吞八荒之心。"[1]

正是这种艺术风格造就了秦汉时期服装的风格。秦始皇一统天下，对服饰也做了详细的规定。秦始皇在位时，规定官至三品以上者，绿袍、深衣，衣冠服饰更加规范。秦汉时期男子几乎都穿袍，汉代男子一直以袍为礼服，多为大袖，袖口收紧，因衣袖宽大而有"张袂成荫"之称。（见图6-4）马王堆出土的素纱禅衣，身长1.6米，袖通长达1.95米，可见汉代服饰一种"大"。女子也穿上下连属的深衣。汉代妇女发式考究，首饰华丽。《后汉书·舆服志》记载：皇后"步摇以金山为山题，贯白珠为桂枝相缪，一爵九华，

---

[1]　殷义祥注：《古文观止》，北京：人民文学出版社，2003年10月版，第273页。

图6-4　中国唐代《历代帝王图》中的冠冕

熊、虎、赤、天鹿、辟邪、南山丰大特六兽。"① 可见，在女子头饰上都包含有自然界的各种动物，这与秦汉时艺术中包罗万象的审美趣味相得益彰。

对于法象天地的艺术特色，在秦汉服饰中有很多体现。战国末期哲学家、阴阳家邹衍，运用五行相生的说法，建立了五德始终说，并将其附会到社会历史变动和王朝兴替上。按照这种说法，秦得水德而尚黑。汉灭秦，也就以土德胜水德，于是黄色成为高级服色。另根据金、木、水、火、土五行，以东青、西白、南朱、北玄四方位而立中央为土，即黄色，从而更确定了以黄色为中心的主旨，因此最高统治者所服之色当然以黄色为主了。

同时还有五时服色，即春青、夏赤、季夏黄、秋白、冬黑。依汉代制度，每年立春之日，百官于东郊行迎春礼时，均穿青色朝服。立夏之日，则在南郊穿朱色朝服行迎夏礼。立秋前的十八天，在中央之地，百官穿黄色朝服。立秋之日穿白色朝服于西郊行迎秋礼。立冬之日，穿黑色朝服在北郊行迎冬礼。由此可见，秦汉时期的服饰颜色也是像建筑构造一样，依法天象，按照阴阳五行来变换穿着。

汉代丝绸的纹饰同其他艺术风格一样，包罗世间万物。除了龙虎纹、对鸟纹、茱萸纹以及孔雀、仙鹤、辟邪等动植物形象外，也有以现实郊游围猎与方士、游客们神仙思想为题材的画面，以及和西域通商后所见卷发高鼻的少数民族人物形象。

在陵墓艺术盛行及羽化成仙的思想影响下，汉代还风行凭借长而薄的衣袖进行的舞蹈。细长且轻盈的衣袖，既可以配合舞姿体现身段，又可以营造

---

① （宋）范晔撰，（唐）李贤等注：《后汉书》，北京：中华书局1997年版，第3663页。

出一种如虹霓般的视觉效果。有时这种长袖还配合飘带一起使用，翩翩若飞。舞动中的长袖上下翻飞，能够不时地遮住光线，舞者如游龙般灵活轻盈的体态，在忽明忽暗的光影效果中舞蹈，给人以置身仙境一般的感觉。在时代艺术风格和审美心理的影响下，形成了所谓"长袖善舞"的服饰效果。

2. 超然飘逸——魏晋风格

魏晋时期是中国历史上一个在动荡中变化的朝代，从政治、经济、文艺到人们的思想都在改变。战乱纷争，王朝更迭，人们生活苦闷，但同时这个时代人才辈出，精神最为自由。在战乱频仍中，汉代儒学大一统的境况发生了改变，旧的意识形态在多变的政治形式中瓦解。文人抛弃了儒家学说，取而代之的是魏晋玄学和六朝佛学。这个时期在文艺学的发展历程中，开始了"自觉时代"。

这个时代，精神的自由使很多人在秉性、爱好上突出自我，在日常生活、仪容风度上都与儒家的礼教格格不入。情趣自然发展，在没有束缚的情况下，文艺上也由汉代的类型化中显现出个人化的特有风格。曹丕在《典论·论文》中就论述过不同气质特性的人之间文风的差别，因人而异的文艺风格造就了人们不羁的性格，在着装上也是不拘礼法。文人们散乱着头发，梳着小孩的椎髻，甚至刘伶裸体而饮，魏晋文人以袒胸露足、解衣当风为尚。

魏晋时期的艺术风格追求神韵和风骨，逐渐摆脱了礼教的规范，依照个人的个性和特点创作艺术形象，并且依照个人的兴致欣赏艺术。洒脱的气质和不羁的精神创造了魏晋时期飘然超逸的艺术气象，这种风格和精神在服装上的反映也是明显的。除去魏晋时期士人着装不拘细节外，整个社会的着装形象也是追求轻盈飘逸之美。女子服装基本上沿袭了前代深衣的样式，有多重衣领，宽大衣袂，更具有装饰性。

图6-5 东晋《列女仁智图卷》中的
杂裾垂髾女服

其变化主要在下摆处裁剪出若干三角形，上宽下窄，层层相叠，富于层次感，走起路来随风飘曳。除了下摆的变化装饰外，从包裹住腰到小腹部的抱腰中，还系有细长的飘带，称为襳，片片垂髾摆动，加上丝丝飘带轻舞，女子如仙人在云中游走一般，轻盈而飘逸，故此景象有"华带飞髾"之说，具有三角形垂髾裙摆的衣裙叫作"杂裾垂髾"。"杂裾垂髾"看似繁杂，却具有整体的律动感觉。（见图6-5）

魏晋时期男子都身着长衫，衣袖肥大。同前代深衣相比，敞开的袖口，更显得衣衫宽博。此外，魏晋时期男子盛行漆纱笼帽，巍峨且轻盈。整体的着装形象体现出了魏晋时期"褒衣博带，大冠高履"的服装风格。

文人的飘洒超俗，在艺术上创造出更具精神自由的神韵风格。超然飘逸的书法、绘画以及自然天成的园林等艺术氛围的影响，使魏晋人士在着装上追求清雅飘逸之感。魏晋的服饰带有绘画中的神韵，书法中的潇洒，园林艺术的超脱，带有特定历史时期艺术成就的气息，也为中国服饰留下了难得一见的潇洒飘逸之风。

3. 雍容华贵——盛唐风格

唐代是中国封建王朝的鼎盛时期，也是中国艺术的高峰。唐代艺术气势恢宏，创造了各个艺术门类的伟大形式。总体来说，唐代艺术的共同特点就是雍容华贵。

唐代绘画尤其是仕女画形成了一种富丽优美的女性美形象，明显区别于前代孝女、烈女的范畴，营造出宫廷闲适富贵的生活情趣。从张萱的《虢国夫人游春图》《捣练图》，周昉的《簪花仕女图》《纨扇仕女图》等

图6-6 唐代《捣练图》中的女子襦裙

作品中都可以感受到唐代艺术中丰润浓丽的女性形象。

唐代以肥为美，画中人物体态丰腴、容貌端庄，体现出唐代的审美风尚。妇女着襦裙装，上衣短小，裙子长且宽博肥大。衣裙多、层次丰富，透过薄纱能隐隐透出肌肤，开放自如又华丽大方。（见图6-6）由于唐代丝织业发达，服装面料的花色品种繁多，如绫、罗、缎、锦、纱、绢等给服装的美观

提供了条件。衣裙都是用上等的绫罗制成，纬锦色调与丝线的光泽交相辉映，富丽堂皇。高超的纺织技能，令织物花纹丰富而精美。同时繁荣的社会文明又使织物的装饰题材多为各种富贵祥瑞的图案，牡丹、芙蓉、月季、芍药、菊花、梅花，以及外来的葡萄、石榴等。其中最为流行的是牡丹花，这种雍容华贵的品种被称为"花中之王"，芍药被称为"花中之相"。与此相对的"百鸟之王"凤凰也是织锦图案中最为常用的。图案中花团锦簇，枝藤缠绕，色彩鲜艳。同其他形式的艺术特色相一致。印染技术的发展也丰富了色彩的种类，上层妇女使用的颜色多明亮鲜艳，红、紫、黄等浓艳华贵，其中最为流行的是红色"石榴裙"。刺绣技艺日益精湛，出现了在印花丝织物上加金银绘的方法，使丝绸罗纱面料多用金银装饰。

唐代服饰，尤其女服是中国服饰史上最灿烂夺目的一页，高贵面料制作的裙子以幅多为美，饱满的裙形占有更多的空间，越发显得穿着者体形丰满，雍容华贵。无论服装的款式、面料还是整体妆饰，其富贵华丽都是前代不可比拟的，那种大气端庄的气势又是后世无法效仿的。大唐灿烂的服饰文化至今都令我们赞叹不已。

4. 典雅端庄——两宋风格

随着社会的变革，宋代文人心态也逐渐不同于盛唐之时。在诗文创作上开始趋于平淡，为了能够传播理学，讲明道理，出现"语录体"，文字摆脱了宋初从唐和五代继承来的骈体文。说理胜过了华丽的辞藻。小说的发展也使书面语言开始接近于口语。诗词上开始反对西昆体的晦涩，加以新古文运动的胜利，都奠定了文学上趋于以平淡为特点的基础。此外，这种趋势更是宋代士人追求高雅审美要求的一种体现。宋代文人绘画追求的便是一种远逸的情境。

以神写形的品位和意趣造就了艺术中的简化风格。笔墨简单、构图简单、画面简单，全景山水演变到大片留白。梁楷的《李太白行吟图》《泼墨仙人图》都是简拙画风的代表之作。尚简的艺术特色还表现在其他艺术门类中。例如，宋代的陶瓷，以素净的单色釉为主，哥窑的釉层裂纹也是自然天成。而官窑青白色的釉色、汝窑端正简朴的造型、钧窑古朴文雅之美，都靠釉色的自然变化，在简洁和沉静之中体现了柔和平淡。

宋代服饰一改唐朝富贵华丽的风格，形成了一种简单、素雅的风格。服装的变化也符合宋代艺术的平淡之美。在服装上，朝廷颁发了《不可异众》的规定，去除金饰，简化衣服的花纹。服装上保持洁净自然，崇尚俭朴。男服在形制上与唐朝区别不大，女服的变化较为明显。宋代女服一改唐朝轻纱罩体的宽博衣袖，削减了许多雍容奢华之气。女子上身穿袄、襦、衫等，下身穿裙子、裤。袄、襦短小，衫多以轻薄质料和浅淡色为主。宋代妇女的裙子和裙带都垂得很长。虽承袭了五代的褶裙，但整体幅面较窄，再配以宋代特有的背子，形成一种简约的瘦长廓形。（见

图 6 - 7　宋代《四美图》中的女子服饰

图 6 - 7）在装饰纹饰上，曾流行过四时节物和四时花朵，并把山水文样也作为一种装饰。花卉纹除了牡丹茶花这些唐朝常用纹饰，出现了梅、兰、竹、菊等"君子"花卉题材，象征文人雅士的美好品质。

宋代的服装美不在于华丽的图案、艳丽的色彩，而在于装饰之外的一种含蓄之感。修长而简洁的造型凸显文雅平淡，但是在看似单调的表面下，是宋代艺术审美的体现。不重形式，更强调柔和清幽的意趣。如同宋代书画一样，柔和而简单，淡薄而味深。

5. 世俗趣味——元明清风格

宋朝，包括宋朝以前的艺术都以雅为美为尚，宋代更多了些韵味。但是从元代开始，古典艺术开始转向世俗化。元代统治者文化素养偏低、文人地位急剧下降，使许多文人雅士开始参与市民化的文艺创作，造就了像王实甫、马志远、关汉卿这样的曲作家。

正统文艺中的诗从以诗言志变为以诗说话，诗歌变为曲，高雅的意蕴变为世俗生活。戏曲以一种叙事性的手法出现，并且呈现出口语化的表达方式。小说的涉及面相当广泛，从历史到市井，甚至艳俗小说也可以公开发行。虽然清朝曾有过古典艺术的整合，但是戏曲和小说更适合整个社会的变化。曲

可以跳出诗词整齐的对仗规范，更加口语化，更加灵活，并且可以由任何人来表演，不同身份的人会有不同的诵唱。这就造成不可避免的通俗化。

在宋代山水画的基础上，出现了更加写意的大泼墨，以及更具有生机的绘画——版画和年画。版画和年画其实如出一辙，只是所服务和表现的对象有所不同。版画多为小说和志做补充说明，高雅的士人绘画也同世俗化的文艺作品融为一体。小说和戏曲内容多样化，所以版画的题材也是丰富多彩。

这种艺术通俗化的流行特点也出现在服装上。明清时期的服装除了由于政治原因的少数民族服装改制外，大多在形制上没有太大变化，不同的变革更多体现在细节的装饰上。多种花卉纹样和图案大量出现在织物上。具有民间智慧寓意的图案从年画中转移到服装上。在丝织纹样中出现许多吉祥主题，各种花草禽兽乃至器物因本身的寓意，或取其读音或取其形状来表现吉祥题材，从而成为一种装饰图案。例如，鹤鹿同春、五蝠捧寿、凤戏牡丹；由玉兰花、海棠和牡丹组成的玉堂富贵，由葫芦和藤蔓组成的万代长春，还有人物构成的一团和气、吉庆有余，以及灯笼为主体的五谷丰登、事（柿）事如意等。这些织物和服装上的吉祥图案与明代开始繁荣的年画上的图案相辅相成，在服装艺术的表现形式上反射出时代文艺风格特点的光辉。

（二）西方各时代创作风格对服饰的影响

1. 基督教诞生——拜占庭风格

公元 1 世纪基督教传入罗马帝国，但受到镇压，传教转为地下进行，秘密发展起来，从而导致宗教题材的文艺作品带有浓厚的隐喻和象征意义。在公元 313 年，君士坦丁大帝为了帝国统治皈依基督教后，基督教艺术才真正兴旺起来。在罗马帝国衰落后，东罗马帝国继承了古希腊、古罗马文明，吸收东方文化，融合早期基督教艺术，形成了自己的艺术语言——拜占庭艺术。表现主题为基督教人物和基督教图案纹样，并在罗马建筑的基础上兴建基督教堂。

拜占庭艺术带有古希腊、古罗马艺术影响的痕迹，但与古罗马艺术相比，缺少生动的气息。它否定了古典写实主义的传统，蒙上了宗教的外衣，具有更多象征意义和精神表现性。无论是文学还是艺术，宗教成了主题，拜占庭艺术中非常发达的细密画，无论是福音书封面，还是扉页插图，都围绕宗教题材的圣经故事展开。音乐也作为宗教的婢女出现，唱诗班的颂歌回荡在各个乡村的上空。艺术形象的塑造是为了体现宗教永恒的精神。人物造型严谨对称，减少了古典艺术精确的形态美，具有高度程式化的特点。

这种较为呆板和程式化的艺术风格影响了服装款式的变化。拜占庭时期的服装呈宽大的封闭袍服样式，掩饰身体的形态，这与古希腊、古罗马时期对人体美的歌颂截然相反。如同艺术上减少了动物、花草等形象生动的纹饰，雕刻绘画写实性减弱，变得定型化和简单化，圣像更加提炼和简化，人物正襟危坐、肃穆威严。服装上也显露出人像雕刻般的刻板，失去了古希腊、古罗马时期服装和人体互相衬托的美感，身体的自然之美用形式统一的服装掩饰起来。如同艺术开始以体现宗教精神为主一样，服装也逐渐包含越来越多的宗教束缚。除了包裹式的服装外，女子还有长短各异的头巾，尤其在去教堂的时候要用头巾把头发和身体蒙住，并且禁止女子使用任何口红和香粉。苦行般的自我封闭，追求的是一种精神上的理想和自由。

当然，任何事物不是绝对的，当一种辉煌消失，肯定会有另外的闪光点出现。拜占庭时期的镶嵌画相当发达，甚至可以说是空前绝后。其中拜占庭早期最出色的是嘉娜·普拉西迪亚陵墓中的一组。其外部仅是一色青砖，内部则是五彩缤纷的镶嵌画图案装饰，色彩绚丽，技艺精湛，体现了拜占庭时期的基督教精神，外表质朴，内部却奢华辉煌。受这种风格的影响，拜占庭服装一方面在形制上强调保守，另一方面却在装饰上煞费苦心。尤其以统治者为代表，他们的服装如同装饰画般色彩斑斓。例如，查士丁尼在526—547年修建的拉文纳的圣维塔列教堂，除了充满了以金色和绿色为主色调的镶嵌画为教堂增色不少之外，这里还有两幅著名的镶嵌画《查士丁尼和他的随从们》以及《皇后狄奥多拉和她的侍女》。查士丁尼身披紫红色长袍，肩上的扣饰闪耀夺目，头上的王冠更是镶嵌着多彩的宝石。壁画中狄奥多拉王后将东方传入的名贵面料披裹在身上，形成方形斗

图6-8　拜占庭镶嵌画《皇后狄奥多拉和她的侍女》

篷，在右肩处用金属饰扣固定，从右侧露出里面的长衫，长衫的颜色和刺绣纹样得以显现出来。紫色的外衣在边缘用金线刺绣花纹，象征着高贵和特权。（见图6－8）贵族们为了显示身份在帕鲁达门托姆上缝出一块方形装饰布，叫作"塔布里昂"（Tbblion），上面常常绣有金色的纹样。拜占庭帝国同中国有了频繁的贸易往来，中国的丝绸大量进入中东。如同镶嵌画一样，拜占庭服装一下子从古希腊、古埃及时期延续千年的朴素而简单的色调进入五彩缤纷的世界。

至12世纪，不仅镶嵌画完善，玻璃镶嵌珐琅和金线的技术也日趋成熟。在现存最早最完整的横梁画中，玻璃镶嵌珐琅就是用金线在玻璃板上隔成格子，倒入珐琅，煅烧玻璃直到它与金子融为一体，再打磨擦亮，使之像镜面一样光滑，周围还紧密嵌各色珠宝。在讲述宗教神圣主题的同时，又极尽奢华，这也是拜占庭时期的一种艺术特色。于是，我们看到拜占庭人富丽堂皇的耳饰、王冠、针饰，以及服装上丰富的色彩和大量的珠宝钻石装饰，以至于这个时期也被称为"奢华的时代"。

在拜占庭服饰奢华的装饰下，亦显示出中世纪艺术符号在服装上的体现。拜占庭时期绚丽的色彩和丰富多彩的织物纹样，普遍具有象征意义。丝绸纹样以狩狮、鸷鹰、四叶纹和心形花卉等具有象征性、宗教意味和东方情调的题材为主，形成典型的拜占庭风格。"如圆象征无穷，鸽子象征神圣精神，白色象征纯洁，黄色象征行善，深紫色表示谦德。""羊是基督教的象征物，用牧羊人来代表耶稣，船是教会的象征，十字形表示对基督的信仰，蓝色象征神圣，红色象征基督的血和神之爱。"[1] 中世纪很长一段时间内，男子服装上装饰两条红色条纹，它象征着基督教徒之血。

拜占庭时期的形象只不过是基督教教义的外衣，服装中蕴含着许多宗教意义。在宗教氛围和艺术风格的作用下，拜占庭服装体现出独有的特色，它继承古典，交融了东西方的特色，具有强烈的宗教精神。

2. 灵魂的升腾——哥特式风格

哥特时期通常指12至15世纪的欧洲，这一时期经济增长文化进步，城市开始繁荣。越来越多的城市教堂出现，并逐渐取代了罗马式教堂建筑，成

---

① 张乃仁、杨蔼琪译著：《外国服装艺术史》，北京：人民美术出版社2003年版，第65页。

为城市生活的中心。新的教堂建筑也创造了一种新的艺术风格——哥特式艺术。关于"哥特式"的说法来自文艺复兴时期学者对中世纪建筑和艺术的形容。当时的"哥特"是对北方野蛮游牧民族的称呼，可见文艺复兴学者认为中世纪艺术是野蛮而缺少艺术趣味的。直至19世纪浪漫主义以后，人们对哥特式艺术产生了新的兴趣，"哥特式"一词才没有了贬斥之意，成为指代中世纪后期繁复的建筑风格和仿效那种风格的绘画、雕刻、装饰等的名词。

哥特式风格中最为辉煌的成就在其建筑上，具有代表性的是高耸入云的尖顶教堂。哥特式建筑改变了罗马式厚重的墙面，取而代之的是彩色大玻璃窗，并用铅条分割成红、黄、蓝、绿、青、紫等色彩鲜艳的图形做成各种圣经故事。例如，法国亚眠大教堂的玻璃窗就是用10多种颜色的玻璃做成《耶稣升天》的画面。这些彩色玻璃高高竖立，与之相搭配的是颇具自由性的尖拱构造的教堂，这也是哥特式教堂的另一个创造性。

哥特式建筑强调了一种竖直向上的动势，形成一种高耸、挺拔的形式，远看那些教堂布满了垂直线条，尖拱和尖顶都给人一种直冲云霄的感觉。其内部修长的立柱和狭长的彩色玻璃镶嵌窗户，是一种向上升华的精神。阳光透过玻璃窗呈现出的斑斓色彩，更营造出迷离又辉煌的感觉，似乎拉近了人们与天国的距离，宗教的精神性得到了释放和升华。与罗马式建筑风格相比，哥特式建筑更加精巧雅致，就如同传奇故事相较于史诗一样。

哥特时期的艺术可以说是中世纪艺术的顶峰，与此同时，宗教与艺术的融合也更加密切、更加成熟。艺术风格在此时对服装的影响尤为明显。哥特服装具有同时期教堂建筑的影子。圆锥形帽子和尖头鞋与教堂的尖顶相呼应。尖头鞋是哥特时期的特色服饰，男女都穿着。这种鞋一般由柔软的皮革制成，男子的鞋尖更加颀长，为了使鞋尖翘起挺直，里面经常塞上填充物。据说最长的鞋尖是脚长的两倍半，且地位越高的人鞋尖越长。哥特时期的安妮帽同样具有尖顶

图6-9 哥特时期的欧洲男女服饰

教堂的神韵。"安妮帽的帽形是高耸的，上面有一个尖顶。在这种帽子的尖顶上，罩着纱巾，薄薄的烟雾一般的轻纱从尖顶上垂下来。……无论是早年农村未婚女子戴头巾为了表示圣洁，还是后来宗教仪式也要求女子进教堂前覆盖头巾，那纱巾之虚和帽子尖顶之实，确实与高耸入云的哥特式教堂建筑有异曲同工之妙。"①（见图6-9）此外，在女服上也曾经出现了具有空间感和立体感的创造，体现女子纤细的体态。

当然，哥特服装在色彩上也吸取了教堂建筑的特色。柯弟亚式服装经常以不同颜色的衣料做成，上下左右的图案和色彩呈不对称形式，如橙色和绿色交错搭配。它们具有彩色玻璃窗一样的趣味，是当时艺术风格的一种体现。

哥特式教堂高耸的尖塔寄托着人们对上帝的崇敬与向往，带着人们渴望接近上帝的愿望；色彩斑斓的玻璃窗在阳光照射下，散发着宗教的迷幻和绚烂。因此我们看到服装整体色彩是鲜艳的红色和蓝色，犹如教堂中斑斓的玻璃窗；帽顶和鞋尖似那直指天空的塔尖。宗教精神依然深刻地植根在艺术和人们的精神中，艺术的象征性和精神性自然而然地表现在着装上。同样受到宗教精神的掌控，但不同时代的艺术特色造就了不同的服装风格。

3. 人性的复苏——人文主义风格

在被宗教统治和压抑了千余年后，伟大的文艺复兴运动点燃了文明的火炬。人文主义精神冲破了教会的封建统治，重新树立起人性的重要地位。文艺复兴的先哲们将目光转向真实世界，把人们从对来世的寄托中解放出来。开始用科学的、现实的眼光去看待世界、了解世界、描绘世界。当大批古希腊、古罗马的文稿被介绍到欧洲，当大量古希腊、古罗马艺术文物被发现后，唤醒了人们自然的情感。艺术家们看到了人类自身的美，对自由理想和美好情感的追求致使人性复苏，基督教神学思想在闪耀着人性光辉的艺术面前显得黯然失色。文艺复兴时期的艺术家们以人文主义精神和逐渐走向现代的文明，割断了与中世纪的联系，反而又与古代文明一脉相承，复兴古希腊、古罗马的传统，创造了人类文明史的又一辉煌。

在人文主义精神的影响下，文艺复兴的艺术创造了无比的辉煌。在文艺思想急剧变化的同时，服装上的革新也尤为明显。由于摆脱了封建宗教的束

---

① 华梅、要彬著:《西方服装史》，北京：中国纺织出版社2008年版，第102页。

缚，复兴了古典艺术，对于人体美的重新发现和赞颂，开始使人们在服饰上表现人体的造型和曲线美。但是此时的人体美又不同于古典主义时期的自然表现。文艺复兴时期在能够自由表现人体之后，显得有些矫枉过正。男性强调魁梧的上身和劲瘦下身，形成方箱型轮廓。（见图6–10）女性则为了突出细腰丰臀，出现了低胸领口和钟形的裙撑。另外，艺术中宏大的风格也造就了服装上庞大造型。如同建筑和雕塑一样，立体感和纵深感也

图6–10　文艺复兴时期《大使像》中的方箱型男装

体现在服装廓形上。除立体的箱型服装外，占有较大空间的女裙也明显不同于以往的服装造型。有时为了达到更立体的效果还要塞上填充物。无论男装或女装，在装饰上越加丰富华丽。切口装饰由于形状和长短不一，里外的面料质地和颜色也各不相同，形成了有规律、立体感的花纹图案，有些甚至镶嵌珠宝，显得优雅而华丽。在领袖上的变化十分丰富，褶皱的拉夫领、灯笼袖、羊腿袖，以及各种垂袖，造型变化多样。在服饰纹样上，女装上最常见的是石榴形花纹、花瓶纹等，呈波浪形和满地花形构图，色彩纯和，有浮雕感，显得饱满、圆润、富丽。这些细节装饰配以服装庞大的造型，正反映出文艺复兴时期人文主义艺术风格所追求得华丽、宏大、健美，均衡统一甚至世俗的美。这也正是艺术风格对服装潜移默化的影响。

4. 动感繁复——巴洛克风格

对巴洛克一词的解释之一是，葡萄牙语baroco，意为不规则的珍珠。巴洛克艺术相对于先前的艺术而言，最为关键的是对一种时间和空间认识的改变。较文艺复兴时期人文主义艺术流畅完整、理性的美，巴洛克艺术呈现出一种躁动和不安的情绪。在线条的变化和冲突中，在明暗效果的对比中，在巴洛克音乐的赋格重复中，呈现出感性且更具戏剧冲突之美。巴洛克的本意"畸形的珍珠"，虽源于古典主义者对这种艺术扭曲、不整齐，甚至是怪诞的贬称，但它所体现的是动感、饱和的色彩和感官的满足。

巴洛克艺术另一个特点是重复性。围绕圣特瑞莎的主题的诗歌中，作者用不断地重复罗列且没有明确意义的辞藻强化意象。如同建筑中繁复的装饰或音乐中宏达的音阶一样，繁复的艺术风格对服装起到一定的影响。

巴洛克服饰，尤其是法国的巴洛克服装，男服领子和袖口有花边；吊带袜上装饰蝴蝶结；鞋上配有玫瑰形饰物；头发用丝带扎起。其中一套卢森堡宫收藏的克里斯亲王服装表面完全被一排排彼此相连的银带所覆盖。17 世纪的男裤上布满缎带装饰，色彩鲜艳。路易十四时期的男子装束更加繁复：头戴大的插满羽毛装饰的帽子，全身缎带、褶皱、蝴蝶结装饰繁不胜繁……走起路来羽毛、缎带和蝴蝶结随之抖动，繁杂而华丽的装饰具有很强的视觉感染力以及戏剧性的效果。这些和艺术上饱满的装饰性相互呼应，同时也受到文学和音乐上不断重复的创作方法的影响，不厌其烦地叠加以达到精神和情感的满足。

5. 奇异精致——洛可可风格

洛可可风格在 1720—1760 年间充分发展，它在巴洛克风格基础上演变出来，又脱离了巴洛克风格，形成一种新的样式趣味。它把对岩洞、贝壳、钟乳石的模仿引入室内装饰，卷曲的线条和轻盈精美的风格蔓延开来。繁复但刚健的巴洛克风格逐渐被柔美艳丽的洛可可风格代替。洛可可风格注重繁缛精致、纤细秀媚的效果，作为宫廷装饰物成为享乐的消遣品。洛可可首先出现在室内装饰中，最早从凡尔赛宫礼拜堂开始。在这一时期，中国清朝王宫奇异、繁盛、精制灵巧的风格受到法国贵族的崇尚，对宫廷进行了豪华、烦琐的装饰。繁华的装饰在欧洲传播，西班牙马德里王宫的卡斯帕里尼沙龙从地板、墙壁到屋顶布满精致缠绕的藤蔓和涡纹装饰；家具和窗框上雕满花纹；吊灯也是极为精致柔和的装饰。原先的壁柱改为镶板或镜子，墙面不再用大理石，改用本色打蜡木材。花饰线脚失去巴洛克时期的体积感，多作曲线流线变化。此外，洛可可时期的室内装饰还喜欢用金银、宝石和玻璃做成反光折射效果，五光十色。

洛可可风格从室内陈设和建筑装饰开始，影响到绘画、雕塑，直至音乐。在洛可可绘画中多表现青年贵族男女谈情说爱的题材，如画家华托经常在其作品中描绘在花园或森林深处，穿着华丽的男女甜言蜜语、矫揉造作的姿态。从布歇的画中也能看出洛可可浮夸、华丽、充满脂粉气的绘画特点。弗拉戈纳的《秋千》中，人物被柔和的金色笼罩，荡秋千的女子裙裾飞扬，男子去捡踢掉的鞋子，甜腻奢靡浮艳的风格十分突出。在雕刻中，人物造型也呈现出纤巧颇具女性秀丽的身姿和媚态。

洛可可鲜明而浓烈的风格在服装上得到充分的发挥，尤其在女装上。路易十五宠幸的蓬巴杜夫人可以算得上当时的时尚偶像，她的着装精致华丽。宽大的褶皱和肥大的裙裾都缀有精细的花边和褶皱装饰，色彩明快图案精巧。带有东方趣味的折扇和华丽丝带是不可缺少的装饰。在布歇为她创作的画像中，在袖子的手肘部有褶皱花边修饰，还可用丝带做成蝴蝶结或花纹装饰，极尽蕾丝和缎带之能事。低开的领口也要用更多的蝴蝶结和布料装饰，在前襟、裙前和下摆的褶皱都缀有花饰。（见图6-11）

图6-11　蓬巴杜夫人画像

另外一种说法是，由蓬巴杜夫人引进的波兰裙广为流行。它的特点是从裙子后面腰臀部位，分两处用绳带将裙摆底部兜起并吊在腰部，呈现出一种窗帘或帷幕的效果，裙摆堆积形成了自然的褶。衣着与家饰品的装饰手法异曲同工，波兰裙就很像半垂半启的窗帘。这种装饰使裙形更加饱满华丽，富于变化，闪亮的绸缎也出现了明暗对比效果。通常胸前还配有珍珠宝石链饰，起到画龙点睛的作用。

洛可可女装在变化中保持着统一的风格，褶皱细碎、蝴蝶结精致、装饰繁缛，绸缎和图案华美。柔美艳丽的效果在花团锦簇的装饰中表现得淋漓尽致。

受洛可可风格的影响，不仅女装，就连男装也异常精巧奇异。男服上常刺绣风景和花纹，并用金银、瓷釉做扣子；丝袜上也镶有花边。18世纪末的男服呈现出明显的女性化特征，在褶皱的领子上还配有花边领巾；马甲上饰有花朵；长筒袜上垂着流苏。男装的装饰同巴洛克时期相比更为女性化，失去了尊贵和高雅，过分追求一种奇异的装饰效果。与室内装饰和建筑中的繁杂装饰一样，有些矫揉造作。

二、文艺创作形式对服饰的影响

（一）文学创作对服饰的影响

文学创作的种类多样，包含了人们生活中的方方面面。文学作品的故事性是一大特征，故事情节和细节通常能够反映出创作者生活时期的社会风貌。有时这样的细节就成为服饰创作的来源。尤其一些有影响力的作品，能够对人们的思想、生活方式甚至穿衣打扮产生影响。

中国的文学作品在早期多以诗歌的形式出现，咏物叹情抒发感想或者评判时政。到了元代，文学开始从高雅的诗词转变为更为世俗化的曲和话本，以故事情节出现。元曲中的故事有些我们至今也很熟悉。这种文学创作形式上的变化和内容上的丰富，提供了服饰装饰题材变化的可能。于是，元代出现了人物故事刺绣服装，在历史悠久的刺绣发展过程中也是较为新鲜的应用形式了。尽管在唐朝就有人物绣像，但是那时刺绣内容仅限于人物形象的描画，人物故事的刺绣还是从元代开始出现。并且，这样体现故事情节的刺绣是作为服装上的装饰出现的。可见，当时具有故事情节的文学作品给人们留下了深刻的印象，带来潜移默化地影响。那些深入人心的人物和情节成为人们乐于表现的服饰图案。

经典的形象总会深入人心，任何地区的文学作品都有这样的共性。歌德的小说《少年维特的烦恼》，描写了维特与少女夏绿蒂在乡村舞会上相识并互生爱慕之情，但最后因社会压力没能在一起的悲剧故事。维特最终穿着初遇夏绿蒂时的蓝色燕尾服、黄色背心和长筒靴自杀。在1774年小说发表后便掀起了一股热潮，小说中描写的男女主人公在相识时所穿的服装也受到人们的追捧，上述的"维特装"和夏绿蒂的白上衣，以及袖口和胸襟上系着粉红色蝴蝶结的装束，成为当时的时尚。其他文学创作中产生的形象也形成了定式，如侦探通常都留着八字胡，手拿烟斗。福尔摩斯的鸭舌帽，苏格兰格子斗篷，以及不离手的烟斗和眼镜是他的标志，这种着装风格也自成一派。

文学创作中的故事情节和经典的人物形象，通过作者的创作和描绘深刻地印在人们的脑海中。文学作品对于读者来说具有很大的想象空间，即便作者对人物的相貌和性格有确切地刻画，但是他的形象在每一个读者心中都不相同。不过，文学作品中对服饰的描写却是形象且十分生动的，从色彩、质地、样式都可以在大众中形成统一的形象。所以会形成文学创作中的服饰形象被"引用"到现实生活中的现象。

（二）艺术创作对服饰的影响

1. 建筑艺术对服饰的影响

建筑是人们生活中不可忽视的艺术主体，它的艺术风格显而易见，充斥在人们的视线内。并且，建筑上的特色很容易被借鉴到服饰中。

古希腊的柱式是当时建筑的一大特色。在希腊神庙中柱式极为常见，并且演绎出不同的风格。无论是多利安式的雄伟挺拔还是爱奥尼亚式的秀丽柔和，或者是科林斯式更为繁复的装饰，希腊柱式都是在柱身上刻凹槽，形成线条装饰和明暗的变化。古希腊时期的柱式在建筑上随处可见，其特有的美感也自然而然地反映在服装上。古希腊服装为白色亚麻布，肩部进行固定后自然下垂，在腰部束带形成自然的褶皱。由于布料是麻，和丝绸相比较厚重，能够形成很好的垂度，并且具有一定的量感。在地中海阳光下，蓝色海洋边，白色的长裙变换的褶皱，成了白色的建筑和明暗相间的柱式的缩影。

受建筑艺术影响较为明显的例证还有哥特风格建筑那尖拱构造和竖直的线条营造出轻盈、奇巧、挺拔的效果。

巴洛克时期的建筑风格气势磅礴、线条多变、富丽堂皇。圆形的穹隆和曲线装饰都是巴洛克建筑的新特征。在当时服装流行上，也出现了活泼、华丽且装饰性强的特点。蕾丝翻领和垂领广为流行，荷兰风时期女性还要穿三条颜色不同的裙子，不同颜色的缎子裙和丝绸里子相配，形成多层次的视觉效果。法国风时期的服装更是以繁多的缎带、蝴蝶结和刺绣作为装饰，泡泡袖、灯笼袖和男女的波浪形假发，都有建筑上曲线、扭转的丰满效果。

洛可可时期的建筑风格玲珑活泼，表面装饰华丽，有一种掩饰不住的喜悦之情。表现在服装上，无论男女都使用精美的花边、褶皱和缎带。男子的服装上绣满花纹，妇女的服装强调上半身的性感和下半身的膨大，领口、胸口和袖口全部用缎带和褶皱或人造花朵装饰，露出的衬裙上也缀满了装饰。在鞋、帽的装饰上，羽毛、刺绣，甚至钻石争奇斗艳。纹饰中各种花卉纹、庭院风景、人物、动物，以及中国的龙、宝塔、八宝、冰纹、落花流水等都很常见。建筑上玲珑的曲线和繁杂的装饰性都在服饰上表现了出来。

一些具有地方特色的建筑也对服装有明显的影响。例如，东南亚的泰国、缅甸和斯里兰卡等国信仰佛教，他们的服饰色彩中就多用黄色，帽子的造型就如同寺庙宝塔的顶子。蒙古人戴的帽子和他们所居住的蒙古包极为相似。在当下我们所生活的环境中高楼鳞次栉比，建筑样式规整，大厦分布密集，水泥墙和玻璃窗给人一种冷漠的感觉。生活和工作在其中的人们着装上也在不断地适应环境。尤其是办公楼里的着装都像现代的建筑物一样，线条简洁而笔直。

人们生活在建筑中，同时又把建筑的样式转移至身上，相辅相成的造型共同创造了不同时期和不同地域的独特人文景观。

2. 绘画艺术对服饰的影响

绘画影响服饰的一个特点是受画家个人影响较多，甚至由画家创造。例如，在14世纪意大利流行的一种名叫吉奥蒂诺的服装，就是由于当时著名的画家吉奥蒂诺经常在他的作品中描绘这样一种服饰：大领口、袒肩，袖子上钉有许多扣子，并且在衣服边缘装饰精美的刺绣，腰部的饰带悬垂而下。画家在画中虚构的服装样式最终影响到了现实中的服饰。这样的例子还出现在欧洲18世纪的华托服上。华托是洛可可时期的画家，他在作品中设计了一种新样式的裙子。袒领、收腰，胸前装饰褶皱花边。在基本保持洛可可裙装样式的基础上，从肩部开始有一条长长地像披风一样的裙摆一直拖曳至地。他常选择这种女装造型来表现当时的沙龙气氛和衣着时尚，最先出现在绘画中的款式，逐渐成为风靡一时的时髦服装。

这两名画家都充当了服装设计师的角色，当然也有设计师从绘画中吸取灵感创作服装的事例。在20世纪以后，也就是真正意义的时装设计师出现后。最为突出的一个例子就是"蒙德里安裙"，它的名字来自影响这条裙子设计的画家。蒙德里安的《红黄蓝的构成》被看作几何抽象主义的代表作。时装设计师圣洛朗便是受蒙德里安作品的影响，设计出和该画作风格及其相仿的裙子。廓型简洁流畅，在白色的裙子上以黑色直线分割红、黄、蓝三色，极为准确地反映了几何抽象主义的精髓。这条裙子也为现代时装开辟了新的设计道路，衍生出一系列此风格的服装。（见图6-12）此后，现代主义绘画经常能够反映在服装上，达利的作品曾作为设计师夏帕莱丽的素材；毕加索的绘画造就了"毕加索云纹晚装"。

绘画对服饰的影响是非常深远的，直到现在许多经典的绘画依然能成为服装设计师的灵感。2007 年春夏杜嘉班纳（Dolce & Gabbana）的设计虽然颇具争议，但柔和的色彩以及极致浪漫的剪裁，看起来天真纯情，打破了一向性感、神秘和妖娆的印象，实在是别具一格的设计。裙摆层层叠叠，好似静默、柔和的水彩画，灰、白、粉三色关系的写意处理，像极了抽象派绘画大师安东尼·华托作品中粗犷的笔触、

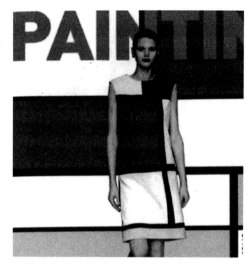

图 6 – 12　伊夫圣·洛朗蒙德里安裙

潇洒的用色和光影效果。挺阔的硬纱材质撑起庞大裙摆颇有层次的廓形，繁复的花形图案，则再现了 18 世纪欧洲的洛可可风格。王薇薇（Vera Wang）的礼服设计灵感也来自现代派的绘画作品，柔和的颜色渐变如烟雾一样，以此为蓝本制作的礼服裙同样飘逸又具现代感。

如今的时装设计潮流迅速演变，时尚变迁速度之快让人有些目不暇接，对于设计师而言需要更广阔的眼界和多变的思维。在不断的创新中，许多设计师回归到纯艺术领域，更加深入地回顾和剖析经典的绘画作品，从中获取创作灵感。这些大师的经典绘画就像一座宝矿，其中蕴藏着取之不竭的创作资源。

3. 雕刻艺术对服饰的影响

古希腊的雕刻可以说是人类艺术史上的一个高峰，希腊艺术家在对人体比例的把握，对人体理性而科学地认识都让人叹服。古希腊雕刻中人体的完美比例和曲线表达了崇尚健美、崇尚自然的审美理念。正是这种理念促使希腊服装呈现出一种"以人为本"，不刻意塑造人体而是任人体美自然流露的形态。当文艺复兴浪潮掀起后，古希腊、古罗马的雕刻重新展现在世人面前，重新让禁锢多年对人们认识到了人体美，人文主义思潮不可阻挡。虽然文艺复兴的服饰又走向了另一个极端，但是古典主义的理想伴随着古希腊、古罗马雕刻的出土带动着时代的进步和服饰的发展。

雕刻的材料是坚硬的大理石或相对柔软的泥巴。服装的材料是各种面料，当然在装饰上有更多样的选择，从贵重金属到人造塑料。更重要的是，雕刻和服装都是在三维空间里的创作，雕刻形成一个三维的实体艺术，服装穿在人身上后也能够成为三维立体的活动艺术。其实雕刻和服装之间的关系是更为宏观的，观念上的影响和沟通更为频繁。如今服饰制作更强调软硬结合，服装面料柔软，但佩饰是由坚硬质地的材料制成。服装制作上更讲究构成和造型，一方面追求舒适简洁的自然形态和天然质地的服装，另一方面流行具有造型感和体量感的立体服装。像雕刻作品一样，服装追求立体造型，占有一定的空间，在剪裁和构造上凸凹有致相互呼应，最终形成一种平衡感，形成在人体这一完美自然创造物上进行软雕刻的艺术表现手法。

4. 音乐艺术对服饰的影响

流行文化中的各方面是密不可分的，就像音乐和服饰经常交织在一起。服饰可以说是流行文化的缩影。流行文化中影响最深远的摇滚乐，在20世纪60年代，首先由英国乐队甲壳虫（Beatles）带来新的音乐风格和流行风格。随着在英国本土崛起，一直跨越大洋来到美国，无领丝制服装以及他们的蘑菇头成为青年人竞相效仿的对象。与他们同时代的"滚石"（Rolling Stone）乐队带来了更加个性和华丽的服饰，开创了真正的摇滚风格。从20世纪60年代的丝缎和天鹅绒服装，到70年代的高领、荷叶边，以及标志性的贴身短外套，创造了一种华丽的阳刚美，一直在引领时尚发展。而20世纪70年代非常流行的一种时尚却是由治疗乐队（The Cure）、大卫·鲍威（David Bowie）这样的偶像群体带来的，他们大多气质阴柔，中性打扮，从而带动了着装的中性化。男性缺乏阳刚之气，女性则开始出现偏向男性化的着装形象。中性化的打扮，给音乐人多变的形象提供了更大的空间，大卫·鲍威（David Bowie）就是这样一位着装妖娆犹如变色龙一般的摇滚乐手。他那夸张凌乱的着装演变到日常流行中呈现出令人眼花缭乱、充满梦幻色彩的风格。巴洛克摇滚的代表歌手"王子"（Prince）以紫色作为标志色，王子式外衣配花边衬衫，不仅呈现了巴洛克式的传世风格，更为设计师们提供创作灵感，此后摇滚和复古风格结合的设计层出不穷。哥特式摇滚具有突出的风格特点，哥特式的着装以黑色为主，最重要的是歌手的头发、眉毛，以及眼妆都是浓重的黑色。同时这些黑色和苍白的肤色形成对比，猩红的唇色是整个哥特式形象里最重要的一笔。一种中世纪古堡中的阴森气氛被营造出来。哥特式服饰虽然没有成为主流的时尚风格，但是具有哥特色彩的设计层出不穷。美国摇滚歌手玛丽莲·曼森（Maryline Manson）的妻子蒂塔·万提斯（Dita von Tease）就是哥特服饰形象的代表。（见图6-13）她一头黑发和鲜艳红唇是不变的形象，配合优雅的着装，

图6-13　玛丽莲·曼森的服饰形象

把阴沉的哥特风格演绎得颇具高级时尚感。

　　此外，20世纪70年代还有一种影响深远的音乐就是迪斯科（Disco），由此形成了一种独特的迪斯科着装风格。花格子衬衣、蓝牛仔裤就是从那时风靡起来的。20世纪80年代是朋克音乐和服装融合的时代，虽然朋克在70年代很盛行，但是更符合80年代自由解放的社会风气。朋克乐手经常头发短而碎，衣着简洁而随意，给人一种强悍的感觉。在21世纪这个多元文化氛围中，音乐文化种类更为多样，硬核摇滚、死亡金属、流行音乐、朋克、爵士、饶舌，以及又渐渐走近大众加入流行元素的歌剧和高雅音乐，每一个种类都有自己独特的形象。喜爱朋克音乐的人着装随意中又流露出不羁性格；受欧美流行音乐影响的青年人更喜欢轻便舒适的牛仔装束。这些流行形象影响着不同年龄和不同层次的人们，不同的人有属于自己的流行音乐文化，也有属于自己的流行着装打扮。

　　5. 舞蹈艺术对服饰的影响

　　中国舞蹈自诞生起就很重视服饰的作用。盛唐时期各国的艺术纷纷呈现在宫廷中，那里上演着全国各地和世界各地的乐舞。高句丽、波斯等各国都有侍者来到长安献舞。在各类舞蹈的旋转中，舞巾、风带、披帛、长袖都飘荡起来，形成各种线的动态。这些带状物在舞动中构成了柔曼婉畅，飘逸变化的线的特征。唐代的胡舞由西域传来，在胡腾舞和胡旋舞风靡宫廷的同时，胡服也流行起来。宫廷中兴起了着胡装跳胡舞的潮流。唐朝开放的社会风潮中，经由舞蹈带来的西域服饰正式进入了汉人的服饰行列，我们不能不感叹

艺术的魅力。而"剑舞"更是带来了戎装的风潮。

西方流行交谊舞,早期的贵族宫廷式交谊舞就是一种高雅稳重的社交形式。交谊舞以集体舞的形式出现,男女都穿上盛装,迈着优雅的步伐按照一定的队形进行变换。宫廷式交谊舞更侧重于社交功能,舞会上的着装也是一道风景。每个人都穿上最好看的衣服出现在舞会现场,难免不是一次时装的盛宴,自然会有最新潮的服饰让人眼前一亮。许多服饰的流行也是从舞会中开始的。比如,《傲慢与偏见》中的一幕就是在舞会上,几位夫人坐在一起聊天,谈论起其中一位女士穿着的长袖款式服装,那可是原来没有见过的新款式呢。

当代由西方兴起并传入中国的迪斯科、街舞不断影响着一代代青年人的着装。从帅气的夹克紧身裤开始带来的都市舞蹈风格一直影响了近20年。而在21世纪兴起的嘻哈(Hip-Pop)街舞又带来了全新的着装风格。紧身T恤牛仔裤已经不再流行,街舞是由黑人的街头随性舞蹈开始,所以含有更多的街头味。街舞看似玩世不恭,但包含很多技巧,对服装的要求也自成一派。大背心、宽运动衫、肥腿裤、裹头巾是最基本的装束,当然在快速运动的舞蹈中轻便的运动鞋必不可少。由这种舞蹈带来的服装也是肥肥大大、拖拖拉拉,看似懒散的着装中其实也有许多心思。

6. 戏剧、影视艺术对服饰的影响

从戏剧到影视,是不同时期大众生活中重要的精神活动。它有跌宕起伏的情节和性情各异的人物。和小说这样的文学形式不同的是,戏剧和影视都以直观的人物形象出现在观众眼前。所以,戏剧和影视对服饰的影响更加直接,许多经典的服饰形象都在大众心目中引起骚动和共鸣,能够引起对某种着装风格的模仿。

奥黛丽·赫本的电影大多堪称经典,她主演电影中的服装设计也由重量级人物操刀。纪梵希(Givenchy)为赫本的七部影片设计过服装造型,1954年的《龙凤配》中,休闲七分裤和典雅长裙在电影的前后半段中形成对比,两种截然不同的服装都成了经典之作。七分裤至今已成为不分季节都在流行的样式。在《蒂凡尼的早餐》中黑色无袖的鸡尾酒长裙已成为经久不衰的银幕形象,也成了经典着装风格的标志,包括赫本在这部电影中的发型也被称为"赫本头",成为标志性的发型。

除了经典的电影人物着装形象，电影对服饰的影响还表现在不同电影风格和电影人物造型对设计师的启示。由香奈尔主持设计服装的影片《去年在马里昂巴德》，堪称最早的时装片，设计师马克·杰克伯（Mark Jacob）的2007年秋冬系列便以该片为灵感，表达了对香奈尔的敬意。歌剧《蝴蝶夫人》中的人物形象最终成为加利亚诺（Galliano）的灵感缪斯，在迪奥（Dior）的高级成衣发布会上，我们看到了日本式的哀怨美。

时尚怪才亚历山大·麦奎因（Alexander Mcqueen）以其怪诞的设计和前卫的风格在设计界自成一派，他从希区柯克的电影中取材，用到了希区柯克最钟爱的涡旋形和浅灰色的服装色彩，把希区柯克式的审美再次提升。那些带有幻想成分的电影形象也为设计师提供了天马行空的创意。由强尼·戴普（Jonny Depp）主演的《剪刀手爱德华》，主人公爱德华在诡异的外表下有一颗纯真浪漫的心，这部哥特风格有些怪诞但却感人的电影在放映后，掀起了爱德华式的服装风格。紧身皮衣、怪异的发型、苍白的面容风靡一时。此后依然由强尼·戴普主演的带有惊悚气氛的《断头谷》又带领了一股哥特风潮，而《加勒比海盗》带来了邋遢又精致的DJ风格。

戏剧电影能够直接影响到普通大众，因为它本身就是一种大众艺术。面对麦当娜主演的《阿根廷，别为我哭泣》中让人眼花缭乱的服饰，每个观众都会为其中的一些着装形象所倾倒。从《花样年华》兴起的旗袍热，到韩国电影电视带来的含蓄、精致的着装风格，这些都是电影为大众服饰带来的变化。

三、服饰启发文艺创作

（一）服饰启发文学创作

古希腊人把他们对人体美的热爱和飘逸的着装美融入艺术中，其中最为突出的就是希腊的建筑。古希腊人建筑形成了一定的程式，对圆柱有着十分强烈地热爱之情，并且把他们对美的理解注入柱饰中。古罗马建筑家维特鲁威在《建筑十书》中，对古希腊建筑作了精妙的解释。他认为，多利安式的柱子是根据男子脚长和身长的比例建造柱底和柱高，呈现出男子的刚劲优美。爱奥尼亚式是在建造阿尔忒弥斯神庙时，采用了女子的身体造型。科林斯式模仿了少女的窈窕姿态，在各种柱式中，赞颂的是人体美。在各种柱式中，一个共同的特征就是在柱体上附有纵向沟槽，它们在地中海的阳光下如同希腊衣裙的褶皱一样，古希腊的建筑如同穿着衣裙的健美人体一样，散发着当时的审美情趣，服饰与人体结合带来的高雅飘逸之感，在古希腊最具代表性的建筑中永久地存留下来。

浪漫主义时期的花花公子形象在生活中的表现较为朴素，但是更为典型的花花公子形象大多出现在文学作品中。作家们根据当时的流行，塑造了很多文学中的成功形象。威廉·萨克雷在《名利场》里描写的提珀温勋爵常穿着光亮的高底靴，带着香水味的手帕；乔治·图夫托爵士穿着带有衬垫的衣服神气活现。奥斯卡·王尔德作品《理想丈夫》里的高林勋爵、《无名女士》里的伊林沃斯勋爵和《多里安·格雷画像》里的亨利·沃顿勋爵都是典型的花花公子形象。这些给读者留下深刻印象的人物形象正是在当时服饰流行的基础上进行了文学夸张，通过服饰进一步完善了对鲜活人物个性的塑造。

任何文学作品中的人物塑造都离不开形象，服饰则是一个人形象的重要组成部分，更是个性的外化表现。所以每个不同时期的文学作品中都能够反映出一定时期和环境下的服饰风格和潮流。

（二）服饰启发艺术创作

服饰对于艺术创作而言，有逆向的影响作用，但是这种影响可能没有文艺对服饰的影响那样直接和明显。服饰对艺术创作的影响通常是感觉上的潜移默化和对灵感的激发。

服饰的特点有时又影响到艺术技法的发展。例如，中国绘画技法中一些就是来自对衣纹的客观描绘。魏晋南北朝的画家曹仲达以画印度佛像为主，对中国的丝绸服装的绘画技法很娴熟，同时他又受到印度佛教衣服密纹竖褶，也被称为"薄衣贴体"的影响，绘画中融合了希腊、古印度为一体的服饰艺术手法，形成了中国绘画史中著名的"曹衣出水"风格。这种风格的特点是衣服贴体，肌肉的起伏都通过流畅自然的衣裙皱褶表现出来，在佛教的雕塑作品中也有"曹衣出水"的艺术风格。与"曹衣出水"相对应的绘画技法称为"吴带当风"，说的是唐代画家吴道子的用笔技法。他运笔圆润有力，富于运动感，创造出衣服、袖子、飘带迎风起舞的韵律感和飘逸感。除了能够表现道教人物飘飘欲仙的感觉外，也能够通过描画宽大飘逸的丝绸衣服很好地表达中国讲求意境的总体艺术风格。重要的是，正因丝绸衣服的美感才启发了画家特殊技法的灵感。

在中国的雕塑创作中，也有自身独到的创作方法来表现衣服的形态。尤其在汉唐的陶俑中多以袍为主，无论是秦汉的纯朴还是唐代的雍容，都采用整体圆浑饱满，衣褶为宽线刻的方法，也曾被称为"唐俑风格"。这也明显是受到当年服饰形象的影响。

中国的艺术家为了表现服装的真实形态创造了不少技法，西方也有类似的情况。古希腊时期的服装追求一种自然的悬垂感，自然褶裥飘逸轻盈。希腊的雕塑又以人体雕塑的成就最为突出，摆脱了程式化的拘谨，追求真实自然和崇高的美感。尤其在希腊化时期，人体雕像更加成熟，为了表现动感的裙褶，雕刻家们不得不在雕刻上用尽心思，塑造出真实动感的效果。例如，《萨莫塞雷斯的胜利女神》像，女神站在悬崖边，衣裙被风吹动时产生的动态效果被艺术家惟妙惟肖地表现出来。（见图6-14）由此可见，古希腊的艺术家具备了高超的技艺，这不能忽视服装对雕刻工艺的促进。如果没有鲜明的服装效果，怎么会有生动的艺术创作。

图6-14　萨莫塞雷斯的胜利女神像

第四节　服饰与文艺思潮

一、文艺思潮对服饰的影响

（一）新古典主义思潮对服饰的影响

1709年，被维苏威火山埋葬1600年的赫尔库拉姆火山被发掘，继而在1748年庞贝城也重见天日。这些发掘工作使绘画、雕刻、日用品等大量的古代文物得以发现，为重新研究古代文明提供了很多条件，许多艺术家能够有机会深入研究古罗马艺术。德国美术史家温克尔曼出版的《对于模仿希腊雕刻、绘画作品所做的思考》和《古代艺术史》，让人们对古典艺术有了新的认识。自然、高贵、严谨、质朴的特点和当时流行的洛可可风格截然相反，虽然巴洛克和洛可可风格富有动感的形式和浮华之风符合贵族的趣味，但是新兴资产阶级的要求和启蒙运动以来的理性时代，以及所形成的社会形式不再欣赏洛可可的矫饰。百科全书派声讨洛可可，尤其谴责洛可可晚期艺术趣味日益滑坡的现象，他们宣传古希腊柏拉图式的美学思想，倡导以古代罗马的政体为楷模。在研究古代热潮的推动下，新古典主义思潮产生了，艺术上返璞归真，平衡简洁成为新的艺术追求。这种思潮某种程度上又与通过采纳古典形式重建理性和秩序相呼应。

在新古典主义思潮下的服饰也发生了巨大的变化。大卫在绘画中以不同的题材宣扬英雄主义情怀，服装上的转变表现出革命的决心和对"自由、博爱、平等"的向往和追求。简洁、单纯、高贵、庄重的美学思潮促使男装向朴素、得体、简单的方向发展。法国贵族男装上过剩的装饰、繁杂的刺绣都减少了，华美的丝织物变成朴素的毛织物。男性的服饰是一种平等的体现。

在女装上，人工唯美矫饰的风格转为真正的古典主义，古希腊、古罗马的自然样式的服装重新回归。造型简洁、朴素，用白色细棉布做成的宽松连衣裙一改洛可可时期的繁杂奢华的风格。妇女们还脱下了紧身胸衣和巨大的裙撑，领口低开，腰线很高就在胸下，袖短颇有爱奥尼亚式感觉。腰线以下的裙子自然地垂下，一改往日在裙撑塑造下的庞大体积感，回归到希腊、罗马时期那种轻松优雅的风格。服装多以纱、绢和亚麻等轻薄的面料为主，白色和肉色是主流色彩，可见对古希腊罗马艺术推崇的新古典主义在服装上的影响也是较为彻底的，从款式、面料到颜色都是古典美的回归。就连妇女的发型也模仿古希腊、罗马的样式，在烫卷后盘成发髻，并用缎带、发网、发簪装饰。（见图 6 - 15）

图 6 - 15　《雷加米埃夫人》上的新古典
主义时期女装

有时还披上斗篷和头纱，俨然罗马女性的装扮。一种用细带绑在腿和脚上的皮带儿凉鞋取代了高跟鞋。

到帝政时期，服装上开始出现繁杂的趋势，羽毛帽子、层层褶皱、蕾丝飞边，两层裙子的穿着又开始流行。新古典主义思潮在艺术上复兴了希腊罗马艺术，同时也复兴了希腊罗马服装。但是，这种艺术思潮不再单单视古代传统艺术为崇高，它更贴近民众，通过古典的形式揭示更广大阶层的美德。新古典主义融入了资产阶级革命的激情，宣扬自由、平等和坚定的革命意志。所以出现了具有革命意义的新的男子装束，并为新的男装分格奠定了基础。女装上的变革更是毋庸置疑，是真正的古典再现。

（二）浪漫主义思潮对服饰的影响

浪漫主义最早是在德国作为与古典文学相对立的形容词出现的，文学史的浪漫主义始于托马斯·波尔西的《古代诗歌拾遗》和詹姆斯·马克菲尔森的《奥西安》。浪漫主义从英国诗歌开始，传入德国最为繁荣，接着又反向影响到英国和法国。德国在追随英国发展的同时又想摆脱法国对文化的统治，他们采取了复活古代文化传统的方法。拉辛的《拉奥孔》探讨了古代雕刻《拉奥孔群像》中的"精神价值方式"，倡导一种精神的自由。之后，克林格的剧本《狂飙突进》掀起了德国的狂飙运动。歌德的《少年维特之烦恼》《浮士德》，以及席勒的诗歌都显示出自由和博爱的精神。由于浪漫主义最早出现在文学上，所以绘画作品常在史诗和其他文学作品中取材，法国人喜欢《罗兰之歌》，德国人钟爱《贝尼龙根之歌》。

虽然同是向古代作品学习，浪漫主义却是与新古典主义的决裂。浪漫主义自由博爱的精神实际上是资产阶级个人在社会中独立价值的体现。艺术上反对新古典主义的僵化和教条，抛弃了古希腊罗马的典范和理性的束缚，强调个性的独立。自由和想象是浪漫主义思潮中不可缺少的元素。浪漫主义的作品显示出对自然的热爱、对现实的忧虑和对未来的冥想，它有激昂振奋的情绪，也有忧伤沉郁的情绪。古典主义时期风景作为点缀出现在画面中，在浪漫主义思潮下出现了带有激情的风景画，森林中也经常流露出不安的情绪。

浪漫主义思潮关注古代文化，此时的女装也有复古的倾向。女装的腰线回落，紧身胸衣和裙撑又重新主宰了女性的服装款式。此时，在艺术上出现了"历史主义"和"折中主义"的造型运用，服装上亦如此，先前不同时期服装特征重新被运用。女装领型的多重性就是一种表现，16 世纪的拉夫领和荷兰风时代的大披肩蕾丝边垂领再度风靡，有时候两种领型还会重叠使用。但是并不是单纯地历史性的重复，而是利用原有的素材进行新的表现。人们用原有的方法在袖子上做文章，鲸须、金属丝和羽毛做的撑垫用在袖子上，显得袖根非常膨大。拉宽肩部显示腰身更细，形成了强烈的视觉效果。浪漫主义追求个性和自由的特性促使了服装上夸张造型的出现。受到女装的影响，男装也出现收紧腰身夸张肩部的造型，漫画中就曾描绘过男士们使用紧身胸衣的情形。而最能体现浪漫主义思潮的，是一种叫作"普多尔"的装束，从它的名称中就能看出其中充满了幻想色彩（"普尔多"意为长毛狮子狗）。由腰部有大量碎褶的宽腿裤子、条纹衬衫构成主体，大礼帽扣在蓬乱的长发上，高领细腰。后来由此形成了"花花公子"风格：衬衫、领带、马靴、大礼帽是基本装束，衬垫和支撑物也必不可少。男装是古怪形象的出现，同浪漫主义自由、独立的社会价值体现不无关系。

（三）现代主义思潮对服饰的影响

现代主义思潮的文艺创作从文学起步，逐渐扩展到美术、音乐、戏剧、舞蹈等各个领域。现代主义艺术一般指 19 世纪下半叶到 20 世纪上半叶出现的以反传统为主要特征的各艺术流派。此后的艺术流派一般称为后现代主义，普遍认为始于波普艺术。后现代主义可以说又是对现代主义的反跋。现代主义是一种文化思潮和时代精神的体现，现代主义的形成也同现代化有着密切的关系。从文艺复兴、宗教改革、启蒙运动，以及科学革命、工业革命和资产阶级革命，至 20 世纪初汇聚了强大的力量，给社会各个层面带来了翻天覆地的变化。现代主义是从现代性内部滋生的社会、文化艺术思潮，也正是在这个颠覆性的时代中，折射出时代精神，并且文学艺术领域的波澜直接影响到人们的思想意识和生活方式。

现代主义思潮使人类的社会文化生活发生了巨大的变革，令人耳目一新。甚至起初令人难以接受的现代主义艺术以强大的势头占据了传统艺术的地位，尤其在创作思维和创作形式上掀起的波浪很快就波及现代时装设计上。现代主义以纯艺术的形式进行创作，远离生活现实。观念艺术使艺术家们不断推进风格的发展，无论是立体主义、未来主义、抽象主义还是"少即是多"的建筑理念，都在创造着多样的"现代风格"。随着现代主义各流派的不断崛起和迅速的发展，时装设计也从中不断地吸取创作理念和艺术灵感，尤其是从具有直观视觉效果的绘画艺术中获得了启示。现代主义思潮在自身变革的同时，也给现代时装设计带来了丰富而深刻的变革。

尽管现代主义思潮包括诸多流派，每一个流派又各自具有不同的特征，但是现代主义总体上的变革意义是很大的，对情感的大胆表现，新的造型方法，激烈的色彩碰撞是现代主义的新特征。文学上，荒诞派的诗歌、伤感文学，以及意识流的创作方法，都大大突破了以前的创作模式。电子音乐在长期统治音乐的古典交响乐上绽放出新的花朵。现代主义之前的艺术思潮通常在内容上较为单一，形式上较温和，现代主义思潮来势凶猛，涉及范围广，形式激烈。除了上述文学上的新流派，印象主义、立体主义、未来主义、超现实主义、抽象主义都以其各自的艺术特点颠覆以前的艺术形式，同时也给服饰带来了巨大的影响。服装上出现了全新的造型，紧身胸衣和裙撑不再符合文艺思潮带来艺术上和思想上的变革，退出了历史舞台。并且在艺术上新造型的影响下，许多全新的服装造型层出不穷，几何造型、立体斜裁、街头摇滚朋克风格、中性造型等，还出现了许多经久不衰的经典款式，如"新风貌"、小黑裙，诞生了众多的"现代风格"时装。

在现代主义思潮影响下，服饰出现了一个新纪元，廓型简洁优雅，造型装饰丰富多变。服装流行周期短，更替迅速，这都和现代主义各流派的交替出现有关。由于现代主义的流派众多，每一个流派又在不同的方面具有鲜明的特征，所以对服饰的影响也是多方面的，从服装基本特征的改变，到着装理念、造型、装饰，无不创造着一个个新服饰形象。新颖和独创是现代主义思潮表现出来的一个特点，与之相应的是在服装上的同一特征。

（四）后现代主义思潮对服饰的影响

后现代主义是紧随现代主义出现的一个文艺思潮，它其实也是对现代主义的反跋。现代主义在 20 世纪 60 年代走向终结，新一代的波普艺术家在杜尚回顾展上与现代主义分道扬镳了。作为消费社会的一分子，后现代主义艺术家已不同于一些现代主义艺术家离群索居，艺术才能不为社会接受，不再孤独和落魄。现代主义的衰竭首先出现在美国的文学界，《洛丽塔》的出版揭示了文学上从传统文化向大众文化过渡的开始。这段世俗的甚至是畸形的爱情彻底挣脱了精英文化。艾略特的诗作《等待戈多》，以意识流的方法和荒诞的剧情表现创作的随意性。利勒斯坦的作品《无望》以卡通绘画的笔触迎合了大众的口味，使高雅的绘画能够迅速被更多的人欣然接受。

大众文化和消费社会是波普艺术成长的土壤。后现代主义艺术家安迪·沃霍尔的作品以更为不同的主题和形式出现在众人面前。起先是《32个坎贝尔汤罐头》，接着是让他一举成名的《80张两美元钞票》。此后的玛丽莲·梦露、艾尔维斯·普莱斯利、伊丽莎白·泰勒、杰奎琳·肯尼迪等一系列名人头像作品一次次轰动艺术界。通俗的主题和简单形式使波普艺术给人一种任何人都可以完成的感觉。日常消费品、名人肖像是沃霍尔作品中的主题，而用可乐瓶子和番茄罐这样的大众生活中的必需品制作的装置艺术，标明了后现代艺术彻底脱离了传统艺术题材。现代主义艺术中深入的思想内涵和象征意义，以及一些难以理解的画面内容，在这里都转化成了一目了然的通俗易懂的视觉形象，和从前的颇具深度的现代艺术相比，简明得甚至有些空洞。但是在他那些关注社会的作品中如《红色种族骚乱》《橘红色灾难》，所体现的也仅仅是固有的传媒图片的再现。同现代主义时期毕加索反映战争题材的《格尔尼卡》所表达的悲惨和对战争的抗议的情绪相比，沃霍尔作品中包含的只是事件本身的轰动效果。

后现代主义受到多元主义的影响，具有很强的兼容性。不同的媒介、文本、技巧收编并融合在更广阔的领域里。用装置、光效创作新的艺术形式，行为艺术更是把人体作为一种艺术创作的媒介。贫困的、偶然的、血腥的都能成为艺术创作的主题。并且艺术的传播脱离了书籍和绘画的传统形式。

建筑师罗伯特·文丘里道出了后现代主义思潮的特性：一种带有游戏式的、偶发的创作过程和表演。现代主义思潮是一种将生活分割开的艺术创作，而后现代主义正好相反，把生活的各种元素渗透融合在一起。后现代主义有不确定性和偶发性，小说中没有固定的人物称谓，约翰·凯奇的音乐只有形式没有旋律。结构是后现代主义建筑最为常用来进行创作的一种形式，无序、随性和参差不齐的建筑形式表达了一种不确定性。结构的方法对时装设计产生了非常重要的影响。

除了结构，挪用也是后现代艺术的一个特点。如前所述，安迪·沃霍尔的作品大多运用了这一方法。此外，观念艺术和女性主义艺术也是后现代主义的基本形式。后现代主义是对现代主义的颠覆，如今的许多艺术创作形式都受到后现代主义思潮的影响，甚至有人说我们现在就处在后现代主义的时代。后现代主义的艺术创作不受传统的限制，大众文化是它的土壤，偶然和混乱都可以作为创作形式出现。在服饰设计中，后现代思潮体现出来的各种天马行空，离奇怪诞甚至丑陋的设计都可以转化为成衣。在服装造型上打破比例和谐等美的形式，取而代之的是凌乱的碎布，各种工业用的材质以及让人惊叹的怪异形象。

后现代主义思潮使服饰设计从大众文化走向更深的层次，服饰中体现的价值观更多关注于女权运动、民族主义、绿色科技、同性恋等问题。后现代主义对服饰的影响表现在多元文化风格的混合，以及消费者对服装的自我组合意识的增强。

二、服饰流行作用于文艺思潮

（一）服饰流行强化文艺思潮的传播

文艺思潮对服饰流行产生的影响毋庸置疑，一种艺术思潮会在服装上留下痕迹，那么反之服饰流行对文艺思潮的作用也存在。这一个逆向的问题虽没有那么明显，但事物都是相互的，服饰流行对文艺思潮的作用必然存在。

文艺思潮在一定历史时期和社会背景下产生，它对服饰流行的作用显而易见。在新思潮的影响下，艺术形式和艺术思维都产生了变化，在生活上主要体现在外化的服饰上。新古典主义时期对古希腊罗马样式服装的复兴，浪漫主义时期女性化的服装风格和追求唯美的装饰，以及现代主义思潮影响下不同艺术风格服饰流派的产生，都说明文艺思潮作用于服饰的力量。这些和以往相比的新风格服饰不也正式对文艺思潮的印证吗？通过服饰流行，各种文艺思潮的内涵得到了外化表现。新古典主义崇尚古典主义时期的理性精神，在艺术风格上自然会转向古典主义创作方法。但是，文艺思潮的影响大多还局限在艺术创作领域，只有当古典主义风格服装流行起来后，新古典主义思潮才真正广泛流行，才能使新古典主义的文化精髓得到生活化地体现，人们才能对这种思潮有更为深入地理解，对文艺思潮的传播起到更广泛的作用。

（二）服饰流行丰富文艺思潮的表现形式

文艺思潮对艺术创作的影响力较大，如现代主义思潮下，现代主义艺术有了迅猛发展，和之前的艺术形式截然不同。尤其在绘画上的变革最彻底，新的构图方式如立体主义将三维物体平面化，并利用几何图形进行具象绘画。在创作思维上，追求精神自由和梦幻的超现实主义，以及简化一切具体形式的抽象主义，为绘画艺术开辟新的天地。现代主义思潮对服饰的影响是非常显著的，几何造型服装、超现实主义设计、抽象主义风格的极简服装，文艺思潮的表现形式在服饰上得到了广泛应用。服饰流行给文艺思潮提供了更丰富的表现形式。后现代主义思潮在大众文化基础上产生了通俗化和批量化的艺术创作形式，服饰是后现代主义思潮的很好载体。取材于生活中最常见的物品，为大众最熟悉的公众人物形象都是服饰设计的要素。表达自我的街头文化，离经叛道的奇装异服，后现代主义没有拘束和统一标准，不相信理性，不相信进步。颓废、叛逆、滑稽，一切能够刺激感观的东西，甚至在传统审美中丑陋的东西都是后现代主义服饰的特色。后现代主义在艺术领域的兴起最先是以接近大众通俗化为特征的，但是又慢慢向怪诞的方向发展，和大众拉开距离。只有具有后现代主义精神的服饰一直在影响着人们。后现代主义思潮最通俗的表现形式也在服饰上体现。

服饰流行对文艺思潮的作用一直蕴含在流行过程中。它把精神层面的思维方式和高高在上的艺术形式转化成和大众生活形式最接近的载体。一种文艺思潮的开始和兴盛主要是在文艺圈内，很难和一般大众联系在一起。但是文艺思潮带来的审美变化作用于服装后，呈现出符合新审美标准的服饰。这些服饰的流行无疑推动了文艺思潮的传播，加强了社会对文艺思潮的接受程度和对其内涵的理解。不同阶段服饰的流行变化是不同文艺思潮的一种外化形式，同时也在潜移默化地推动文艺思潮的流行发展。

第五节　服饰与文学作品

一、诗词中的服饰

诗词是文学作品中非常重要的一种，同时也是早期文学的主要形式。诗词中经常出现对服饰的描写或借用服饰进行比喻或说明。诗词中的服饰描写丰富形象，无论是抒情还是言志，都从唯美的字句中流淌出来。

《诗经》是中国最早的诗歌总集，其中有不少有关服饰的诗句。《羔裘》中记录了对羊羔皮衣的细节描写，"羔裘如濡"① 说皮衣光亮润泽；"羔裘豹饰"② 写豹皮装饰在皮衣的袖缘上；"羔裘晏兮，三英粲兮"③ 说羔裘鲜亮，三行豹皮装饰光泽耀眼。在描写人物着装方面，《君子偕老》中更是以通篇描写贵族女子服饰容貌的诗篇，"副笄六珈，委委佗佗，如山如河。……"④ 另一篇《淇奥》中则描写和赞扬了贵族男子卫武公服饰形象"有匪君子，充耳琇莹，会弁如星。"⑤《硕人》"硕人其颀，衣锦褧衣"⑥，赞扬卫庄公夫人的锦衣外披着纱质禅衣的盛装。另一篇《著》中描写的是新郎的盛装。《都人士》中的诗句描写的是美男子的服饰，"彼都人士，狐裘黄黄。……彼都人士，台笠缁撮。彼君子女，绸直如发。……彼都人士，充耳琇实。……彼都人士，垂带而厉。彼君子女，卷发如虿。……匪伊垂之，带则有余。匪伊卷之，发则有旟。"⑦ 描写美男子身穿偏黄色的狐裘，戴着裹头的小巧缁布冠和莎草编的笠帽，冠两侧垂有美石。

在一些诗篇中有些是通过服饰表达各种情感的。例如，《绿衣》中写："绿兮衣兮，绿衣黄里。……绿兮衣兮，绿衣黄裳。……绿兮丝兮，女所治兮。……"⑧ 描写了丈夫看到妻子的衣服后对她产生的思念之情。

汉魏六朝诗中的服饰形象也十分生动，如《羽林朗》："胡姬年十五，春日独当垆。长裾连理带，广袖合欢襦。头上蓝田玉，耳后大秦珠。两鬟何窈窕，一世良所无。"⑨ 细致描绘了酒家胡女的服饰形象，穿着长长的裙子，合欢花纹的短襦，两条连接的带子从腰间垂下，短襦袖子宽广。头上戴着蓝田玉石的饰件，耳后垂着簪子上装饰的罗马帝国的珠子，头发挽成两环形的髻。在另一首广为人知的《陌上桑》中，"头上倭堕髻，耳中明月珠。缃绮为下

① （春秋）孔丘编订，陈戊国解说：《诗经》，长沙：岳麓书社2006年版，第62页。
② （春秋）孔丘编订，陈戊国解说：《诗经》，长沙：岳麓书社2006年版，第62页。
③ （春秋）孔丘编订，陈戊国解说：《诗经》，长沙：岳麓书社2006年版，第62页。
④ （春秋）孔丘编订，陈戊国解说：《诗经》，长沙：岳麓书社2006年版，第36页。
⑤ （春秋）孔丘编订，陈戊国解说：《诗经》，长沙：岳麓书社2006年版，第43页。
⑥ （春秋）孔丘编订，陈戊国解说：《诗经》，长沙：岳麓书社2006年版，第44页。
⑦ （春秋）孔丘编订，陈戊国解说：《诗经》，长沙：岳麓书社2006年版，第186页。
⑧ （春秋）孔丘编订，陈戊国解说：《诗经》，长沙：岳麓书社2006年版，第22页。
⑨ 王运熙、王国安评注：《汉魏六朝乐府诗评注》，济南：齐鲁书社2003年版，第218页。

裙，紫绮为上襦。"① 描述了年轻女子罗敷的服饰，她头上梳着汉魏时期年轻女子流行的倭堕髻，戴着大珠做的耳珰。穿着杏黄色的裙子和紫色绮做的裙子。在后面，又描绘了她丈夫的英俊风姿："何用识夫婿？白马从骊驹，青丝系马尾，黄金络马头，腰中鹿卢剑，可值前往余。……为人洁白皙，鬑鬑颇有须，盈盈公府步，冉冉府中趋。"他腰中佩戴着用玉装饰剑首的长剑，白面长髯，行走缓慢而美好，勾勒出高贵出众的容姿。描写人物服饰形象的还有《焦仲卿妻》："著我绣夹裙，事事四五通。足下蹑丝履，头上玳瑁光，腰若流纨素，耳著明月珰。指如削葱根，口如含朱丹。纤纤作细步，精妙世无双。"② 曹植的《美女篇》描绘的是动态的服饰形象："攘袖见素手，皓腕约金环。头上金爵钗，腰佩翠琅玕。明珠交玉体，珊瑚间木难。罗衣何飘飘，轻裾随风还。"③ 这里对美丽的姑娘从头到脚的衣饰进行了描写，并且写出了在行走中衣服随风飘起的动态形象。

《落叶哀蝉曲》中汉武帝通过对李夫人的服饰"罗袂兮无声，玉墀兮尘生。"④ 的描写来追忆她。这种通过服饰写人的方法在其他作品中也有，如《轻薄篇》中"横簪刻玳瑁，长鞭错象牙。足下金薄履，手中双莫邪。"⑤ "横簪刻玳瑁"和"足下金薄履"，男女都可穿戴，而"长鞭错象牙"和"手中双莫邪"则代表了贵族男性。从一些特定的服饰就可以辨别出人物的性别和身份。《河中之水歌》里"头上金钗十二行，足下丝履五文章。珊瑚挂镜烂生光，平头奴子擎履箱。"⑥ 诗中通过服饰写了两个人，一个是"头上金钗十二行，足下丝履五文章"的贵族女子，还有一个是带着平头巾帻的"奴子"。

汉魏六朝诗中对人的描写很多，而对人的描写可以通过衣服、饰品、服装的色彩等进行塑造，服饰的美感在汉魏六朝诗的华美辞藻中得到升华。

唐诗宋词代表了中国古代诗词的高峰，在众多的诗词中对服饰的描写也很丰富，尤其是盛唐的繁荣景象通过诗词展现出来。王维《和贾至舍人早朝大明宫之作》中描述了早朝时的盛大场景："绛帻鸡人报晓筹，尚衣方进翠云

---

① 王运熙、王国安评注：《汉魏六朝乐府诗评注》，济南：齐鲁书社 2003 年版，第 54 页。
② 王运熙、王国安评注：《汉魏六朝乐府诗评注》，济南：齐鲁书社 2003 年版，第 205 页。
③ 王运熙、王国安评注：《汉魏六朝乐府诗评注》，济南：齐鲁书社 2003 年版，第 227 页。
④ 柴华主编：《古诗源》，哈尔滨：黑龙江人民出版社 2004 年版，第 58 页。
⑤ 王运熙、王国安评注：《汉魏六朝乐府诗评注》，济南：齐鲁书社 2003 年版，第 236 页。
⑥ 王运熙、王国安评注：《汉魏六朝乐府诗评注》，济南：齐鲁书社 2003 年版，第 262 页。

裳。九天阊阖开宫殿，万国衣冠拜冕旒。"① 从头戴绛红色头巾的报晓卫士写起说明了一天的开始，又写掌管皇帝服饰的尚衣局给皇帝进奉好皮毛外衣。准备工作就绪后，打开宫门，带冕旒的皇帝要接见各国的宾客，"万国衣冠"代表了不同国家服装的款式和颜色。杜甫在《丽人行》中描写了贵族华丽的服饰："绣罗衣裳照暮春，蹙金孔雀银麒麟。头上何所有，翠微盍叶垂鬓唇。背后何所见，珠压腰衱稳称身。"② 宫嫔们穿着绣罗衣裳，衣衫上用金银线绣出孔雀和麒麟等祥瑞动物。头上装饰着"盍叶"，上面还镶嵌着翠玉片，垂至鬓边。腰上的珠玉腰带上缀着珍珠垂在身后。在广为大家熟悉的白居易的《长恨歌》中有大量的关于服饰的描写："云鬓花颜金步摇，芙蓉帐暖度春宵……花钿委地无人收，翠翘金雀玉搔头……云鬓半偏新睡觉，花冠不整下堂来。风吹仙袂飘飘举，犹似霓裳羽衣舞。"③ 诗人用不同的服饰以及和服饰有关的情景叙述了杨贵妃的几个阶段的经历。从受宠时的无忧的生活到她自尽后头上的簪饰散落在地的凄凉景象，最后是写杨贵妃闻听李隆基派人到仙山寻找她时慌张下来迎接时的情景，此时的服饰别有一番仙境中的韵味。唐诗中还有其他对服饰的记录和描述，如记录宫女们随皇帝游幸情景的诗，《追赋画江潭苑四首》："小鬟红粉薄，骑马佩珠长。"④ 也有描写妆容的白居易的《时世妆》："时世流行无远近，腮不施朱面无粉。乌膏注唇唇似泥，双眉化作八字低。妍媸黑白失本态，妆成尽似含悲啼。圆鬟无鬓椎髻样，斜红不晕赭面状。"⑤ 详细记录了当时流行的近乎病态的妆容。

　　唐诗是中国诗词的高峰，唐代的服饰也是纷繁多样。始终记述的不仅是服饰的形式，也包含了社会环境和人文景象。但是唐朝诗人欣赏服饰的情怀是有目共睹的，至今依然能够感受到大唐的盛世和美不胜收的唐代服饰。

　　宋词中对服饰的描写更加细腻，常以服饰寓情思。欧阳修的《贺明朝》中："忆昔花间初识面。红袖半遮，妆脸轻转。石榴裙带，故将纤纤玉指偷

① （清）蘅塘退士选，陈鹏举注：《陈注唐诗三百首》，上海：上海文艺出版社 2007 年版，第 143 页。
② 王运熙、王国安评注：《汉魏六朝乐府诗评注》，济南：齐鲁书社 2003 版，第 68 页。
③ 王运熙、王国安评注：《汉魏六朝乐府诗评注》，济南：齐鲁书社 2003 年版，第 88 页。
④ （唐）李贺著，王友胜、李德辉校注：《李贺集》，长沙：岳麓书社 2003 年版，第 203 页。
⑤ 汪启明选注：《白居易诗选》，成都：巴蜀书社 2008 年版，第 68 页。

撚，双凤金线。"① 词中描绘出女子含羞不停用手指摆弄裙带，用生动的手法通过服饰动作表明主人公的情绪。李清照的《减字木兰花》也流露出女子的情态："怕郎猜道，奴面不如花面好。云鬟斜簪，徒要教郎比并看。"② 女子担心自己的面容没有卖花担上的鲜花好看，便把鲜花簪在鬓边，好让郎君比比看人和花谁更美。欧眼修《好女儿令》："眼细眉长。宫样梳妆。靸鞋儿走向花下立着。一身绣出，两同心字，浅浅金黄。"③ 描写一个穿着绣有心子图案淡黄色罗衣的歌妓，趿着鞋款步花下的情景，她的万种风情从着装打扮上流露出来。

宋诗中也记录了劳动妇女的服饰形象的，戴复古《织妇叹》："春蚕成丝复成绢，养得夏蚕重剥茧。绢未脱轴拟输官，丝未落车图赎典。一春一夏为蚕忙，织妇布衣仍布裳。有布得着犹自可，今年无麻愁杀我！"④ 一种为生计而忙碌的景象，也反映出织妇的服饰形象。宋词（诗）中对人和服饰的描写通常掺杂在一起，经常通过服饰传达对人的情怀。这也是宋代一种含蓄、细腻的表达方式。

外国的诗歌和中国的诗歌在表达形式上存在差别，外国诗歌中的服饰一部分是直接的描写，另一部分则是用于比喻。尤其外国诗歌内容很多都是源于古希腊、古罗马神话传说中的典故，所以在对服饰的描写中，很多都是把荣誉和桂冠联系在一起。浪漫主义时期诗人拜伦在《写于自佛罗伦萨赴比萨旅次》歌颂爱情的抒情中写道："二八佳人送来的香桃木、常春藤，抵得上所有的桂冠，无论多少顶。眉梢有皱纹，花环和王冠白费，何必给枯花洒上五月的露水？白发人，头上的装饰请一一靠边——我哪管只能带来荣誉的花冠？"⑤ 19 世纪上半叶，女诗人菲利西亚·希曼斯在《女性与名誉》中用桂冠比喻男性在战争中的荣誉："你有绿色的桂叶，能用以编成光荣的桂冠；对于你这份辉煌的厚礼，英雄们死也带欢笑。"⑥ 王尔德在《路易·拿破仑》中也写道："在你那没有生息的没有王冠的额头放置的一个比战士的王冠更美的

①　赵崇祚编：《花间词》，长春：吉林文史出版社 2004 年版，第 242 页。
②　陈祖美评注：《李清照词》，北京：人民文学出版社 2005 年版，第 23 页。
③　邱少华编著：《欧阳修词新释辑评》，北京：中国书店 2003 年版，第 311 页。
④　单人耘选注：《中国历代咏农诗选》，北京：中国农业出版 2002 年版，第 247 页。
⑤　屠岸选译：《英国历代诗歌选》（上册），南京：译林出版社 2007 年版，第 463 页。
⑥　屠岸选译：《英国历代诗歌选》（上册），南京：译林出版社 2007 年版，第 522 页。

桂冠……"① 从中也反映出古希腊桂冠所带来的神圣崇高的荣誉感。

除了对桂冠的赞誉，西方诗歌中也不乏对希腊神话人物的描写。女诗人玛丽·泰伊的《赛吉；爱神的传说》描绘了爱神丘比特"他的箭囊，饰黄金宝石而闪亮，吊在他长着美丽羽翅的肩膀上，那是用闪光的丝弦裹着的箭囊，在箭囊上端悬挂着花瓶明晃晃。"② 王尔德在《伊底斯的副歌》里写道："不停地唱吧！我也要穿上斑点豹皮，偷了阿斯塔蒂那射出月光的羽翼。"③ 这里斑点豹皮就是大神潘的外衣，有时也指酒神狄俄尼索斯。他对雅典娜的描写来自《喀尔弥德斯》："从茫茫的大海的边缘升起了红色的羽饰，硕大的带角的头盔，七尺长的利刃矛，以及黄铜的盾！全身上下明亮的盔甲，那正是雅典娜踏过了战战兢兢的海水！"④ 在这首诗中同时也写到了古希腊人的服饰形象："他头上戴着新鲜的橄榄枝编织袋冠冕，从他的脸颊和脖颈擦去了白色的浪花，用香膏涂抹了肢体，然后从他的船舱取出了亚麻的束身长衣和黄底的草鞋，还有一件长袍上面洒满了名贵的香膏，他是从一位黑皮肤的商人那里买来的，那是在锡拉库扎一个阳光明媚的码头，长袍上面还有推罗人精美细腻的刺绣……"

外国诗歌中另一类涉及服饰的形式是直接的描写。文艺复兴时期诗人马洛在《热情的牧童对爱人说》中写道："我将用玫瑰花做成床铺，再编制千百个芬芳的花束；一顶花帽和一件全部用金娘叶绣花的裙裾；一件细羊毛制成的长袍，羊毛从我们的羊身上取到；冷天用的拖鞋，有美丽的边条，上面的扣子用纯金制造；腰带是干草和常春藤苞制成，扣结是珊瑚，琥珀做装饰品；如果这些能打动你的心，那就来跟我住，做我的爱人。"⑤ 赫里克的《朱丽亚的衣服》："我的朱丽亚穿绸衣行走，那样子，我感到；多么轻柔，她的衣服像液体在泛流。"⑥

---

① ［英］王尔德，乔国强编选：《王尔德精选集》，北京：北京燕山出版社 2009 年版，第722 页。

② 屠岸选译：《英国历代诗歌选》（上册），南京：译林出版社 2007 年版，第 363 页。

③ ［英］王尔德，乔国强编选：《王尔德精选集》，北京：北京燕山出版社 2009 年版，第707 页。

④ 屠岸选译：《英国历代诗歌选》（上册），南京：译林出版社 2007 年版，第 772 页。

⑤ ［英］乔叟等著，屠岸等译：《迷人的春光——英国抒情诗选》，北京：人民文学出版社1989 年版，第 15 页。

⑥ 屠岸选译：《英国历代诗歌选》（上册），南京：译林出版社 2007 年版，第 117 页。

此外，在表达爱情时，服饰常常成为比喻爱情的载体。白朗宁夫人的《抒情十四行诗集》中的第 9 首中写道："我俩是不相称的一对，哪能匹配做情侣？我承认，我也伤心，像我这样的施主只算得鄙吝。唉，可是我怎能够让我满身的尘土玷污了你的紫袍，叫我的毒气喷向你那威尼斯晶杯！"① 这是诗人在被爱情征服之前最后一次挣扎，担心自己被错爱，她不愿因自己的病体拖累年轻的情人，如同玷污了高贵的紫袍。在第 12 首中诗人吐露了她的爱情心声和喜悦之情，"说真的，就是这为我所夸耀的爱吧，当它从胸房涌上眉梢，给我加上一顶皇冠——那一颗巨大的红宝石，光彩夺目，让人知道它价值连城……"② 在这里诗人用珍贵的宝石比喻自己的爱情，而在第 38 首里表明了美好爱情的无价："即使在那儿戴上一个紫玉瑛戒指，也不会比那第一个吻在我的眼里显现得更清楚。……这无比的惆怅啊，是爱神搽的神油！——先于爱神的华美的皇冠。"③ 在诗中，高贵美好的服饰通常都代表着无价的爱情。泰戈尔在《爱者之贻》中描述了印度女子的装束："她的闪光的脚铃随着我的脉搏叮当作响，她那薄雾似的面纱随着我的呼吸飘动。"④ 典型的印度女子装束身着纱丽，手腕和脚踝上都戴着响铃，在薄纱后是迷人的双眸在和人说话。

无论是诗人们对服饰的直接的描绘和赞美，还是通过服饰来喻人、传情，服饰总是蕴含在无限的诗词中。诗词是一种感情的抒发，服饰是一种美丽的表达，对美好事物的表达和赞美都离不开服饰。反之，美好诗词中的服饰总能给人们带来更美好的想象和体验。

二、小说中的服饰

小说是一种具有通俗性和欣赏性的文学作品形式。任何故事情节和主题的表现都离不开人物形象的塑造，这些形形色色的形象包含了容貌、性格等多方面因素，服饰也是非常重要的元素。人物的身份地位、职业、性格通过服饰的装扮表现出来，同时，服饰也是塑造人物性格的辅助因素。小说作品

---

① 方平译：《白朗宁夫人抒情十四行诗集》，成都：四川人民出版社 1982 年版，第 51 页。
② 方平译：《白朗宁夫人抒情十四行诗集》，成都：四川人民出版社 1982 年版，第 57 页。
③ 方平译：《白朗宁夫人抒情十四行诗集》，成都：四川人民出版社 1982 年版，第 109 页。
④ ［印］泰戈尔著，石真译：《爱者之贻》，天津：新蕾出版社 2006 年版，第 62 页。

成千上万，具有代表性的小说，其中的服饰也具有一定的能够反映社会文化的典型性。

中国的古典小说中当数四大名著，其中的服饰形象也是研究中国文化的重要素材。《三国演义》的故事取材于东汉末年的历史，书中大量涉及政治斗争和战争场面，书中的服饰描写主要是戎装和士人服饰。小说中在一个角色出场时经常对其装束进行细致刻画，如曹操的形象"头戴嵌宝金冠，身穿绿锦罗袍，玉带珠履，凭高而坐。"① 吕布出场时写"头戴三叉束发紫金冠，体挂西川红锦百花袍，身披兽面吞头连环铠，腰系勒甲玲珑狮蛮带。"② 这样的装束均是武士的常见装束，三叉束发冠在汉代就有记载，宋代时曾经盛行。"西川红锦百花袍"可认作织绣着百花图案的大红蜀锦战袍。铠甲是用金属环锁钩连成的，在铠甲的肩部和胸腹部饰有浮雕的兽头。蛮狮带是宋代达官近臣的专用金銙带。《三国演义》中还出现过其他种类的铠甲，如能够贴身穿的细铠。也就是把铠甲穿在里面，外面再套锦衣罩衫，这种穿法名位"衷甲"。

除了武士，《三国演义》中另一类人的服饰就是儒士装，其中最具代表性的是诸葛亮的形象。刘备三顾茅庐时，只见诸葛亮"身长八尺，面如冠玉，头戴纶巾，身披鹤氅，飘飘然有神仙之概。"③ 其中的羽扇纶巾以及鹤氅已经成为代表诸葛亮的符号，在小说中多次提到。第五十二回中只见蜀军"旗开处，推出一辆四轮车，车中端坐一人，头戴纶巾，身披鹤氅，手持羽扇。"④ 至第九十回中孔明的形象依然是"中央一辆四轮车，孔明端坐车中，纶巾羽扇，素衣皂绦。"⑤ 羽扇纶巾的形象未曾改变，不同的是鹤氅变成了皂绦，这同样是儒士的服装。五十七回中庞统的形象就是"道袍竹冠，皂绦素履。"⑥ 在《三国演义》中的儒士形象多少带有道家的气质，更加深了诸葛亮等智者的神仙气。

《三国演义》里另一类服饰就是西南少数民族的形象，这些服饰更加原

---

① （明）罗贯中著，齐烟校点：《三国演义》，济南：齐鲁书社 1992 年版，第 271 页。
② （明）罗贯中著，齐烟校点：《三国演义》，济南：齐鲁书社 1992 年版，第 25 页。
③ （明）罗贯中著，齐烟校点：《三国演义》，济南：齐鲁书社 1992 年版，第 187 页。
④ （明）罗贯中著，齐烟校点：《三国演义》，济南：齐鲁书社 1992 年版，第 54 页。
⑤ （明）罗贯中著，齐烟校点：《三国演义》，济南：齐鲁书社 1992 年版，第 447 页。
⑥ （明）罗贯中著，齐烟校点：《三国演义》，济南：齐鲁书社 1992 年版，第 277 页。

始。孟获就"身穿犀皮甲，头顶朱红盔，左手挽牌，右手执刀。"①，其他士兵皆裸体赤身，批发跣足。可见，西南少数民族的首领还穿着犀牛皮制成的铠甲，士兵都赤身裸体，披着头发光着脚。孟获军队中最有效果的战服就是藤甲，刀箭不能入，还可浮水，只是最后被孔明用火烧退。

《三国演义》中的服饰种类并不丰富，但是无论是戎装还是儒士服装都特征鲜明，也为人物的刻画起到了辅助作用，尤其是诸葛亮的形象更是深入人心，成了中国文化的一个符号。

《水浒传》中的服饰形象大多来自市民形象，梁山好汉们身份各异，又成了绿林英雄，所以服饰上没有太多的规范，但是在塑造形象中起到了重要的作用。小说中不同的人物在着装上也各有不同，史进出场时"头戴一字巾，身披朱红甲，上穿青锦袄，下着抹绿靴，腰系皮搭膊，前后铁掩心，一张弓，一壶箭，手里拿一把三尖两刃四窍八环刀。"② 史进头戴儒生的头巾，身上的打扮又有武生之相，其英武之气展现出来。鲁智深初次和史进相遇时"头裹芝麻罗万字巾，脑后两个太原府纽丝金环，上穿一领鹦哥绿纻丝战袍，腰系一条文武双股鸦青绦，足穿一双鹰爪皮四缝干黄靴。"③ 这时的鲁智深还是军官装束。作为军教头的林冲"头戴一顶轻纱抓角儿头巾，脑后两个白玉圈连珠鬓环，身穿一领单绿罗团花战袍，腰系一条双獭尾龟背银带，穿一对磕瓜头朝样皂靴，手中执一把折叠纸西川扇子。"④ 柴进"头戴一顶皂纱转角簇花巾，身穿一领紫绣团胸绣花袍，腰系一条玲珑嵌宝玉环绦，足穿一双金线抹绿皂朝靴。"⑤ 一副官人打扮。

作为水泊梁山的首领主将，宋江则是"头顶茜红巾，腰系狮蛮带，锦征袍大鹏贴背，水银盔彩凤飞檐。抹绿靴斜踏宝蹬，黄金甲光动龙鳞。描金�随定紫丝鞭，锦鞍鞯稳称桃花马。"⑥ 智多星吴用作为军师的装扮是"五明扇齐攒白羽，九纶巾巧簇乌纱，素罗袍香皂沿碧玉环丝绦束定，凫舄稳踏葵花

① （明）罗贯中著，齐烟校点：《三国演义》，济南：齐鲁书社 1992 年版，第 436 页。
② （明）施耐庵著，刘一舟校点：《水浒传》，济南：齐鲁书社 1992 年版，第 19 页。
③ （明）施耐庵著，刘一舟校点：《水浒传》，济南：齐鲁书社 1992 年版，第 25 页。
④ （明）施耐庵著，刘一舟校点：《水浒传》，济南：齐鲁书社 1992 年版，第 55 页。
⑤ （明）施耐庵著，刘一舟校点：《水浒传》，济南：齐鲁书社 1992 年版，第 68 页。
⑥ （明）施耐庵著：《水浒传》，长春：吉林人民出版社 2006 年版，第 205 页。

蹬，银鞍不离紫丝缰。两条铜链腰间挂，一骑青骢出战场。"① 他的着装颇有孔明的味道。而会呼风唤雨的公孙胜的服饰更是与众不同："星冠耀日，神剑飞霜。九霞衣服绣春运，六甲风雷藏宝诀。腰间系杂色短须绦，背上悬松文古定剑，穿一双云头点翠早朝靴。骑一匹分鬃昂首黄花马。"②，俨然一副道家装束。

《水浒传》里的人物服饰丰富多彩，作者对于服饰的描写也花费了很多心思。在服饰描绘上的套路基本一致，头上戴的、身上穿的、腰上系的、脚下踩的，以及胯下骑的，但是每一个人都各不相同。通过服饰就巧妙地交代了每个人的身份背景，也为人物性格的刻画做好铺垫。

《西游记》中的人物形象，四个主要人物各具特色。孙悟空从石头缝中蹦出来后身上一丝不挂，在花果山上也只是用树叶做草裙，直到在寻访长生之道的路上逐渐意识到要穿和人一样的衣服。后来从龙王那里讨来的金冠、黄金甲、云履使他真正成为美猴王。而真正深入人心的孙悟空形象也是经过一番变化得来的。先是唐僧从两界山中救出他后，从打死的老虎身上拔下虎皮围成裙子，又将唐僧的直缀——一种素色布料做成的对襟大袖长袍——当作上衣。其形象的完整最终由观音给的锦布直缀和嵌金花帽，也就是金箍组成。几经变换最终形成了孙悟空头戴金箍，身穿黄锦衣，腰围虎皮裙的形象。

唐僧的形象一贯是头戴毗卢帽身披红袈裟手持锡杖，但是一件圣赐的袈裟来头不小。袈裟"五彩金织"，"是冰蚕造茧描丝，巧匠翻腾为线。仙娥织就，神女机成。方方簇幅绣花缝，片片相帮堆锦蔻。玲珑散碎斗妆花，色亮飘光喷宝艳。穿上满身红雾绕，脱来一段彩云飞。三天门外透元光，五岳山前生宝气。重重嵌就西番莲，灼灼悬珠星斗象。四角上有夜明珠，攒顶间一颗祖母绿。虽无全照原本体，也有生光八宝攒。"③ 这件袈裟在见到圣人时才穿，但是即便是普通的袈裟也已经成为唐僧不变的形象。

八戒的形象从高老庄时定型，基本上头戴黑瓢帽，身穿宽袖大襟直裰，颈上围花方巾，白裹腿黑洒鞋，肩扛钉耙。沙僧的形象则是头戴戒箍，身穿土黄直缀，下穿黑裤，颈下挂一串念珠。师徒几人的形象，三个徒弟从出场

---

① （明）施耐庵著：《水浒传》，长春：吉林人民出版社 2006 年版，第 205 页。
② （明）施耐庵著：《水浒传》，长春：吉林人民出版社 2006 年版，第 205 页。
③ （明）吴承恩著，古众校点：《西游记》，济南：齐鲁书社 1992 年版，第 86 页。

到服饰形象的定型都有不小的变化，尤其八戒和沙僧都从狰狞的样子逐渐变成出家人的装束，并且成为根深蒂固的人物形象。

《红楼梦》中的服饰可谓美轮美奂。曹雪芹在小说中为了避开本朝，对服饰的描写略显模糊，但是对于烘托人物性格起到了重要的作用。

王熙凤的出场与众不同，从林黛玉的视角对其进行了详细的描绘："这个人打扮与众姑娘不同，彩绣辉煌，恍若神妃仙子；头上戴着金丝八宝攒珠髻，绾着朝阳五凤挂珠钗；项上戴着赤金盘螭璎珞圈；裙边系着豆绿宫绦，双鱼比目玫瑰佩；身上穿着缕金百蝶穿花大红洋缎窄裉袄，外罩五彩缂丝石青银鼠褂；下着翡翠撒花洋绉裙。"① 凤姐出场的服饰从头到脚金碧辉煌，她尊荣富贵的形象以及泼辣争强的性格跃然纸上，可谓形神兼备，不似其他姑娘几句代过。另一位描写如此细致的人物就是贾宝玉了："头上戴着束发嵌宝紫金冠，齐眉勒着二龙抢珠金抹额；穿一件二色金百蝶穿花大红箭袖，束着五彩丝攒花结长穗宫绦，外罩石青起花八团倭锻排穗褂；登着青缎粉底小朝靴。面若中秋之月，色如春晓之花，鬓若刀裁，眉如墨画，面如桃瓣，目若秋波。虽怒时而若笑，即瞋视而有情。项上金螭璎珞，又有一根五色丝绦，系着一块美玉。"②

对于女性人物的描写，尤其是主要角色的服饰都和其本人的性格气质相符合。林黛玉的服饰描写并不是很多，更多重在神态的刻画。在一次赏雪梅的时候，黛玉是"换上掐金挖云红香羊皮小靴，罩了一件大红羽纱面白狐狸里的鹤氅，束一条青金闪绿双环四合如意绦，头上罩了雪帽。"③ 用红色显她的弱，越发让人觉得她的纯洁。薛宝钗穿一件莲青斗纹锦上添花洋线番羓丝的鹤氅。宝钗很少穿鲜艳的衣服，就像她的房间似雪洞一般，给人带来的就是"罕言寡语，人谓藏愚；安分随时，自云守拙"④ 的感觉。史湘云"只见她里头穿着一件半新的靠色三镶领袖秋香色盘金五色绣龙窄裉小袖掩衿银鼠短袄，里面短短的一件水红装缎狐肷褶子，腰里紧紧束着一条蝴蝶结子长穗

---

① （清）曹雪芹、高鹗著，黄渡人校点：《红楼梦》，济南：齐鲁书社 1992 年版，第 17 页。
② （清）曹雪芹、高鹗著，黄渡人校点：《红楼梦》，济南：齐鲁书社 1992 年版，第 20 页。
③ （清）曹雪芹、高鹗著，黄渡人校点：《红楼梦》，济南：齐鲁书社 1992 年版，第 337 页。
④ （清）曹雪芹、高鹗著，黄渡人校点：《红楼梦》，济南：齐鲁书社 1992 年版，第 52 页。

五色宫绦，脚下也穿着麂皮小靴，越显得蜂腰猿背，鹤势螂形。"① 她的打扮俏丽潇洒，也符合其开朗活泼似男孩般的性格。

贾府中丫鬟们的服饰也很讲究，只是和主子相比略逊一筹。在刘姥姥初见王熙凤时，先见到的是平儿，竟将平儿错认成王熙凤。"刘姥姥见平儿遍身绫罗，插金戴花，花容月貌，便当是凤姐儿了，才要称'姑奶奶'，只见周瑞家的说：'他是平姑娘'。又见平儿赶着周瑞家的叫他'周大娘'，方知不过是个有体面的丫头。"②

《红楼梦》中大量的服饰描写涉及老爷、公子、夫人、小姐、丫头等人物，人物服饰出现的频率很高，描写非常细腻，具有很高的艺术价值。除了烘托人物性格的作用外，也为我们详细了解明清时期的服饰文化提供了大量素材。

外国的小说中对服饰的描写同样不可缺少，许多脍炙人口的形象都是通过服饰加以塑造的。《简·爱》中塑造了一个人格独立，面对坎坷的命运追求平等爱情的女性角色。这样的角色形象很多都是通过服饰加以强化的。简·爱幼年生活悲惨，直到来到桑菲尔德当家庭教师才真正达到人格上的独立。但是，她的着装是朴素的，与罗切斯特第一次相遇时穿的是一件黑色梅里诺你斗篷和一定黑獭皮帽。和罗切斯特正式会面时穿的也是显得比较正式的黑绸衣服，外加一件单粒小珍珠作为饰物。简·爱一贯保持朴素女教师的形象，即便和罗切斯特这个贵族陷入热恋期间，面对爱人选择的靓丽服饰，她依然保持了自我，只是勉强将朴素的服装换成素净的黑缎子和珠灰色绸子。

另一位用于追求爱情的小说人物安娜·卡列尼那，也是文学作品中非常耀眼的一个角色。人物形象美丽、优雅，她的服饰不张扬、不做作。黑色的镶有威尼斯花边的天鹅绒晚装配珍珠项链，镶宽幅绣花的白色连衣裙，以及夏季的麻纱连衣裙，安娜的服装以黑色、灰色、白色、蓝色等素色为主，同时常配有精致的花边或蝴蝶结装饰。品位高雅细心浪漫。这种着装风格也正符合了安娜渴望自由的爱情，用于追求而最后又以悲剧收场的人物性格。

---

① （清）曹雪芹、高鹗著，黄渡人校点：《红楼梦》，济南：齐鲁书社1992年版，第338页。

② （清）曹雪芹、高鹗著，黄渡人校点：《红楼梦》，济南：齐鲁书社1992年版，第41页。

另一位生活的强者——《飘》中郝思嘉也是旷世爱情的主人公。她一生经历跌宕起伏，服饰穿着也伴随着人生不同阶段而改变。郝思嘉在少女时期以及新婚后都保持着少女的青春和勃勃生机，所以明快的绿色是最常出现的。苹果绿、暗绿色、淡绿色、苔绿色都是她所喜爱的色彩，饰物中也有装饰羽毛的绿色帽子、绿色的羊皮鞋等。各种绿色象征了一个少女朝气蓬勃的时期。但是命运伴随着丈夫去世而一落千丈，一个经常穿着鲜亮颜色的少妇一下子包裹在黑色的丧服里。这并没有结束，随后灾难再次袭来，郝思嘉的衣服也变成了缝补过的破旧衣服。但是郝思嘉的坚强性格也表现出来，她并没有向命运低头，最后她穿起用母亲天鹅绒窗帘改成的绿色服装迎向新的生活。外国小说中的服饰为我们了解和探究异国服饰打开了窗口。小说重点服饰更是文化的载体，古今中外任何小说中的人物形象都离不开服饰。

三、散文中的服饰

散文的主要形式是以抒情、叙事、论说为主。散文主要包括叙事散文、抒情散文、写景散文、哲理散文。有些记叙了人和事；有些抒发作者的思想感受；有些描绘景物，借景抒情，或寓情于景；有些感悟生活，是智慧的结晶。散文的预言凝练，富余文采，阅读起来给人流畅舒适，亲切可信。在散文记述、抒情、说理中就有关于服饰的记录，有些还寓情于服饰之中。

鲁迅先生在《藤野先生》中记述了清末在日本的中国留学生形象："头顶上盘着大辫子，顶得学生制帽的顶上高高耸起，形成一座富士山。也有解散辫子，盘得平的，除下帽来，油光可鉴，宛如小姑娘的发髻一般，还要将脖子扭几扭。实在标致极了。"① 清末的留学生到日本学习先进的科学文化，服装上已经改穿日式的学生服，但是长长的辫子却不能去掉。中国人讲究身体发肤，受之父母，所以在日本的留学生就形成了一种那个时代特有的形象。长长的辫子盘在顶上还要戴上帽子，不彻底的服饰变革说明还没有彻底地与旧势力决裂。藤野先生"据说是穿衣服太模糊了，有时竟会忘记带领结；冬天是一件旧外套，寒颤颤地，有一回上火车去，致使管车的疑心他是扒手，

---

① 鲁迅著，张章主编：《鲁迅经典》，北京：中国华侨出版社 2013 年版，第 175 页。

叫车里的客人大家小心些。"① 和中国留学生的装扮相比，日本西化程度非常深入。这里的藤野先生不系领结是一种穿衣邋遢的表现，穿着旧外套容易被人怀疑是扒手，可见日本人对待服饰形象的认真态度。

叶圣陶先生在《五月三十一日急雨中》，抒发了他的一腔爱国热情。五卅惨案发生后，不同的人有不同反映，通过服装显示各种身份的人。"我回转身走刚才来的路，路上有人了。三四个，六七个，显然可见是青布大褂的队伍，中间也有穿洋服的，也有穿各色衫子的短发的女子。他们有的张着伞，大部分却直任狂雨乱泼。"② 青布大褂是那个时期代表性的男子服饰形象，穿洋服的多为青年和从事洋务者，各色衫子短发是青年进步女学生。从不同的穿着中，可以看出青年人反抗帝国主义的爱国热情。"一个三十左右的男子，粗布的短衫露着胸，苍暗的肤色标记他是在露天出卖劳力的。他的眼里射放出英雄的光。"③ 劳动人民的英雄气概也不容忽视的。但同时也有一些卑劣的人对国家的不幸丝毫没有触动，"恍惚有蓝袍玄褂小髭的影子在我眼前晃过，玩世的微笑，又仿佛鼻子里轻轻地一声'嗤'。接着又晃过一个袖手的，漂亮的嘴脸，漂亮的衣着，在那里低吟，依稀是'可怜无补费精神'！"④ 这些穿着光鲜衣服的人对帝国主义侵略者制造的惨案没有愤怒，却对爱国青年的反抗不屑一顾，或者完全悲观地认为没有办法，唯一的感受就是怕。通过叶圣陶先生充满激情的散文，使我们了解到 20 世纪 20 年代社会各界不同人的服饰特点，也从中感受到强烈的爱国之情。在这篇散文中，呈现出当时几种典型的着装类型，有青年人的男女的穿着，也有中年人的打扮。在同作于 1925 年的朱自清先生的散文《背影》中，他父亲的着装就是"戴着黑布小帽，穿着黑布大马褂，深青布棉袍。"⑤ 长袍马褂瓜皮帽是中年人和公务人员交际时的装束。能够替代瓜皮帽的还有罗宋帽，夏丏尊在《白马湖之冬》里就曾提道："我常把头上的罗宋帽拉得低低地，在洋灯下工作至夜深。"⑥

在时代的变迁中服饰也在不停地变化，20 世纪初的时候，就已经有和外

---

①　鲁迅著，张章主编：《鲁迅经典》，北京：中国华侨出版社 2013 年版，第 176 页。
②　叶圣陶著：《叶圣陶代表作》，北京：华夏出版社 2008 年版，第 243 页。
③　叶圣陶著：《叶圣陶代表作》，北京：华夏出版社 2008 年版，第 244 页。
④　叶圣陶著：《叶圣陶代表作》，北京：华夏出版社 2008 年版，第 244 页。
⑤　朱自清著：《朱自清散文》，北京：人民文学出版社 2005 年版，第 95 页。
⑥　夏丏尊著：《马湖之冬》，南京：江苏文艺出版社 2009 年版，第 62 页。

国来往密切的洋务工作者开始穿西装革履。逐渐在中国人中形成能够和外国人沾关系就很高贵的奇怪现象，能说外国话，能"穿上一套蹩脚西装，就可以进那'华人与狗不准入内'的外国公园，又可以坐洋车不讲价，到了目的地之后，随意给两只'八开'，车夫不敢哼一声。西装变成了护身符……"①在王了一的《外国人》中就记述了这种现象。

张爱玲在散文中经常记录不同地区的服饰形象，《洋人看京戏及其他》中："我只知道坐在第一排看武打，欣赏那青罗战袍，飘开来，露出红里子，玉色裤管里露出玫瑰紫里子。"②冰心先生在《故乡的风采》中回忆福州农妇的健康形象："她们皮肤白皙，乌黑的头发上插着上左右三条刀刃般雪亮的银簪子，穿着青色的衣裤，赤着脚，袖口和裤腿都挽了起来，肩上挑的是菜筐、水桶以及各种各色可以用肩膀挑起来的东西，健步如飞，充分挥洒出解放了的妇女的气派！……觉得天下没有一个国家的农村妇女，能和我故乡的'三条簪'相比，在俊俏上，在勇健上，在打扮上，都差得远了！"③

外国的散文中同样经常有对服饰的描述。捷克小说家恰彼克在《爱丁堡》中记录了爱丁堡地区形态各异的服饰形象："你若进到议会大厅，就会见到几百年前的情景：一些律师头戴假发，脑后拖着两条小辫，鱼贯而入。你若参观悬崖峭壁上的城堡，会迎面遇到一队队风笛手和所谓的高原人。高原人身穿格子条纹呢裤，戴缎带帽；风笛手们着深红裙，腰间挎着皮袋，在鼓手们的伴奏下，奏出振奋人心的清脆的歌曲。……城堡下面，一位芭蕾舞女，身穿格子裙，手持刺刀，她来回走着，到城堡十步，回转也走十步，她立正，敬礼，放下枪，然后抖弄一下衣裙，一个轻盈舞步，跳回原地。"④

散文是一种抒发感情的文学体裁，除了记录美丽的人，也描绘美丽的景，有时风景和服饰同样美丽。朱自清《绿》描写了梅雨潭的绿色。梅雨潭中"这平铺着，厚积着的绿，着实可爱。她松松的皱缬着，像少妇拖着的裙幅……我若能裁你以为带，我将赠给那轻盈的舞女；她必能临风飘举了。"⑤

---

① 王了一著：《龙虫并雕斋琐语》，北京：中国社会科学出版社 1982 年版，第 84 页。
② 张爱玲著：《流言》，北京：北京十月文艺出版社 2006 年版，第 91 页。
③ 林非主编：《新时期中国散文精选》，广州：花城出版社 2003 年版，第 7 页。
④ 林非主编，李晓虹、王兆胜选编：《外国散文三百篇》，北京：中国社会科学出版社 2003 年版，第 1140 页。
⑤ 朱自清著：《朱自清散文》，北京：人民文学出版社 2005 年版，第 34 页。

朱自清先生用动人的服饰形容梅雨潭的绿，像美丽少妇穿着的拖曳的裙幅，又像轻盈舞女舞蹈时随风飘风的裙带，这是多么鲜嫩的绿，多么动人的绿，难怪将她叫作"女儿绿"。

散文抒情言志，能够引起情感上的共鸣。散文很多从记述身边的琐事开始，叙事真实，情感真挚，能够有以小见大的效果。正式和生活紧密相连的原因，散文通常能够反映一定时期真实的服饰现象。所以，在我们欣赏如涓涓溪流般的优美散文的时候，别忘记其中对服饰的描写。

四、随笔中的服饰

随笔是文学家对生活中各种现象和趣事的随意记录和感受的谈论。其中包含了许多有关生活美的问题。在各种随笔中，对于和服饰有关的内容也经常出现。因为服饰是生活中不可缺少的重要内容，也是生活中美的体现。

中国的随笔作品很多，其中有些是具有代表性的。清朝李渔的《闲情偶寄》就是一部轻松的有关生活和艺术的著作。其中包含了戏曲创作、舞台表演、园林创作以及服饰修容等内容。有关服饰修容的内容所涉及范围广泛，作者观察细致，有自己独到的见解和美学评价。

在《闲情偶寄》中，李渔对女性的容貌、体态、服饰、化妆等问题进行了一系列的讨论，从神情姿态、言谈举止、修容装饰等各方面阐述了自己的见解。在《修容第二》中，主要说明了女子着装打扮的问题。他认为化妆这件事"无论妍媸美惠，均不可少。"① 俗语说"三分人才，七分妆饰"，说明化妆修饰的重要性。李渔认为，即便是"十分人才"也不能一分妆饰都没有，每个女性都要对自己的容貌加以修饰。但是在这里，李渔还提出一个重要的观点就是装饰要得当。他以《后汉书·马廖传》中"楚王好细腰，宫中多饿死；楚王好高髻，宫中多一尺；楚王好大袖，宫中皆全帛"为例，说明腰细、高髻、大袖并非坏事、并非不美，但是饿死、一尺高、全帛则是不恰当的事了。李渔对修容之事的论述，也是在当时"今日之修容，大类楚宫之末俗"②的情况下提出的。"凡为西子者，自当曲体人情，万毋遽发娇嗔，罪其唐

---

① （清）李渔著，杜书瀛评注：《闲情偶寄》，北京：中华书局2007年版，第150页。
② （清）李渔著，杜书瀛评注：《闲情偶寄》，北京：中华书局2007年版，第150页。

突。"① 所以，修容要得体、自然，适合自己，且勿过当。这种观点至今看来，仍有现实意义。尽管现在的修容和妆饰种类繁多，风格各异，人们的个性越来越突出，但是适宜的、合理的、自然得体的装饰依然是一个人保持良好形象的准则之一。这种修容适当的原则，始终贯穿在李渔的随笔中。

李渔对具体的装饰方法也有细致的说明。从盥的方法和注意的问题到洗脸和搽粉的关系，是美容的基础部分。洗脸不净，脸上的油脂就会影响搽粉的效果，粉能否搽匀还和擦脸毛巾的洁净程度有关。此外，梳头发的问题也被提及。在梳和篦的区别上，李渔说道："善栉不如善篦"②，"以百钱买梳，千钱购篦。"③。

从梳头发的工具，李渔又谈到了女子的发髻。他说古代把发髻叫作"蟠龙"，这种发髻是随手绾成的，也说明古人装饰的不造作，这也符合李渔本人所提倡的自然不过分的修容原则。

"古人呼发为'乌云'，呼髻为'蟠龙'者，以二物生于天上，宜乎在顶。发之缭绕似云，发之盘曲似龙，而云之色有乌云，龙之色有乌龙。是色也，相也，情也，理也，事事相合，是以得名，非凭捏造，任意为之而不顾者也。"④ 李渔在这里论述了古人对发髻称呼的真实性和合理性，"发无一定之形，使其相传至今，物而不化，则龙非蟠龙，乃死龙也；发非佳人之发，乃死人之发矣。"⑤ 发髻的多变也是由此造成的。但是，李渔在肯定多变的发髻的同时，又对当时流行的发型提出反对意见，他认为那些"荷花头""牡丹头""钵盂头"等新奇发髻并不符合情理。"发上虽有簪花之义，未有以头为花，而身为蒂者；钵盂乃盛饭之器，未有倒贮活人之首，而作覆盆之象者，此皆事所未闻，闻之自今日始。"⑥ 虽然头上可簪花，但并无头作花而身作蒂的道理，花虽有万紫千红但未见黑色，所以他认为这种发髻是不自然不合常理的。

---

① （清）李渔著，杜书瀛评注：《闲情偶寄》，北京：中华书局2007年版，第150页。
② （清）李渔著，杜书瀛评注：《闲情偶寄》，北京：中华书局2007年版，第153页。
③ （清）李渔著，杜书瀛评注：《闲情偶寄》，北京：中华书局2007年版，第153页。
④ （清）李渔著，杜书瀛评注：《闲情偶寄》，北京：中华书局2007年版，第153页。
⑤ （清）李渔著，杜书瀛评注：《闲情偶寄》，北京：中华书局2007年版，第153页。
⑥ （清）李渔著，杜书瀛评注：《闲情偶寄》，北京：中华书局2007年版，第154页。

李渔认为发髻可以日新月异，但要有道理，这个道理就是不离"云龙二物"①，为此，他在文中还阐述了不同云龙发髻的梳制方法。例如，可以用纸剪成云朵，衬在头发下面；或者簪花饰珠翠"幻作云端五彩"②，但要位置得当，不露出花朵珠翠的本形；还可以用假发做出飞龙、游龙之势，亦可借助铁线及假发做出"二龙戏珠"的造型；或用假发做成波浪形，"缀于龙身空隙之处"③，形成出海龙的样式。总之，李渔对发髻的认识牢牢抓住古人"蟠龙"和"乌云"二法，显得有些泥古。尽管有自己的见地，但他对流行的不认可和批判也不很恰当。纵观中国历史上女子发髻的变化，可谓十分讲究。周代的"凤髻""云髻""步摇髻"，汉代的歪在一侧的"堕马髻"，以及北齐时，用头发遮住眼睛的"偏髻"。隋唐时期的发髻变化更加丰富，"鬟髻""翻荷髻""坐愁髻""倭堕髻""乌蛮髻""囚髻""抛家髻""回鹘髻"等，李渔所提的几种发髻也是不断变化中的新样式。

我们对古人的"蟠龙""乌云"之说的形象和灵动很欣赏，但是仅以云龙二物做比对和参考未免有些造作。不同的发髻变化反映的是不同时期和地域的审美，李渔所反映的女子发髻也是当时时代审美的体现，尽管他是以批判的角度去论述，但也为我们展示了当时的时代风貌。

李渔在对化妆的论述中，尤其对敷粉施朱的问题有自己的见地。他认为脂粉是不可缺少的修容之物，但是粉不易搽匀，他以砖匠用石灰粉壁做比喻，一次不匀在施二次。又以染布为例，颜色是由浅至深逐渐变化的，若皮肤黑的人，就要多搽几层粉，肤色由深至浅逐渐变得白皙均匀。对搽粉时要由薄至厚，渐渐均匀的方法。李渔总结得很有道理，在如今的化妆技巧中，作为均匀肤色的粉也是妆容的基础。同时，李渔还提到唇膏的用法，他认为脂粉要同时用，脂粉皆用"则其色灿然可爱"④。如果只涂粉不施朱，也还可以接受，若是不涂粉只施朱，"非但红色不显，且能使面上之黑色变而为紫"⑤。李渔对妆容的色彩和整体的妆饰效果观察非常细致。"至于点唇之法，又与匀面相反，一点即成，始类樱桃之体；若陆续增添，二三其手，即有长短宽窄

---

① （清）李渔著，杜书瀛评注：《闲情偶寄》，北京：中华书局2007年版，第154页。
② （清）李渔著，杜书瀛评注：《闲情偶寄》，北京：中华书局2007年版，第154页。
③ （清）李渔著，杜书瀛评注：《闲情偶寄》，北京：中华书局2007年版，第154页。
④ （清）李渔著，杜书瀛评注：《闲情偶寄》，北京：中华书局2007年版，第159页。
⑤ （清）李渔著，杜书瀛评注：《闲情偶寄》，北京：中华书局2007版，第159页。

之痕，是为成串樱桃，非一粒也。"① 李渔对唇膏涂法的说明生动形象又不失幽默。

李渔在随笔中虽然没有写出具体的妆容，但是他对于化妆的方法有一定的研究。有关搽粉的方法和皮肤的关系，以及化妆的方法原则等问题观察细致，对实践有指导意义。而用一粒樱桃和一串樱桃对点唇的比喻也颇为生动。

在《治服第三》中，李渔讨论了服饰美的问题。在正文前的序中他提出服装的功能不仅是遮身蔽体，而且具有一定的文化内涵。更重要的是，他把服装和人本身的气质更紧密地结合在一起，指出服装并不能完全改变一个人的身份和气质。"人与地习，久始相安，以极奢极美之服，而骤加俭朴之躯，则衣衫亦类生人，常有不服水土之患。"② 即便是鲜美华服，穿在气质身份与之不符的人身上并不能显示其华美之气，反倒不伦不类。文中以"沐猴而冠"为例，指出不是沐猴不能着冠，而是它和冠不相称，比喻不同的人适合不同的服装。并且，明确提出了"衣以章身"的观点，"同一衣也，富者服之章其富，贫者服之章其贫；贵者服之章其贵，贱者服之章其贱。"③ 大富大贵者即使穿着打补丁的衣服和露脚后跟的鞋也有丰腴的体态和气质。俗语说"人配衣服马配鞍"，但是李渔认为衣服还是随着人的身份和气质变化，人的外在体现更重要。

在《首饰》中，李渔阐述了首饰佩戴的审美原则，那就是"增娇益媚"④。肤色和面色不好的人可以通过首饰改变视觉感观。"若使肌白发黑之佳人满头翡翠，环鬓金珠，但见金而不见人，犹之花藏叶底，月在云中，是尽可出头露面之人，而故作藏头盖面之事。"⑤ 佩戴珠宝首饰自然是为了装饰和美化自身，但是要以珠翠宝玉饰人，而非"以人饰珠翠宝玉"⑥，装饰要根据人自身特征来选择。并且还推崇适度装饰的原则，珠宝首饰的佩戴要优先，尤其条件不好家庭的女子可以用骨角，最好莫过于鲜花。"时花之色，白为

① （清）李渔著，杜书瀛评注：《闲情偶寄》，北京：中华书局2007年版，第160页。
② （清）李渔著，杜书瀛评注：《闲情偶寄》，北京：中华书局2007年版，第162页。
③ （清）李渔著，杜书瀛评注：《闲情偶寄》，北京：中华书局2007年版，第162页。
④ （清）李渔著，杜书瀛评注：《闲情偶寄》，北京：中华书局2007年版，第163页。
⑤ （清）李渔著，杜书瀛评注：《闲情偶寄》，北京：中华书局2007年版，第164页。
⑥ （清）李渔著，杜书瀛评注：《闲情偶寄》，北京：中华书局2007年版，第164页。

上，黄次之，淡红次之，最忌大红，尤忌木红。"① "簪之为色，宜浅不宜深，
欲形其发之黑也。玉为上，犀之近黄者、蜜蜡之近白者次之，金银又次之，
玛瑙琥珀皆所不取。簪头取象于物，如龙头、凤头、如意头、兰花头之类是
也。但宜结实自然，不宜玲珑雕斫；宜与发相依附，不得昂首而做跳跃之形。
盖簪头所以压发，服帖为佳，悬空则谬矣。"② 李渔在这里论述了头上装饰的
审美原则，不以价值多少评价，金银玛瑙并非最佳的饰物，而是以色彩浅淡
为上，为了反衬黑色的头发。饰物的形状要自然真实。耳饰越小越好，最好
是俗名"丁香"的一粒或一点的耳饰。"若配盛装艳服，不得大略其形，但勿
过丁香之一倍二倍。既当约小其形，复宜精雅其制，切忌为古时络索之样，
时非元夕，何须耳上悬灯？若再饰以珠翠，则为福建之珠灯，丹阳之料丝灯
矣。其为灯也犹可厌，况为耳上之环乎？"③

　　至于服装美，李渔认为："妇人之衣，不贵精而贵洁，不贵丽而贵雅，不
贵与家相称，而贵与貌相宜。"④ "然人有生成之面，面有相配之衣，衣有相
配之色，皆一定而不可移者。"⑤ 一件衣服让几个人试穿后，肯定有好看的也
有不好看的。这就是由于不同的容貌、肤色对不同服装的选择有所区别。此
外，李渔还指出要"相体裁衣"："面颜近白者，衣色可深可浅；其近黑者，
则不宜浅而独宜深，浅则越彰其黑矣。肌肤近腻者，衣服可精可粗；其近糙
者，则不宜精而独宜粗，精则越形其糙矣。"⑥ 服装色彩、质地的选择和佩戴
首饰一样，并非越贵重越好看，而是要根据自身的特点和条件加以正确的
选择。

　　不过，李渔认为有一种颜色是适合于任何人的，那就是青色，"然青之为
色，其妙多端，不能悉数。"⑦ 长得白的人穿青色更显其白皙的肤色，长得黑
的人穿青色也不觉得多黑。年轻的人穿青色越显年轻，年纪大的人穿青色也
不觉得老。贫穷的人穿青色正适合他的身份，富贵者穿青色，脱去繁华的习

---

① （清）李渔著，杜书瀛评注：《闲情偶寄》，北京：中华书局2007年版，第165页。
② （清）李渔著，杜书瀛评注：《闲情偶寄》，北京：中华书局2007年版，第166页。
③ （清）李渔著，杜书瀛评注：《闲情偶寄》，北京：中华书局2007年版，第166页。
④ （清）李渔著，杜书瀛评注：《闲情偶寄》，北京：中华书局2007年版，第167页。
⑤ （清）李渔著，杜书瀛评注：《闲情偶寄》，北京：中华书局2007年版，第168页。
⑥ （清）李渔著，杜书瀛评注：《闲情偶寄》，北京：中华书局2007年版，第168页。
⑦ （清）李渔著，杜书瀛评注：《闲情偶寄》，北京：中华书局2007年版，第169页。

气显得雅致脱俗。所以青色适宜不同肤色、不同年龄、不同身份的人。此外，青色耐污耐油，不易显旧。青春年华的少女要求鲜艳的着装，可以在青色上洒线堆花，更能衬托其艳丽的色彩。

李渔在谈论服装美的同时，也考虑到服装的使用功能，谈到裙子时说"裙制之精粗，唯视折纹之多寡。折多则行走自如，无缠身碍足之患，折少则往来局促，有拘挛桎梏之形；折多则湘纹易动，无风亦似飘飘，折少则胶柱难移，有态亦同木强。"① 他一方面强调实用性和便捷性，另一方面又强调裙子的审美性。

李渔的随笔《闲情偶寄》中涉及大量和服饰有关的内容，是作者观察生活后形成对服饰美的认识。尽管有些观点在我们看来有些陈旧，但是作为当时一种轻松愉快地谈论生活美和艺术美的随笔而言，其中不乏思想的闪光点，尤其对服饰的种种思考也为现今回望那个时候的服饰文化提供了很有意义的素材。

随笔多是作者对生活中一些现象的感悟，写作形式轻松，其他的随笔作品中也会提到有关服饰的问题，但是李渔的《闲情偶寄》所涉及的范围和深度是最突出的，其审美价值也最高。

第六节　服饰与艺术作品

一、民歌中的服饰

民歌反映的大多是劳动人民的生活，它的创作感情真挚、热烈，形象生动。民歌朗朗上口，通常是一种即兴的口头艺术。由于和日常生活关系密切，所以包含大量的有关服饰和服饰形象的描写，能够非常真实地反映出不同地域和民族的服饰特色。

苗族民歌《仰阿莎》中充满了对主角仰阿莎的赞美之情，赞美她的容貌，赞美她的服饰："头发油亮像丝线，面庞白嫩像茶花，眉毛像瑙约，嘴唇像乜

---

① （清）李渔著，杜书瀛评注：《闲情偶寄》，北京：中华书局 2007 年版，第 171 页。

良，牙齿白如银，裙褶像菌褶，裙脚像瓦檐，腰带花儿像鱼鳞，身上的花衣呦，锦鸡的羽毛比不上。"① "太阳站在楼脚下，看见仰阿莎游方，颈上的银项圈，像火闪一样发亮。……手臂上的银镯，像两条银龙飞舞。"② 苗族女性的服饰特点鲜明，百褶裙色彩多样，银饰层层叠叠。（见图6-16）这里描写了苗族姑娘穿的美丽花衣，"锦鸡的彩毛比不上"，有红、蓝、白、黄、黑五色，在五色上再附上其他的装饰。百褶裙有"密密层层"的裙褶，像菌子一样，说明了百褶裙膨开的造型，这种形容极富生活趣味，通常用五彩的裙带系住裙子。

图6-16　苗族女裙

　　除了花衣裳百褶裙，银饰也是苗族女性最喜爱的装饰品。"头插锦鸡毛，衣裙身上套。一只银项圈，胸前闪闪耀。"③ 苗族女子的银饰从头到脚，银冠、银发簪、银项圈，银耳环手镯更是不能缺少的日常装饰。在苗族古歌《运金运银》中就唱道："银子拿来打项圈，打银花来嵌银帽；金子拿去做钱花，银花拿来作头饰。……银子多了打项圈，打造手镯姑娘戴。"④ 苗族服装还在胸部和后背，以及袖口、裙脚都缀有银质装饰物。尤其在节日的时候，苗族姑娘用银饰装点全身，十分常见。

　　少数民族服装中缤纷的色彩不仅出现在苗族，其他民族的民歌也有对服饰的描述。例如，宁夏固原民歌旱船调《船姑娘》中描写了船家姑娘的美丽容貌和服饰："头上那个青丝如墨染呦，两呀耳的个八宝杨柳叶儿青，坠呦金环呦坠金环。"⑤ 歌中描绘了姑娘的容貌，黑发如墨染过一样，柳叶弯眉杏核

①　阮居平编：《贵州民间长诗》，贵阳：贵州人民出版社1997年版，第42页。
②　阮居平编：《贵州民间长诗》，贵阳：贵州人民出版社1997年版，第46页。
③　丹寨县民族事务委员会、丹寨县文化馆编：《丹寨苗族民间文学资料》第1集，丹寨：贵州省丹寨县文化馆1981年版，第47页。
④　贵州省少数民族古籍整理出版规划小组办公室，燕宝整理译注《苗族古歌》，贵阳市：贵州民族出版社1993年版，第101-102页。
⑤　宁夏回族自治区文学艺术工作者联合会编：《宁夏民间歌曲资料第1集》，银川：宁夏回族自治区人民出版社1962年版，第156-157页。

眼睛。这般容貌搭配上金耳坠和镶金边的白丝汗衫更能够衬托出其出众的外表。歌中用对美丽姑娘最标准和常用的词语来形容，尽管没有《诗经·硕人》中的词汇丰富，但这种生活化的描写同样能够引起大众的共鸣，就好似一个美丽的姑娘站在我们面前一样。

湖南民歌《新嫂嫂》对新过门的媳妇的服饰进行了描述："大眼睛来黑眉毛，脸儿像个五月桃五月桃。花布衣服真正好，青布裤子配一套配一套。"① 歌中先对新嫂嫂的容貌进行描述，虽然词汇朴实，却给人描画出一位端庄健康的面容。在服饰上虽然没有华丽的装饰和斑斓的色彩，但是花布衣服和青布裤子同样素雅好看。劳动人民健康朴实的形象跃然眼前。

四川民歌花灯调《黄杨扁担》中唱道："大姐梳一个盘龙卷儿，二姐梳个茶花纽。茶花纽。只有三姐梳得巧，梳一个狮子滚绣球，滚绣球。"② 其中描绘了三个心灵手巧的姑娘梳的不同发型，用夸张但又形象的手法夸奖了三个人的装扮技巧。

外国民谣也往往反映早期社会的人民生活，必然会有服饰上的反映。

民歌中有关服饰的内容还很多，有的是对服饰的直接描写，有的通过服饰寄情思，有的是通过服饰夸赞人的美貌。无论哪种形式，民歌中的服饰通常形式具体，描述详细，同时富于浓厚的生活气息，服饰形象也十分生动鲜明。

二、戏曲中的服饰

戏曲是一门传统艺术形式，它拥有一套自身特有的服饰规则。戏曲中的服饰俗称"行头"，是在多年戏曲实践基础上加以提炼和夸张创造的艺术形式。戏曲中的人物形象主要依靠这些"行头"进行塑造和表现。戏曲中服饰具有鲜明的角色扮演功能。生旦净末、忠奸善恶，都能够通过服饰塑造，王侯将相、平民乞丐也都是通过服饰表现角色身份。戏曲服饰之所以能够形成自身一定的规制，由于封建社会不能照搬生活中的现实服装，主要是统治阶级尤其是帝王的服装，所以要在生活服装的基础上加以艺术化地改造。甚至

---

① 韦行编：《中国民歌》，北京：中国青年出版社 1997 年版，第 140 页。
② 许奎福编：《抒情歌曲 100 首》，广州：花城出版社 2011 年版，第 84 页。

只是生活服装的一种绘画性的仿制品。此外，戏曲毕竟是表演艺术，所以要迎合表演效果的需要。各种现实服装的变化，都是为了带来更好的观赏性。

戏曲服装的规制也体现了戏曲服饰的程式化特点。在戏曲界有句话"宁穿破，不穿错"，可见戏曲服饰的穿戴规制。这种规制依据剧中人的性别、年龄、社会地位、生活境遇、性格品质等许多方面划分。某种类型人物应穿用某种相对应的类型服装，达到类型人物与类型服装对位。蟒是帝王后妃将相的礼服；靠是武将穿戴的盔甲式服装；官衣显然是文官的礼服；帔则是帝王、显贵、文官及夫人的便服；褶子是戏曲中平民最常用的服装；开氅则是武将的便服。戏曲中以不同的服装代表了不同阶层和身份的人。这是戏曲服装角色扮演的功能。

当然，戏曲服装也并非如此简单，更细致的划分存在于每一类服装中。蟒是最高贵的戏衣，有金银线绣的云龙云凤图案，还有太阳、八宝、流云、海水江崖等纹样，代表着江山社稷。蟒以颜色划分种类的特征鲜明，和古代现实中的服装一样，遵从等级和礼治，蟒袍分上五色和下五色。上五色指黄、红、绿、白、黑，这和周礼中的正色和间色划分非常相似。总

图6-17 京剧服装中的黄蟒

体上说，上五色都是地位较高和重要角色的服装颜色，而下五色则是次要角色的穿戴。其中每一种颜色又有其代表意义。黄色显而易见地是最高级和最尊贵的色彩，一般为帝王用的色彩，尤其是蟒这种服装。（见图6-17）红色是身份高的人的服装，宰相、状元、驸马都穿红蟒，如三国戏中的刘备、曹操。绿色更多体现角色威武忠勇的性格，是关羽、姜维、关胜这样忠勇之人的服装。年少有为的大将穿白蟒，可见白色代表的人物身份是稍低一些和年轻角色。黑色代表豪爽耿直的性格，项羽、张飞这样的人物都着黑蟒。下五色包括蓝、粉、紫、古铜和绛色。

女蟒是太后、皇后、太君、贵人等身份较高女性的礼服，有红、粉、紫、白、古铜、绛紫等颜色。年轻女性以红蟒居多，年龄越大的人蟒袍颜色越深。

靠同样也分上五色和下五色。黄靠自然用于帝王，但有身份的老将如黄忠也穿黄靠。红靠多为老年武将的盔甲。绿靠同绿蟒一样，是有地位的大将的穿着，同时穿绿靠的一般是红脸。一般将领都可以穿白靠，穿黑靠的角色是项羽、张飞、周仓这样的黑脸猛将。（见图6-18）女靠绣凤，从腰部垂下数十条彩色飘带，胸前有时还佩绣球。穆桂英、樊梨花这样的女将穿上花团锦簇的女靠更显英武之气。

图6-18　京剧服装中的靠

帔是帝王、显贵文官及夫人的便服。分男帔和女帔，又以颜色区分。黄帔自然是皇帝、太子和后妃的专属，红帔是达官显贵在喜庆之日的穿着，紫帔代表告老还乡的告官。三蓝彩绣黄色凤凰女帔是戏曲舞台上扮演皇后、贵妃、公主等的专用服装。明黄、杏黄均属皇家专用色彩，制作时力求富丽堂皇。彩绣红色团花男帔是戏曲舞台上青年文武官员的便服或结婚典礼时新郎穿的礼服。以红地为主，用彩绣团花，或绣散枝纹样，有的用平金绣团花图案，色彩与花纹力求富丽堂皇。《群英会》中周瑜为年轻统帅，每当公务之余或非正式军事会议时，常穿便服——红色团花男帔。

古装衣是贵妇、小姐、仙女等常用服装。比如，《西厢记》中的红娘和崔莺莺。崔莺莺是相国府千金小姐，红娘系相国府的丫鬟，非同小户人家的使女，所以处理这样的人物，要比一般婢仆高雅，因而穿古装衣。

宫装是贵妃、公主的礼服。宫装以凤凰、牡丹及其他花草纹样为主要图案以显示高贵的身份。（见图6-19）《贵妃醉酒》中的杨贵妃穿着宫装失落独饮；《三击掌》中的王宝钏穿着娘娘赐给她的宫装"日月龙凤袄"和"山河地理裙"，在绣球招亲中打中薛平贵。后因其父不许二人相见而又脱去华丽的宫装。

官衣是新科状元、榜眼、探花等角色临时的官服，是戏曲舞台上文职官员的礼服，有红色、蓝色、紫色、黑色。其造型基本上是明代官服的原样。《御碑亭》中的状元王有道和探花柳生春在"拜恩师"一场中，都穿着大红官衣。与官衣相对应的还有女官衣，是老年诰命夫人和女官的官服。

开氅为武将便服，宰相之类大臣告老还乡也穿开氅。赵云、蔺相如这样的角色都身着开氅。开氅常用走兽图案区分官级，基本依从清朝武将的补子图案，但戏曲服装的开氅更注重色彩，有红色、黄色、蓝色、白色、黑色等。还有一种鹤氅是舞台

图 6 - 19　京剧服装中的后妃宫装

上扮演隐士、仙人、道士等人物的服装。具代表性的人物是诸葛亮，《三请诸葛》和《卧龙吊孝》中，演员都是穿着鹤氅出场的。

褶子是戏曲中一种常见的平民服装，分男褶子和女褶子。男褶子又分花色褶子和素色褶子，花色褶子多为武生穿，又称"武生褶子"，常绣有飞禽走兽。《黑旋风》中的李逵就穿褐色男褶子，显示豪迈性格。花色褶子里还有"小生褶子"图案相对素雅，力求潇洒精干，图案刺绣上底色和花色要形成反差，或淡地深花或深地淡花。色彩要强烈而调和，多为湖色、粉红等，纹样处理散乱无章。它是公子身份的人或风流小生的服装。素色褶子通常代表着书生的身份。黑色和蓝色的褶子，是仆人和落难书生的服装，蓝布短褶子代表跑堂、樵夫等人。还有一种形式比较特殊的褶子，叫"富贵衣"，实则是穷困潦倒之人的服装，之所以叫"富贵衣"，是因为穿这种服装的人日后必将金榜题名显达富贵。比如，《棒打薄情郎》中的莫稽，先穿富贵衣，后来得中状元。《红鬃烈马》中《彩楼配》一折，薛平贵也是先穿富贵衣，后来得唐室天下做了皇帝。

花色女褶子在领子和衣襟绣艳丽图案，是小姐的穿着。素色女褶子则是老年妇女的服装。在《梁祝哀史》，梁山伯和祝英台同窗是都穿素雅的小生褶

子，当祝英台回家恢复女装后则是女褶子的扮相。

此外，还有扮演文人雅士、未及第的读书人等常用服装学士衣；道家、仙官、军师等人物的角色必须穿的八卦衣；士兵、探子、报马、更夫、轿夫等常用服装卒坎，以及僧人、道士的袈裟、法衣等特定服装。

戏曲服装中对角色身份和性格都做出了非常具体和详细的规制，这是戏曲服饰程式化的一种体现。戏曲服装划分很细，每一种服装都有相对应的人物角色。但是程式化更明显的是表现在"三不分"上——不分朝代、不分地域、不分季节。例如，三国时期的人物曹操、刘备等，都穿着从宋代服装加工而来的蟒和貂。这明显和史实不符，但是观众却能够非常自然地接受这种规则化的着装和人物扮相。戏曲服装忽略了朝代上的服饰差别，只根据程式化的规则进行人物形象塑造。由于戏曲服装规范化了纷纭复杂的生活现象，所以无论哪个朝代历史人物的戏服都随角色而定。比如，宋代的平角幞头本是"君臣通服"，但在戏曲中只作为官员的首服。后来两角稍向上翘的又成为宰相的标志。诸如此类的还有比甲（坎肩）是妇女的常服，但在戏曲舞台上，穿坎肩的妇女只是侍女、媒婆及少数民族妇女。直至清代才出现的马褂，在戏曲舞台上无论文官武将都可以穿，从唐代的薛平贵、宋代的金兀术，以及许多折子里的中军、卫士等都穿马褂，这显然和生活中各个朝代完全不符，但戏曲服装就是可以不受历史年代的限制。戏曲服装也不讲究地区和季节的差别，只讲求类型人物与类型服装对位。

戏曲是一门表演艺术，通过服饰可以达到较高的观赏性和艺术性。人物的性格、情感，以及情节很多时候通过服饰进行表达。戏曲服饰以一种程式化的方式加以可舞性的特点，形成了独有的艺术性。戏曲服饰取材于文学作品的描述，但又经过凝练，最终形成了脸谱效果的众多人物形象。

三、舞蹈中的服饰

舞蹈服饰是舞蹈艺术创作中不可缺少的重要组成部分。舞蹈服饰的源流可以追溯到原始社会的祭祀和宗教仪式。为了达到人和神的交流，巫师们穿着具有超出常人的能够"通灵"的服饰载歌载舞，形成一种具有明确目的性的装扮，强调了身份、体现了服饰在交感巫术中的重要作用。（见图6-20）有意识的角色扮演形成了舞蹈服饰的原始特征，并逐渐充实发展，形成独具特色的艺术风格。

　　我们在观赏舞蹈时，无论是西方的芭蕾舞、中国的古典舞、世界各地的民族舞蹈，还是现代舞，都通过舞者优美的肢体语言传达着舞蹈的精神内涵。或柔美婀娜，或刚劲有力；或舒缓流畅，或欢快活泼，调动身体从头到脚的各个部位通过体势语言进行表达。行走、奔跑、跳跃、旋转，都表达着舞蹈的艺术主题和舞者的情感。

图 6-20　藏族跳神法王舞的服饰形象

　　舞蹈同其他的艺术形式相比是一种单纯的肢体表现艺术，戏曲艺术"唱念为歌，做打为舞"，其中有程式化的身形表演，更重要的是以唱段推进剧情。舞蹈大多也有要叙述的主题和故事情节，但是舞蹈的表现形式就略显单一，于是舞蹈中的服饰就对表现剧情和抒发感情起到重要的作用。首先，舞蹈服饰要贴近生活。在古典舞的表演中，舞蹈服饰要具有该相应的时代特色。"楚腰"就要具备战国时期袍服和大袖，汉代的"盘鼓舞"要体现楚汉舞蹈服饰的特色，在表演"霓裳羽衣舞"时尽量忠实于唐朝的服饰特色。尤其是带有剧情的舞蹈要通过服饰交代时代背景、人物身份、各种社会关系等内容。比如，我国的芭蕾舞剧《白毛女》，主人公喜儿的服饰"从黑长辫和红衣绿裤，依序易为黑披发和褪色的红衣绿裤，灰披发和袖裤口褴褛的灰色衣裤，白披发和袖裤口褴褛的灰白色衣裤"。① 随着时间的推移，主人公生活状况和人物形象的变化都在服饰的变化中清晰地表露出来，这就是舞蹈中服饰的重要作用。

　　舞蹈服饰也具有模仿的功能，这种功能能够追溯到舞蹈的起源。最多的是对动物的模仿，尤其是通过这种模仿的舞蹈起到实效性，也就是期盼在即将到来的狩猎中捕获这种动物。这也是一种准宗教行为。美洲红种人在苦苦寻觅猎物野牛的时候，就经常跳"野牛舞"，各种模仿动物的舞蹈就此产生和

---

　　① 张琬麟著：《舞蹈服饰论》，北京：中国社会科学出版社2005年版，第28页。

兴盛起来。为了能够接近于某种动物的形象，除了模仿其动作体态以外，最直观的就是在服饰装扮上的模仿。狩猎前的舞蹈中兽皮、兽头、兽角、鸟羽、鸟喙是不可缺少的装扮，有些还在身上画上具有某种动物特征的图案。正如我们在旧石器时代的岩画上依稀可见的形象一样，舞蹈服饰在这个时候具有了非常重要的角色扮演功能。与此相类似且更进一步的是原始社会的图腾舞蹈。许多部族都有自己的图腾，有些是自然界的现象，如雷、电、火等；有些是抽象的形象，而更多更普遍的是现实生活中的动物。例如，彝族以虎为图腾，每三年一次"虎月虎日"跳祭虎乐舞，舞者化妆成老虎的形象舞蹈。舞蹈服饰把他的角色立刻转变成老虎。在大祭中还有"十二兽舞"，舞者通过服饰装扮成马、牛、猪、羊、狗、猴、蛇、穿山甲等十二兽，每一种都有模仿其形态的舞蹈，如蛇舞就以蠕动表现其爬行。其中最精彩的是虎神降临，扑向各种动物，虎的威猛之势把舞蹈带向高超。诸如此类的舞蹈还有我国鄂温克族的熊舞，夸扣特尔印第安人也有模仿熊的舞蹈。壮族有在身上画黑白色青蛙纹样的蚂拐舞；披挂蛇神偶的萨满舞。

除了典型的宗教性质舞蹈，模仿动物形象的舞蹈还因人们非常喜爱某种动物，这些动物大多美丽灵巧，被视为吉祥的象征。例如，壮族人喜爱翡翠鸟的光鲜毛色、清脆啼声，于是翡翠鸟舞成为壮族新春时必不可少的节目。在纳西族，鹿和鹤是吉祥的动物，鹿鹤同春舞也是颇具有代表性。无论是翡翠鸟舞还是鹿鹤舞，舞蹈者都被装扮成该动物形象，通过服饰实现逼真的外形模仿。傣族的孔雀舞也属这类模仿鸟兽形态的舞蹈，不过孔雀舞具有历史性和时代性，通过舞蹈家的精彩演绎，孔雀舞走出了民族性的小圈子，让更多人领略到了舞蹈的美。像孔雀灵活艳丽的舞姿一样，模仿孔雀外形的裙子同样受人瞩目。如今孔雀舞的裙子摆脱了原始的高度模仿，带有更多象征性。裙子模仿孔雀美丽尾翎的装饰，尤其当大幅的裙摆旋转起来，犹如孔雀开屏一样绚烂。类似的舞蹈服饰还有维吾尔族的鹅造型、苗族兔儿舞中的兔子造型等。这类舞蹈服饰的模仿功能是一种普遍现象，在美国加州的迈杜人有鸭子造型，新爱尔兰人图腾舞蹈的犀鸟造型比比皆是。尽管有些只注重头部造型，但是舞蹈服饰的模仿和角色扮演功能是相同的。现代舞蹈中，拟装的角色扮演依然频繁使用，因为它担负着角色定位和剧情陈述的作用。当然，现代舞蹈服饰的拟装不会像图腾舞蹈中的形象那样原始，抽象和象征性更强，但是《天鹅湖》中优雅的天鹅、《梁山伯与祝英台》中蹁跹的蝴蝶，以及荷花、珊瑚，甚至火焰泉水等形象都是通过服饰的模仿和象征作用实现的。也为舞蹈表现主题、传达意念带来了更丰富的表现形式，和更宜人的视觉效果。

图 6 - 21　西汉画像砖上舞服形象

舞蹈的艺术感染力很大一部分由服饰传递出来。中国古代人穿袍，袖子大多宽肥，早在战国时期就有"长袖善舞，多财善贾"之说，至汉代舞者多长袖，由于丝织业发达，轻薄的丝绸衣衫和长袖轻盈飞舞。傅毅在《舞赋》中写道："华袿飞髾……长袖交横……体若游龙，袖如素蜺。"①描绘出舞者轻盈柔美的舞姿和飘逸飞舞的服饰，舞动的长袖质料轻薄，翩翩若飞。细长且轻盈的衣袖，既可以配合舞姿体现身段，又可以营造出一种如虹霓般的视觉效果。为了达到更好的视觉效果，有时还配合飘带一起使用。（见图 6 - 21）长袖舞的盛行，与它所产生的优美舞姿是密不可分的，同时也表达出汉代人寄希望于死后能够羽化成仙的美好愿望。舞动中的长袖上下翻飞，能够不时地遮住光线，舞者如游龙般灵活轻盈的体态，在忽明忽暗的光影效果中舞蹈，给人以置身仙境一般的感觉。飘逸的长袖，为舞蹈增添了无穷的美感和遐想，平添了非凡的魅力。舞蹈的服饰也带上了一些象征意义。

"长袖善舞"代表了舞蹈服饰的功能美，同时更体现了舞蹈服饰的形式美。在汉代有一类巾袖舞，在汉代的画像石和画像砖上，具有许多长袖翻飞的舞蹈形象。无论用巾还是用袖，都是肢体的一种延展，通过各种舞蹈技巧，形成了丰富的表现形式。可上下翻飞如游龙，也可缓缓抖动如潺水。飘忽回旋的浪漫形态，把人引入梦幻般的境界。许多文学作品中都有对长袖的描写，

---

① 易存国编：《乐神舞韵：华夏艺术美学精神研究文献篇》，哈尔滨：黑龙江人民出版社2002 年版，第 130 - 131 页。

张衡在《舞赋》中写道:"裾似飞燕,袖如回雪"①。此后的飞天舞继承了汉代巾袖舞。通过服饰能够使舞蹈具有更强的观赏性和更高的艺术性。

魏晋南北朝时期流行的"白纻舞"起源于三国时期吴地民间舞,因其婉转、流畅、轻柔的特点迎合了魏晋南北朝时期士人审美而盛行起来。名叫"白纻舞"是因为服装是用白色苎麻做成的。魏晋多用宽袖,隋唐时期有的用长袖,舞动时轻盈飘逸、整齐划一。有多首《白纻舞辞》对"袖如素霓"之美进行过描写。南朝·宋·刘铄《白纻曲》:"仙仙徐动何盈盈,玉腕俱凝若云行……状似明月泛云河,体如轻风动流波"。②《白纻舞歌》写道:"轻躯徐起何洋洋,高举两手白鹄翔"③。通过这些词句我们能够感受到素白的舞服和衣袖在柔婉秀丽的舞姿中带来的远离凡尘飘飘欲仙的境界。"白纻舞"和汉代的舞蹈都以舞袖为特征,但是汉代的舞蹈更为热烈恢宏,更富技巧,而魏晋南北朝的舞蹈更加婉约,与其相配的正是素雅清单的白苎麻服装。至唐代的"软舞"更强调一种婀娜柔美之姿,包括"凌波舞""惊鸿舞"等,可谓"纤腰弄明月,长袖拂春风"。④

唐朝的胡舞由西域传来,其中包括"胡腾"和"胡旋"。"胡腾"以高难度的腾跃和踢踏为特点。"胡旋"则以迅速旋转而闻名。在急速旋转中,舞者身上缀满的珠佩犹如星光闪烁,长长的巾袖上下翻飞,"回裾转袖若飞雪,左铤右铤生旋风。"⑤（见图6-22）"胡腾"和

图6-22 唐代石刻上的胡舞服饰形象

---

① 杜兴梅著,杜运通评注:《中国古代音乐文学精品评注》,北京市:线装书局2011年版,第44页。

② 赵光勇主编,文时珍等撰稿:《汉魏六朝乐府观止》,西安:陕西人民教育出版社1998年版,第298页。

③ （清）沈德潜编,苗洪注:《古诗源》,北京:华夏出版社2001年版,第331页。

④ 彭黎明,彭勃主编:《全乐府》,上海:上海交通大学出版社2011年版,第324页。

⑤ 杜兴梅著,杜运通评注:《中国古代音乐文学精品评注》,北京市:线装书局2011年版,第102页。

"胡旋"同属唐朝的"健舞","健舞"还包括"剑器舞",舞伎公孙大娘的"剑器舞"风驰电掣气势恢宏,又因她身着锦绣戎装尤显飒爽之气。在唐朝盛行女着男装之时,更掀起效仿的风潮。受到龟兹天竺乐舞影响的"飞天",是佛教天神在我国本土化的表现。"飞天"也作为一种舞蹈形式流传下来,相较印度的天神,飞天更加纤弱柔美,最具特色的就是飘带了。长长的飘带环绕在身上,飘逸袅绕,给人一种飘忽轻盈之感,可以说是唐朝以前巾袖舞的集合。它舞动起来如惊鸿游龙,胜素霓。"踏歌"也是一种以舞袖为特点的歌舞。在歌舞过程中常有舞袖动作,并不时有振袖的动作。

由此可见,巾袖、飘带的运用在我国舞蹈发展中一直起着重要作用,是各个时期舞蹈必不可少的。缥缈轻盈,仙袂飘举,这种舞蹈服饰不仅营造了舞蹈的意境,表达舞蹈的意象,更体现了华夏民族的审美情趣。

与"长袖善舞"有异曲同工之妙的舞蹈服饰不胜枚举,新疆舞蹈中女演员满头的小辫子和飘逸的裙摆以及裙摆上的流苏亮片在演员快速旋转起来后,随着目光流转也带动起一圈圈闪烁的光,飞旋和抖动的裙摆和流苏在有节奏的音乐伴奏下使舞蹈绚丽夺目。蒙古民族舞的长裙也是在演员的旋转、跳跃和摆动中不断变换着形象。随着身体的扭动和手臂的牵引,裙摆时而像被风拂过拥起细碎的褶皱,时而像柔顺的波浪不断变换着线条。西班牙的弗拉明戈舞则以奔放的旋律、动感的节拍著称。舞者在踏着富有节奏的舞步的同时,不停大幅度地摆动满是褶皱的裙摆,占据大量空间,形成夸张的曲线,扬起火热的激情。南欧人奔放的性格通过舞蹈和服饰的配合向人们展现出来。同样具有热烈舞蹈风格,并且风靡世界的爱尔兰踢踏舞"大河之舞",虽然身体舞蹈动作主要集中在脚上,但是服饰同样传达着主题。在"火之舞"中,演员就身着火红鲜艳的衣裙有节奏地踏跳,欢快的节拍和舞步在红裙映衬下表达了火的品格特征。只有在适宜的服饰配合下,舞蹈的神韵才会展示得淋漓尽致,使舞蹈者和观赏者都得到精神上的升华。

现代舞蹈中的交际舞分为很多种,优美华丽的华尔兹、热烈奔放的拉丁舞、轻盈跳跃的狐步舞、刚劲有力的斗牛舞都有各自的服饰。华尔兹舞蹈中的大摆长裙能够随着舞者的旋转飞转,优美飘逸;拉丁舞的服饰多为贴身的短裙,不妨碍较大幅度的肢体动作;狐步舞的衣裙和华尔兹相似,但是在欢快有弹性的舞步下裙子好像也在一蹦一跳;斗牛舞讲求的是一种气势,所以裙子通常贴身同时要有裙摆，以便在做模仿斗牛士的动作时更加有力。每一种舞蹈服饰都根据舞蹈的风格和动作特点而设计，能够很好地辅助表现舞蹈主题。

无论古今中外的任何舞蹈，服饰的作用显而易见。舞蹈中的服饰有些接近于生活服装，有的则具有很强的舞台效果。舞蹈服饰最重要的作用是辅助舞蹈者的肢体语言表达主题，传达舞者的情绪。舞蹈服饰的魅力就在于随着音乐和舞蹈者的动作传达许多美好的神韵。

四、影视中的服饰

影视是集形象和声音于一体的综合艺术形式，也是现代科技的产物。影视作品以故事情节为主线，由真人扮演角色，是一部部有声有形的小说。影视中的服饰对于影视作品的完成很重要，因为影视作品中的人物形象、身份、性格都要通过服饰来表现，同时影视中的服饰也是人们欣赏影视作品时的一个看点。此外，由于一些影视作品中典型的人物形象能够给观众带来共鸣，许多影视作品中的服饰形象成了大众模仿的对象。

从早期的影视作品来看，一些经典电影角色的服装给人留下的影响甚至比电影故事本身更深刻。又由于一些明星效应，他们在影视作品中的着装风靡一时。1941 年格丽泰·嘉宝在无声片《妮诺契卡》中身着样式简洁的白衬衣，系精致的黑色领结的形象带领了新的潮流。当时的女装流行还是穿长裙和针织外套，嘉宝的这身打扮通过银幕让众多女性看到了新的品味。在银幕上首次出现女明星穿男士服装的样子，同样优雅，也体现了女性的独立和自信。很快，这种着装风格得到时装界广泛响应。

另一个通过银幕引领潮流的明星就是奥黛丽·赫本。她在《罗马假日》里虽然贵为公主，但是枯燥而烦琐的生活方式让她透不过气。这位公主向传统挑战，穿着平民姑娘的裙子，并进入理发店要求剪短头发。当放映到这一情景时，据说影院中尽是惋惜之声，一头美丽的长发对于女人多么重要，但是当剪完短发的赫本在镜头前回转过身的时候，影院里又是一片惊叹的声音。当电影放映完，娇俏的"赫本头"短发式样迅速风靡起来。在恐怖影片《魔鬼圣婴》中女主角一头比"赫本头"还要短的金发也曾经震撼过银幕。

赫本在电影中其他经典形象包括《龙分配》中华美的礼服，《蒂凡尼的早餐》中优雅的黑色小礼服,都是赫本和纪凡希合作的作品。(见图 6 – 23)两个人的合作还带动了平底船鞋、一字领 T 恤等服饰的流行。

好莱坞电影中另一个服饰形象,就是不能不提的性感女性梦露在《七年之痒》中飞扬的裙摆。当梦露站在地铁通风口时被风吹起的裙摆和一头金发定格成了"梦露式"的装扮,从此定义了性感的标准。

中国近年来的电影中服饰影响较大的可以说是《花样年华》了。张曼玉身穿的二十多套旗袍,再现了 20 世纪 60 年代女人的优雅气质。不同情景

图 6 – 23 《蒂凡尼的早餐》剧照

中不同的旗袍也代表了主人公不同的心境。《花样年华》的上映,推起来一轮旗袍热,使快要沦为礼仪小姐专用服装的旗袍重新展现出它应有的优雅。

电影中的男性着装形象影响力同样强烈。在詹姆斯·迪恩成名前,即《无因的反叛》放映之前,牛仔裤基本还是一种工作服,但是随着这部电影的上映,迪恩给牛仔裤做出了更多的诠释,他的着装方式受到了疯狂的崇拜和

图 6 – 24 《欲望号街车》剧照

模仿。同样使不值一提的服装成为流行的还有《欲望号街车》中马龙·白兰度的紧身白 T 恤。白兰度扮演的斯坦利是一个离经叛道的青年,身上的野性阳刚的魅力却得到了大众的认可。白兰度在拍摄间无意穿上的 T 恤衫把这个蓝领工人的粗暴性格和阳刚之气都表现出来。原来作为内衣或海员专用服装的 T 恤衫成了新的时装。(见图 6 – 24)

20 世纪 70 年代时髦男性的形象又有所改变。好莱坞著名影星约翰·屈伏塔就以《周末狂热》里的形象登上银幕。他在人们

心中的形象和后来为我们所熟知的形象大不一样。在电影中穿着白色西装，里面翻出黑色衬衣领，下面穿合体的喇叭裤，随着迪斯科音乐扭动着身体。当时风靡全球的迪斯科音乐和舞蹈在这部电影里得到充分展示，屈伏塔的着装也成了迪斯科时代的摩登时尚。这种风格的音乐和服装在 20 世纪 80 年代也传入了我国，潮流青年们也都穿着大喇叭腿的裤子上街，还引起过不小的反响。

中国早期的电影也有类似的现象，如 1957 年拍摄的电影《海魂》，演员赵丹身穿的蓝白相间横条纹"海魂衫"广泛流传开。原来海军们穿的"水手衫"在英雄气概的推动下，受到广大男青年的追捧。

影视服饰中还有一部分是通过特定的历史背景和故事对当时的服饰情景加以再现。在欧美国家的历史题材影视中，我们就能欣赏到不同时期的服饰景象。电影《伊丽莎白》描写的是英国第一个女王的人生历程，在电影中复现了 15 世纪英国宫廷服饰。从款式、色彩、装饰物甚至发色都可以说是当时绘画作品的翻版，这种真实使人身临其境。《莎翁情史》中也把伊丽莎白的服饰表现得非常到位，男性人物的着装也力求

图 6 – 25　《傲慢与偏见》剧照

符合历史的真实。这一点，欧美国家的电影人对待历史服饰的态度非常认真，即便是一些小成本的电视剧也丝毫不马虎、不杜撰、不戏说。在 1995 年英国 BBC 拍摄的《傲慢与偏见》中，真实再现了新古典主义时期的服饰。女主角伊丽莎白及其姊妹的服装大多是浅色棉质的高腰长裙，装饰朴素，非常符合乡村小资产阶级家庭的身份。（见图 6 – 25）她们只有在参加宾利先生的舞会时才会盛装打扮，穿上缎子面料的裙子，戴上简单的配饰。而宾利先生的姐妹们作为上层人士，服装在面料和色彩上一直很华美，帽子上插着羽毛。在这部电视作品中，不仅反映了那个时代的服饰风貌，在不同人物的服饰设计上也照应到了不同的身份和性格。电影《绝代艳后》把路易十五的妻子在宫廷中的奢华生活展示出来，这完全是一部古典时装片。

有一些影视作品，在不同时期原有服饰形式的基础上加以适当的艺术加工，从而更好地体现作品的风格。例如，电视剧《大明宫词》在服饰的样式上基本上遵从了唐朝的款式和妆饰风格。例如，儒裙装和高髻、平髻、牡丹髻等唐代的发式。在细节上并未完全采用唐朝的样式，而是为了演绎浪漫的气氛加以变化，但是同样能够让观众感受到唐代服饰的丰姿。

李少红的另一部电视剧《橘子红了》也是一部充满浪漫主义的爱情悲剧。清末民初服饰特征在剧中比较真实地再现出来。宽大平直的短上衣，下面穿裤子，并在裤子外罩上裙子。二太太作为大城市里的交际花不再穿着旧式的

图 6 - 26　　《橘子红了》剧照

服装，而是穿旗袍烫卷发的时髦装扮。剧中的服饰在历史真实的基础上又被赋予唯美的味道，每一件衣服上的刺绣和装饰都是精雕细刻。（见图 6 - 26）

有一些影视作品在讲述故事的同时，服饰的展示同样是导演要表达的内容。这种作品也可以被称为时装剧。《时尚女魔头》是由普拉达（Prada）冠名的时装电影，影片中的女性角色们全在时尚浪尖上。几乎每一个场景的服饰都会变化，尤其在影片开始时每一个镜头的切换都是不同的女性穿着名牌服装打扮得时髦精致的形象。杂志女主编每天一身的 Prada 从头到脚都好像从 T 台上走下来。这部电影堪称当今高级时装的一次盛宴。

美国电视剧《欲望都市》，写的是都市中四个女性各自的事业和爱情。除了不断发生的精彩故事情节，这部电视剧另外一个吸引人的原因就是引领着纽约风格的服饰。女主角莎拉·杰西卡·帕克被称为"纽约时尚的风向标"，她的着装风格多变，创意十足，经常把便宜的甚至是二手服装穿得就像专卖店里的高级时装。许多女性观众在生活中都模仿莎拉在剧中的穿衣风格。此部电视作品非常成功，后续的电影依然保持了高水准的时尚态度和表现。

时装剧越来越多，对我国影响最大的还是韩国的电视电影。韩国电影唯

美细腻，服饰穿着同样精致含蓄，同时也有独特的风格。如今的电视电影作品数量众多，从制作上越加精良，影视作品中的服饰也成为其质量好坏的评判标准。奥斯卡专门有一项最佳服饰设计奖，可见服饰在影视作品中的重要位置。同时，影视作品中的服饰也会对大众的着装起到引导的作用，偶像的力量不可忽视。我们在观赏影视作品的时候都会有意无意地关注服饰，影视中的服饰对时尚生活的影响是潜移默化的。

第七节　服饰与文艺流派

一、现代文艺流派对服饰的影响

这里所说的文艺流派主要是以 20 世纪以后的现代主义艺术为大背景，在现代主义艺术整体发展过程中不断涌现出的各种流派。这些艺术流派在一定时期内各自发展，每一个流派都有自己鲜明特点，未来主义的科学精神、立体主义的新造型方法、超现实主义的梦幻感觉等。发展如此迅速的艺术流派在艺术史上也是前所未有的，它们给人们带来了丰富多样的艺术体验，完全冲破了传统艺术的写实和崇高的标准。这些具有全新观念的文艺流派从理念到创作方法带来了颠覆性的改变，艺术的新气象很快映射到了服饰上，20 世纪的服饰发展变化的速度也是惊人的。冲破传统的新款式、新廓型、新设计理念使 20 世纪的现代服装色彩斑斓。

（一）未来主义对服饰的影响

未来主义是在现代意识开始逐渐为人们接受的时候出现在意大利的现代主义流派之一，虽然历史短暂但它对现代主义的先锋艺术有着潜移默化的影响，如在它之后的"达达"、至上主义、欧普艺术等都有未来主义的影子。未来主义是现代主义流派中最激进的一个，主要由无政府主义者组成。他们的艺术革命轰轰烈烈，对为人们所广泛接受的历史进行无情地斥责，在一定时期内引起了强烈的反响，其影响涉及文学诗歌、绘画、雕塑、产品设计、建筑、摄影、戏剧表演等艺术形式，甚至还影响到烹饪等生活中的方方面面。未来主义者关注的是 20 世纪的新现象，尤其是在都市生活中发生的激烈变化，强调现代科技带来的动力和机械运动，同时也混合着对那个时代速度的迷恋。在艺术领域，他们公开指责静态的艺术和多年建立起来的传统风格，马里内蒂号召摒弃一切传统艺术，着眼于现代工业都市的繁华生活。同时，未来主义革命对时装设计上的影响也是不可忽视的，在推翻传统意识和艺术的同时，它为时装设计带来了理念上的革新，主要体现在对现代科学发展新现象的关注。

未来主义者们热情讴歌现代科学和机器，迷恋它带来的速度和动力。未来主义从诞生起就明确地表现出对科学关注的态度。马里内蒂提出未来主义的信条，要"歌颂夜晚在强烈灯光下军工厂和普通工厂的机器的轰鸣；歌颂像体操运动员那样跳跃的桥梁和像巨型铁马似的在铁轨上奔驰的圆筒状机车。"① 他对机器生产和发展给予热切的肯定，世界的变化给他们带来了视觉上的冲击和信仰上的支持。未来主义美学的核心理论是从现代科学技术中汲取灵感，捕捉现代生活中的动力和速度。

在未来主义这场具有挑衅性的革命中，时装设计从固执地对机器的热爱中保留了最人性化的部分，并将它逐渐发展，形成了更为关注科技发展的正面作用的设计理念，给时装设计输入了科学精神。未来主义作为现代文艺流派的一支、一场文学艺术领域的革命，仅仅持续了 30 余年，随着马里内蒂在1944 年去世而结束。不过，未来主义的理念和特点保留在了服装设计中，并延续下来，形成了一种特征鲜明的服装设计风格——未来主义服装设计，时至今日依然闪耀在各大时装周的 T 台上。在 20 世纪初的工业社会，即未来主义运动繁荣之时，未来主义者们就对服装进行了革新，可以说拉开了未来主义服装设计的序幕；在 20 世纪 60 年代由工业社会向科技社会转型的时候，未来主义服装设计内容更为广泛；至 21 世纪的科技社会，未来主义服装设计越加前卫。

1. 20 世纪二三十年代迷恋速度与动力的设计

未来主义创立之时正值欧洲第二次工业革命期间，也是科学发明层出不穷的时期。炼钢技术的发明生产出更多的现代机器，电力的发展大大促进了工业生产的效率，内燃机的改善为汽车和飞机制造做好了准备。大都市中呈

---

① ［英］赫伯特·里德著，刘萍君等译：《现代绘画简史》，上海：上海人民美术出版社1979 年版，第 60 页。

现出现代科学和工业生产带来的繁荣景象。未来主义者们在 20 世纪 20 年代和 30 年代将精力集中于赞美现代机器带来的动力学和速度美，并试图以此颠覆传统、改造世界。未来主义者们对服装的设计和改造主要体现在图案和色彩上。

未来主义画家们创造各种新技巧力图达到生动表现速度和动力。与此同时，他们也意识到服装可以通过身体的展现更富表现力，人类的着装形式也可以通过视觉得到真实而积极地改变。在 1912 年，画家巴拉就试验性地在黑色的衣服上画白线条，意图打破视觉上静止的状态，改变服装的外观。随后，他将未来主义动力线绘画方法借鉴到日常服装的设计中。例如，将斜行的线条交织在一起，形成节奏的碰撞；用他所擅长的弧线反复叠加方法表达强烈的运动节奏。狂热而激进的未来主义者

图 6 - 27　未来主义风格汽车和服装

们还创造出许多具有张力的、不规则的几何图形装饰服装，那些旋转着的圆圈、椭圆形和螺旋形，就像加速驶来的机车和旋转着的动力装置一样。这些方法都制造出了咄咄逼人的动力和速度感。（见图 6 - 27）

为了表现动力和速度给人带来的强烈感观，未来主义者在服装的色彩上也做足了文章。1914 年巴拉在《未来主义男装宣言》中写道："要废除缺乏特点的、无用的饰物和令人沮丧的、中性的颜色，我们必须创造未来主义服装，要有灿烂的颜色和动态的线条。"所以热烈的红色、明快的黄色，以及在未来主义者看来一切速度的、愉快的、焰火的色彩，都用在了服装设计中。在强烈的色彩和线条碰撞中，未来主义服装体现了沸腾的工业都市、飞速旋转的机器等科技发展带来的现象。

20 世纪二三十年代未来主义服装的图案和色彩设计，借鉴了不少未来主义绘画的方法，服装设计同该运动一样，都是一曲机器文明的赞歌。动力和速度是未来主义者们对现代科学和工业生产的感受，未来主义服装设计在未来主义者的推动中留下了科学的烙印。但是从第一次世界大战开始，未来主

义服装设计就随同未来主义的各种活动逐渐销声匿迹了。直到 20 世纪 60 年代，科技的飞跃唤醒了未来主义时装设计，那 10 年可以说是未来主义服装设计的年代。世界大战给人类带来了致命的打击和破坏，但军事装备的需求促进了科技的发展，战争中的生产投入也导致了战后的工业繁荣。在战后的十几年中，欧洲的经济快速复苏，电力、钢铁等生产全面繁荣，汽车、铁路等工业在欧洲很多国家迅速发展，成了最有效的交通工具。从苏联人进入太空开始，美苏的太空竞赛也创造了人类科学发展史上的一个重要的历史时刻。此时科学尤其是机器制造业的飞速发展同 20 世纪初的工业革命有着相似的背景，这也为 60 年代未来主义服装设计的再次闪光提供了条件。

2. 20 世纪 60 年代关注航天与机械制造的设计

当然，说到 60 年代的服装设计，就不能不提代表了时代精神和人类伟大科学创造的"宇宙风貌"，它也是 60 年代未来主义服装设计的标志。在颜色上，"宇宙风貌"以象征星际银河的白色系为主，有时添加一些有金属质感的颜色，如金色和银色，这种效果更接近高科技的宇航服。在服装材料的运用中，库雷热和拉巴涅都曾以塑料和金属片作为服装材料进行创作，模仿宇宙飞船的钛金属外壳。此外，巴涅还用铝片设计制作了一系列轰动的裙装。他将圆形和方形铝片串联在一起，这种最简单的几何形构成设计，吸收了至上主义的特点，它是由立体主义和未来主义发展而来的。马列维奇称与其相对应的环境"是由技术，特别是航空技术的最新成就创造的"，其创作基础是"重力、速度和运动方向"。[①] 未来主义服装设计运用这个有一半未来主义"血统"的艺术风格，强化了自身特点的表现，更体现了对科学进步的关注和表达。

这个时代具有代表性的设计师库雷热（Andre Courreges）不仅着眼于太空，还对科技有广泛的兴趣，是一位公认的未来主义服装设计大师。他设计的迷你裙彻底改变了服装形态，精确的剪裁、无装饰的朴素感觉，以及挺括的造型共同创造了简单而有力的剪影效果，犹如未来主义动力学的回响。造型简洁的迷你裙设计还包含了《未来主义男装宣言》中的号召："服装必须简单，最主要的是他们必须持续一段时间，只为鼓励工业的活跃性，以及为我

---

① 王端延著：《静沐西风：西方艺术论说》，北京：人民美术出版社 2003 年版，第 11 页。

们的身体提供持续的、新颖的享受",迷你裙也成功地做到了这一点。

除了对未来主义传统理念的创作,库雷热的各种设计无不包含新的科技元素,在具体的细节设计中,他在服装的缝线边缘添加明线针迹,使服装裁剪的结构线,即每个裁片的接缝处形成凸起的线条。从而形成了对服装的几何分割,这些分割线经过精心地设计,简洁又明显。这是一种精确的机械内在构造方法在服装

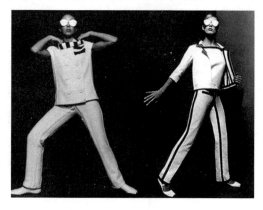

图6-28　库雷热未来主义设计

上的尝试,将现代科学制造巧妙而自然地运用,使服装一下子增添了技术美学的内涵,精致且现代感十足。(见图6-28)库雷热对生活中富有速度感的和动能的相关新事物都很感兴趣。法国赛车俱乐部的淡蓝和白色衬衫是他条纹装束设计的模本;沙滩装的灵感则来自摩托车赛的黑白格旗。他坚信新的材料会革新服装,所以将人造材料用于日常服装制作,用聚乙烯和降落伞的材料做成了雨衣。库雷热的设计总能蕴含着科学技术的新进展,这一点比未来主义者们的视野更为开阔。

60年代的未来主义服装设计更具现代科技的理性与冷静,没有了二三十年代的狂热。它将未来主义关注于科学的理念理解和运用得更为透彻,同时也丰富了未来主义服装设计的形式和内容。

3.21世纪运用高新科技的设计

在20世纪末和21世纪初,未来主义服装设计再次回归。从20世纪末开始,电子信息技术、生物科学技术、量子力学等高新技术日新月异。未来主义服装设计一方面是对传统未来主义的再现,如鲜艳的色彩组合、抽象的几何形装饰等;另一方面则是一贯的对新科学技术的体现。在服装材料上,各种高科技的合成纤维、高弹力织物、特异风格织物都成为未来主义服装设计的一个重要组成部分。超硬、超柔、超滑织物可以创造出各种质感的特殊效果。为了体现神奇的现代科学,未来主义服装变得越加前卫。

20世纪60年代对机械构造的运用还限于服装平面,如今的服装设计开始

在三维空间中进行结构塑造。服装上精确严密的弧线和夹角运用了数学和几何学的原理，服装的整体形态体现了飞机、汽车制造的流线型外观。英国设计师胡赛·查拉杨（Hussein Chalayan）在2007年的设计中，展示了由LED发光管制成的裙子。这也实现了未来主义者巴拉的愿望。（见图6-29）他在20世纪初进行未来主义服装改革时就曾建议"使用小的闪光灯泡的照明装饰"。不过新世纪的设计远比单纯使用灯泡的含义丰富，服装成了电子科技的"代言"，服装发布成为光电效果的动态展演。模特们在未来主义服装发布中被装扮

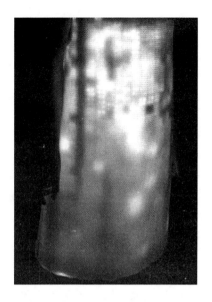

图6-29　查拉杨设计的LED裙子

得犹如机器人一样，无论这是设计师对智能化的支持还是担忧，都表现了科学发展的最新成果。新世纪的未来主义服装设计在各种高科技的影响下，越加前卫甚至有些光怪陆离，不过它还是客观地反映着现实科学的发展状况。未来主义作为文艺运动思潮的时间短暂，很快消失在历史的洪流中，但是未来主义服装设计却一直延续至今。由于它继承了未来主义创立和运动之时对科学的热情，并不断关注人类科学的进步，使它具有紧随时代精神和不断革新的特质。在未来主义服装发展的三个代表性阶段，设计师表现的主题和设计方式各有特色，从二三十年代有些生硬的对速度和动力的狂热表现，到60年代对机械和航天的广泛关注，以及新世纪各种令人惊叹的前卫设计，在未来主义服装设计中，随时都有对时代科学的反映。未来主义运动之时对机械动力和速度的赞美尽管显得有些狭隘，但是它表现科学状况的创作理念对服装设计来说是具有进步意义的。设计师以更理性的观念和方法设计服装，表达了未来主义和未来主义服装设计的现代科学精神。未来主义服装设计使我们认识到，它所关注的是科学发展、关注的是人类进步。这说明服装设计不仅是基于风格和款式的创作，而应具有更广阔的视野和多元的素材，而设计理念是保持服装风格的轴心。未来主义服装设计使人们的着装更为时髦前卫，令科技发展转化成一种文化。

无论是在工业社会还是在科技社会，未来主义服装设计能够延续并在变化中保持统一，一是由于它秉承了未来主义服装设计的方法特点，如几何图形和明快的色彩；二是更为主要的原因就是，它并不以某些服装风格或流行趋势为设计导向，而是将视线和灵感来源集中在现代科学进步上。一如未来主义运动之初所建立的、多年未变的理念。未来主义的真正意义在于"促进了大家对我们时代的典型事物的一种新的感受，如对机械的感受；促进了大家对现代人最切身的事物的感受，如对速度的感受。"① 未来主义服装设计则在此之上，促进了大家对科学脚步的感受。未来主义服装设计尽管随着时代的变迁有所变化，但是对科学的关注是不变的，其设计的灵魂是具有时代特点的科学精神。

（二）立体主义对服饰的影响

有人说立体主义在视觉艺术上的冲击和革命，尤其是其形象在绘画中得以成型的方法于1907—1914年的变化要比文艺复兴来得还大。立体主义的代表人物是毕加索和布拉克（Georges Braque1882—1963），他们的灵感源泉是后印象主义画家塞尚。塞尚把具象的物体几何化，通过圆柱体、圆锥体、正六面体等追求"画面结构"，对形式与空间进行了革新。塞尚把小块的平面相互交织，对线条高度概括，用几何形式探询新的空间关系，消除了逼真的透视空间，这些都给毕加索、布拉克等人以启示，但是他们更想通过这些简洁的形式发现新的绘画语言。分析立体主义就是将绘画空间作为研究目标的。画家打破三维物象，并进行数学分析，把一个物体的不同角度分离开并列放置在一块画布上。画家把现实物体的美感打碎，通过主观的重新组合创造新的绘画现实。所以在立体派绘画中我们还能看到木块、金属、纸片等实物的引入，形成了一个充满想象的复合空间。

1. 几何造型服装的出现

立体主义大师毕加索受到塞尚立体形和非洲原始雕刻的影响，在1907年的《亚威农少女》中完全抛弃了文艺复兴以来的三度空间的传统构图形式，塑造出以非洲艺术为模本的面部形象和几何形状的人体，标志着立体主义的诞生。这一时期也是分析立体主义（Analytical Cubism）时期，画家用几何分

---

① ［德］瓦尔特·赫斯著，宗白华译：《欧洲现代画派画论》，桂林：广西师范大学出版社2002年版，第158页。

析的方法把自然的形体打破分解，并在单一平面上进行主观的重新组合。立体主义画家采用全新的手段，努力寻求在二度空间上表现三度空间的新方法，立体主义将所画的对象分解成几何形色块，并重新组织成造型空间，三维的事物好像平面一样摆在画布上。毕加索在 1909 年的《酒瓶景物》中走得更远了，他开始采用万能的菱形给观众传递信息，以菱形确立形象，但是却很难看懂画面里的单个物体。这是一种彻底革命的形象语言，不用透视写实手法而完成在二度空间中的体积感，毕加索用不同平面的叠置创造出幻觉效果，如 1910 年的《拿曼陀林的少女》，就是一幅纯粹由立方体组成的画面。不论怎样，平面化已经开始崭露头角并逐渐成熟。

立体主义的第二个阶段是综合立体主义（Synthetic Cubism）时期，这个时期不再仅从分析入手，而是利用多种素材组合创造一种主体意念，是一种"概念的艺术"，分析的成分减少，使物象更难辨别。1911 年，布拉克首先在绘画中引入新的对象——字母，其灵感来自咖啡馆玻璃上的字母，除了标示和说明的作用外，它更是一种造型因素。"把字母作为一种现成的非手绘的成分运用到绘画中去是迈出了相当重要的一步。"① 此后，各种物体如报纸、金属逐渐被引入并组成完整的画面，多种素材被放置在一起的创作方法称为"拼贴"（Collage）。只要是有助于画家表现感情，可以选用任何事物加以灵活运用，创造出作者认为美的画作。这种新方法的优势在于，现实生活的片段被完整地搬进了画面，如一根表链，一份报纸的名称，一根木匠的丁字尺，一张名片，从扶手椅垫上垂下的丝带等，画家用观众所熟悉的事物来解释绘画结构。除了各种物体的拼贴，画家还通过在画中添加字给绘画艺术带来新的特性，布拉克认为如果要画一个读报的人，完全可以将报纸剪下来直接贴在画布上，不必再用颜料和画笔精心地绘制虚构形象。这种观点将几百年来训练有素的绘画技能弃置一边，以一种更为直观和自由的新方法进行开拓性的创作。任何作者喜欢的材料都可以拿来按照它们的本来面目使用，画家也可以根据自己对某种事物特征引申含义的认识来表达自己的情感，或者也可以利用随手可得的素材来创造出立体主义纯粹的形式绘画。立体主义重新看待了绘画，使它从高高在上的具有教育意义的贵族欣赏变成一种具有数学分

---

① ［美］约翰·拉塞尔著，陈世怀、常宁生译，张俊焕校：《现代艺术的意义》，南京：江苏美术出版社 1996 年版，第 118 页。

析性的构图方式（尽管毕加索对数学形分析的说法不以为然）。拼贴画给绘画带来了物质特性，画家的绘画材料从画笔和颜料变成各种为世人所熟悉的素材，使绘画创作成了一种朴素而有趣的活动。毕加索用拼贴的方法模仿自己以前的作品，效果一样完整。

2. 几何造型服装的发展

毕加索和布拉克在不同的地方进行着相同的革新，纯粹的绘画概念不仅是一个人的发明，而且是时代发展、现代观念对形象改变的需要。立体主义把自然形体概括为几何形体进行分解，画面上出现的是代表自然物各个角度的几何形。这种大量运用几何形的手法，给时装设计带来了启发。纵观西方服装的发展，古希腊的垂挂式追求的是一种飘逸的感觉，中世纪的服装更多的是宗教意味。而从文艺复兴开始，服装就像绘画的透视法研究一样，立体的空间造型感尤为突出，如男士的方箱型上衣，女士的钟形裙，以及 20 世纪初的"S"形，其造型特征没有发生本质的变化，都是为了显示人体的曲线而进行的夸张和变形。直到立体主义的兴盛，尤其是几何形构图方法的出现，促使了许多新的服装造型的诞生，设计师们开始用新的造型表现不同的形体姿态和形体美。时装革命家布瓦列特就首先摒弃了突出曲线的强制手段，设计出具有柔和曲线的时装，"蹒跚裙"中的一种款式从肩部到袖子都是宽松的，从髋部到脚踝处又逐渐收紧，最终形成一种柔和圆润的倒三角形。此外，挂颈露肩式的上衣也是布瓦列特的创造，简单的尖角形打破了常规，并创造了一种经典的款式，它恰好得益于几何造型。像毕加索常用的万能的菱形一样，让·朗万设计的介于外套和大披风之间的袍装，整体造型就是一个近似的菱形。长方形的时装也是时装设计上的一个新元素，忽略腰部曲线的直身设计使裙子从上到下呈一个长条形，最为简单的几何形为女性表达自身的性格，追求自身认为的美提供了条件。在简单的几何造型时装中更有趋向圆形的茧型装，以及多层重叠穿着的时装，都是受到立体主义几何分解后重构的影响。

当然，立体主义的几何分析给时装设计带来的不仅是造型手段的变化，更是一种观念上的革新。几何形状的时装并非只限于单纯的圆形、三角形或矩形，还体现在更为复杂和多样的剪裁方法上。对于运用几何原理设计时装最为精通的设计师是维奥涅特女士。她把剪裁方法集中于三角形和长方形这类几何形式的造型原理上，创造出了优雅的斜裁服装，这种裁剪方法制做出的服装具有柔和而多变的造型。在此基础上，随着时代发展，几何形状的服装层出不穷，它们已不是某种单纯的几何形状，而具有更为复杂和多层次的造型。无论宽松的还是紧身的，大多依靠裁剪制造的弧线分割、自然曲线和褶皱立体效果形成像分析立体主义一样的重构造型。此外，还有一些设计师在领悟立体主义观念后，对时装进行三维空间上的几何造型，这种设计更加前卫。（见图6-30）在三维立体的时装造型设计中，最为出众的是日本设计师三宅一生和川久保玲，他们让服装变得真正"立体"，如服装局部的球形设计，还有像拉花一样的凸凹有致的造型，以及各种结构形式。这些设计汲取了立体主义的造型方法，通过几何体积使服装真正达到了立体的效果。

立体主义几何造型的新方法给时装设计带来了革新意义，使设计师能够重新看待服装与人体的关系，就像立体主义使人们重新审视绘画一样。立体主义画家从不同角度看待和描绘人们所熟识的物体，设计师们也打

图6-30 立体主义风格时装

开思路用各种或显而易见，或巧妙含蓄的几何造型丰富着时装款式。原来绘画可以以一种纯粹的形式方法来表现自然物体，时装或者说面料也可以设计成各种造型穿着在身体上。丰富的时装造型变幻出多样的穿着效果，几何形时装款式和局部设计，带有游戏性和创造性的突破，带动着时装的发展。

3. 几何服装图案的流行

立体主义打碎了物体的原形，几何碎片成了现代主义绘画中的新元素，这些几何碎片造就了各种纯粹的抽象图案。并且，从立体主义开始，几何图形逐渐成为现代绘画中越来越不可缺少的元素。在立体主义、未来主义、至上主义、抽象主义，以及后来的其他画派中，抽象化图案的表现性和造型功能越来越强大，大量地充斥在人们的视线中，人们逐渐接受并喜欢上这些抽象化的图案，时装设计师们也把它们融入时装中。

立体主义的抽象几何图案引起了不小的震动，尽管画家们创作概念的重点在于对事物的描绘，尽力避免使画作流于装饰性，不过在画面中最为突出和直观的抽象几何图案排列组合所产生的美感成全了时装设计，给众多设计师带来新的概念。线条交织的几何花纹面料不仅在立体主义方兴未艾的二三十年代为人们所喜爱，并且持续不断地花样翻新。20 世纪 20 年代让·巴铎（Jean Patou）的设计在紧随流行款式的同时吸取了立体主义的风格，他在低腰款式的裙装上采取了平行和交叉几何图案，形成了对面料的分割，在同类的设计中显得与众不同。让·朗万 1926 年设计的"巴黎之夜"黑色晚装，后来又被加里亚诺于 1998 年重新以白色系搬上 T 型台，裙子上不同色块拼接的菱形格图案和毕加索在一战期间所作的《丑角》的菱形人物构图有着异曲同工之妙。可见，立体主义对服装面料图案设计潜移默化的影响。

4. 拼贴方法在时装设计中的运用

大约在公元 1913 年，全力支持立体派革命的诗人、评论家阿波利奈尔创作了他的图画诗《曼陀林、小提琴和竹子》，作者给予每个字母不等的空格，并且将单词进行波浪或圆弧形的排序，从而形象地描绘出上述的三种事物。文字具有了图像性，似画又是诗。立体主义画家们更是将这种画作当成指挥和想象的舞台。简单的操作产生了各种复杂的效果。这种绘画方法出现在意大利设计师西亚帕莱利的纺织面料革新上。她将报纸图案印在纺织面料上，正迎合了当时的艺术潮流，且现代感十足，成了至今依然流行的图案。让·库克托的诗歌和图画组合的面料刺绣纹样曾广泛流行，如今各种材料做的装饰拼贴仍不时地出现在各种潮流设计中。并且，在服装上印上或者用各种材质拼贴字母，已然成了一种流行文化现象。想必是受到立体主义在绘画中写字艺术形式遗留的影响，服装上的文字通常都在最醒目的位置，其内容又有调侃的意味，表明了穿着者面对生活的一种态度或情绪。毕加索 1913 年的《吉他》系列是利用布料、绳线、生锈铁钉及织毛线棒针等素材进行创作的。布拉克在《艺术方面的思考和感想》中写道："我在某些素描中所使用的贴纸、仿木纹——以及其他类似的元素——也因为事实的单纯而成功"。画家通过这些素材来达到纯粹的艺术和新造型，为时装设计师们带来了多样化的灵感，媒介可以是多样化的。拼贴艺术增强了视觉感观，非常迎合现代生活节奏需求，艺术作为一种时尚存在并大放光彩。

从立体主义中诞生并发展而来的拼贴艺术运用在如今的时装设计中，让我们被各种材料和色彩包围，体验着多变的搭配。80年代末川久保玲第一次用不同色彩面料重叠拼合在一起，轰动了时装界，如今这种方法已成为一种普遍而鲜明的着装风格。而在新世纪更是掀起了拼贴热潮，巴伦西亚加这个以经典优雅的服装造型而闻名的时装大牌，也采用了浅黄、橘黄与驼色、灰色等中性色的拼贴，如同立体主义画家一样，用不规则的几何形状和线条拼贴出时尚的都市新感觉。在此风潮下，各时装品牌都不甘落后，许多不同色彩和不同材质的面料拼贴出的衣裙、大衣都是炙手可热的时尚单品。（见图6-31）除了服装，拼贴艺术还广泛出现在配饰中，各色拼贴手袋，更是像打翻的调色板。从路易·威登的奢华皮革拼贴拎包到迪奥（Dior）的拼贴靴子，以及那些用皮草、流苏、串珠、蕾丝等进行拼贴加工的牛仔裤，高级时装界的拼贴游戏层出不穷。就如同拼贴艺术一样，这种具有玩乐性质的创作也给时装带来了轻松活泼的艺术气息。拼贴时装因不同的色彩图案搭配给人以新鲜感，又可以用不同的面料和材质营

图6-31　拼贴时装

造出幽默感。而那些经过时装设计师特殊剪裁后拼贴出来的时装，则通常具

有超现实主义的迷幻色彩和强烈的立体感，更适合用"眩目"这样的词来形容。

立体主义是具有创造性的观念艺术，给现代主义艺术带来第一个重大突破。它的各种创作方法在影响人们艺术观的同时，也激发了设计师们的灵感，面料纹样推陈出新，装饰形式和内容越加丰富，极大地丰富了人们的着装形式，这些都成为现代时装重要组成部分。立体主义影响下的时装设计，轻松活泼并具有想象力。几何形带来了千变万化的款式设计，而拼贴设计则像调味品一样在各种时装"大餐"中添加不同的调剂口味。

（三）超现实主义对服饰的影响

"达达"和超现实主义具有传承的关系，达达派作为原始的超现实主义以虚无主义的观念、玩世不恭的态度否定一切。达达派产生于第一次世界大战期间，非人道的战争摧毁了欧洲的旧秩序，随着旧秩序的崩溃，艺术也消沉了。一群对现实感到恐惧、对未来感到绝望的青年逃避了战争，聚集到中立国瑞士，他们不知该如何变革社会，最终以一种虚无主义的思想否定一切，创造出一种不同于战前的艺术，与立体主义、未来主义决裂，创造无目的的、无理性的、不受任何思想和文化束缚的艺术，这就是"达达"艺术。"达达"的主要目的是反艺术，破坏和讽刺一切事物，打破原有的艺术传统，用无意义的、恶作剧式的方法创作。它很快从苏黎世传播到巴黎、纽约。达达派在战后失去了原有的活力，在它解体后以布雷东（Andre Breton, 1896—1966）为首的一群人分离出来，并在巴黎组成了一支新的现代主义流派——超现实主义。超现实主义是一战后产生的一场国际性艺术运动，它的理念和创作与达达派有着紧密的联系。"达达"开创的偶然性和某些怪诞的表现手法是超现实主义产生的根源，弗洛伊德的精神分析学和伯格森的直觉主义是它的理论依据。1924 年布雷东和达达派艺术家阿尔普（Arp 1887—1966）及一些诗人联合发表了《第一号超现实主义宣言》，宣称"超现实主义，纯粹的精神自动主义。"它不受理性的控制，不依赖于美学和道德规范，而是建筑在对梦幻的信仰上。本能和梦幻是超现实主义艺术家创作的源泉，他们否定有意识的头脑，无论写作还是绘画都是自动的。超现实主义美术活动大约有 20 年的时间，在现代主义思潮流派中是较为长久的一个，它在世界范围内都产生了巨大的影响，即便在该运动结束后，一些超现实主义艺术家仍然从事着创作活动。

超现实主义的创作最先是从诗歌开始的，达达派的诗歌创作还是借助于外界报纸上的文字进行随机的拼凑，超现实主义则更侧重于精神自由和无意识。布雷东的诗歌就是在弗洛伊德"自由联想法"的启发下进行的试验，不假思索地将头脑中的意识记录在纸上，创作出缺乏逻辑、难以理解的诗歌。超现实主义绘画追求的也是一种非理性的自由意识效果，主要分两种表现方式，一种强调自动主义，事先没有设计，只是让线条和色彩在画布上自由流动，和诗歌创作的形式相似，属于抽象超现实主义。其代表画家是西班牙的米罗（Joan Miro 1893—1983），他创造了一系列潜意识象征符号，经常使用浓烈而饱满的色彩，将图案不刻意地自由安排在画面中，具有很强的装饰性。米罗的作品最鲜明特点是有着儿童般的纯真和幻想，同时又具有幽默感。

恩斯特（Max Ernst 1891—1976）是从达达派分离出来的超现实主义画家，他在基里柯的基础上创作出更加充满幻想的作品，具有更强烈的视觉和精神上的震撼，神秘、惊慌甚至病态。他的《被夜莺吓坏的两个儿童》可以被视为超现实主义的形象代表。超现实主义画家中最著名的是另一位西班牙画家达利（Salvador Dali 1904—1989），他不同于米罗的抽象表现方法，而是采用写实的绘画语言，创造出奇特怪异的画面，表现非理性的潜意识。他的绘画基于直觉和幻想，伴随夸张变形、重组错位和倒置等形象。他曾说"应该像个狂人那样去作画，让作品从幻觉中涌现出来"。于是许多毫不相关的形象被并置来表现形式的荒诞性，将违反逻辑思维的活动所产生的幻觉形象精确地描绘在画布上，毫无意义甚至混乱疯狂。"达利的每一幅画面都是一出惊心动魄的戏剧。"①

总体来讲，超现实主义是把无意识和偶然作为创作的表现形式，采用荒诞的手法。写实的超现实主义画家用奇特的透视和空间，以及精确的对陌生想象物的复制再现了想象力和梦境，精神的力量使荒诞而陌生的物体和环境形成了新的有生机的世界，形成了新的审美感情。抽象超现实主义画家更依赖于潜意识，非理性的情绪表达促成了抽象的表现形式。不过，不同物体的偶然碰撞是超现实主义的共同创作方法，无论是率真的线条和色彩，还是奇

---

① 吕澎著：《现代绘画：新的形象语言》，济南：山东文艺出版社1997年版，第210页。

特荒诞的真实形象，都是为了表现心灵深处的直觉，并唤起观众的不可思议之感。虽然"达达"和超现实主义看起来荒诞，其实在奇特画面背后，在潜意识之中作者要表现的是对内心深处某些记忆的感触或对社会现实的认识和反映。"达达"和超现实主义冲破了传统的理性和逻辑思维观念，充分肯定了想象力在艺术创作中的作用，也给时装设计展开了更为广阔的创作领域。

超现实主义艺术给时装设计在理念上带来了新的灵感，一些艺术家也参与到时装设计及时尚广告创意中。尽管在时装设计中，无意识和荒诞性不及诗歌绘画等艺术形式强烈，但是具有创造性和想象力的设计打破了时装的常规形式。现代时装在现代主义艺术的渗透中不断革新，但是超现实主义的影响是最强烈、最具突破性的。在超现实主义方兴未艾之时，时装设计界出现了一位吸取了艺术创作灵感的设计师——艾尔萨·夏帕瑞丽（Elsa Schiaparel-li1890—1973）。

1. 夏帕瑞丽的超现实主义时装设计

夏帕瑞丽的设计因具有强烈的超现实主义气息，给人带来不可思议的新时装而被称为"骇人听闻的艾尔萨"。在1936年到1939年间，她的社交和私人生活都和巴黎上流社会及超现实主义者们有着密切的联系。达利就曾和她共同进行创作，著名的鞋形的帽子就是由达利绘制的草图。黑色天鹅绒的高跟鞋鞋尖向前地倒置戴在头上，就像一顶尖帽。与其搭配共同展示的黑色套装上有唇形的扣子和用红唇贴花装饰的口袋。同这顶怪异的帽子一样，唇形的纽扣和口袋把极为现实的事物放在了非常不现实的位置，这个能够随时把手伸进去的暧昧红唇，与款式优雅正统的黑色上衣并置，体

图 6 - 32　夏帕瑞丽超现实主义设计

现了超现实主义反常规的理念。夏帕瑞丽运用超现实主义的方法，把熟悉的

视觉信号进行重新配置，形成一种令人困惑的超现实感。她的时装就像化装舞会一般，改变了人们对服装的常规认识。她于 1937 年设计的灰色上衣的刺绣是基于让·库克托（Jean Cocteau 1889—1963）绘画中一个女人的侧面轮廓而来的。用刺绣和串珠制作的"金发"斜垂在右臂上，腰部则绣上这个虚构女人戴着手镯的胳膊和手，手上抓着一副串珠手套，恰恰正是真正的穿着者在腰部抓着手套的位置。（见图 6 - 32）夏帕瑞丽这种像游戏一样地在服装上进行戏剧化的重置，改变了传统的对女性特质的定义，凸显了她的自我意识。

　　超现实主义要超越现实和理性，注重视觉、感觉和联想，看似不符合现实逻辑的事物都出现在了超现实主义的创作中。夏帕瑞丽就以各种新奇的、令人震惊的想法诠释着她的超现实时装理念。超现实主义创作的一个基本法则——不同功能和形式的物质在偶然中相遇，在她那里得到了广泛的运用。像鸟笼和电话一样的手包、花生形的纽扣、刺绣着脊柱和肋骨的黑色晚装裙……看起来毫无关联的事物被放置在一起，模糊了真实与虚构的边界。此外，她还打破了和女性美相连的温柔甜美。与优雅黑色晚装相搭配的是把指甲装饰成金色爪子的黑色手套，将美丽性感和妖魔的恐惧糅合在一起。诸如此类的还有嵌入各色昆虫的塑料项链等。夏帕瑞丽的设计将瞬间的灵感记录下来，不顾逻辑和理性的指导，但却标新立异，刺激着人们的视觉和心灵。

　　于 1938 年设计的"马戏"系列，充满着假面舞会和狂欢节的自由和顽皮，淡蓝色的小马在粉色丝绸晚装上衣上腾越，并以金属的空中飞人做扣子。在这一系列中还有具有丰富珠片装饰的开口短上衣，上面绣着马戏团里的大象、走钢丝的杂技演员、帐篷和小丑。此外还有反穿套装，扣子、胸针、领结和翻领一应俱全，只是全都在背上。马戏团系列一经推出，首次将时装设计的创造性和传统制作一贯的精细加工融合在一起。在服装本身华丽的效果背后，是设计师情感意识的流露，因为马戏团是一个充满欢乐的地方，人们尽情地欢笑不断地惊呼，浮华喧闹中掩盖了悲伤和忧郁，她大胆而充满想象力的设计，用真实的事物反映着矛盾的情绪。这个系列带给人们的惊喜就和观看马戏表演的感觉非常的相似。夏帕瑞丽和达利共同创作的另一个系列是"眼泪幻想"，从头纱开始，那些像泪滴一样的裂口由薄纱贴花组成，透过褪色的薄纱可以看到里面略带紫色的粉红丝绸。看起来有些触目惊心的"泪滴"表现的不仅仅是撕裂的丝绸，一股悲哀的情绪附着在服装上，是否暗示着受到的伤害和伤心的感受？这个设计给人带来观看超现实主义绘画一样的感观，以反传统的审美理念和大胆的想象创造更加时尚的时装，用简单的策略表达作者意识中的焦虑情绪。

除了"无节制地使用惊人的想象"外，超现实主义画家的作品经常成为夏帕瑞丽的设计灵感。带抽屉的维纳斯变成了带抽屉形口袋的套装。此外，"星象""钱""关心""音乐"等一系列带有梦幻色彩的设计，都为时装界带来了震撼，她富于想象力和创造力的设计在现代主义艺术氛围的影响下，对时装美进行了自我主观的判定，迅速受到女性的追捧。

夏帕瑞丽通过超现实主义时装设计展示着自己的才华，一般来讲，服装体现的是流行、代表的是身份，但是在夏帕瑞丽这里它们都被弱化了，突出的是内心的意识。她在 1938 年推出的香水品牌名为"震撼"，1952 年的最后一个系列叫"震撼的典雅"（The Shocking Elegance），就连自传也叫作《震撼的生活》（Shocking Life）。她动摇了固有的社会主体观念，以一种震撼的效果冲击着设计界、公众和媒体。夏帕瑞丽把超现实主义绘画的精神和现代时装设计结合起来，助推了现代时装设计的步伐。超现实主义正在给不断有新创造的现代时装设计带来了一次飞跃，设计师可以更加自由和大胆地设计，时装在被赋予了充满想象力和创造力的外形的同时，也被注入了更多的个人意识。我们不能忘记这都来自夏帕瑞丽对时装设计的贡献。

2. 超现实主义时装设计的新发展

超现实主义在时装设计界的影响不单是夏帕莱丽一个人，也不仅限于 20 世纪的二三十年代，时至今日，在超现实主义运动热潮消退后，它的创作理念依然活跃在时装设计领域。因为超现实主义者的视觉语言包含了时装的引申含义，时装设计把超现实主义理想融入日常生活中，普通的服装元素和意外事件联系在一起，体现了普通和不寻常、真实和幻想以及服装和艺术之间的关系。超现实主义艺术的革命从更新的角度表明了时尚想法。

著名的帽子设计师菲利普·崔西（Philip Treacy 1967—　）在各大时装周上都给人们带来惊叹，他设计的帽子超乎常理，动物形式、刺状的王冠，变形的条状羽毛等材料令人目不暇接。超越理性，想象和现实事物的完美结合，为他带来了超现实主义设计师的称誉。超现实主义占据了他内心深处对时尚的幻想，瞬间的灵感闪现被记录在造型各异的设计中，从西亚帕莱丽和达利合作设计的惊世骇俗的帽子中引申出了更多的想象。超现实主义不仅在形式上，而且在更为本质的创作思想上获得了成功，超现实主义的理念坚决地植入了时装设计中。设计奇才加里亚诺也曾说过超现实主义是他的灵感来源，超现实主义摄影师伊万达女士让模特装扮成古希腊人的想法曾赋予他创作的灵感。在加里亚诺的设计中，经常以某种民族风格或特定的历史时期为主题，在提炼这些主题特有的真实元素基础上，加以夸张的想象和精妙的组合，创造出了极具个人风格的前卫时装。当我们以超现实主义的创作理念来欣赏加里亚诺的作品时，就能够更好地欣赏那有些怪诞，每一次都让人眼花缭乱的主题梦幻世界。除了设计师，就连意大利时尚评论权威安娜·皮亚杰（Anna Piaggi）女士也是超现实主义着装的忠实爱好者，每一次她都以风格统一但又变化各异的出位造型示人，树立了独特的个人形象。

超现实主义诗歌和绘画在30年代横扫欧洲，超现实主义精神改革了艺术。它依赖灵感而漠视规则，重视个人幻想的自由发挥，而非社会或历史的既定模式。在这种艺术思潮的影响下，服装设计拥有更加广阔的空间，自由奔放，冲破了服装造型和装饰上的条条框框，在艺术造诣上达到更高的层次。越来越多的设计师尝试采用超现实主义的理念进行时装设计，使之成为展示个人时尚精神的重要方法。超现实主义时装尽管不符合理性社会的逻辑规则，但是为设计师们创造了表达内心深处理想和梦境的方式，并且同着装者的心灵产生共鸣。超现实主义时装设计在大胆想象中创造了更为综合多样的时装元素，带来了更为丰富的视觉效果，每件作品都能令人惊讶，这就是超现实主义创作理念带来的体验。

（四）几何抽象主义对服饰的影响

现代主义绘画的发展由具象逐渐走向抽象，对几何形式的审美意味的探索成了现代主义绘画的主流。这种不按现实本身样子来塑造，而是用点、线、面等来表现形象、表达情感和"内在需要"的作品通常被称为抽象主义。抽象主义的始祖是俄国的康定斯基（Wassily Kandinsky 1866—1944）和马列维奇（Kasimir Malevich 1878—1935）。康定斯基在1910年创作了《第一幅水彩抽象画》，标志着一种非具象绘画形式的诞生。康定斯基把绘画的全部内容归结为形式和色彩两大范畴，他认为绘画是要通过各种色彩和形式的规定来反映人们的内在情感。在他看来，"艺术属于精神生活"，重要的是内心的需要，而具体的物象则使观赏者的注意力从纯粹的形式和色彩转向了对物象的辨认上去了。他的第一幅抽象主义绘画作品也正是基于这种观点创作的。康定斯基给各种基本色彩赋予了不同的象征意义。

在《构图二号》中，康定斯基彻底地把具体物象抛弃，他所描绘的骑士和其他人物都被色块和线条图案代替。具体的形象不是表现的重点，关键是要通过色彩、空间和运动反映精神和感情。康定斯基最初的抽象绘画是自由的、"软"的和"热"的，之后在他的绘画中几何结构更加强烈，但他的绘画基本上具有热烈的感情表达和随心所欲的感觉。

相对于"热"抽象而言的"冷"抽象的代表人物是马列维奇。马列维奇创立了至上主义，是最早的纯几何形式的抽象画家。基本的圆形、方形和三角形就是至上主义创作的素材，马列维奇还主张黑白结合，只在白色的底面上画一个黑色正方形，把绘画简化得无以复加。对于抽象主义的表现而言，物象并不重要，符合内心需要的形式才是重点，而立体主义的现实因素阻碍了这些抽象主义画家们纯感情的表现。抽象主义把绘画中的主题、具体物象、空间透视、故事性和文学性统统抛弃，只用简单形式和色彩的强烈的对比激起观赏者的感觉。

把抽象主义发展到顶端的是蒙德里安（Piet Mondrian 1872—1944），他于1917年在荷兰与杜斯堡等人联合发起了几何抽象绘画运动，创立了"风格派"。风格派也讲究造型，但是同立体主义的根本区别就是逐渐完全弃用具象的因素。它们经常以黑线勾画出方形的框子，再用红、黄、蓝等纯色在规划好的平行线和垂直线上进行组合，表现一种抽象韵律。其目的是从不同的事物中抽取出最为抽象的形式，用在越来越抽象的现代生活中，获得共性的特征以表达纯粹的精神。风格派的基本观念认为美是从生活的环境中提取的。蒙德里安在创作树木这一形象时，把与树的本质表现关系不大的具体形式剔除，把杂乱的树枝用直线表示，最终一棵树的具体形象就用抽象的形式表现出来了。蒙德里安在色彩上则喜欢采用三原色进行最简明的创造。纯写实的再现和偏重主观的表达在风格派中都不再是主题，通常是用相互垂直的横纵线条和三原色形成最基本的对比，表达一种"普遍的美"。

在蒙德里安的作品中最广为人知的就是《红黄蓝的构成》，并且由这个形式延续发展下去，在他的晚年时创作了《百老汇爵士乐》。蒙德里安以爵士乐的节奏把繁华的街道和建筑抽象成大小不一的格子，以横竖矩形排列，红、黄、蓝的小方块交替出现，在视觉上产生跳跃的节奏感，让人联想到百老汇欢快的歌声和闪烁的街灯。蒙德里安否定了自然形式在表现上的价值，风格派的绘画让个别服从一般，追求一种对生活本质的表现。

风格派的美学形式在建筑中发挥了巨大的作用，几何因素作为建筑构成的基石，具有很强的造型价值。无论是绘画还是建筑，风格派把与人们生活密切相关的环境用几何的形式表达出来，蒙德里安说："在未来，造型价值的物质体现将代替艺术。那时，我们将不再需要绘画，因为我们将生活在实现的艺术之中。"[①] 而蒙德里安在《红黄蓝的构成中》的纯色造型语言，则被设计师圣·洛朗于 1965 年直接作为时装图案制作成了一款经典的现代时装。这款时装的造型同抽象主义的简洁和一般化的观念相一致，是最基本的直筒裙式样，将服装概念化到极致，搭配上红、黄、蓝色块和黑色线条，在有限的服装面积中展现出所有纷繁服装的本质，简洁明快而富于现代感，它也被命名为"蒙德里安裙"（Mondrian Dress）。

现代主义绘画的抽象造型给人们在审美上树立了抽象表现的形式，单纯化和几何化的图案、款式、色彩和面料共同组成了服装整体，现代时装中出现了越来越成熟的抽象图案。俄国画家康定斯基的"热抽象"也对服装图案设计产生过启发性的推动作用，尤其在 20 世纪 60 年代，那些在服装上出现的并列的线条和翻转的曲线图案在欧普艺术的推动下产生出动感的视觉效果，如同"热抽象"的奇幻感觉。同时代的意大利品牌 Pucci 受立体主义影响设计的彩色丝绸印花图案自诞生之日起历久弥新，至今已成为意大利时尚的一个标志。

抽象美否定了具体情感的内容和限制，纯粹的点、线、面、色已经淡化了含义，那些图案和符号具有了独立的审美意义。无论是圆点、条纹、方格还是把它们和各种几何图案拼合在一起，抑或是更具感情色彩的如音乐般颤动的色块，都给人们带来感性上的认识。它们不像任何现实物体，但是突出的形式同样带来审美的享受，并且不同的想象会带来不同的感受。

---

① 吕澎著：《现代绘画：新的形象语言》，济南：山东文艺出版社 1997 年版，第 169 页。

二、服饰流派的形成与特色

时装发展经过了漫长的历史演变，现代时装的产生也有一个多世纪的时间了。当一种艺术发展充分达到一定高度的时候，就会出现很多独具特色的艺术家和艺术作品。时装设计在 20 世纪的迅速发展中，从各种艺术中汲取灵感，很多设计师都形成了各自鲜明的设计风格。在他们的努力创造下，一些具有固定审美标准和趣味的时装逐渐形成，构成了丰富立体的时装设计流派。

（一）朋克风格

朋克文化自出现之日起，一直对社会持反叛和破坏的态度。在 20 世纪 70 年代形成了"朋克风貌"。朋克运动和朋克音乐相连在一起，朋克青年的着装以黑色皮夹克和牛仔裤以及金属扣，服装上印有怪异的图案、粗俗的文字，鸡冠头、黑眼圈、血红的嘴唇是典型装扮。朋克服装的推动者除了"滚石""性手枪"等摇滚乐队外，设计师也起到了重要的作用。维维安·维斯特伍德就以朋克服饰的设计起家，将街头风格和高级时装相结合，形成了性感的朋克风格。

朋克派的服装自 20 世纪 70 年代兴起后，一直是一股强大的时装潮流，从怪异到性感，铆钉、扣襻、链条、切口、破洞这些具有破坏性的褴褛设计是最基本的朋克元素。在性感叛逆的风格指引下，内衣外穿也是朋克服饰的标志。

朋克服饰经常以一种对传统经典服饰进行嘲弄的姿态出现，引起社会争议是朋克服饰设计的目的，维斯特伍德一直以朋克教母的身份为服饰设计带来一次次的颠覆设计，如今的时尚设计界中，戈尔捷、加里亚诺都能够作为朋克服饰的代言人。如今，朋克服饰风格成为一些年轻人的着装理念，在生活中也能体现出来，如机车夹克，带有朋克风格的 T 恤衫等。朋克风格的着装在一定程度上表明了一个人的时尚追求和态度。

（二）哥特风格

哥特这个词汇原先的意思是西欧的日耳曼部族。在 18 世纪到 19 世纪的建筑文化与书写层面，才将中古世纪的哥特情调复兴出来。从字面上来解释，哥特首先指建筑上的哥特式教堂。另外在文学上用以形容那些以黑暗寂寞地点（如荒废城堡）为背景的奇异、神秘冒险故事。或者是一种相当华丽的字体。但在 20 世纪的最后几年中，这个词频繁出现在艺术和时装上。

哥特艺术夸张、不对称，奇特、轻盈、多装饰，频繁使用纵向延伸的线条。在 12—16 世纪的欧洲服装中也明显体现出哥特建筑的特征。尖尖的安妮帽如同哥特教堂的尖顶，以及不对称的服装色彩源于教堂的彩色玻璃窗。

当今流行的哥特式服装继承了哥特装饰风格，但又有新的发展。哥特风格时装层层叠叠，极其繁复，色彩以黑色为主，其他颜色也以暗色调为主，体现神秘阴沉的气氛。在配饰上也钟爱带有宗教神秘色彩的图形。（见图 6 – 33）

哥特风格随着时尚发展呈现出多样化趋势。除了传统阴郁的哥特风格，还有更偏向女性化风格的唯美的哥特风格，服装上琐碎细节减少，保留大方端庄的款式，仅保留一些缎带或蕾丝装饰。另外一种从日本流行起来的成为洛丽塔哥特风格。顾名思义，具有洛丽塔少女

图 6 – 33　哥特风格服装

般纯真可爱的哥特服饰。服装上以短裙、蓬蓬裙样式为主，颜色主要是黑白，配以花边、缎带和蝴蝶结。在传统哥特服饰的基础上，不同气质的哥特服饰也为时尚界带来多变的设计感。

（三）洛丽塔风格

洛丽塔一词源自俄裔美籍著名作家纳博可夫于 1955 年出版的小说《洛丽塔》，描写了中年男子与 12 岁少女的不伦之恋。主角洛丽塔具有小女孩的纯洁甜美，同时又带有少女的天真性感。洛丽塔服装秉承这种风格，款式上基于起源与 17 世纪贵族间兴起的维多利亚风。以蕾丝花边、缎带、蝴蝶结和束腰设计，展现十足的女性特制，又不失少女的纯真。洛丽塔风格又由不同的气质分为典雅大方的经典洛丽塔；塑造娃娃般的可爱和小女孩的纯真的甜美洛丽塔，多用荷叶边、泡泡袖、蓬蓬裙，并辅以多层次叠加的设计；以及华

丽与诡异相融的哥特洛丽塔。

洛丽塔风格源于文学作品，是近些年流行起来的着装风格，盛行于日本，并且经由日本流行文化的侵染，出现了如哥特洛丽塔的新式风格。在不同的文化和精神内涵的驱动下，洛丽塔风格在影视作品中逐渐流行，并衍生出越来越丰富的风格特征。

（四）波普艺术风格

波谱艺术是一种大众化的通俗艺术，商品化的、便宜的、有趣味的都是波谱艺术的特征。波谱艺术大胆尝试新材料，用新形式进行创造，尤其是将漫画以及众多大众熟识的图案、人物形象进行重复和变换，拉近艺术与大众的距离。

波谱艺术的拼贴手法和批量复制成为时装设计的方法。很多设计师的波谱艺术风格作品就是安迪·沃霍尔艺术作品的翻版。范思哲的设计就是将安迪·沃霍尔著名的波谱绘画《玛丽莲·梦露》的头像印到裙子上。一些生活中常见物品，如罐头、可乐瓶、品牌 LOGO 都可以作为波普服饰的图案装饰。此外，条纹、涡漩纹、格子图案、花朵以及涂鸦文字是另一种波谱风格服装的要素，色彩上对比强烈，常用大量的色块。

图 6 - 34 波普艺术风格服装

波谱艺术风格服饰是一种街头化的大众文化体现，它夸张但不失幽默和趣味。波点、涂鸦、现代艺术作品都是波普风格服饰常用的表现方式。波普风格服饰表达了年轻人对大众文化的青睐，是一种追求自由、时髦的时尚态度。（见图 6 - 34）

（五）欧普艺术风格

欧普艺术是一种视觉艺术，也叫光效应艺术和视幻艺术，是用几何形制造出光效应从而引起视幻效果的艺术形式。欧普艺术形式在装饰艺术和家具设计中产生了重要的影响。

欧普艺术是抽象艺术的更进一步，它力求用一种秩序的手段制造出奇异的视觉效果。欧普艺术的服装设计主要运用了光效应原理，通过几何形和色彩的排列造成视觉的错乱，在有规律的线条图案重复和渐变中造成颤抖、闪烁、跳跃甚至眩晕的视觉效果。品牌埃米利奥·普奇的设计就善于以条纹、格纹、涡漩纹及人字的印花面料制作出具有欧普艺术效果的优雅服装。此外，米索尼、阿玛尼、戈尔捷等品牌和设计是都曾推出过欧普时装。这种边缘艺术产生的震撼效果在服装上带来了新的流行。（见图 6 - 35）

图 6 - 35　欧普艺术风格服装

（六）古典主义风格

古典派是指应用古典艺术的某些特征进行时装设计的流派。古典主义作为一种艺术形式，以合理、单纯、适度、制约、明确、简介和平衡为特征，在服装史中以古希腊、古罗马服装为其风格之源。例如，古希腊的块料型服装。19 世纪初的帝政风格服装是古典派的典型代表。在现代时装设计中，古典主义风格服装有广义和狭义之分：狭义是指继承或较大程度上受到古希腊、古罗马服装风格影响的作品；广义上的古典派则是指任何构思简洁单纯、效果端庄典雅、设计稳定合理的样式。现代的古典主义风格服装大多表现为端庄优雅的礼服设计，露肩长裙色彩典雅，秉承古典主义始终的简单、大方和平衡。

（七）新浪漫主义风格

浪漫主义风格服装强调女性化风格，体现线条。注重装饰，无拘无束，变化丰富并富于情感。而 21 世纪的新浪漫主义体现的是一种全新的浪漫，更多的是放松的心态，随意、自由、热情，同时伴有性感奢华的气息。以优雅古典著称的设计师瓦伦蒂诺也推出了色彩灿烂造型轻盈的浪漫主时装。

新浪漫主义已经不是 19 世纪的浪漫主义，形成了新的浪漫美学。怀旧复古、民族化和异国风情是新的设计法则，追求自然的质感，造型夸张但线条优美，放弃了 19 世纪浪漫主义时期僵化的夸张戏剧效果。世界各地的民族风格，从图案到色彩都是设计师手下的浪漫元素，外加女性化的内涵使毛边、流苏、刺绣、抽褶、荷叶边、蝴蝶结、花结和花饰等成为多样的装饰手段。

女性化、民族风格、田园风情都是新浪漫主义的关键词，多元化的素材创造了更加多元化的浪漫。

（八）极简主义风格

极简主义崇尚简单、自然，起源于绘画在建筑上运用广泛，后来又影响到室内设计、工业设计以及服装设计。极简主义的思想核心"少就是多"使许多作品都已纯粹的简洁形式出现。20 世纪 90 年代是极简主义盛行的时期，时装设计上也以理性、简约的风格为主。

DKNY、CK 等美国设计品牌都是极简主义时装的代表。一般的设计都是做"加法"，也就是在结构设计基础上添加各种设计元素最终形成丰满的设计作品，但是极简主义在设计上通常做"减法"，去除一切可以去除的东西，结构简洁，色彩简洁。但是这种简洁对服装的廓型和比例结构要求更加苛刻，面料和做工都要完美。

极简主义风格的服装通常是色彩单纯的尤其以白色为主的连衣裙，简单的圆领或 U 型 V 型领，线条流畅贴身。即便是西装和风衣都保持基本的款式不变，除了必要的口袋和腰带以外，没有任何多余的装饰，更多的心思在于合体的结构和做工。

极简主义风格服装是现代艺术的附属产物，更是后工业时代的产物。极简主义的设计含量丝毫不亚于其他风格的时装，甚至更能体现高级时装的品质。

（九）东方风格

东方风格是在以西方服饰的基础上融合东方服饰的某些因素形成的服饰风格，在设计中借用东方服饰的造型特点或加入具有感觉的元素。在 20 世纪初，保罗·布瓦烈特就把日本和服以及古希腊、中东服饰特点融合在一起，推出东方风格的作品。

1997 年，约翰·加里亚诺（John Galliano）以 20 世纪 30 年代的中国风格设计了高开衩的旗袍。1998 年他又推出中国军服配以中国旗袍的造型。欧美的设计师纷纷以中国旗袍、日式和服以及牡丹、雏菊、梅花及方块字等富有东方特色的刺绣图作为设计素材。中式小立领、斜襟丝绸上衣、中国红、龙纹刺绣等非常常见。

古老而神秘的东方有中国旗袍、日本和服及印度的沙丽等多种多样的服饰造型，为设计师们提供源源不断的设计灵感。此外，东方服装追求人与大自然的和谐一致，服饰上也追求一种意境美。从款式到装饰方法和西方服饰截然不同，使西方的设计师看到了东方服饰的迷人之处，在设计中使东方风格得到更广阔的展示空间，获得更高的欣赏价值。东方风格的热潮自从席卷欧美时装界后，一路走来使我们看到东方服饰为世界时装带来的震撼，这股东方情调必将成为时装设计中分外迷人的风格。

（十）中性风格

中性化风格服装呈现出不同于传统审美的服饰性别区分，中性表达的就是模糊的性别服装特点。没有明显的性别特征，服装款式甚至配饰都能够男女适用。从最初香奈尔设计的开襟羊毛衫到纪梵希的"吸烟装"，将男女服装性别特征逐渐模糊化，甚至将男装款式特征直接引用到女装上，使服装呈现出男女性别区分弱化的效果。

中性化风格将男装简洁直线条运用到女装上，使女装更加帅气干练。将一些曲线感的肩线和装饰花纹等移植到男装中，显得活泼细腻。中性化服装追求的是无显著性别特征，弱化服装两性角色扮演的作用。这种时装风格不同于男装女性化或女装男性化，而是模糊两性区别，中性化的审美观也是推进服装风格发展的重要原因。

（十一）解构主义风格

解构主义从字面上可理解为分解后再构成。解构主义从结构主义观点引发而来，认为所有的既定界线、概念、范畴都应该被推翻。这种哲学思想最先影响到建筑，与水平、垂直的传统方式相悖，运用偏心、反转、回转等手法创造出具有运动感的建筑形态。

服装中的解构主义同样改变固有的服装结构，如去掉省道，或用不同常规的收省位置形成变形的服装结构造型。从建筑设计中引用过来反转或偏离扭曲的设计方法给传统服装解构带来极大的突破，解构主义服装业具有极强的造型感。（见图 6-36）

解构主义时装设计具有反常规、反对称和反对程式化、秩序化的特点。

可残破、可填充，可以随意扭转边线和省道。在比例、结构甚至色彩肌理上都具有很强的自由度，在设计者不断地探索和穿着者新奇体会中发展着时装的新概念。

（十二）预科生风格

预科生风格多以便于运动的衬衫、T恤、西装外套、夹克衫等款式为主。它源于 20 世纪 50 年代流行于美国的常春藤校园风格。美式复古风格是正装和运动装的混搭。包括偏向于学院风格的西装制服，低调但追求质感的学院制服，还有棒球衫、复古夹克等便于运动的款式。这种风格的服装看似低调，但追求品质，不同于普通的学生制服，以一种更成熟、更严

图 6-36　解构主义风格服装

谨、追求品质的时装化态度呈现在看似简单的服装。青年、略显古板但又有时尚内涵的风格也逐渐成为设计师们喜爱的素材。

第八节　服饰与文艺批评

一、文艺批评的启示与服饰设计

（一）文艺批评的性质与作用

文艺批评是人们在进行文艺鉴赏时对作家作品和文艺现象进行的评价，其实在每个人接触文艺作品的时候大多进行着批评和鉴赏。但是，文艺批评作为一门学科而言，就有其独立的体系了，是一种上升到理论高度的研究。

文艺批评具有客观性和主观性。通过批评者的主观分析，揭示文艺作品的美和不足，而这些评论督促创作者遵从创作规律，更加深入地研究原有佳作并不断创新。文艺批评应该是客观的，具有评判的标准，但是这不等于忽视批评者的主观感情，但是批评者的主观也要符合客观标准，这样才能成为

一门学科，才能作为指导文艺创作实践的标准。

文艺批评的一种形式是发自文艺作品欣赏者或使用者。他们的评论并非专业，主要体现在对作品的接受度上。一个文艺作品是否受大众欢迎，决定了一部分的社会反响。就如一部文学作品是否畅销，一部电影是否受欢迎，一首歌曲是否流行并且能够传唱多时……这种批评是自发性的，也分为不同的人群，在不同的年龄、性别、文化水平、社会背景等条件影响下，同一文艺作品也会出现不同的评价，但是能够真实地反映出文艺作品的创作水准。

另外一种批评形式是比较专业的文艺评论者的批评和评价。主要有两方面的作用。一是总结创作经验，提高创作水平。二是文艺批评工作者可以通过文章表达自己对文艺作品的看法和评价，指出其优劣所在，促进创作和提高创作水平。这种批评表现为报纸、杂志和专业刊物的评论文章，评论者具备较为专业的眼光、客观的标准和自身独特的观点。这种文艺批评形式自古就有，当一种新的文艺形式出现通常会受到旧有观念的阻挠，这时候也需要批评家的支持。比如，"五四"时期的新文学受到强烈批评的时候，鲁迅先生就给予了巨大的肯定和支持。此外，比较专业的评奖活动是一种影响范围更大的文艺批评形式。通过专家团体集体的评论对文艺作品进行等级的评定，并对优秀的作品给予奖励。文艺创作者创作出作品非常关心的是作品的价值能否实现，包括商业价值也包括大众认可度。这种评奖既有专业的评审认定，同时也在一定程度上带动了大众的欣赏趋向。

这也属于文艺批评的作用之一，可以通过文艺批评引导大众选择文艺作品。在众多的文艺作品中，怎样选择优秀的并适合自己的作品是一个问题。这时候，文艺批评就担负着这样的责任。好的文艺批评正确的引导会让受众者事半功倍。文艺批评除了提供文艺作品外，还有指导审美鉴赏的作用。无论对于传承千年古典作品，还是现代前卫作品文艺批评都要进行分析，因为文艺作品通常集中了大量的思想内涵，所以许多人不能清晰地看透作品的内涵，也就不能很好地进行欣赏。文艺批评则可以通过讲述、分析和引导提高人们的鉴赏能力。

对于服装的艺术批评很早就有。李渔在《闲情偶记》演习部中就对戏曲服装设计做出过评论。他认为，戏曲舞蹈的服装过于奢侈，女子的服装应该轻柔，而戏曲服装变得越来越厚重。战服中"纸甲"要用硬布裱在一起，起到保护作用，在戏曲服装中则不需要做成又硬又厚的样子，要轻软柔和随身才好。李渔的这段论述就是对当时戏曲服装的设计提出的问题，这种带有评论性的文章，可以对戏曲服装的改进起到重要的作用。李渔作为一位文人，一位剧作家，同时也作为一名演员，同时又是观众。因而，对戏曲有一定的研究，对戏曲服装也很熟悉，他的评论较为专业，能够起到文艺批评的效果。

（二）文艺批评的标准

文艺批评的标准是一个众说纷纭的问题，有人认为文艺批评不应有标准，有了标准就是加上了条条框框，但是我们纵观各种文艺批评都是按照各自不同的标准进行的。鲁迅先生曾说，或者是美的圈，或者是真实的圈，或者是前进的圈。这说明任何人的批评都有其标准，但是还是应该按照一个能够普遍适用的标准来进行文艺批评。在进行文艺评论时，任何一个圈子里都要避免过窄的圈子，不能在提倡浪漫主义的时候就批评现实主义，对一些非主流的作品不予承认或存有偏见都不是正确的评价标准。

那么文艺批评该不该有标准？回答是肯定的。文艺批评的标准涵盖到生活、思想和艺术层面可以概括为真、善、美。可以说是文艺批评的较为科学的标准。真，首先是指能否真实地反映生活，而在这表面真实的背后，更应该反映一种真实的社会发展状况和真实的社会关系。文艺作品只有真实了才能深刻。有些人将真实理解为逼真地反映事物的形象，但是文艺批评的标准不应该是日常生活中的真实。文艺批评中真的标准，应该是真实反映社会深层现实，通过文艺作品记录社会发展过程的思想潮流。创作态度要真实，创作情感要真实。所以在进行文艺评论的时候考察作品深层次的内涵，而非表面上的形态。

善，指文艺作品的道德观念，是善还是恶。文艺作品中的善与恶不是绝对的，要符合时代和社会背景。善和恶的标准还要看最后的社会效应，一部法制电视如果其中暴力镜头过多，可能会适得其反给社会带来负面影响。所以，善是关系到文艺作品对社会发展作用的重要标准。

文艺批评中另一个重要标准就是美，美与丑是形式上的表现。风景画的美丑通过形式的描绘显而易见，人物的美丑或者称崇高或卑贱也是通过文字描写表现出来的。这里艺术的技巧显得非常重要。作为文艺作品的美要具备几点，包括生动的形象、典型的性格、真切的感情和独创的形式。这几点缺一不可，任何一点不充分都不能称其为非常美的作品。而美是文艺作品重要的标准，因为人们在欣赏文艺作品的时候就是在进行审美活动，在进行美与丑的鉴赏。相信每一个欣赏者都会对每一件作品做出评判，是美还是丑，有多美。这些评判的得出要看作品是不是真实、是不是感人、是不是能够具有独创性而吸引人。

优秀的文艺作品要求真、善、美的统一，要做到这一点并不容易，真实性、思想性和观赏性都要达到一定的高度。很多作品某一点突出，另一点就会弱一些，所以文艺批评就是对作品中的优秀之处加以肯定，对不足之处加以引导和提高。文艺批评对文艺创作水平的提高有很强的指导作用，不同的评论者可以从不同的视角来看待和评判作品，我们需要的就是百家争鸣的环境，促使艺术工作者创作出更多的既能反映真实生活，又具有思想高度和艺术高度的作品。

（三）文艺批评对服饰设计的引导

文艺批评可以泛指对任何文艺作品的评论，有些是文学作品，有些是绘画作品，有些是音乐作品，还可以是电影电视、室内设计、公共建筑、手工制品……方方面面的文艺批评包罗万象。这些评论对服饰设计能起到引导作用吗？

任何艺术都是相通的，艺术的创作丰富精神生活，美化生活环境，增添生活情趣，对任何艺术作品的评价都是在真、善、美的标准下进行的。所以文艺批评的引导作用应该是一致的。并且，服饰设计在技术上专业化，在设计来源上多元化，任何文艺形式都会对设计师产生影响，触发其灵感。服饰设计师应该眼界开阔，对文艺有广泛的了解，这样才能使自己的设计圈更为开阔。

早在"五四"新文化运动的时候，中国出现了一个服装评论的高峰期。受到西方思潮的影响，这一时期的文艺评论颇具百家争鸣之势。出现了《美的人生观》《服装美的基本条件》等作品，《家庭》《玲珑》等成为进行服装评论的媒介。这一时期的服装评论关注点在于探讨衣服和人体的关系及如何产生美，可以说是思想上的突破。"衣服不是为衣服而是与身体拍合一气，然后才是美丽的。"① 是较为突出的观点。此外，对于人的容貌气质对服装选择的影响也是这一时期较为重视的评论内容。"五四"运动带来的新文化和人文观念，改变了中国传统封建社会服装重形式、重礼教的禁锢，从人的角度考量服装美。这一改变可以看到，对于服饰评论出现了"真"的意义。于是，这一时期出现了去除束胸的呼声，改穿西装的主张，以及改良旗袍的流行。1927 年，叶浅予在《良友》上发表《实用的装束美》，以图文并茂的形式阐述着装美，从一到二十五六岁，既不能太俏丽，也不能过于素淡。结合图片画出适合的服装款式和搭配式样。《时报》《申报》在 20 世纪二三十年代也开辟了服饰专栏，除了对时装进行评论，还介绍了流行时尚。例如，《良友》在1929 年发表了《巴黎及纽约春夏时装展览会中几种简单而美观之衣服》，对西方最新潮流进行了报道和简评。

这一时期的服装评论非常丰富多样，介绍了国外的服装，也对国人着装审美及服装功能进行了有效地评述。更为重要的是对服装美和人之间的思考。对服装的"真"和"美"有了崭新的认识，可谓开创了中国时装评论的一个高峰。

中华人民共和国成立后在 1957 年前，也有很多服装评论。《关于男青年的服装问题》《今天的妇女服装问题》等都对当时服装发展做出了评论。还有对服装颜色的讨论，郁风认为在新时代新生活，暗淡的蓝灰显示了人们思想上的顾虑。《中国妇女》《中国青年》也都曾经是发表服装评论的载体。但是此后的服装评论日渐消退，直至改革开放后才复苏。

20 世纪 80 年代的时装评论主要以杂志的形式出现，可以说是一个过渡阶段。20 世纪 90 年代后，多媒体时代到来，极大促进了时装评论的发展。尤其《服装时报》《中国服饰报》等专业性刊物的出版，使时装评论进入蓬勃发展的时期。

如今网络作为新媒体具有传播快、覆盖面广、时效性强的特点。无论是专业时装频道，还是时尚论坛，抑或是时尚博主这样的个人化时装评论信息平台，都具有信息发布迅速，个人观点明确多样的特点。除此以外，网络的参与度极高，转发、评论等方式加速了信息传播，丰富了时装评论的观点，

---

① 张竞生著：《张竞生文集》，广州：广州出版社 1998 年版，第 212 页。

并且可以进行实时交流。尽管庞大的评论良莠不齐，但不可否认网络服饰评论依然秉承着对美的追求、对真的希冀，同时带来了更多前所未有的多样化发展。

从具体的评价来讲，对服饰设计的评论和引导都秉承着"真""善""美"的标准。服饰设计最终是为人服务的，对于在进行服饰设计评论时，这个"真"就要体现在服饰设计成品的时代性和实用性上。服饰设计的灵感来源非常多样，自然景观、艺术作品、文学及影视作品中的人物形象，甚至政治形势都能够促使设计师创作出各种服饰作品。尤其现在的服饰设计在不断创新中也出现了求异的特征，与众不同、独树一帜是一些设计师追求的效果，但是任何服饰设计首先要符合时代的背景情况。尽管在服装界复古和怀旧的气氛一直弥漫，但是不能符合 21 世纪的审美的服饰就不能成为适宜的作品。那些为了求新求怪的服饰作品就不太符合"真"的评价标准，需要评论者加以引导。若干年前曾经流行的松糕鞋就以新奇的样式获得大众的青睐，但是松糕鞋却具有一定的危险性，虽然它没有细高跟鞋穿起来那样不舒服，但是不稳定性却很大。并且，从外形上看也并未见高跟鞋般诱人。因此就有学者对松糕鞋的流行提出看法和评论。此外，作为好的服饰设计，实用性也是一个非常重要的条件。

服饰无所谓善恶对错，但是设计服饰的人就要考虑到作品的社会效应。奇装异服会不会对青少年带来不良影响，穿着过于露骨的衣服走在街上会不会带来不好的社会效应？当时服装设计界或者生活中出现这种不健康或者会对社会带来不稳定因素的服装，文艺批评者就要对其进行必要的评论和引导。时装的流行有其必然的原因，无论是设计者带来的还是大众文化追捧的，但是在这个个性解放，表现自我的时代，对一些不符合社会发展的设计作品就需要进行必要的批评。例如，冰岛女歌手比约克就曾穿着天鹅形态的短裙出现在奥斯卡的红地毯上，白色的天鹅裙式样是很美的，但是从背后绕出来的逼真的天鹅头造型让人看起来很不舒服。这件"惊世骇俗"的作品一经亮相就恶评如潮。在提倡绿色，保护环境保护地球生态的今天，这样一款服饰设计确实有些让人为动物担心。这样的批评就会对设计方向和设计手段有所警示。所以，文艺评论能够使服饰设计更好地丰富美化人们的生活。

美是服饰设计最终的目标，人们着装很重要的一个原因就是为了装饰自己，为了美。服饰的美从具体形式来讲包括款式、色彩、面料三大要素，还包括整体的搭配以及和着装者相搭配的效果。当然，独创性也是评价服饰美的重要准则。服饰设计基本上不包括形式上的真实性，但是典型性是有的。服饰中的经典款式是许多设计的提炼，经久不衰的美是它最大的魅力所在。在具体操作中，也就是设计制作过程中，综合的因素需要精心的考虑，只有把款式、色彩、装饰很好地融合到独创的思维中才能创造出美的设计。

服饰的美与丑还要与着装者相配合，同样的服饰穿在不同的人身上其效果可能会相差很多。所以一些时尚评论员就拿对大家都熟悉的明星"开刀"，谁的打扮很时髦，谁的着装太老土，谁的穿着和本人非常相称，谁的样子很难看。也会有评论者从文化和学术的角度对流行服饰或名人着装进行评价，他们都是用美的眼光来评判服饰的好坏。时装设计师及大众在这些或直白带有娱乐性质的，或含蓄带有欣赏价值的评论中不断提高自身的审美，设计更美的服装，创造更美的着装形象。

二、服饰设计亟须文艺批评

从概念上讲，时装是前沿的服饰，具有一定的时效性。时装的流行，可以由个人穿着或由某一次事件偶发而形成，这属于社会性。尽管有瀑布式（自上而下）、泉水式（自下而上）、浸润式（由中心向四周、由一线向两侧）等区别，但基本上属于群体行为。另一种时装式服装设计师有意推出的，它可能会引起轰动，继而领导服饰新潮流，也可能未激起波澜就悄悄消失了，这一种属于个人行为。无论群体行为还是个人行为，既然成为时装，就是文化的产物。既然能够流行，它必然是顺应了历史的潮流，说明为社会所接受。但是，我们不得不正视的是，流行的时装未必全是好的、全是优秀的和健康的。这就需要有人出来加以评论、提出看法，以便着装者明辨是非，从而明确自己的观念。如何使广大着装者认识时装，这里必须有专业评论，重启发而兼指导，最重要的是给人们以服装知识。

尤其是服装设计推出后，应该有人对此进行客观的评论。所谓客观，应是不讲私情的，不收红包的，只对作品不对人的，是本着对社会、对文化、对艺术，甚至对国家、对民族负责任的原则，认真分析流行的基础于趋势，有哪些进步的意义，哪些时装或者时装的哪一部分是好的，而哪里尚觉欠缺，或是应该摒弃。对某一设计师（也可以是某一设计流派）的作品有建设性的意见，提出个人的一些看法，这不等于干涉设计者，而是对设计师有所帮助的。

抛开具体的时装，我们看一下总体上的艺术。艺术创作队伍中有一些人是专门从事艺术史论研究的，从纵横不同的角度去对艺术思潮、艺术表现方法或是某一艺术作品进行理论分析，其中当然包括批评。批评也当然是善意的，是有利于艺术发展的。这种艺术批评，在十年"文革"期间一直被极"左"思潮笼罩着，动不动就"揪辫子""打棍子"，甚至于无中生有去编排些莫须有的罪名，结果呢？必然是抑制了艺术的正常发展。改革开放以后，党的文艺政策大为宽松，迎来了艺术的春天。这对艺术来说本来是件大好事，可是艺术评论却出现另一种倾向，即"你好我好大家好"。在新闻媒体上，人们看到一味胡吹乱捧的所谓艺术评论文章，这就是大家所熟知的"炒作"。改革开放三十多年后的今天，大家对艺术创作和艺术评论上的"假冒伪劣"已经深恶痛绝，于是有了对真正艺术评论的呼唤，这意味着客观评论的回归。从目前情况来看，人们对一些文学艺术界的大人物，还有影视界的大腕明星开始敢于评论，而不仅仅是吹捧，即敢于提出批评，指出他们的不足，这至少说明了一些"真实"。因为每一个人、每一件作品都不会是十全十美的。分析出创作者和作品的优良与不足，才利于作者本人和艺术水平的总体提高。这种新气象（也是正常的评论现象）正在艺术评论中显现出来，我们为之欢呼。

回到时装流行和时装设计上，我们看到媒体上大都设有相关栏目，对时装的介绍和评述也相当多，几乎充斥了所有包含服饰内容的报刊。《今天流行酷》《如何打扮更漂亮》等文章铺天盖地，可惜好文章不多。能够达到研究水平，或者说真正有学识的文章不多。大多数文章抄来抄去，改头换面，露露名字，赚上稿费。再加上一稿多投，读者看腻了，也就对此不再感兴趣，这是时装理论的悲哀。业内人士对此虽认为不屑一顾，却也无可奈何。

关于时装流行的话题有时敢于说点"狠"话，还不至于得罪什么人。但是对国内设计师作品的评论，显然要严峻得多，说不好会引起设计师不高兴。时装是有生命力的，设计师就是将美奉献给社会。有时装流行，才说明人类文化并不闭塞凝滞。为了使时装健康地流行，为了使中国服装设计走向世界，当然需要理论研究，特别使离不了"净友"——时装评论。

第七章

服饰民族学

第一节　民族学与服饰民族学

一、民族学概念及研究历程

（一）民族学的概念与基本内涵

"民族学"这一词语最初源于古希腊文，由 ´γos（ethnos＜族体民族＞）和 λγos（logos＜科学＞）两字组成，近代英国人将其翻译为"Ethnology"，这便是现代英文中的"民族学"。

民族学是一门以民族为研究对象的学科。它把民族这一族体作为整体进行全面的考察，研究民族的起源、发展以及消亡的过程，研究各族体生产力和生产关系、经济基础及上层建筑。

我们通常所说的民族属于一个比较广泛的范畴，包括最早的氏族、其后的部落以及民族的概念。因此民族学的研究范围非常广阔，一般来讲，除去人类形成阶段的原始群以外都属于民族学的研究范畴。英国的"社会人类学"（Social Anthropology）、美国的"文化人类学"（Cultural Anthropology）和当前合称的"社会文化人类学"（Sociocultural Anthropology），在研究对象和范围上与民族学相近。

民族学作为一门学科是在 19 世纪中叶随着资本主义的发展逐渐兴起的，

经过几十年的发展，民族学在世界不同国家和地区有不同的研究方向和组成部分，主要分为三大类：

一是在美国和英国。首先是美国，因其对传统文化的比较研究较为注重，所以文化人类学较为发达，并将最接近民族学的一门学科叫作文化人类学，或民族学。其次，英国将人类学分为体质人类学、史前考古学和社会人类学三个版块，其民族学家的研究重点在亚、非、拉民族的社会结构。与美、英相同的还有法、荷、比等国。

二是在德国和奥地利。这两个国家的学术体制中，人类学仅仅限于体质人类学，属于生物学的范畴，而研究各民族文化历史的则称为民族学。除了上面提到的美、英、法、荷、比等国外，欧洲的其他国家都属于这种体系。

三是在日本。因为传入时间的不同，日本成为美、英和德、奥两种体系并行的国家，有民族学和文化人类学两个名称。日本民族学的研究重点在于亚洲、非洲和大洋洲的落后民族，其研究重点在于分析民族文化。文化人类学除了研究落后民族外，还涉及现代民族的一些内容。

（二）民族学的研究历程

民族学的建立和发展开始于19世纪中叶西方资本主义发展的"黄金时代"。在这个时期，西方主要的资本主义国家到世界各地找寻他们的原料产地和产品倾销市场，进行殖民统治。因此，对当地各民族的生活状况、习性、经济水平和社会状况的了解成为首要解决的问题，于是"民族学"作为一个独立、专门的学科诞生了。并且，随着殖民经济的发展，这门学科也很快发展起来了。

这期间，一些国家纷纷成立了专门从事民族学研究的组织，如1839年法国成立了"巴黎民族学学会"，1842年美国成立了"美国民族学学会"，1843年英国成立了"伦敦民族学学会"，1869年德国成立了"人类学、民族学和原始社会协会"等机构。这些机构从一开始就不是仅仅停留在理论研究的基础上，而是陆续组织队伍去殖民地和一些边远地区展开调查和科考。在实地调查期间，他们不仅较为深入地研究了原住民的风俗习惯和社会状况，还取得了不少相关的实物以备以后研究所需。自此，实地调查逐渐成为民族学发展中一个不可或缺的重要组成部分。

国别	民族学学会名称	所在地	成立年代
法国	巴黎民族学学会	巴黎	1839 年
美国	美国民族学学会	纽约	1842 年
英国	伦敦民族学学会	伦敦	1843 年
德国	人类学、民族学和原始社会协会	柏林	1869 年
俄国	帝国自然科学人类学民族爱好者学会	莫斯科	1867 年
意大利	意大利人类学民族学会	佛罗伦萨	1871 年

西方对民族学的研究大体经历了三个发展阶段：第一阶段从 19 世纪中叶到 20 世纪初，这一阶段占主导地位的是进化论学派；第二阶段从 19 世纪末到第二次世界大战，这个时期是民族学研究空前繁荣并获得巨大发展的阶段，整个学术界出现了百家争鸣的局面，主要流派有传播学派、历史学派、社会学年刊学派、功能学派、心理学派等；第三阶段是从第二次世界大战至 21 世纪，是西方民族学的大变化时期，出现的学派有结构主义学派、新进化论学派、文化相对论学派、新心理学派、社会生物学学派等。

虽然民族学的发展历程中学派、思潮众多，但除了结构主义学派影响较大外，其他都基本局限在某一国家或某几个民族学者的范围内，而且各人的观点也不一致。这种不统一的现象也正是战后西方民族学的一大特点。

近代西方民族学的变化，是二战后世界局势发生的深刻变化在学术研究中的反映。由于民族运动的深入发展，摆脱殖民统治而独立的国家和民族越来越多，他们反对曾为帝国主义殖民政策服务的民族学家再对他们进行调查，这使西方民族学研究遇到了困难和威胁。因此上述变化正是西方民族学对付危机的应变想法和措施。

民族学在中国的发展开始于"民族"这一词语的出现。

"民族"概念在中国出现最早可以上溯至 19 世纪末。1899 年，近代学者梁启超在他的《东籍月旦》中用了"民族"这个词。光绪末年中国引入了一些英文的民族学著作，但那时被译为"民种学"，同时期从日文翻译过来的同类著作被译为"人种学"。例如，光绪二十九年（1903），林纾与魏易合译德国哈勃兰（Michael Haberlandt）的民族学专著，用的就是《民种学》这个译名。

随着中国近代局势的发展，这个词开始得到了越来越多的人的注意。1901 年辛丑条约的签订使中国陷入了半殖民地半封建社会的尴尬境地，以孙中山为首的资产阶级革命派们作出了一系列推翻帝制和打倒列强的大胆举措，并提出了"民族、民主、民生"的三民主义革命纲领，这使"民族"一词不断出现在各种革命文献中，且深入民心。

1926 年，蔡元培先生在上海《一般》杂志上发表了《说民族学》一文，引起了中国学术界对民族学这一领域的重视。从 20 世纪 30 年代以来，中国学术界出版了许多民族学著作。

1928 年，"中央研究院"成立，蔡元培任院长，设有民族学组，后被扩大为民族学研究所，并出版了刊物《民族学研究所集刊》。自此，民族学这个名称逐渐为人们所接受。

关于民族一词的具体意义，梁启超曾在著作《饮冰室文集》中这样阐述："民族者，民俗沿革所生之结果也。民族最重要之特质有八：（一）其始也同居于一地；（二）其始也同一血统；（三）同其肢体形状；（四）同其语言；（五）同其文字；（六）同其宗教；（七）同其风俗；（八）同其生计。有此八者，则不识不知之间，自与他族日相阂隔，造成一特别之团体固有之性质，以传诸子孙，是之谓民族。"这个民族的概念是从居住地、血统、外形、语言、文字、宗教、风俗、生计等几个不同的侧面来定义民族的概念的。

二、服饰民族学的学术定位

（一）民族丰富服饰文化

与人种的形成与划分不同，民族（nation）是一个历史范畴，是在长期的历史发展中形成的社会统一体，有其发生、发展和消亡的过程。其特质可能包括地域、语言、宗教、外貌特征或共同祖先。与此同时，"主观"特质也格外明显，如人们对其民族性（nationality）和民族文化的认知与感情。

在解析民族内涵的同时，了解语言文字中"民族"的出现和演变过程将对我们深层次理解"民族"一词有着重要的意义。

英语中"nation"的原意并不是民族。葛林费尔德曾经对"nation"这个字在语义学上的演变情形，提供了一个明晰而完整的说明。罗马时代的 nation

指的是一群从同一个地域来的外国人（a group of foreigners）；中世纪的大学兴起以后，nation 变成了有统一意见的社群（a community of opinion）；之后，nation 的意义又和教会委员会（church council）的参与者有了关联，进而有了精英（an elite）的意涵；至 16 世纪初期的英国，nation 的意义又变化为对具有主权之人民（a sovereign people）的指涉；直到其他的国家和人民也用 nation 这个字来指涉他们自己以后，nation 的意义转变为独特之人民（a unique people）。我们认为，民族的基本含义至此时已经形成。

现代英语中，"nation" 不仅指涉中文的"国家"（英文的同义词 state、country、commonwealth），也可以指涉"民族"（英文的同义词 people、tribe、nationality），而当一个"民族"以追求独立自治、建立"国家"为政治目标时，"nation" 亦可以被理解成"国族"或"民族国家"（nation‑state 或 national state）。

由此可知，国家是由有民族情感的人们共同建立的，每一个国家人民生活的方方面面都有其独特的民族性，服饰也不例外。因此，世界上有多少个民族，就有多少丰富的服饰文化，民俗的传承让服饰文化异彩纷呈。

（二）服饰民族学的研究范围与意义

民族传统服饰的形成主要源于民族产生、发展的物质条件及精神趋向。因此，服饰民族学的研究范围主要包括了与该民族服饰形成有关的地理环境、气候条件、传统的生产方式、土特产、生活习俗、审美观念、艺术风格、民族信仰、社会思潮等，以及在此基础上形成的民族服饰文化——独特的造型、色彩、材质、工艺、功能等。

我们早在《人类服饰文化学》中即已谈到，服饰观念与服饰形式，实际上永远是民族的，也就是永远处于某一民族的风俗境界中。服饰是民俗的产物，也是民俗的载体。这就说明了，服饰发展至今，民族是源头，没有多姿多彩的民族发展史，就没有绚烂的、各具特色的服饰文化。

因此，研究服饰民族学的意义除了向人们展示各民族服饰的外在面貌，更重要的是，力求从民族发展的层面深层次阐述民族服饰形成的原因、过程、现状以及将来的发展趋势。用理论和文字清晰地构建出服饰与民族的互动关系，为人们了解民族服饰文化提供一条全新的路径。

第二节　服饰民族学的构成基础

一、种族与民族的形成

（一）种族的形成

种族又称作人种，是在体质形态上具有某些共同遗传特征的人群。大多数人类学家认为，人类种族的形成开始于旧石器时代晚期。当时，随着现代人的出现，已可明显区分为三个基本的种族集团，一般统称"三大人种"：欧罗巴人种、尼格罗人种和蒙古人种。（见图7-1）

图7-1　不同人种的体貌区别

图7-2　欧罗巴人种

欧罗巴人种主要分布在欧洲，发色与肤色较浅，眼睛呈褐色、灰色或天蓝色。体毛浓密，发质柔软，有卷发也有直发。脸庞较窄，鼻梁突出，颧骨不太明显，嘴唇较薄。欧罗巴人种一般分为南、北两支，在各支中还可分为一些不同的类型。（见图7-2）

北支可分为大西洋——波罗的海类型和白海——波罗的海类型。前者身材高大，皮肤白皙，金发碧眼，头、胡须和体毛发达。主要分布在北欧各国以及英、法、德、荷兰等国的北部，多为日耳曼语族，少数为罗曼语族。后者身材略低，色素较沉着，脸型较宽，是由于混有少量蒙古人种的血统所致。主要分布在芬兰、俄罗斯、白俄罗斯和伏尔加河沿岸。

南支有地中海类型和巴尔干——高加索类型。前者身材不高，肤色较暗，眼睛呈褐色或黑色。西班牙人是此类的典型，此外还分布在意大利和法国的南部。葡萄牙人基本上也属于此类，但肤色更暗，这是由于混入了一些尼格罗人血统的缘故。巴尔干——高加索类型与前者的不同之处在于身材较高，鼻梁更高，鼻尖多呈鹰嘴状，肤色多为暗白色。主要分布在巴尔干半岛、高加索地区以及奥地利南部、意大利和希腊北部的一些地区。

在南北支之间还有一个过渡类型，一般称之为中欧类型或阿尔卑斯类型。其肤色、发色和身高等体征都介于南北支之间，分布地域西起莱茵河，东抵伏尔加河之间。北法兰西人、德意志人、瑞士人、奥地利人、捷克人、斯洛伐克人、波兰人及乌克兰西部、白俄罗斯南部和俄罗斯中部的居民多属于此类型。

图 7 - 3　尼格罗人种

尼格罗人种主要分布在非洲。发色深黑，卷曲，体毛较欧罗巴人种少。皮肤为深棕色，眼睛是栗色。鼻翼宽，嘴唇厚，颌部向前微突。（见图 7 - 3）

非洲的民族问题非常复杂，民族数量为世界之最——保守估计有 250 多个，甚至有 2000 个以上的说法。之所以数量上有如此大的差别，是因为大部分民族还处于部族的状态，部族之间的区别不大，既可作为一个部族，也可分为多个部族。

蒙古人种主要分布在亚洲，黑色直发，体毛不发达。黄色皮肤，栗色眼睛。面部扁平，颧骨突出，鼻梁不高，鼻宽中等或较窄，嘴唇厚度适中，内眼角有特别的"内眦褶"遮盖泪腺。美洲的印

图 7 - 4　蒙古人种

第安人在族源和特征上与蒙古人种十分相近，只是"内眦褶"比较少见，鼻梁略高，面部长相没有一般蒙古人种那样典型。（见图 7-4）

在这三大人种之外，还有一种广泛分布在东南亚、澳大利亚和大洋洲的人群。根据他们的体质特征，可以算作第四个基本的种族集团——澳大利亚人种有的学者将澳大利亚人种与尼格罗人种合并为一个大的种族，称为"赤道人种"或"尼格罗—澳大利亚人种"。

属于澳大利亚人种的各个种族，以不同的方式结合各个人种的不同特征。例如，澳大利亚土人的肤色、发色与非洲尼格罗人种相似，但发型和体毛发达程度上则像欧罗巴人种。巴布亚人和美拉尼西亚人在具有澳大利亚人种的许多特征的同时，又长着尼格罗人种那样的卷发。斯里兰卡的维达人的面貌与澳大利亚人种相似，但身材较之矮小，胡须也少，与其相似还有分布在南亚和东南亚的小民族。此外，属于澳大利亚人种的还有马六甲、安达曼和菲律宾一些长着卷发而身材更加矮小的尼格利陀人，以及日本北海道的阿伊努人。阿伊努人的肤色较浅，胡须体毛特别浓厚，并具有蒙古人种的一些特征——面部扁平，有内眦褶。

以上所有种族特征，基本都可以通过遗传基因世代相传。人类学家根据它们在遗传性状上的联系，将其分划为两个地方集团：西方集团和东方集团。

有的学者根据牙齿结构、指纹和血型资料，将尼格罗人种和欧罗巴人种划分为西方集团（大西洋—地中海集团），将澳大利亚人种和蒙古人种归入东方集团（太平洋集团）。有的学者则根据毛发特点和颅骨构造，将欧罗巴人种、尼格罗人种和澳大利亚人种归入西方集团，蒙古人种归入东方集团。

其实，人种并不是伴随人类的产生而产生的，各大人种具有统一的起源，只是大约在旧石器时代末，才开始发生种族分化。这种分化是不同地域的智人人群在开拓新土地的过程中，与各个古人人群混杂过程中逐步产生的。

（二）民族的划分

如果说，人种的划分是根据人类相似的生理特征，那么民族的划分则主要以共同的语言文化与心理素质为依据。

民族（英 Ethnic group 或 Ethnicity）是一群基于历史、文化、语言、宗教、行为、生物特征而与其他有所区别的群体。其"客观"特质包括地域、语言、宗教、外貌特征或共同祖先等，"主观"特质则是人们对其民族性的认知和情感。

广义的"民族"泛指人们在历史上形成的，处于不同历史阶段的各种共同体，如原始民族、古代民族、近代民族、现代民族、原住地民族等，甚至氏族、部落也可以包括在内；或用以指一个国家或一个地区的各民族，如中华民族、美利坚民族等。狭义的"民族"，则指具体的民族，如英吉利人、德意志人、法兰西人、汉族、蒙古族、满族、回族、藏族等。

民族的形成经过了漫长的过程。最初，几个血缘相近的氏族或胞族组成一个部落，而后，部落之间产生联盟，进而发展成为民族。可见，氏族—胞族—部落—部落联盟—民族是民族的发展序列。

定义一个民族之所以成为民族，主要看两方面的基本特征：其一，具备的共同语言、共同地域、共同经济生活、共同心理素质这四个基本特征。每一个基本特征都具有特定的内容，他们之间是相互联系、相互依赖、相互制约的。其二，各民族在政治、经济、文化艺术、语言文字、风俗习惯、宗教信仰、心理素质等方面的特点是在长期的历史发展中形成的，并随着社会的发展，自然环境和生活条件的改变而不断变化。

由于民族形成及民族本身的复杂性，使至今民族划分的统计工作中还存在一些无法解决的问题。例如，世界上同时存在多种类型的人们共同体——民族、部族、部落集团、氏族等，人们对民族含义尚无统一的认识，故未能有统一的统计标准，有些国家和地区尚未进行过人口普查等。1975 年，苏联科学院民族学研究所给出了一份总体性的民族统计材料：世界约有 2000 个大小不同的民族，人口在 1 亿以上的有 7 个——汉族、印度斯坦人、美利坚人、俄罗斯人、孟加拉人、大和人、巴西人，约占全球总人口的 42% 以上。人口在 5000 万～1 亿的有 8 个——德意志人、比哈尔人、意大利人、爪哇人、墨西哥人、泰卢固人、英吉利人、朝鲜族，约占全球人口的 12.5%。全球人口在 5000 万以下，10 万人以上的民族共约 550 余个，其人数合计占总人口的 9.9%。人口较少的民族有的仅百人或几十人，如印度的安达曼族和明戈比族，印度尼西亚的托瓦拉族等。

二、民族服饰的概貌和分类

根据人种特征、地理环境和民族文化的不同，可将世界民族服饰总体划分为欧洲、美洲、非洲、大洋洲和亚洲五个部分，并分别对这五大洲的服饰特征进行总体性的概述。

（一）欧洲民族服饰概貌

欧洲，全称"欧罗巴洲"，位于东半球的西北部，土地面积为1016万平方公里（包括岛屿），约占全球总面积的7%。虽然欧洲是世界第四大洲，但在世界经济、政治、文化、艺术等领域都具有举足轻重的地位。欧洲人口为6.8亿，如果不算近代移民，共有80多个民族，人口上亿的只有俄罗斯人。人口上千万的民族有13个，分别是德意志、意大利、英格兰、法兰西、乌克兰、波兰、西班牙、罗马尼亚、匈牙利、葡萄牙、荷兰、希腊和捷克。

与欧洲南北两个民族体系相似，欧洲的民族服装也大体可以分为南方——贯头式、披覆式和北方——立体式两个派系。（见图7-5）

南方的贯头式、披裹式起源于四千多年前的古希腊、古罗马，主要为在一块布料中心挖个洞套进头的贯头式，如

图7-5　以披覆式为主的古希腊服饰

古希腊的基同、古罗马的帕纽拉和以肩部作支点，把布料披挂在肩上覆盖躯干的披覆式，如古希腊的希玛纯、古罗马的托加。虽然这些服装轻薄透气，特别适合南方地中海气候，但当它们随着古罗马军队远征时便体现出了诸多不便，如不能御寒、不适合作战等。所以，南方的贯头式、披裹式风格对欧洲民族服装演化的影响力并不是很大，仅出现在中世纪僧侣的曼特尔式披风和19世纪短暂的"新古典主义"之中。只有古罗马人的贯头衣——丘尼克延续到后来，与中世纪拜占庭人的服装结合形成达尔玛提卡。之后，达尔玛提卡结构上渐渐趋向合体，先是在腋下收拢，后又将腰部侧缝缝合，与日耳曼

人的合体型服装一道，为近代西方立体型的服装结构奠定了基础。

南方的宽松式服装中，希腊克里特岛的服装却紧裹上身，下身为及地的A字裙。虽然它与欧洲文艺复兴之后的服装很相似，但史学家却发现不了克里特岛服装与后来由紧身胸衣和裙撑构成的欧洲女装之间的因果关系，也就是说，克里特岛服装并不一定对后来强调结构的立体式欧洲服装产生了直接的影响。

相反，对欧洲民族服装发挥主导作用的是北方日德兰半岛一带的服饰。在日德兰岛（今丹麦一带）青铜时代的墓葬中，出土了许多由羊毛织物制成，质地厚实的衣服，其中最值得注意的是，这些衣服的布料被裁剪成与身体各部分相符合的裁片，再缝合在一起。例如，出土于伊格特佛的一套女装，便出现了短上衣和裤子的分体，前后衣片和袖子的分裁，以及在关节部位添加布片以耐磨损等现代服装的特征。至哥特式时期（哥特人为日耳曼人的分支），服装不仅包覆人体，还为了更加合理地包覆人体而出现了省道。至此，欧洲民族服装从平面结构进入了立体结构，注重身体曲线的上衣下裤，上衣下裙或上下连属的连衣裙等成了欧洲民族服装的主流并一直延续至21世纪，立体式服装对整个欧洲服装的形成发挥了根本性影响，也是欧洲民族服装的造型基础。（见图7-6）

图7-6　注重立体剪裁的西欧服饰

需要指出的是，北方的立体式服装因其良好的功能性和美观性在整个欧洲得到认可和普及，以此为基础而形成的"西装"更是随着欧洲经济的强大而渗透进全世界各民族的服装中。所以，近代以来欧洲各民族服装的差异较小，如细节上不同的有西班牙女郎的塔裙，在总体保持上衣下裙结构的同时，裙身添加了断缝和碎褶，融入了当地民族服装的美感；靠近北极圈的驯鹿民族拉普人为了御寒而穿着麂皮大氅；东欧、西欧农妇则着色彩浓郁且装饰繁多的服装。此外，因政治原因而与主流不同的有居住在东南欧的希腊和部分巴尔干半岛的民族，因为该地区历史上曾经被奥斯曼土耳其帝国统治过，所以当地部分保加利亚人和部分希腊人的着装有土耳其化的痕迹。

（二）美洲民族服饰概貌

美洲全称"亚美利加洲"，地理上可分为北美洲、中美洲和南美洲，而原住民只有一种，那就是印第安人。之所以称之为"印第安人"，是因为 15 世纪末，意大利航海家哥伦布发现美洲大陆，误将其认定为印度，后又将美洲的原住民称为"印度人"，进而音译为"印第安人"。

从人种特征上看，印第安人不仅有着"蒙古眼"和凸宽的髋骨，还在眼睛颜色、发色及体毛浓密程度等多方面与亚洲人相同。只是在肤色上存在一些个体差异，如印第安人的肤色从深黄、褐黄到咖啡色不等。因此人类学家断定印第安人属于黄种人，源于两三万年前的亚洲人，是蒙古人种的美洲支系。他们渡过白令海峡去到北美洲后逐渐向南扩散，形成了不同的分支，进而在整个美洲生存繁衍下去。因此，印第安人的民族之分只是印第安人分支的演化结果，并没有本质上的差异。他们勤劳勇敢，在美洲大陆上孕育了著名的玛雅文明、阿兹特克文明和印加文明。

18 世纪起，印第安人单纯平静的生活被大量涌入的移民打破。英、法移民来到北美洲，西班牙、葡萄牙移民去到南美洲。与此同时，他们还将大量的非洲黑人作为奴隶贩卖到这里。20 世纪以来，又有华人、日本人等陆续迁入。不同人种之间的通婚使美洲大陆上的原住民和移民在人种特征上都发生了变化。纯正的人种少之又少；美洲黑人因为混入白种人和黄种人的血缘，在肤色上比非洲黑人略浅。

21 世纪初，美洲大陆上包括混血人种在内的印第安人约有 3000 多万，主要分布在中美洲和南美洲。他们之中的大部分人已经生活在现代文明之中，只有亚马孙河密林里的少数印第安人还过着完全传统的部落、族群生活。

印第安人简单的生活方式体现在服装上就是在南美人著名的"乓乔"。最初，它只是一块披毯，之后人们将其称之为"乓乔"。从服装形态上看，乓乔属于贯头式，结构简单、穿脱方便，主要的变化为大小、形式、材料与装饰的不同。

乓乔内穿衬衣，下着裙或裤，布料以手工纺织为主，每一个印第安女孩在少女时期都要学会纺纱织布，以供一家人穿用。

除了传统服饰"乓乔"，印第安人还有许多极具特色的民族装束，如生活在亚马孙河流域热带雨林中的印第安人只有文身而不着一物，文身不仅十分讲究纹样和纹绘方式，文身的时间也有可能贯穿于整个成长阶段。与日常服装的简单不同，印第安人的礼仪服装可谓色彩丰富、造型奇异。与现代人常在各种媒体中看到的类似，印第安人用羽毛、兽齿、皮毛、树叶等一

图7-7 印第安人服饰

切自然物装饰自己，且大都具有图腾的意义，如北美洲印第安酋长的鹰帽、阿兹特克人的星辰纹样等。（见图7-7）

随着现代文明地融入，大部分印第安人开始穿上西装住进了城市，生活习惯也逐渐西化。印第安人极具特色的民族装束成了一种象征和标志，只出现在一些重要的礼仪场合，如祭祀、婚礼、葬礼等，而不再被所有的印第安人普遍穿着。

（三）非洲民族服饰概貌

非洲全称"阿非利加州"，地理位置位于东半球的东南部，西北部有部分地区以及岛屿伸入西半球，面积约3020万平方公里，人口约74800万，是仅次于亚洲的第二大洲。因为赤道横穿整个非洲大陆，所以非洲为五大洲中最炎热的一个洲，气候也成了非洲民族服装成形的重要因素。

非洲民族服装的分类以地域划分为依据，主要分为北非、西非、东非、南非四个部分。因为气候炎热干燥，所以非洲服装的总体形态以通风透气的贯头式和披裹式为主。

埃及是北非重要的国家，埃及的服装在世界服装史上有着较高的地位。从留存至今的艺术作品中可以看到，早在4000多年以前，埃及人就穿用围系在腰间的胯裙和从肩膀一直覆盖至脚面的丘尼卡。从服装形态来看，前者属于系扎式，后者属于贯头式。但两者都被后人引以为鼻祖。尤其是丘尼卡的流传大概可以分为两个方向，一支是传至古罗马而成为当地居民的主要内衣，另一支是向周边地区扩散，我们可以从图阿雷格人和摩尔人的袍服上看到它

的印迹。

图 7 - 8　马赛人色彩鲜艳的巨大披肩

在西非，贯头式的长袍是民族服饰中的主角。例如，居住在尼日利亚和喀麦隆的豪萨人便穿着一种叫"布布"的长袍，它是典型的贯头式，在长约两个身长的布料中心开口让头穿出，其余的布幅覆盖身体。

在东非的民族服装中，披裹式的形制占据了主流。色彩鲜艳的巨大披肩是马赛人和索托人的日常服装，在身上斜向缠裹的大幅布块是阿肯人出门的必备衣物。（见图 7 - 8）

南非的民族服装形制比较原始，人们喜欢在裸露的身体上系挂各种天然配饰，饰重于衣。以祖鲁人和俾格米人的装束为例，他们的服装以系扎式和佩戴式为主。前者在身体的某些部位如腰、颈、腕、腿等围系绳、线等，后者则是在身体局部遮覆天然或加工过的片状物，如树叶、布条等。

（四）大洋洲民族服饰概貌

大洋洲位于太平洋西南部和南部、赤道南北的广大海域，总面积约 897 万平方公里，人口约 2900 万，是世界上面积最小、人口最少的一个洲。人类学家通过对大洋洲原住民人种体质特征、种族类型、居民文化特点和地理分布等多方面因素的分析，将其区分为澳大利亚人、美拉尼西亚人、玻利尼西亚人和密克罗尼西亚人。

目前，大洋洲澳大利亚人种的原住民仅有 16 万人，而且其中约有一半已经混入了欧洲白人的血统。血统比较纯正的澳大利亚原住民大多生活在大洋洲中部、西部和北部一些偏远的荒漠地区。他们的主要特征是，皮肤黑，身材修长，鼻翼较宽，嘴唇较厚，胡须浓密，头发为黑色且呈波纹状。

与南非的民族服装形制类似，澳大利亚原住民的服装也是以扎系式和佩戴式为主。他们在腰部系上色彩鲜艳的围腰布，或是围以袋鼠皮，再在颈间、胸前或腰腿处佩挂着形式丰富且有图腾意义的配饰。虽然这些服饰的穿脱已经十分便捷，但澳大利亚原住民似乎不喜欢穿衣服，而更愿意在身体上绘制各种民族纹样。他们在黑色的皮肤上涂以白色的齑粉，甚至涂抹泥浆，以求与自然融为一体。有一种说法是防晒防虫，更确切的说法是有巫术意义。(见图7－9)

图7－9　在身上涂抹齑粉的巴布亚新几内亚少数民族

大洋洲的美拉尼西亚人口有500多万，主要分布在巴布亚新几内亚、所罗门群岛、新喀里多尼亚和斐济等国。人种特征中与澳大利亚人种类似的有：鼻翼宽大，颌部突出，深褐色皮肤；不同的是身材略矮，胡须和体毛较稀疏。其中最明显的区别是头发：澳大利亚人呈波纹状，而美拉尼西亚人为卷曲状。

挖掘棒和石斧是美拉尼西亚人常用的农具，他们善于造船、制陶和捶制树皮布。无论是日常生活还是礼仪、祭祀，美拉尼西亚人都很少穿着衣服、鞋子。他们在赤裸的身上佩戴琳琅满目的饰品——兽齿、羽毛、贝壳、竹木、鲜花项链、冠、鼻棍、头梳、手镯、脚环、腰带等，为的是美化自己，吸引异性或相信某件配饰或组合而成的图案具有保护自己和部族的神力。例如，所罗门群岛上的美拉尼西亚人就常常在腰间系着一条挂着阴茎袋的腰带，并用树叶装饰这种强调生殖能力的袋子。

毛利人、汤加人、夏威夷人、塔希提人和其他岛民是大洋洲上玻利尼西亚人的主要族群，人口100多万，体质特征介于蒙古人种与赤道人种之间——脸型宽且呈椭圆形，鼻梁较高，鼻翼略宽，嘴唇不太厚，颌部微突，肤色为浅棕或略带黄色，胡须体毛适中，身材高大。(见图7－10)

在玻利尼西亚人的服装中，草裙是最具特色的民族服饰，男女皆可穿着。与草裙搭配的是挂在胸前的鲜花花环和热情的音乐，如此具有民族特色的装束将玻利尼西亚人奔放的性格展现得淋漓尽致。喜欢穿着草裙的玻利尼西亚

图7-10　澳大利亚毛利人

人还擅长编织和雕刻，并且能用植物的枝叶在布料上染出他们钟爱的色彩与纹样。

4000多年前，密克罗尼西亚人的祖先从东南亚迁徙至大洋洲，繁衍至今已有20多万人，其中包括查莫罗人、瑙鲁人和加罗林人等。他们主要以热带农业和渔业为生，擅长使用石器和贝制工具。密克罗尼西亚人的服饰以围裹式为主，男子围腰，女子穿着短裙。除此之外，他们还有在耳垂和鼻中隔上穿孔以插戴鲜花和贝饰，将牙齿染色和嚼槟榔等生活习俗。

（五）亚洲民族服饰概貌

亚洲，世界第一大洲，面积4400万平方公里，人口35.13亿多。它不仅有着悠久的历史文明——华夏文明、印度文明、古巴比伦文明，深厚的宗教文化——佛教、伊斯兰教、基督教，还有着多姿多彩的民族风情。

亚洲有1000多个民族，人种结构复杂，主要包括东亚和东南亚的蒙古人种，西亚和印度次大陆的欧罗巴人种，阿拉伯半岛沿海地区和印度南部一带的马来人种，还有东南亚居民中仍可见到的维达人种、美拉尼西亚人种、尼格利陀人种以及蒙古人种与澳大利亚人种的混合型人种。历史、宗教、民族及种族的复杂，使亚洲各民族在社会生活的方方面面都存在巨大的差异。而正是这种差异赋予了亚洲民族服装鲜明的地域特色。

亚洲民族服装分类的重要依据是地理位置，主要包括东亚、东南亚、南亚、西亚、中亚等地域风格。

中国是东亚最重要的国家之一，历史悠久，民族众多。汉族作为最主要、人口最多的民族，其服饰文化可谓源远流长。在古代，汉族人的服饰在儒家思想影响下，呈现出儒雅、谦逊、沉静的文人气质，"上衣下裳""上下连属"是汉族服装中重要的形制。日本的和服、韩国的高腰襦裙都是在此影响下而逐渐形成的。

中国少数民族服装可谓异彩纷呈，总体上可将其划分为精致细腻的南方少数民族风格和粗犷奔放的北方少数民族风格。

南方少数民族大多依水而生，因此仅各种裙类就足以令人眼花缭乱——长裙、短裙、筒裙、喇叭裙、百褶裙、裤裙……布料的再加工工艺就更是精益求精——刺绣、缂丝、蜡染、扎染、手绘……总之，与湿润秀气的南方山水一样，南方少数民族服饰也透露出清澈隽永的艺术灵气。

北方少数民族因为地处严寒，风沙较大，而多着藏袍、蒙袍、马褂、皮袄、狐皮帽等，无一不显示出北方少数民族服装的豪迈气质。

同在东亚地区的日本人和朝鲜半岛民族，历史上长期追随汉文化，因此民族服装的形成与发展也深受中国传统服饰的影响。例如，日本和服脱胎于中国汉代的"深衣"；朝鲜半岛的高腰襦裙与唐代的"襦裙装"十分相似。此外，从服装结构来看，东亚服装都属于平面结构；从服装形态上看，也都属于包裹式。这与东方民族崇尚自然、弱化人体第二性征的艺术审美观有着密切的文化联系。

聚居在东南亚地区的越人、寮人、老挝人、缅甸人、克伦人、克钦人、泰人等，与中国境内的壮族、布依族、傣族、景颇族、京族等民族有着密切的种族渊源，因此东南亚地区的民族服装风格整体上与中国南方少数民族服饰风格十分类似——色彩艳丽、注重配饰、凸显人体曲线。例如，无领无袖的上衣与宽腿裤或筒裙便是十分常见的组合。

虽然东南亚各民族与中国少数民族在服装形态上有相似之处，但地理环境的不同，如东南亚各国地处热带和亚热带季风气候地区，山地、湿地、森林较多；宗教文化的相异，如中国少数民族大多信奉种族内的图腾，而东南亚各民族的宗教信仰庞杂得多，使东南亚各民族也有自己独特的民族服装。例如，缅甸男子的包头巾"岗包"，蕴含缅甸民族的历史，是缅甸男子正式礼仪场合的必备服饰品。男女皆着的"笼基"，则是缅甸人传统服饰的典型代表。马来人喜着包覆身体的宽大长袍，一是适应当地炎热的气候；二是马来人多信奉伊斯兰教，大袍裹身是宗教律令；三是实用，大袍在生活中集合了服装、摇篮、兜袋等多种功能；四是表达了马来人的审美喜好，大袍上的纹样极富海岛风情与韵味。因此马来人的大袍可谓一物多用，审美价值与实用价值高度统一。菲律宾的国服"特尔诺"也有这样的特征。

图7-11 印度纱丽

缠裹式是南亚地区典型的服装形态，以印度和斯里兰卡的纱丽最为著名。纱丽是一种用布块将身体缠裹起来的独特服饰。它没有固定的结构，只有各种缠裹方式，产生的立体效果不尽相同，美感因人而异。在南亚的大部分地区，各阶层的人们皆穿纱丽，无论是劳动妇女简洁朴素的纱丽，还是上流社会女性富丽华美的纱丽，都具有很高的审美价值，诠释着古老神秘的印度文明。（见图7-11）

生活在南亚山区的尼泊尔、不丹等民族，与中国的藏族在族源上很相近，他们有着相似的地理环境和气候条件，有着相互影响的宗教文化和宗教往来。因此，尼泊尔、不丹等民族也以披裹式的藏袍为主，穿着和使用方式与藏族类似，白天当衣服，晚上当被子。

西亚又称西南亚，是联系亚、欧、非三大洲和沟通大西洋、印度洋的枢纽，地理位置十分重要。阿拉伯族是西亚人口最多、分布最广的民族。他们不仅拥有独特的语言和宗教文化，还拥有在文学、医学、历史学、数学、建筑学、天文、艺术等方面都取得令人瞩目成就的巴比伦文明，对世界文化产生了深远的影响。

传统的阿拉伯服装为白色长衫，粗毛呢斗篷，下装一般是各式各样的灯笼裤，戴白色或方格布的盖头，有时缠头。大部分妇女都戴面纱，这是伊斯兰教教义的规定。因宗教文化相同，西亚各国阿拉伯人的服装形式大体一致，但又因各国民族风情和习俗的不同而有些许差异。伊朗妇女喜欢用鲜花装饰和自然鲜艳的服饰色彩；土耳其女孩的嫁衣极为华丽，装饰精美繁复，图案题材多与宗教教派有关。游牧的阿拉伯贝都因人喜用金色镶边，红色、蓝色、绿色也是他们常用的色彩。

世界各民族服饰无论是形态、结构，还是工艺、色彩，均各显其美，独具风采，不仅是本民族生活条件、文化习俗等方面的直接体现，也是民族审美心理的表达和文化符号的传递。

三、民族服饰的社会功能

"功能是人的自然属性和社会属性的体现，是协调主客体相互关系的社会基础。功能引导着作为特殊自然力的文化创造，决定着宗教、民俗、艺术的生灭盛衰的转化。"[1] 服饰作为自然环境和社会文化环境综合作用的产物，记录着民族生活的点滴，传承着民族精神的内涵。无论是保暖纳凉的日常功用，还是驱邪祈福的信仰寄托，都体现在每一种民族服饰的细节中。

通过对大量民族服饰实物及资料的分类整理，概括出民族服饰的几个主要社会功能，有必要对其进行理论分析和实物佐证。

（一）保护功能

服饰对人体的保护功能主要体现在抵御侵害、保暖纳凉等方面。

在世界民族服饰中，因纽特人厚实的皮草服装可谓具备很强的保护与御寒功能。因纽特人是北极地区的原住民，属于蒙古人种北极类型。他们主要分布在从西伯利亚、阿拉斯加到格陵兰的北极圈内外。因生活在极寒地区，因纽特人的主要生活、生产资料都来源于狩猎。他们以肉为食，被皮当衣，用动物的油脂当燃料，把动物的骨头牙齿等制成工具和武器。（见图7-12）

图7-12　与因纽特人同生活在北极圈的涅涅茨人

因纽特男子在狩猎后，总是

---

① 陶思炎.《中国鱼文化》，北京：中国华侨出版公司1990年版，第14页。

喜欢将猎物的毛皮穿在自己身上。款式上并不太讲究，但要遮挡得严严实实，其所用的材料却是世界其他地区稀有的海象皮、海豹皮和驯鹿皮等。除了厚重的服装外，因纽特人在外出时还得佩戴木质的防护镜以遮挡积雪的反光。美国作家罗伯特·路威的《文明与野蛮》中便记录着一个欧洲的绅士因拒绝戴这种古怪的眼镜而只能躲在屋里的事情。

在为了抵御严寒而不得不钻进"笨重"皮衣里的同时，因纽特人也设法为自己的服装增添一些亮点。例如，日常外套上用不同的皮毛来做拼接，兜帽和下摆用较为明亮的颜色相互呼应；猎手穿着的驯鹿皮衣的下摆精心修剪出的流苏。此外，女装中的配饰也大多兼具保暖性和美观性：绣满了色彩浓艳且变化多端的几何图案的披肩领，长裤与皮靴之间或刺绣或编织的彩色护膝等。

与因纽特人御寒服装类似的还有北美印第安人的皮质大袄。这种皮质大袄是将猎物的毛皮去脂、敲打、揉搓甚至经过咀嚼等软化处理后制成的冬装，是北美印第安人冬季御寒的上品。中国居住在云南高寒山区的纳西族妇女穿着百褶裙、七星羊皮披肩，也是为了使腰部及背部在高寒山区的严寒气候下得到很好的保暖。

黔滇地区因地处云贵高原，日照充足，太阳辐射强烈，聚居于此的部分苗族人有包头帕的习惯。头帕种类丰富，材料多样，其功能在夏季表现为防晒，在冬季表现为保暖。同样是为了防晒，海南岛上充足的阳光使苗族男女服饰多长袖，以遮蔽烈日下的手臂不被灼伤。同时，为保护面部免受阳光伤害，苗族女子包挑花头帕，戴有花饰的尖角头帕，或覆盖顶部留有圆洞的巾帽。巾帽的后面还多出一块搭片，以保护脖子。男子则包青布头巾，以达到遮蔽阳光的作用。虽然海南岛年平均气温较高，但四周临海使昼夜温差大，天冷时，当地苗族人以裹绑腿的形式，维持腿部体温。

山林民族的人们在林中作业时，常常受到木刺石剐的伤害，为了保护身体，人们将最容易受伤的腿脚或手腕用特制的"绑腿""护腕"包覆起来，这种服俗至今依然可见。例如，中国独龙族用竹片制成的护腿，彝族、拉祜族的绑腿等。后来，这种具备保护功能的服饰又被运用到了军装中，成为部队远行的重要装备之一。

生活在部分山区的苗族人，仅靠耕种无法满足生活需要，必须辅以狩猎。他们穿着从大自然采集来的自然染料染出的蓝、黑、咖啡色服装在山林间穿梭，不仅保护肢体，还具有较强的隐蔽性，有利于狩猎者的自由活动。

当人们意识到繁衍后代的重要性，进而产生对性的禁忌与崇拜后，便开始了对生殖器的遮掩和保护。中国少数民族怒族的"遮羞板"便是对生殖器起到保护作用的服饰品。生活在美拉尼西亚群岛上的男人衣服可以不穿或少穿，但红色腰带下垂挂着的红底蓝点的腰布不能少，这是一种非常古老而普遍的

图7-13　美拉尼西亚群岛上的瓦努阿图人

为了保护生殖器而产生的服饰形式，在不少文明部落中也都出现过，如古代埃及的缠腰布和古代中国的"裓"。澳大利亚原住民的着装虽然简单，但兜裆布却是必须穿用的服装，其立意不在遮羞而在于对男性生殖器的保护。（见图7-13）

除了对人体的保护外，还有一些服饰品是穿套在日常衣服的外边或用纺织品、皮革等对某些部位进行加固，防止劳作而产生的部件损坏。如以渔猎为生的北欧少数民族在常穿的达夫尔外套的肩部加缝了一块粗纺呢，防止因肩部磨损而废弃整件衣服。北美印第安人在建造用来采伐、狩猎和耕作的独木舟时，穿着一种有护肩的长外衣，与腰带、长裤搭配，并随身携带匕首、铲刀等工具。西部美利坚人常穿的牛仔套装中，有一种不常见到的牛仔套裤——为保护牛仔裤而套在腿上，并在腰部用皮带连接两条裤腿的皮革制无裆裤。

（二）识别功能

识别功能是民族服饰的重要作用之一，大至区分民族，划分民族内部支系，小到标示民族个体的性别、身份、婚嫁状况等。

1. 区分不同民族

民族服饰通常被视作一个民族十分重要的外在标识，具有辨族别异的族徽功能，体现并强化着族群内部的认同及与他族的区分。古代汉族服饰的主要标识为右衽，发型为束发，而西北少数民族地区大多为左衽、散发或编发。《礼记·王制》载："东方曰夷，被发文身"；"南方曰蛮，雕题交趾"；"西方曰戎，被发衣皮"；"北方曰狄，衣羽毛穴居"，这是当时对非华夏正宗服饰的少数民族服饰的概述。

川滇之间的泸沽湖畔，共同居住着纳西族与彝族。纳西族男子头戴毡帽，身穿白色短衣长裤，妇女用黑布打包头或戴牦牛尾的假发，穿红、蓝、紫色右襟短衣，系浅蓝和白衬里的双层褶裙。彝族男子头扎英雄结，身披"擦尔瓦"，妇女衣裙以黑色为主，镶以秀美的花边，头顶布帕，下穿三截彩色长裙。服饰使他们的民族属性一目了然。

在云南少数民族中，裙盛行于傣族、景颇族、德昂族、苗族、彝族、佤族、布朗族、傈僳族、普米族、怒族等，虽然它是女性常穿的服饰，但不同民族的裙有其鲜明的、便于识别的特征。傣族筒裙花色鲜艳，一般长及脚面。佤族的筒裙有长短两种，长得可以及踝，短的仅长过膝盖；布朗族的筒裙多为黑、红色，穿着时还在小腿上绑护腿。德昂族妇女穿连身筒裙，上遮乳房、下及小腿。景颇族妇女的筒裙多用羊毛线织成，黑底较常见，也有红底，上面再用红、绿、黄、蓝、紫色毛线织出瓜果种子、草木花朵等精致图案。

云南侬人（居住在广西和云南文山、红河的壮族支系）妇女以红、黑相间的方格土布包头，末端分别裹成筒形突出于包头两侧，形成凸出的两支"角"，这种形如牛角的头饰使壮族还被冠以"花角蛮"的称呼。回族人民喜戴白色帽子，即使民族混居，也很容易分辨出来。维吾尔族人的各式花帽让他们在翩翩起舞时格外俏皮。蒙古族男子在参加民族重要集会时常穿蒙古袍，其特点是身宽袖长、高领、右衽，多数地区下端不开衩。冬天防寒护膝，夏天防蚊虫叮咬、遮暴晒，既美观大方，又具有良好的实用功能。居住在福建沿海的惠安女，虽不是少数民族，但其服饰却独具特色。头披鲜艳的花巾，捂住双颊下颌，再戴上黄色的斗笠，上身穿短小的斜襟衫，露出肚脐，下穿阔腿裤，长度在脚踝以上。朝鲜族人喜欢素白色服装，以示清洁、干净、朴素、大方，故朝鲜族自古有"白衣民族"之称，朝鲜族妇女的短衣长裙是朝鲜族民族服饰的一大特色。居住在中国云南的傣族和许多东南亚地区的女性常穿颜色鲜艳的窄袖短衣和筒裙，像一只只"金孔雀"，展示出婀娜多姿的体态。层层叠叠的弗拉明戈舞裙是西班牙女郎的标志，而花格呢褶裙则是苏格兰男子的民族服饰。阿拉伯男性的白色长袍、披头巾和黑色头箍已成为当地居民明显区别于其他民族的显著标志。

2. 划分民族支系

服饰不仅能将不同民族划分开来，还具备在同一民族中区分出支系、性别、年龄、身份等的功能。（见图 7 – 14）

古文献中有许多对同一少数民族的不同支系因服饰特征不同而产生的不同称谓，如"红苗""青苗""花苗""青瑶""白裤瑶""红头瑶""蓝靛瑶""白倮""花倮"等。瑶族中支系的区分表现在服饰上相当细，如：白头瑶、白瑶、白领瑶、白花瑶、白裤瑶、黑瑶、黑花瑶、青瑶、青衣瑶、青裤瑶、青袍瑶、斑衣山子、斑衣瑶、花衣瑶、花脚瑶、花裤瑶、花头瑶、三花瑶、红瑶、红头瑶、黄笼瑶、蓝靛瑶、靛瑶、漆头瑶、绣瑶等。其中，虽然衣服上都有白色，

图 7 – 14　白裤瑶

但白头瑶是其妇女以白线缠头为特点，白裤瑶是以裤子为白色，上绣红道而得名；同样，衣服上都有青色，但青衣瑶的青色在上衣上，而青裤瑶的青色在裤子上。

古代壮族支系从身体绘饰上分为"金齿蛮""黑齿蛮""穿鼻蛮""儋耳蛮""绣面蛮""绣脚蛮"等；从服饰的形制、色彩上分为"长裤蛮""裸形蛮""乌蛮""白蛮"等。至现代，壮族布傣妇女还因头帕包缠样式不同而有搭头布傣和平头布傣之别；布敏支黑衣壮仍穿戴着他们以示与他族区别的黑头帕、黑上衣、黑裤、黑裙，头帕还缠成独特的"飞机型"，故又被人们称为"飞机族"。

中国的德昂族也是依据德昂妇女裙子上的不同变化来区分民族中的三大支系的。德昂族又称为德昂族，花崩龙的妇女裙子上镶有四条白色的带子，白带上又织有红布的装饰；黑崩龙妇女的裙子以黑色为底色，上面又织有几条红色的带子，中间还装饰几个小条的白布；红崩龙妇女的裙子则主要以红色为主。

哈尼族女性传统服饰具有很强的识别功能。哈尼族支系众多，不同支系服饰亦不相同，其中以女性传统服饰区别最为明显。叶车支系头戴白尖布帽，上穿黑色多层衣，不穿胸衣，下穿黑色超短裤，赤足裸脚；爱尼支系头饰复杂，上穿对襟无扣上衣，单带胸兜，下穿百褶短裙，裹绑腿；碧约支系的黑色包头布拖拉至背部，上穿宽松无扣左开襟长尾衣，下着黑色及踝长裙；布都支系上穿黑色短上衣，下穿齐膝短裤和绑腿带，腰束一条长丈余的腰带；白宏支系以短、小、紧著称，上穿对襟黑色短上衣，以袒露肚脐为美，下着黑色小过膝短裤；卡别支系着左开襟衣，衣领和右肩斜向左襟绣有彩线图纹，

图 7 - 15　哈尼族叶车支系

包头正面镶有星图银泡，背面用彩线做成飘带装饰，左右两边缀有一根银链；卡多支系包头为圆盘式镶边戴帽，上衣为左开襟服，下着黑色长裙，前面系围腰，身后披挂由彩色毛线绣成的长条坠饰；阿木支系的服饰由绣花腰带、衣服、绣花围腰、筒裙、头箍、扎头带、彩色头穗、彩色料珠、耳环、银链子十个部分，每部分都装订有银饰品或绣有花鸟鱼虫图案。（见图 7 - 15）

3. 显示性别差异

据考古发掘和古籍记载的服饰来看，人类最初的服饰并无性别的区分，但社会分工及生理需要使差别明朗化，产生出了服饰中的男女之别。例如，从事户外生产的男子由裙、披变为裤、衣；以家庭生活为重点的妇女则沿袭穿裙的习俗，就是男女同穿裙的古代景颇族，也要靠花纹的不同来区别出"雌雄裙"。

　　新疆地区的民族传统服饰在款式、色彩、装饰等方面有着明显的性别区分：男性服饰多用皮毛，适合远行，款式宽松简单，色彩素淡或深沉，装饰讲究实用；女性服饰在选料上多用绸缎，款式多、色彩艳丽、配饰繁复，特别注重装饰性。例如，维吾尔族男性喜戴白花黑底的巴旦木花帽，古朴大方，服装款式以"袷袢"式为主，颜色上多选择墨绿、土黄、棕、蓝、黑等色调。一袭腰巾束身，既紧身适体，又舒畅保暖，出远门时可在腰带上系附各种日常生活小物件，给予骑马远行的维吾尔男人极大的便利。姑娘、妇女们则喜爱用金银线盘绣的花帽，或把金片缀在帽上加以装饰，使花帽繁花似锦、金光闪闪。妇女们还喜欢穿丝绸或毛料裁制的裙装，常见的颜色有红、绿、金黄等。塔塔尔族男女都戴小花帽，男性的花帽多为黑色或墨绿色，前面织绣简单的花纹，而女子的花帽则用紫色、绿色、大红色等艳丽的平绒布制成，帽子前面不仅要绣花，还要镶饰珠子、金、银饰片。

　　蒙古族男性性格刚毅、豪爽，崇尚勇敢和力量，在服饰中也有同样的体现。他们常穿皮袄、单长袍、吊面皮袄等，款式宽松简单，适合户外生产。（见图7-16）色彩多是蓝、深蓝、灰色，装饰讲究实用，如身背叉枪系弹袋，腰袋上系有餐刀、火镰和鼻烟壶，平常还带碗袋，内装银碗或木碗。颈项上佩戴用银或铜制的护身符，脑后梳条长辫，佩戴辫袋。蒙古族男性的服饰整体造型特点充分诠释了广阔草原上雄健豪迈的力量感。与男装相反，女性服饰多用绸缎，款式多样，色彩鲜丽，配饰繁复，特别

图7-16　蒙古族男性

注重装饰性。蒙古族妇女也喜欢穿长袍，但长袍的种类比男性多，有无袖长袍、花袍、妇人服、夹袍等，上面绣有图案，胸前佩戴一对装发袋，戴耳环，左侧挂银制或铜制环佩，颈项上佩戴各色珍珠、琥珀等。特色饰物是"哈布特格"，这是挂在蒙古袍右上襟的一种囊式小饰物，绣有蒙古族妇女喜欢的图案，如美丽的山丹、莲花、飞禽等。着装整体传达出草原女性特有的奔放与

柔美。

　　一般来说，男性服装大都比女性服装朴素些，但生活在斐济的男子普遍比女性更喜爱在身上佩戴饰物，制作饰物的材料也很多，有贝壳、鱼甲、兽牙、鸟羽等。当地男子还喜欢留长发，相反女子结婚后头发却要剪短。

　　新西兰和南太平洋群岛上的毛利人，不论男女都穿着织工精美的毛利裙。一样的质地、款式和几何纹样，主要的区别就是女性会穿类似现代"吊带"或"抹胸"的上衣。

　　游牧在肯尼亚南部和坦桑尼亚北部草原的马赛人的男女发型与大多数民族相反，一般成年男子蓄发并编成小辫，而年轻妇女则剃光头。（见图7－17）

图7－17　马赛族男子

　　4. 标识身份特征

　　几乎在所有的民族内部，服饰都是标识身份的重要工具。在中国封建王朝时期，皇帝、后妃、皇子和各级官员都有属于自己的特定服饰。例如，"冕冠""锦绶"和"梁冠"便是宋代冕服等级的重要标志。九旒冕为亲王、中书门下奉祀所服；七旒冕为九卿奉祀所服；紫檀冕为御史、博士所服；平冕太祝、奉礼所服；平冕，太祝、奉礼所服。北宋元丰改制时对"锦绶"和"梁冠"的具体规定为：貂蝉笼巾七梁冠，配天下乐晕锦绶，为第一等，黄金附蝉。为宰相、亲王、使相、三师、三公所服，同为七梁冠，"杂花晕锦绶，为第二等，枢密使、知枢密院至太子太保服之。"六梁冠，"方胜宜男锦绶，为第三等，左右仆射至龙图、天章、宝文阁直学士服之。"五梁冠，"翠毛锦绶，为第四等，左右散骑常侍至殿中、少府、将作监服之。"四梁冠，"簇四雕锦绶，为第五等，客省使至诸行郎中所服之。"三梁冠，"黄狮子锦绶，为第六等，皇城以下诸司使至诸卫率府率服之。"二梁冠，"方胜练鹊锦绶"，为第七等，"入内、内侍省内东西头供奉官、殿头，三班使臣，陪位京官"服之。①

在少数民族地区，等级地位的区分也通过服饰来进行标识。唐朝时候黑彝和白彝在服饰上的区别主要有两点：一是衣服的颜色，二是衣服的长短。直到 20 世纪 50 年代，它们依然是区分凉山彝族人地位的一个重要标志。一般来讲，地位越高的彝族人所穿的裙子就越长，最长者可以曳地。另外在配饰方面，因为地位高的彝族人也相应会比较富有，因此他们的配饰比起地位低的人要华美、贵重得多，如玛瑙、珊瑚等，而穷人则不装饰或仅仅用线装饰。

根据生活在泸沽湖畔的摩梭人的土司法规定，红、黄两色和绸缎是贵族的专利，地位较低的摩梭人只能穿黑、白、蓝色的衣服，不能服用高贵的红色和黄色，质料仅限于粗麻，衣服上不能有金边装饰，款式上不能穿有领的衣服。在配饰方面，也是根据等级地位佩戴金、银、玉或石头等饰物，如果僭越，轻者没收、罚款，重者监禁、服劳役或是降低等级。过去藏族妇女在佩戴巴珠时有着森严的等级差别：四品以上世袭贵妇人头上戴的巴珠是以珍珠制成，一般为白色，叫"木第巴珠"；一般官员夫人所戴的巴珠是以珊瑚制成，色彩红艳，叫"曲鲁巴珠"；而普通女性所戴巴珠只点缀有少量的珊瑚。

等级观念很强的古埃及人以"腰衣"（Lion Cloth）的质地、长短、加工方法以及颜色的不同来区分人们不同的社会地位。比如，船夫、渔民及其他的水上做工者，其"腰衣"仅是一条比"绳衣"稍宽的束带；屠夫的"腰衣"是一块斜包臀部的布，布的斜角对着两腿间，并用腰带系住；而牧人的则是用布平围臀部，从周围看起来很方正；国王和上流社会人士的"腰衣"

---

① （元）脱脱等撰：《宋史》，北京：中华书局 1977 年版，第 3555 页。

呈三角形，有鲜明的棱角轮廓，上面有褶裥，而且衣料特别精细，有的还饰有金线和宝石。例如，王室以外的其他上流人物穿褶裥呈放射性"腰衣"；功臣受到王室的奖赏，穿水平褶纹的"腰衣"；国王和法老的"腰衣"有白、蓝、黄、绿色相间的装饰，叫"帕纽"（pague）。（见图7-18）

图7-18　古埃及腰衣

5. 表明婚姻状况

民族传统服饰中很多约定俗成的穿着与佩戴方式都与穿着者的婚姻状况有着密切的联系，这种服饰对婚姻状态的标识作用可以说是全世界所共有的。拉德克利夫·布朗在他的人类学经典著作《安达曼岛人》一书中就对安达曼岛人以树叶作为装饰物来区分女性是否婚嫁做如下的描述："妇女的日常服饰与男人不一样，每个成年妇女或女孩都围着至少一条露兜树叶做的腰带，但有一种腰带，已婚妇女要一直围着，未婚姑娘则不能围；另一种腰带是只有未婚姑娘才能围。"①

十月革命前，俄罗斯族未婚姑娘梳一条辫子，把彩色发带和小玻璃珠串成垂饰编在辫子里，还爱戴各种头巾、花环、发带。而北俄罗斯已婚妇女则把两条辫子盘在头上后，披进带头饰的头巾或帽子里。南俄罗斯已婚妇女戴

① 拉德克利夫·布朗著，梁粤译：《安达曼岛人》，桂林：广西师范大学出版社2005年第一版第一次印刷，第92页。

一种缀有两只犄角的硬胎头饰，犄角外套有绣花布罩。波罗的海沿岸的立陶宛族，姑娘戴花箍，后面垂有飘带，已婚妇女扎头巾。拉脱维亚族的姑娘也戴穿珠刺绣的花箍，而已婚妇女则戴亚麻布帽子。布里亚特族姑娘出嫁前梳多条辫子，婚后改梳两条。

缅甸女子的日常装束是高腰款式的龙基搭配短及腰线且收腰的恩基，未婚少女可以将长发编成发辫斜垂在右后方，而已婚妇女则梳一个不高不低的发髻。日本女性出席一些礼仪场合时，未婚女性着振袖和服，又称长袖礼服，是未婚女性的第一礼服。根据袖子长度可分为"大振袖""中振袖"和"小振袖"，其中最为常见的是"中振袖"。主要用于出席成人仪式、毕业典礼、宴会、晚会、访友等场合。已婚妇女着留袖和服，主要有"黑留袖"和"色留袖"。"黑留袖"面料的底色为黑，染有五种花纹，前身下摆两端印有图案。"色留袖"在其他颜色的面料上印有三个或一个花纹，且下摆有图案。

哈萨克女子的首服有帽子和头巾两种，根据婚姻状况的不同所戴的帽子或头巾也不同。未婚少女夏天扎各种颜色的三角或四角头巾，冬天戴用红、黑灯芯绒布缝制的帽子，帽子上缝缀着珠子和珠片等装饰物，帽顶还会插几支象征勇敢的猫头鹰的羽毛。已婚妇女则戴宽大的白布披巾，这种披巾能够遮住头、肩、腰等部位。未婚少女出嫁时，要戴一种毡子为里，布或绸缎为面的尖顶帽。这种帽子上绣有美丽的花纹，还要用珠子进行装饰，从额头处垂下几串珠子，其作用与汉族新娘的盖头相似。这种独特的帽子新娘要戴一年，一年以后换花头巾，生下第一个孩子后开始戴披巾。

蒙古族未婚女子夏天穿的袍服有两种，大襟的称"拉布锡客"，左前襟加宽的称"比西米特"。而已婚妇女的袍子称为"别日孜"，是一种无领的长袍，有两个缝在腰的左右两边的带子，不系扣子，不束腰带。因此，蒙古人称已婚妇女为"不束开"，即"不束腰带的人"。已婚的女子还带一种叫作"托儿齐克"的圆帽，其帽有各种银饰物。此外，发式也有不同之处。十五六岁的小姑娘脑后梳四条发辫，戴四条发带，发带为两尺宽的布条，边缘绣有彩线花饰。十八九岁未出嫁的姑娘梳许多细发辫，再将这些发辫用线条横连，作为脑后的装饰品。已婚妇女则从中间将头发分开，在两边梳半圆形的辫子，套以道希克（辫套）。这就是蒙古族常说的"小辫子姑娘，大辫子媳妇"。

维吾尔族未婚女子要梳 15、17、21 或 41 根小辫，忌双数，已婚妇女只留双辫。回族未婚女子一般都只梳一条辫子，已婚的妇女梳两条辫子。塔吉克族未婚姑娘不留鬓发，梳四条长辫，辫子上不挂任何饰物，常用小钢链将四根辫梢连接在一起；新婚少妇梳四条长辫，辫上各佩戴一排大的白色纽扣或银圆等做装饰；中年妇女只梳一根长辫，留与耳垂相齐的鬓发；老年妇女也梳一条长辫，但不佩戴饰物。

不同支系的哈尼族妇女标示是否婚配的服饰也不相同。有的以单、双辫区分，有的以垂辫和盘辫区分，中间垂辫表示未婚，两边盘辫表示已婚；有的以围腰和腰带的花色区分；还有的支系杂以上面两种或三种区分标志，如红河、墨江一带未婚垂辫，已婚盘于顶。墨江部分少女头戴青布小帽，系白色或粉红色围腰，婚后取帽，改系蓝围腰；此外，西双版纳及澜沧哈尼族妇女上穿挑花短衣，下穿及膝的折叠短裙，头饰繁富。未婚时裙子系得高，紧接上衣，已婚则系得低些。

（三）文化记录功能

民族服饰作为传统文化的承载体之一，记载着各民族起源、迁徙、发展的历史和传说。许多学者曾将民族服饰称为"穿在身上的书本""背在身上的传说"，由此可知，记录民族文化是民族服饰的重要功能之一。

南丹白裤瑶服饰，相传为了纪念瑶王保卫家园，反抗土司霸占，且自己双手十指在裤腿上留下鲜明的血痕，一直战斗至最后一息的悲壮历史，白裤瑶于是将男子裤子改为白色，在裤子膝盖口处绣五条垂直的红色条纹，象征瑶王的十指血痕，以此纪念祖先及其为保卫民族尊严而战业绩的标志。

融安县壮族流传一则"拔牙与婚姻"的神话。相传在远古时期，人间一个大力士与天上的雷公斗法，大力士将雷公捉住并关起来，而大力士的两个孩子却设法帮助雷公破牢而出，临走时雷公拔下一颗牙给他们并嘱咐他们种下，兄妹俩种下牙齿结出了一个大葫芦。回到天庭的雷公大发洪水淹没人间，人类灭绝，只剩下兄妹二人躲在葫芦而得救。为了繁衍人类，哥哥拔下一颗牙，表示他是雷公氏族的后代，而妹妹不拔牙，以示为大力士氏族的后代，由此遵循了氏族兄妹不婚的禁律。于是，凿齿就成了壮族雷公氏族的标志，之后又演变为成年礼仪，为百越民族文化分布区域普遍共有的习俗。

图 7 – 19　土族露水衣

露水衣是土家族新娘的嫁衣。相传，从前有个土家男子，他在山上为了救被狐狸抓住的锦鸡而自己却受了伤，血滴在锦鸡身上，忽然锦鸡变成了一位美丽的姑娘，他们相依为命，结为夫妻。后来，观音娘娘在姑娘身上洒了一些甘露水，甘露水变成了串串珍珠，缀在衣边，人们称这衣裳为露水衣，并将它继承下来，成为土家姑娘出嫁时的礼服。（见图 7 – 19）

土族妇女用红、黄、蓝、白、黑五色彩布拼接而成的"彩虹花袖"阿拉肖梢，传说是由七色彩虹幻化而成，五种颜色各有寓意：红色代表太阳、黄色代表五谷、蓝色代表青天、白色代表乳汁、黑色代表土地。

蒙古族服装的颜色一般都很艳丽，男子秋冬季节的袍服以蓝、棕色为主，女子以蓝、红、绿、黄为主。夏天的颜色稍浅，腰部都系有红色或绿色的腰带。他们对这几种颜色有着自己的理解：白色象征乳汁，最为圣洁，是节日、庆典的首选；蓝色象征天空，表达坚贞和忠诚；红色似火，温暖而热烈，表达蒙古人民热情、奔放的个性。

德昂族之所以喜爱红色，主要和一个传说相关。相传姐妹三人在远古时期的祭祀上杀牛，牛尾上的血染在了衣服上，她们觉得这是神的旨意，不仅按照血迹的位置和颜色深浅制作了筒裙，还在胸前缝上两条红布，以此象征染红衣裳的牛血。

哈尼族是一个迁徙的民族，上千年的发展演变过程形成了丰富多彩的历史文化。哈尼族女性传统服饰就是一本活生生的哈尼族迁徙史，它记载着哈尼族的兴衰起落和民俗民情，再现了许多哈尼族神话传说、故事主题等，尤其是对于那些无文字的口传文化支系，它记录与传播功能更加明显。"正如哈尼碧约妇女服饰中最外面的那件长宽衣，背面精心刺绣的图案，不仅是一种美的再现，而且还记录了哈尼族千年来由西北向南征战和迁徙的历史。"① 哈尼族服饰中的色彩、图案和面料都有非常深厚的民俗基础，淋漓尽致地体现了哈尼人对大自然的敬仰、对天地神灵和祖先的崇拜以及对梯田农耕的热爱。

（四）象征及崇拜功能

在民族服饰的多维起源中，宗教文化始终是一股奔腾不息的动源，天地鬼神感应、观像悟道、整合泛灵等，几乎是所有民族传统文化精神及思维方式的一个重要特色。以此为基础的神秘宗教文化，投射到服饰上，便使服饰具备了宗教的象征及崇拜功能。

1. 服饰中的巫道信仰

在相当长的历史时期内，巫道信仰作为一种意识存在，始终绵继于各民族社会生活中。先民在无力与自然和社会的压迫相抗争的时候，只能在巫道信仰的领域里驰骋自己丰富的智慧和不羁的想象力，为自己创造了各种各样的鬼神和变化万端、多姿多彩的鬼神世界。

色彩与巫术的渊源可以追溯到山顶洞人时期，那时他们就知道在死去的同伴身体周围撒红色赤铁矿粉。虽然这种做法的真正意义我们无从考证，但我们相信红色与灵魂相关联的观点是被当时的人们所广泛接受的。

不同的民族对色彩的理解不同，因而色彩的巫术功能也有相应差别。比如，纳西族就有重白系统与重红系统之分。重白系统以白色为吉色，新人在婚礼上要献白色哈达，白色是纯洁爱情的象征；对于重红系统来说，红色是婚礼的主色，新娘用红布包头，嫁妆中也必须有一间红色氆氇。白色在这里则被视为死色，与婚礼的喜庆格格不入，甚至连有的食品也不能以白色出现，必须事先染成红色。

2. 服饰中的自然崇拜

一般地说，古代民族创鬼制神是从万物有灵的自然崇拜开始的。随着采集狩猎向畜牧业和农业生产方式的过渡，自然崇拜被归纳为对天地的崇拜，以及对天地的组成部分——日月星辰和山川河流的崇拜。许多民族用瑰丽神奇的神话传说创造了日月山川诸神，把它们作为自然力的代表，赋予它们超人的形象和能力。

---

① 敏塔敏吉：《浓缩迁徙历程的哈尼服饰》，今日民族2007年版，第49-50页。

　　贵州黔西北地区被称作"小花苗"的服饰图案——"北斗花""九曲江河花""城界花"，相传创制在远古时代。北斗花一般用四块方形围一块小方形组成，四块方形分别指东西南北。相传，苗族祖先与黄帝逐鹿中原时，大雾笼罩，分不清方向，全靠天上月亮与北斗星指引，才得以死里逃命。后人为了感恩而描下北斗花以作缅怀。这种信仰有如《苗族古歌》："没有金太阳，稻禾不会长，谷穗不会黄；没有银月亮，牯牛不打架，姑娘不出嫁，谷穗不会黄。"所唱的宗教式虔诚，都是出于星象可以决定或反映人世间福祸休咎的巫化观念。

　　广西梧州地区贺州市瑶族男女头饰上绣有众多太阳纹，先用红线绣成圆点，周围再绣上有波纹的光芒。女子头巾做成后，太阳纹一定要在头部的正前方，以示神圣和庄重。在瑶民的原始宗教信仰中，太阳与祖先盘王都处于同等重要地位。因此当地瑶族男子的婚礼长衫花背正中处绣有一方"盘

图 7 - 20　瑶族服饰中的太阳纹

王印"，周围饰 12 组变形太阳花。这种太阳花还出现在男女上衣的胸前部位，但绝不会出现在衣襟、裤筒等处。（见图 7 - 20）

　　广西西林县"蓝靛瑶"保存着一件已有数百年历史的师公服，衣服上绣有许多神秘奇异的天神、地神、山神、雷神、日神、老君、三元等，令人叹为观止。此外，把太阳、月亮之类星辰纹饰视作神圣符号的还有彝族、纳西族、基诺族等。

　　3. 服饰中的图腾崇拜

　　图腾崇拜和祖先崇拜是自然崇拜的另一项内容。在苗族服饰中，无论是蛇身鸟羽牛角之龙，狗首牛身之龙，还是人身凤喙牛角蛇尾之龙，都无不与其祖先蚩尤有关。并且在服饰图案中构成的礼仪性质组合关系十分明确，宗教目的简单直接。

　　直到现在，黔东南苗族民间把饰有龙、鸟、牛图纹的服饰称为"龙衣"，

即祖衣（又叫"鸟衣"）。它通体焕发出光彩夺目的宗教精神，专门用于祭祀，是迎龙拜祖仪典的盛装打扮，旨在得到祖灵的认同。

广西南丹"白裤瑶"男子的裤管上，绣有五根红线，以象征盘瓠（龙狗）坠崖死后，5个手指在膝盖上留下的血印；龙胜县"红头瑶"妇女服饰在衣背上各有两枚对称的"狗爪"，这狗爪绣得复杂又精巧，神圣又庄严。被称为"盘王爪"，象征对盘瓠的崇拜。正因如此，苗瑶两族的妇女在制作一生中只有几次机会穿着的盛装上，付出了超越本民族经济发展水平的巨大人力和物力。据中华人民共和国成立初期的调查，制作一套传统的盛装往往需要数年时间和千元左右。由此可以看出盛装花衣在他们精神生活中的重要地位。

在苗族《枫木歌》中，枫木被描绘成万物之母，苗家管它叫"妈妈树"。其树心化作蝴蝶娘娘，生下十二只彩蛋，这些蛋经孵抱后又变出日月星辰、人类、各种动物及鬼神。枫木蝴蝶图案也就具备了图腾崇拜、祖先崇拜和生殖崇拜的综合特征。

基诺族服色的尚白习俗来自祖先崇拜。据基诺族传说，在人类出现之前，世上只有天、水和太阳，基诺族的女始祖阿嫫小白从水中诞生，她身穿白色衣裙，头戴白色尖顶帽。后来她用泥土造人，基诺后人就依照她的打扮缝制了白色衣裙和帽子。

4. 服饰中的宗教观念

如果对自然物的崇拜是图腾崇拜，发生发展在原始社会和原始部落中。宗教则是人类社会发展到一定历史阶段出现的一种文化现象，属于社会意识形态。主要特点为，相信现实世界之外存在超自然的神秘力量或实体，该神秘统摄万物而拥有绝对权威、主宰自然进化、决定人世命运，从而使人产生敬畏及崇拜，进而引申出信仰认知及仪式活动。

（1）萨满教

萨满教作为蒙古族最早文化的象征，融合了蒙古族早期各种信仰，如自然崇拜、祖先崇拜、图腾崇拜等，构成其民族心态结构最基本的文化要素，这些信仰在蒙古族的服饰中也有体现。例如，蒙古族妇女服饰色彩艳丽，多以红、黄、蓝色为主，蒙古族将其解释为：蓝色为天，红色为火，黄色为土地。服饰绣有各种图案，如山丹、鹰、莲花等，也是蒙古先民图腾崇拜的一种反映。

（2）佛教

佛教发源于印度，印度僧伽法衣的初型为"粪扫衣"。粪扫衣并非专指沾染粪尘的破旧衣物，而是泛指俗家人丢弃在垃圾堆或墓地等处废弃不用的衣服和各种破旧布片，由比丘们拾来后加以洗涤、修补、缝制成的干净僧衣。佛祖的规定，意在遏制出家僧人的贪念，并益于道心的精进。从目前佛教典籍资料来看，粪扫衣是印度早期出家修苦行者的共同衣着。佛教成立后，早期出家僧人同样也是以粪扫衣作为其衣着的。

《红楼梦》中有妙玉着"水田衣"的描述。水田衣在佛教中为袈裟的别名，是佛教服饰的重要组成部分。关于其起源，《十诵律》记载为：一次，佛陀同阿难在王舍城南方经行时，见路边稻田阡陌纵横，畦畔分明，受到其形状的启发，便让阿难教僧伽们依此型制，将僧人们所着衣服分别以五条、七条、九条为标准条数，剪裁成长方或正方形的田畦状，再重新缝制成衣。依其裁剪样式，称为"田相衣""水田衣"或"割裁衣"。经过剪裁分割后的僧人服装，避免了被贼人盗抢，还避免了与外道混淆。从此，僧人的着装有了明确的规定。出家人统一穿着如稻田般的"割截衣"作为标志，表明出家人的身份。在离开僧团到村落的时候必须穿着，否服就会犯突吉罗罪。

印度袈裟传至汉地后，被人们赋予了更多美好的寓意。比如，以三种不正色制作成衣，能令人不起贪心，故称"离尘服"；学佛的人，穿上袈裟，能令烦恼消瘦或消失，故称"消瘦衣"；三种不同的如法色共成一体，故成"间色衣"；袈裟在身，形象庄严胜过法幢，故称"胜幢衣"；相传袈裟能折伏外道，故称"降邪衣"；袈裟具备五种功德，故称"功德衣"；袈裟在身后能令烦恼解脱，故称"解脱衣"。

（3）基督教

盛行于西方诸民族的基督教有着丰富的服饰文化，教会中的特定服饰被称为圣衣（或圣服）。圣衣的使用范围包括圣职人员和平信徒，穿着场合也包含了日常生活及崇拜礼仪。（见图7-21）

崇拜圣衣是崇拜礼仪中牧师所穿的圣衣，主要包括常服（牧师衬衫）、长白袍、圣带、圣索和圣披。大白衣是在礼拜时穿在黑色牧师衬衫外面的主礼袍，象征着上帝的恩典遮盖了受召者的罪过和缺乏。崇拜时主礼者的白袍，提醒会众要关注基督的救恩、圣洁及大爱，而非关注主礼者的各种缺欠。

圣带是大白衣外面的礼带，是负扼的象征。圣带就像一个扼一样套在牧师的脖子上，是牧师的"属灵标记"，亦表示牧师已经做好准备随时为上帝和世人服务。圣索是扎紧大白衣的绳子、腰带，同时还起到固定圣带的作用。当牧者在系圣索的时候，内心会对主说："神啊，求你用你的慈绳爱索来牵引我。"圣披是圣餐崇拜时牧师穿在最外面的披风式圣袍，往往会绣有十字架及基督的标记符号。圣餐崇拜时，我们强调主礼者只是在世上遵行主命令的人。祝圣餐时，当我们看到牧师身上的圣披，就会特别想到，是耶稣基督自己亲自做成了救赎大

图 7-21　基督教服饰

功。圣餐不是因着这个主礼牧师是否圣洁、有能力，而是因着耶稣基督。

（4）伊斯兰教

与佛教、基督教并称世界性三大宗教的伊斯兰教，于公元 7 世纪初兴起于阿拉伯半岛希贾兹地区。随之而形成的"伊斯兰文化"，也始源于阿拉伯半岛上的阿拉伯社会，并以此为中心向世界各地广为传播。

伊斯兰文化涉及范围很广，包含建筑、书法、文学、音乐、服饰等诸多方面，其中服饰文化不仅体现了人们的心理情感、道德风尚、审美情趣，也能够反映出所处时代和社会人群的生活习俗、文化心态乃至宗教观念。

伊斯兰教认为服饰要遮盖人的身体，反对裸体，以遮盖全身为美。伊斯兰教把男子肚脐以下膝盖以上的部分，妇女除手掌和脸以外都称为羞体，必须用服饰严密的遮蔽起来。伊斯兰绝对禁止妇女穿着稀薄、透明或半透明的衣服，或者穿戴那种只掩盖身体某些部位的衣服，尤其严禁穿有意突出乳房、腰部、臀部等性感的紧身衣裤。而妇女盖头上的装饰，或绣上表现宗教教义，造型别致的《古兰经》经文，清新悦目，秀丽明快；或绣上抽象的几何纹样，表现与神同在使人心灵产生愉悦、抚慰和希望。几何纹样作为宗教艺术强化了膜拜的氛围，是艺术与宗教结合的成功范例，充分体现了宗教色彩，在服饰艺术史上

创造了独树一帜的伊斯兰服饰
艺术。（见图 7 – 22）

中国的回族信奉伊斯兰
教，其服饰的特别之处主要在
于头部。回族聚居地区的男子
多戴圆形无檐小白帽。部分学
者解释为，戴无檐白帽是为了
礼拜时的叩头能达到额头、鼻
尖着地，全身心贯注在一点
上。所以，无檐白帽又称为
"礼拜帽"或"白孝帽"。后

图 7 – 22   伊斯兰地区的女性服饰

来，回族男子应生活需要，认为白帽轻薄凉爽，物美价廉，方便易做，便成
了男性穆斯林普遍的头饰了。回族因地区、季节不同而帽饰有别。例如，北
方回民冬天由于天冷头凉，多戴蓝、黑平绒或呢子圆帽。云南的回族喜戴尖
顶红帽；海南岛的回族则在白帽上绣出"清真言"的阿拉伯文字；宁夏山区
哲合林耶教派回民多戴六角帽。以此表达他们对教义的忠贞和信仰。

第三节   物质文化强化民族服饰的区域特色

一、生存的地理环境

民族文化取向的形成过程中，地理环境是一个重要因素。它作为客观存
在的外部条件，直接影响着人们的行为和观念。在人类发展的初级阶段，这
种影响较之现在更为突出。黑格尔就曾指出："每种艺术作品都属于它的时代
和民族，各有特殊环境，依存于特殊的历史的和其他的观念和目的。"① 因
此，不同民族所处地理环境的独特性决定了民族文化的独特性，这里的民族
文化便包含了民族服饰。

---

① 《美学》第 1 卷，北京：商务印书馆 1979 年版，第 19 页。

　　"捷克美学家彼得·波格达列夫在《作为记号的服饰——在人种学中服饰的功能和结构概念》一文中指出：'服装的穿着者不仅关心他自己的个人趣味，而且也顺应地域的需要，以符合他的环境的标准。每个人不仅在语言上也在服装上使自己与环境相适应。'"① 因此，任何一个民族服饰的形成都不可能脱离其所在的地理环境。地理环境为民族服饰的产生提供了物质土壤，受地理环境的特殊性所影响的农耕文化也必然左右民族服饰文化的表现。

　　（一）山林地区

　　民族服饰中的款式、面料、色彩和图案等元素都被自然地理环境打上了深刻的烙印。例如，纳西族妇女的"披星戴月"挂饰就深刻体现该民族的生活环境和迁徙历史。当这个民族活动于川西南的广大地区时，狭小的空间以及幽深的景色更能够唤起人们对环境主色调——黑色的崇拜。在隋唐时期他们进入云南西北部的广大地域，平阔的土地和连绵不断的雪山使环境显得更加雄伟和明亮，人们的白色意识被唤醒。由于独特地理环境造成的众多黑水和白水并存的现象与纳西族的黑白二元文化形成了完美对应，并在"披星戴月"上得到体现。（见

图 7-23　纳西族妇女的"披星戴月"

图 7-23）贵州黔南、黔西南州，安顺的关岭、镇宁、紫云等县的布依族居住地，山高岭幽，在传统农耕生活影响下，人的心境、人本身与天地自然本色逐渐和谐，形成了布依族服饰独特的清冷色调。无论是短衣长裙，还是大襟衣、长裤，都有着统一的色调，或白或蓝或青。

　　湘西和渝东南地区连绵起伏的山峦，纵横的溪流，多样性的地貌给向往美好生活的苗族人在服饰图案的选择上提供了素材和灵感，使其在形象的基础上能够意象和抽象出艺术化的民族特色图饰。居住在黔滇地区山林中的苗

---

　　①　戴平著：《中国民族服饰文化研究》，上海：上海人民出版社 1994 年第 1 版，第 144 页。

人在刺绣时多以山中花鸟为主，生活在水域附近的苗人则更多绣鱼虾。由此可以看出，地形在影响服饰款式的同时，也影响着装饰图案。

岭南地区地形复杂，高山丘陵遍布其间，为了便于生产，人们在服饰选择上更倾向于选择短装和裙装。普通人家的妇女要承担下田劳作的重任，所以明清时期大部分女性是不缠足的，"南方劳动妇女因下地耕作而不缠足，穿平头、圆头鞋或蒲草鞋。"可见缠足这一社会特点也离不开地理环境的制约。

门巴族和珞巴族居住在西藏自治区的墨脱县，墨脱地处山区，平均海拔1200米，虽然处在东喜马拉雅山脉最高的两座山峰——南迦巴瓦峰和加拉白垒峰之间，但地处喜马拉雅山东侧，四季如春，雨量充沛。因通往墨脱的地理条件险恶，直到2013年，墨脱才开通了公路，许多墨脱藏民才看到外边的世界。正因为闭塞的交通，使这里的门巴族和珞巴族还保持着兽皮裹身的服饰习俗。珞巴族男子多穿手缝的山羊皮、野牛皮制成的上衣，或是藏式的氆氇长衣，外加一件毛织的长至腹部的黑色套头坎肩，坎肩的宽度和长度相等。背上披一领野牛皮，用皮带系在肩上，帽子为熊皮圆盔和用竹藤条制的圆盔两种。

鄂伦春族的主要聚居地为内蒙古自治区呼伦贝尔市鄂伦春自治旗，它坐落在大兴安岭的深山密林中，全旗面积55000多平方公里，森林覆盖率占全旗总面积的97%，其民族自称为"住在山岭上的人们"，"使用驯鹿的人们"。或许是为了在林区内有良好的隐蔽效果，或许是对山林里的动物的崇拜，鄂伦春族人戴一种极具特色的狍头帽，既生动又逼真，而且很保暖；服饰颜色以野生动物和林区的颜色为主，质朴实用。（见图7-24）

图7-24 鄂伦春族的狍头帽

粤西山地丘陵，在珠江三角洲西翼，是由山地和西江谷地组成。民国时期，老百姓多戴布帽御寒，少数富人或知识界人士时兴戴大边毡帽（又称礼帽）。因常常下雨，山民出门劳动惯戴竹笠，多自己用竹丝编制，男戴油纸竹帽，女戴"火烧笠"（帽面抹黑，涂一层薄熟桐油），皆可防雨。

（二）高原地区

美国内华达州中部和西部地区居住着被称为西绍绍尼的印第安人。这一地区大部分是高原半沙漠地区，气候干燥，雨量远不足农耕的需要，环境提供的资源主要是一些野兽和野生植物，因此他们御寒的东西大多是用野生动物的皮毛制作而成的服饰，如鹿皮腰布和冬天穿的兔皮袍子。

独龙族主要分布在我国云南省西北部贡山独龙江两岸。独龙江南北长300多华里，东岸是海拔5000多米的贡山，西岸是海拔4000多米的担当力卡山，其地势之险要，非平原居民所能想象。在这样封闭的环境中，独龙族保持了民族服饰的原始特色，民族服饰主要为披裹式。男子披毯为长方形，以两角系结于胸前，腰间扎一条布带或一根麻经，女子的披毯从左腋下往右肩上缠齐肩处，用竹片卡住，头上包一块麻布巾。男子喜欢裹麻布绑腿，腰间佩戴弩弓、箭包和砍刀，女子沿袭了文面的习俗。此外，男女都保留了赤足的习惯。

藏族主要居住在中国青藏高原地区，因日照时间长藏族服饰的基本特征便是包覆身体，防止晒伤的长袖、宽腰、长裙、长靴等。为适应高原地区极大的温差，藏袍袍袖宽敞，臂膀可伸缩自如，白天气温高时可脱出一

图 7 – 25　穿藏袍长大的孩子

个臂膀，方便散热，调节体温，夜晚和衣而眠可以当作棉被抵御寒冷，这种一衣两穿的形式成了藏族服饰特有的风格。（见图 7 – 25）

（三）平原地区

"敕勒川，阴山下。天似穹庐，笼盖四野。天苍苍，野茫茫，风吹草低见牛羊"，这是古代流传下来的《敕勒歌》中对草原环境的真实写照。虽然蒙古族人们生活在气候寒冽、风高沙多的地区，但是幅员辽阔的蒙古草原赋予了蒙古族人民热烈奔放的性格。世代与绿草、蓝天、白雪、黄沙为伴的他们，对纯净浓郁的色彩情有独钟。绿色表示他们对大草原的崇敬和热爱；蓝色象征着上苍对他们的保佑；而白色在他们所喜爱的色彩之中最为神圣，因为在他们看来那是乳汁和绒毛的颜色，象征着吉祥、纯洁和美好。

因蒙古族人民多以畜牧业为生，以草原游牧毡帐生活为主。为了适应这种牧马骑射生活，蒙古族人民不论男女，都爱穿长袍。蒙古族人民还喜用红绿丝绦做腰带，骑马奔驰时两端飘动，甚是美观。蒙古族男子腰带上常佩挂吃肉用的刀子，刀鞘装饰十分精美，左挂烟具。用包头巾缠头，或戴前进帽、礼帽。蒙古族男女皆穿软统皮靴，皮靴多为高统，也有半高统的。皮靴样式的区别，主要表现在靴尖上，有上卷的、半卷的和平底的。上卷的适合在沙漠中行走，以减少风抄阻力；半卷的宜于走干旱草原；而平底的则用于穿越湿润草原。三种不同的靴尖样式，留下了地理环境对服饰的投影。

（四）沙漠地区

新疆的维吾尔、哈萨克等族，大多生活在大漠戈壁之中，这里光照强烈，四季分明，促成了其民族衣饰色彩浓艳，对比强烈，式样松宽洒脱。维吾尔族妇女爱穿宽袖轻盈的连衣裙，裙料一般选用著名的"艾得里斯绸"，外套黑色或红色对襟紧身坎肩，长仅及腰，上饰珠串或金属片。耳环、手镯和项链是妇女喜爱的装饰品，盛装时还画眉、染指甲。维吾尔族姑娘还爱在辫子上系扎桃红、翠绿的彩色绳带，生活比较富裕的则在辫子上嵌着珊瑚、珠宝等。能歌善舞的姑娘在舞蹈时，十几条珠光闪烁的长辫和宽大华丽的裙摆随着身子

图7-26　穿艾得里斯绸连衣裙的新疆少女

的摇曳，一起飞快地转动，相映成趣，活泼动人。色彩鲜明的衣饰不仅生动体现了维吾尔族人民的审美情趣，也寄寓了他们对生活的美好憧憬。（见图7-26）

地中海东部到波斯湾的大片地区，被称为中东地区，从地理划分来看，它属于亚洲西部与非洲东北部，有着大片的沙漠。为抵御炎热、干燥的气候和常年的风沙，居住于此的阿拉伯人以白色长袍、披头巾和黑色头箍的"通风式"服装为主。头巾与长袍从头部和肩部而下覆盖全身，既可防沙又能反射掉部分阳光，营造出一个相对阴凉的空间。

（五）海滨、沿河地区

珠江三角洲水量充足，土质肥沃，为适应水乡泽国自然环境，其沙田地区妇女出田耕作，则穿"八"字形的短裤，农户人家均备有晴雨两用的竹织雨帽。粤北山地，山河陵谷相间，有丹霞地貌、喀斯特地貌与山脉褶皱、断层交错分布。居住在此的瑶族人为适应忽冷忽热的山区气候，便戴一顶布帽或用布裹头来抵御山高风急的自然环境。海南岛南部黎族山民在泥泞的山田间行走时多打绑腿，以防蚂蟥，还喜戴承载久远历史的树皮帽。同样是生活在湿热山区，渝东南和湘西地区的苗族男子为防止在林中穿行时被尖锐的枝条刺伤和蚊虫叮咬，也穿着打绑腿的裤装以形式适应区域环境特征。

生活在广西靖西的壮族，处于青山绿水的环绕之中，因此当地的妇女身上，多是一身青布衣裤，甚至连老太太头上戴的帽子，也是青蓝色的，给人清新爽净之感。与壮族相似，云贵高原上的布依族聚居在河流纵横，山水秀丽之地，景色壮观的黄果树瀑布，就在布依族苗族自治县西部的滇黔公路旁。因与水亲近，布依族不论男女，服饰崇尚青、蓝、白色，朴实清丽。居住在黔东南的榕江和从江两县的侗族，临江而居，傍山依水，因此民族服饰中也常见蓝白两色。

华夏族的诞生和壮大，与黄土高原和黄河流域的哺育息息相关，是黄土地和黄河水给了他们赖以生存、繁衍后代的条件，于是华夏族便对黄土、黄水的色彩产生了一种敬仰的心理。因此，华夏汉族人尊黄色为帝王之色，以黄色为最贵。

二、生存的气候条件

气候是地球上某一地区多年时段大气的一般状态，是该时段各种天气过程的综合表现。影响气候形成的因素主要有两方面：一是太阳辐射在地球表面分布的差异；二是海洋、陆地、山脉、森林等不同性质的下垫面在到达地表的太阳辐射的作用下所产生的物理过程不同。因此气候除具有温度大致按纬度分布的特征外，还具有明显的地域性特征。

全球气候可大致划分5个类型：热带气候、亚热带气候、温带气候、寒带气候、高原山地气候。气候条件是民族服饰形成的重要参考依据，面料的质地、穿衣的多少、服装的结构、服饰的色彩等都不可能脱离气候条件而单独成立。

（一）热带气候

热带气候主要包括热带沙漠气候、热带草原气候、热带雨林气候、热带季风气候。

1. 热带沙漠气候：终年炎热干燥。主要分布于非洲北部、西南亚和澳大利亚中西部。

西亚、北非的阿拉伯国家为热带沙漠气候典型，其服饰为宽敞的一体型，具有抵御干燥、隔热、易于肢体伸展等功能。一袭包裹全身的白袍，抵御了强烈阳光的曝晒，克服了束腰衣服体热难以散发的弊端，尤其在行走时身体的摆动带动衣内空气旋涡流动，加速了体热散发的速度，过肩的头巾也起到避光遮热作用。

身处热带沙漠的索马里人为适应炎热干燥的气候常身披一块巨大的披肩，下围长及脚踝的围裙。根据气温和日照强度的不同，以及沙漠地区随时可能刮起的风沙，披肩可将头部包裹其中，仿佛是一个披头巾。

居住在毛里塔尼亚、埃塞俄比亚等地的摩尔人最典型的便是挂覆式服装，其重点在于"覆"，而并不需要缠裹，似乎服装的目的就是为了遮挡阳光，覆盖人体，这正是埃及等北非人的袍服的特点。此外，这里的人们还有戴头巾的习惯，阳光强烈或风沙大时，可用头巾遮挡面部。

图 7 – 27　柏柏尔妇女

居住地在摩洛哥、阿尔及利亚、利比亚、突尼斯和马里等地的柏柏尔妇女大多穿着从头盖到脚面的长袍，与摩尔人的披毯相比，这种长袍是有肩袖结构的。面部还另有一块面纱遮住，只露出两只眼睛。（见图 7－27）

2. **热带草原气候**：全年高温，降水分干季和湿季。主要分布于中美、南美和非洲。

图 7－28　非洲少女的"盛装"

与热带沙漠地区的民族相比，居住在热带草原的非洲民族服饰精简了许多，这主要是因为热带草原温度高、湿度大，人们将皮肤裸露出来更为舒适。例如，生活在布基纳法索、马里、科特迪瓦、加纳贝宁和多哥等地的莫西－格鲁西人的服装形式主要以围裹式为主。例如，当地少女常在身上围两块并不合体的布——一块系于腰间，遮挡臀部与下肢；另一块系于双乳间，遮挡胸、腰部。两块布虽随意扎系，但却出现了漂亮的衣褶。此外，还有的女性上身赤膊，露出健美的身躯，仅腰间扎系一块色彩艳丽的布遮挡下体，赤足散发。这种宽松的布片式服装即可覆体，又可以通风，时分适应当地的气候。（见图 7－28）

居住地在秘鲁、玻利维亚、智利和厄瓜多尔的安第斯山区谷地的克丘亚人非常喜欢绣有图案的披肩，这是印第安人最普遍的外衣，具有防晒、御寒、通风等功能。此外，他们的日常服饰也以宽松透气为主。

南美炎热湿润的环境，造就了巴西人热情奔放的民族性格，其服饰也不例外，以色彩鲜艳、款式简洁为主要特征。盛大节日时，巴西人喜欢用各色羽毛装饰自己，并在身上画上各种颜色，极尽欢乐之所能，体现出"炎炎的热情"。

3. **热带雨林气候**：全年高温多雨。主要分布于南美洲的亚马孙平原，非洲的刚果盆地和几内亚湾沿岸，亚洲东南部的一些群岛等。

低纬热带的非洲、南美的亚马孙河流域，由于气温高、湿度大，因而服饰形态为容易散热的开放宽敞型。这些地方的原始部落，至今仍保持裸体的习惯。在巴布亚新几内亚的巴布亚女子也只在腰际围上荣兰叶编成的腰带。炎热多雨的气候，使袜子、帽子、手套、围巾等保暖服饰变得毫无意义。

居住在亚马孙河流域热带丛林中的原住巴西人，因气候的关系，服装主要以裸露为主，有时也披裹布料。外出渔猎的男人一手持弓箭，另一手提布袋，披在肩上的裹布即可遮蔽，又可擦拭，还能包裹。对当地的女性来说，衣服并不重要，有时在腰间围系一块布条，有时赤裸身体，但脸上的鼻饰或身上的文身必不可少。

俾格米人又称"尼格利罗人"和"矮人"，主要居住地在喀麦隆、中非、刚果以及亚洲的安达曼岛等地，因所处环境湿热多雨，男男女女很少着衣物，只在髋骨处系一根细绳，前后各挂两块布片，随着现代文明的进入，现代的俾格米人还有在绳子上系挂裤子的。

4. 热带季风气候：全年高温，降水分旱季和雨季。主要分布于中国台湾南部、雷州半岛、海南岛，以及中南半岛、印度半岛的大部分地区、菲律宾群岛、澳大利亚大陆北部沿海地带。

中国粤西沿海台地——以两阳、电白、雷州半岛和钦廉地区为主，属热带季风气候。近海居民多以渔业为生，劳作时因日照强烈，渔民喜爱小而向上卷的蒲草帽，渔家妇女则戴帽沿向下弯的斗笠。阳江市闸坡港的渔家女喜爱戴一种铜鼓帽，那里海风大，日照又强烈，太阳光刺得眼睛都睁不开，于是就选择戴帽子以遮阳。但是由于普通的大檐帽容易阻碍视线，对于乘船和劳作带来诸多不便，渔家妇女便编织了一种形状特别的铜鼓帽，来适应这种强日晒下的劳作环境。

主要聚居在台湾的高山族人用椰子皮来制作坎肩，而将大面积体肤裸露出来，也是为了适应炎热的气候条件。

处在同一气候条件下的印度服饰，多以缠裹式为主，如印度女性的纱丽，印度男子的裤装多蒂。多蒂的主体是一块白色的棉布，有的有边饰

图 7 - 29　印度男性
下装"多蒂"

纹样。穿着方式因地区而异，主要可分为两种形式，从两腿间穿过去的兜裆式和像纱丽一样在身上的缠裹式。（见图 7 - 29）

图 7 - 30　马来西亚的萨笼

马来西亚属于低纬度海洋国家，热带季风气候造就了马来服饰造型上的纤细秀气，色彩上的大蓝大绿，面料上的凉爽透气。例如，当地女性在常穿的一种萨笼的一侧缝制出折痕，马来人称其为"起伏的波浪"；马来西亚的国花木槿花被用于服饰图案上，热情又不失雅致。选取棉布、丝绸、雪纺等轻薄凉爽面料做成宽松的长袍、萨笼、单鞋、拖鞋等，都与高温多雨的气候条件相适应。（见图 7 - 30）

在气候闷热潮湿的东南亚地区，人们依靠水浴降温，因此筒裙式的萨龙受到人们的喜爱。这里的在河流中、公共水渠旁和水井边，人们常常当众冲凉并换洗衣服，干净的萨龙从头部套下，浸湿的萨龙在水里脱掉，这种筒形服饰为人们提供了极大的方便。萨龙的材质一般为优质的蜡染棉布，其特点是布料颜色随着洗涤次数的增加而越发鲜明，手感也会越来越好，可以像丝绸般爽滑柔软。

（二）亚热带气候：主要包括地中海气候、亚热带季风气候

1. 地中海气候：夏季炎热干燥，冬季温和多雨。主要分布于地中海沿岸、美国加利福尼亚州沿海、南美智利中部沿海、南非的南端和澳大利亚的南端。

希腊是地中海重要的国家之一，因气候常年温暖干燥，又有凉爽的海风，希腊人的服饰便主要以披挂式、缠裹式为主。距今四五千年，崇尚自由的希腊人便喜欢用一块布在身上披来裹去，创造了多利安式西顿和艾奥尼亚式西顿。这种服装穿在身上时只有肩部用金属别针固定，而身体部分并不缝合，这使凉爽的海

图 7 - 31　古希腊服饰

风能在衣服里形成环流，起到通风降温的作用。（见图7-31）

希腊人的另一种与气候相适应的服饰为希玛纯，这是一种自然缠绕披挂在希顿外面的披肩，它不需要剪裁，是一种通过披挂、缠裹、系扎、固定等方法在人体上塑造出优美悬垂褶皱的宽松型服装形态。

2. 亚热带季风气候：夏季高温多雨，冬季温和湿润（少雨）。主要分布于中国东部秦岭淮河以南、热带季风气候型以北的地带，以及日本南部和朝鲜半岛南部等地。

图7-32　惠安女服饰

短衣筒裙是东南亚及中国傣族特有的服装式样。其造型为窄袖紧身短上衣与长筒裙搭配。中国云南的傣族，缅甸的掸族，老挝的老族，泰国的泰族和越南的岱族、侬族有着共同的族源关系。历史上也有着密切的经济贸易往来。所以东南亚很多国家都有这种服饰的搭配方式。在高温多雨的夏季，女性穿上这种短袄长筒裙，不仅衬托出婀娜的体态，还能带来凉爽和便利。

中国东南沿海民族服饰区别于云南窄袖短衣，造型相对放开，形制也比较宽松。例如，居住在福建的惠安女，上衣短而裤腿肥，裤口是普通裤子的双倍。短上衣便于劳作，宽大的裤腿可以在短时间内被风吹干，劳作时还带着竹制的斗笠和布包头，十分适应当地的自然气候条件。（见图7-32）

朝鲜族的襦裙装为上窄下宽的造型，短上衣合体而保暖，长裙宽大而通风功风，是一种既美观又适应气候的服饰类型。

（三）温带气候

温带气候主要包括温带海洋气候、温带季风气候、温带大陆性气候。

1. 温带海洋气候：冬温夏凉，全年湿润多雨。主要分布于这种气候在西欧最为典型，分布面积最大。此外，在南、北美大陆西岸相应的纬度地带以及大洋洲的塔斯马尼亚岛和新西兰等地也有分布。

欧洲英伦三岛四面环海，典型的温带海洋性气候使之多雨，所以英国人

出门常手持雨伞，这也成了英国人的一个标志行服饰。英国绅士套装中的手杖，便是由雨伞演变而来的。（见图 7 – 33）

图 7 – 33　手持雨伞的英国绅士

2. 温带季风气候：四季分明，夏季温热多雨，冬季寒冷干燥。主要分布于中国东北地区和华北地区、朝鲜半岛的大部、日本的北部以及俄罗斯远东地区的一部分。

亚洲的日本等国家受季风影响，属于夏湿冬干地区。冬天因从内陆吹向海上的寒冷干燥的季风而冷，夏天又因从海上吹向大陆的暑热湿润的季风而闷热。因此，该地区夏天的服饰呈开放裸出的形式，冬天的服饰为密封包裹的形式。与中国古代服饰类似，日本和服也是平面结构式服装，其重要特征就是潜隐人体，因此和服在剪裁上较少考虑人体尺寸，而是将面料上的图案作为制作和服时确定尺寸的重要依据，穿着时靠调节腰带尺寸来适应人体的围度大小。（见图 7 – 34）

图 7 – 34　无地和服

和服之所以会形成这种结构，究其原因，与日本特殊的地理位置有着重要的联系。日本位于亚欧大陆东部，由本州、四国、九州、北海道四大岛和1000多个小岛组成，古称"八大洲岛"。这种群岛的气候特征为温暖而湿润，因此服装的通气性十分重要。和服比较宽松，衣服上的透气孔有8个之多，且袖、襟、裾均能自由开合，这种服饰结构便十分适合当地的风土气候。

蒙古草原白天日照强烈，温度较高，而晚间气温骤降，寒气袭人，一日间气候变化无常，但是劳作环境和物质条件又不允许一日三换装，于是蒙古族人民便一年四季身穿皮袍。男士长袍一般用深蓝、海蓝或天蓝色的皮毛制成，适合在外放牧、干活；而女式长袍多用红、蓝、绿色的绸料做成，色彩较鲜艳，适合在家庭内劳作。

3. 温带大陆性气候：冬季寒冷，夏季炎热，降水稀少且集中在夏季。主要分布于北纬35°~55°的北美大陆东部（西经100°以东）和亚欧大陆温带海洋性气候区的东侧。

居住地在俄罗斯及西欧、北美等地的俄罗斯人服装主要从古斯拉夫人那里承袭而来。因冬季寒冷，俄罗斯人的服装款式以又长又宽为主，面料多用羊毛等较为厚实的材质，穿着层数也较多。其女装一般由长袖衬衣、马甲和长裙组成。在气候变冷时，则会处理得更加封闭、严密，如在帽子上安了系领狭带，用又长又厚的围巾包裹起来；衬衣只露出肘关节以下的一截袖管。

此外，因俄罗斯北部地区往往是终年冰天雪地，一片银白。因此当地的居民喜欢用鲜艳的颜色来补充心理温度，如在鹿皮大衣上镶嵌杂色毛皮、呢子条和玻璃珠等，并绣上了精美的图案。为了御寒，他们外出时还得头戴连衣风帽，脚蹬长筒毛皮靴。

鄂伦春族居住在中国的东北地区，冬季寒冷干燥，鄂伦春族人用狐皮制作的大帽子能遮住半个身子，为的是适应零下40℃的寒冷天气。

（四）寒带气候

寒带气候主要包括极地冰原气候、极地苔原气候。

1. 极地冰原气候：全年酷寒，各月温度都在0℃以下。主要分布于极地及其附近地区，包括格陵兰、北冰洋的若干岛屿和南极大陆的冰原高原。

生活在北极地区的因纽特人，在同严寒的气候条件斗争时表现出了他们的聪明才智。他们用动物毛皮制成了迄今为止效果最佳的御寒服饰——紧身上衣用软毛皮缝制，茸毛向里，为身体散发的热量提供聚集空间；裤子用北极熊或驯鹿皮缝制而成的，其长度正好松松地塞进长靴顶部；外套毛皮向外，连衣帽的边缘镶有狼獾皮，呼吸喷出的水气不会在上面凝聚成冰；宽大的连指手套长至袖子，脚上所穿的轻软鞋毛皮向内，外面还可以套上一双拖鞋式短靴。

2. 极地苔原气候：全年皆冬，一年中只有 1~4 个月月平均气温在 0℃ ~ 10℃，冬季酷寒而漫长。主要分布于北美大陆和亚欧大陆的北部边缘（南以最热月 10℃ 等温线与亚寒带大陆性气候相接），格陵兰岛沿海的一部分及北冰洋中的若干岛屿；在南半球则分布在马尔维纳斯群岛、南设得兰群岛和南奥克尼群岛等地。

拉普人生活在挪威、瑞典、芬兰和俄罗斯北部，那里九月中旬就开始下雪，一般气温都在零下 30℃ 左右，因此他们的传统服装大多就地取材，用驯鹿皮做成又长又厚的外套，十分适合在那样的气候条件下穿着。例如，当地少年的一般装束为鹿皮衣裤与靴子，靴子的前端具有标志性的上翘，裤子外面再加裤套，手上则戴连指手套。妇女的服装中虽有欧洲女装的基本式样——连衣裙，但为了适应当地

图 7-35　着节日盛装的挪威拉普人

的气候条件，连衣裙变得十分宽大，以便在裙内多穿几件衣服。此外，劳动妇女还得准备披肩、围裙和十分厚重的长裤。（见图 7-35）

3. 高原山地气候：由于气温、降水等气候要素随地势增高而呈垂直变化，从而形成了垂直气候带结构。主要分布于亚洲的喜马拉雅山系、帕米尔高原和青藏高原，南、北美洲的科迪勒拉山系，欧洲的阿尔卑斯山系以及非洲的乞力马扎罗山等地。

藏族是中国古老的民族之一，主要生活在西藏、甘肃、青海、云南、四川等地。因藏族先民来自高原山地，日照充足可昼夜温差极大，因此藏族人

常用羊毛织成的氆氇做长袍，或穿羊皮长袍，脚蹬皮靴。(见图 7 - 36)

图 7 - 36　身着氆氇长袍的藏族妇人

夏尔巴人生活在中国西藏和尼泊尔的交界处，和藏族人一样，属于喜马拉雅山脉里的居民。因此夏尔巴人也穿类似藏袍的黑色大袍配彩色氆氇围裙，颈脖上佩戴大量的彩色珠串。

帕米尔高原地处中亚东南部、中国的西端，横跨塔吉克斯坦、中国和阿富汗，主要居民为塔吉克族。塔吉克族是塔吉克斯坦的主体民族和中国的少数民族，其成年男子常在衬衣外面穿黑色的"袷袢"（无领、对襟的长外套），系绣花布腰带；冬季外加羊皮大衣。男帽一般为黑绒圆顶高筒帽，帽上绣有数道细花纹和一道阔花边，帽里多用黑羊羔皮缝制而成。青少年则戴同样的白色帽。这种帽子很适合高寒地区特点，遇到风雪时，把帽边拉下就可紧紧遮住双耳和面颊。

三、传统的工艺方式

每个民族在长期的生产生活中，结合所处的地理自然环境、农业优势等，会形成一些独具特色的生产方式，并一直延续下来。

（一）染织

粤东沿海台地平原上的渔民和滨海农民常穿薯莨衫，布料为白色棉纱布经薯莨汁染色后形成的赤褐色布料，这种天然染料不仅可染色，还能在布料表层形成独特的"保护膜"，使其能够遮挡阳光，耐咸耐腐易干，特别适合当地的劳动人民在临海的咸湿环境中穿用。

图 7 - 37　蓝靛枫香染

枫香染，是生活在贵州的布依族、苗族、瑶族等少数民族人民充分利用自然资源创造出的一种印染工艺。是用从枫香树中提取出的枫香树脂与牛油按比例混合熬制成的防染剂作为画料，在自织的白色土布上描绘花、鸟、龙、凤等图案，晾干后浸入蓝靛染缸染色后，再取出经水煮脱脂而形成的对比强烈的蓝底白花布料。（见图 7 - 37）

中国西南地区的苗族、彝族，很早就掌握了利用一种多年生草本植物蓼蓝作为提取靛蓝染料原料的方法，并推广种植。用它染出的靛染织物以蓝色为主，颜色因染的次数增加而逐渐加深，直至呈深蓝色。靛染原料获取容易，提纯工艺也较为简单，用蓝靛染色的服饰色泽鲜艳，水洗色牢度和日晒色牢度优异，同时还具有药用价值，对于刺挂草割引起的皮肤伤痛和虫咬烂疮等皮肤疾病都有消炎止痒的功效。因此南方彝族、苗族、瑶族、壮族、哈尼族、阿昌族、傣族、景颇族、布依族、水族、布朗族等少数民族都有种植蓝草和靛染的习俗，靛蓝技术非常普及。

唐宋时期，今湘西、黔东地区苗族的蜡染就已经闻名四方了。蜡染制作方法，是将黄蜡加温溶解为蜡汁，用蜡刀蘸上蜡汁在白布上绘图，绘好后放入染缸渍染，然后用清水煮沸脱蜡，即现出花纹。还有一种印染方法叫作夹缬，先将图案贴于木板上刻成空心花纹，当作花模，再将白布夹于两块同型的花模间，在花模空心处灌入加热的蜡

图 7 - 38　贵州丹寨蜡染工艺的传承

汁，冷却后打开花模，取出蜡布放到染料中浸染，染好后再用清水煮沸脱蜡即成。由于蜡液在冷却后产生的自然裂纹，使布料在染成后呈现一种特有的冰纹装饰效果。（见图7-38）

滇东北地区为高寒山区，生活在此的苗人长期兼营畜牧业生产活动，衣料多为毛麻材质，更为厚实保暖。当地特有的用毛、麻交织而成的大花披肩，既是织、补、绣结合的精美装饰品，又是御寒的实用品，其编织方法全为手工操作，以白麻线为经，红黑两色自纺毛线为纬，织成工整美观的传统图案，再辅以镶补、刺绣等工艺，给人以庄重传统的美感，是当地人传统的手工制品之一。

（二）刺绣

世界各地的民族服饰大多重装饰，因此，刺绣是他们古老而常见的装饰手法。中国少数民族服饰刺绣工艺的流行极为广泛，主要以苗族、瑶族、彝族、白族、纳西族、哈尼族、拉祜族、布朗族、蒙古族、回族、土族等民族最为普及，既能增加服饰美感，又可使衣服更加结实耐用，是实用和审美的完美结合。刺绣的技法很多，主要有素绣、彩绣、平绣、凸绣、辫绣、缠绣、堆绣、锁绣、绉绣、盘绣、挑花等多种方法。图案也各不相同，每个民族都有本民族的特色纹样，如彝族女子常绣的十朵花叫十姐妹花，是祈祷彝乡风调雨顺，山花浪漫的标志；白族喜绣蝴蝶，是连年丰收，多子多福的象征；几乎每一个苗族刺

图7-39　苗秀姑娘

绣图案都有一个来历或传说，都是民族情感的表达，也是苗族历史与生活的展示，蝴蝶、龙、飞鸟、鱼、圆点花、浮萍花等图案都是《苗族古歌》传唱的内容，绣成服饰上色彩鲜艳，构图明朗，朴实大方。（见图7-39）

十字绣是一种拥有源远历史的手工技艺，公元14世纪从中国经由土耳其传入意大利，继而在欧洲各国传播开来。最初在宫廷中风行，后来盛行于民间，由于它易学易懂，很快就受到不同年龄层次的人们的喜爱。最早的十字绣是在动物皮毛制成的织物上进行刺绣，用的是从蚕茧中抽出来的丝线，这

种十字绣在许多国家被用来装饰衣服和家具。由于各国文化不尽相同，随着时间推移，逐渐形成了各自的风格，绣线、面料、图案等都各有千秋。

（三）皮毛加工

为适应寒冷的狩猎生活，鄂伦春人一年四季穿狍皮制成的袍服。夏季的狍皮是沙毛，较轻薄，制成的袍子春秋穿，翻过来还可以避雨。冬季的狍皮有极厚的绒毛，适合做冬袍。因常年穿兽皮，鄂伦春妇女们便有了特殊的兽皮加工技术。经她们加工过的狍皮，既结实又柔软，再用狍筋做线在袍面上均匀缝制，不仅坚牢无比，还呈现出古朴、粗犷、稚拙的审美特征。

赫哲族人世世代代居住在松花江、黑龙江和乌苏里江沿岸，捕鱼是赫哲族人主要的谋生手段，而鱼皮则是赫哲族人的服装面料。居住在八岔以下至黑龙江下游的赫哲人，多用鱼皮制衣。鱼皮具有耐磨、轻便、不透水和不挂霜的特点。赫哲族人的鱼皮长衫一般选用三四尺长的鲤鱼、大马哈鱼、鲈鱼等，剥皮后，用木质工具制成革，然后用当地的一种染色植物将鱼皮染成紫红色、浅黄色、绿色，最后再晾干、剪裁缝缀。（见图 7 - 40）

图 7 - 40　赫哲族鱼皮服饰

因处于较为寒冷的地区，哈萨克族人穿一种用驼毛絮里的大衣"库普"，十分轻暖。鄂伦春族用狍子腿上的皮毛拼接缝制的毛皮靴保暖、轻便，而且不沾雪、不渗水，适合在冰天雪地中行走。此外，鄂伦春族的狍头皮帽也很有特色，制作狍头皮帽可是鄂伦春族妇女的绝活。先把狍子的头颅去掉骨肉、眼珠，熟好，在眼珠子处镶上黑皮子，

图 7 - 41　鄂伦春族人的狍头帽

再把两个耳朵割掉，用狍皮做两只假耳朵缝上，狍角照旧保留即可。因帽子与狍子头一模一样，故称其为"狍头皮帽"。鄂伦春人还有一种能遮住半个身体的狐皮帽。做一顶这样的帽子，要用上好的狐狸皮四张，布料七尺，棉花半斤，各色绲带和饰条七八条。在零下40℃的冰天雪地里，戴上这样一顶又大又暖的帽子，穿上狍皮袍子，就足以抵御寒冷了。（见图7-41）

（四）特殊工艺

鄂温克是民族自称，意思是"住在大山林里的人们"。在他们的生活环境里，到处是成片的桦树林，每年的五六月间，是采收桦树皮的大好时节。妇女们成群结队地来到桦树林，将桦树干上下两端用刀割开，再将两端割开的部位竖割一刀，然后用刀在割开的部位一撬，桦皮就会自动脱落下来。这种取皮方式，只取外表，不伤内皮，树木照常生长。剥下来的桦皮，还要进一步地加工处理，把外边凸凹不平的那一层和里边的硬皮剥去，并且进行蒸煮，然后才能剪裁和缝制各种器具。因此桦树皮便在鄂温克族人的日常生活中占有一定的位置，形成了独具特色的"桦树皮文化"。像桦树皮帽、桦树皮鞋等十分广泛。各种桦树皮制品，尤其是轻便实用的桦树皮容器，更是他们生活中不可缺少的日常用品。（见图7-42）

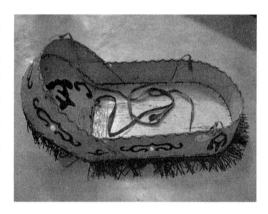

图7-42　用桦树皮制作的生活用品

在太平洋西南部，由约200个岛屿形成的汤加国，人们热衷于穿树皮做成的节日盛装。花花绿绿，蔚为壮观。汤加人把树的皮剥下，放在水里浸泡三天，然后捞出敲打数个小时，使薄厚软硬程度达到适合穿着后，再印上各种图案后晾干。

四、决定材质的土特产

任何民族的传统服饰都是自然物经由人的劳动转化而来的，每个民族所处的自然环境又为人们提供了一切所能给予的自然资源，因此，在劳动力的作用下，自然资源转化为了土特产，成了当地人们生活中不可缺少的物资条件。

（一）动物性土特产

居住在西伯利亚严寒地带的少数民族穿毛皮大衣、戴毛皮帽；（见图 7 - 43）从事畜牧业和养鹿业的居民喜穿长袍，系皮带，穿高筒鹿皮靴等；靠海河水域一带的渔猎民族多穿鱼皮制的衣裤、鞋等。

生活在松花江下游与黑龙江、乌苏里江构成的"三江平原"和完达山一带的赫哲族，历史上被称为"鱼皮部"。他们身处富饶的天然渔场，世代捕鱼为生，因此也就世代以鱼皮为衣料。鱼皮有着轻巧、暖和、抗湿、防滑等优点，因此赫哲族人揉制鱼皮为衣，磨鱼骨为扣，缀海贝壳为边饰。常穿用

图 7 - 43　与驯鹿相伴的楚克奇人

的衣服主要有：鱼皮长衫、鱼皮长裤等，鱼皮长裤一般有两种，一种是上端齐口，另一种是斜口；冬季穿着鱼皮打猎，耐磨经扯，春秋穿它捕鱼，不易透水。

"鄂伦春"是生活在我国东北大兴安岭林区的少数民族，究其名称便有两种含义："使用驯鹿的人"和"山岭上的人"。由此可知，鄂伦春族人民长年以狩猎为业，其衣裤鞋帽必然就地取材，用兽皮、兽筋缝制而成，连被褥也都是用豹皮或熊皮制成。

藏区盛产羊毛，用羊毛织成的毛毯"氆氇"是一种深受藏族人民喜爱的传统毛织品，相传已有2000多年的历史，在西藏、青海、甘肃、四川、云南等地藏族地区广泛使用。氆氇一般约宽30厘米，用手将羊毛捻成线，然后用木梭织机织成有各种颜色的氆氇，多用来制作藏袍、靴子、帽子、卡垫等。

西北地区幅员辽阔，以畜牧业为主要生产方式，当地少数民族多使用毛纺织物品，其中毛毡便是当地的特产。毛毡原料以羊毛为主，也有用骆驼毛、牦牛毛、兔毛、马毛等牲畜绒毛。毛毡制作不需要纺纱织线，是凭借毛的纤维相互缩缠粘连而成。毛毡在少数民族当中一直用处很广，披在身上可以御

寒，铺在地上可以防潮，还用来制作帐篷，冬暖夏凉。至今新疆哈萨克族、柯尔克孜族、乌孜别克族、藏族、裕固族等民族仍盛行织羊毛毡、花毡。此外，东北、西北、西南的许多民族，如蒙古族、赫哲族、鄂伦春族、鄂温克族、满族先民、彝族等也都用毛毡制作毡房、毡靴、毡帽、披肩等，具有很好的保暖防水作用。

（二）植物性土特产

东川彝家小伙在特殊的喜庆日子里喜欢穿火草领褂。火草是当地的一种野生植物，长在山上，晒干后可以做打火用的火线，所以当地彝族人称之为"火草"。每年夏末秋初，彝族青年上山采得火草，姑娘们把它和细麻线捻在一起，用土法织成火草布，再缝制成领褂。这种火草领褂很有特色，既保暖透气又柔软舒适，经久耐磨，色泽黄白，在阳光下会散射出一种柔和又耀眼的光泽。（见图 7 - 44）

图 7 - 44　彝族火草平绣男褂

德昂族善用土法染色，并用本地的植物制成染色剂。染制藏青色用野生靛蕊，染红色用紫胶，染黑色用马兰花，染黄色用黄色的叶茎或块根植物黄姜。浸染时，按需要的颜色和数量，将原料投入染缸中浸泡五到六天。这种方法，服饰色泽鲜艳持久，不易褪变。例如，远在唐代德昂族妇女就以染织五彩花布享有盛名，史书称"五彩娑罗布"。

布朗族服饰的材质也以棉麻为主，染色前，先将当地盛产的靛蓝的叶、茎浸泡于大锅中数日至腐烂，取出经搅拌、去水、沉淀后，倒于细竹篮内，即"蓝靛"。染布时，取出所需蓝靛，配以树皮，一起在铁锅中熬成蓝汁，再将白线或白布放入熬煮后取出晾干，即成蓝线或蓝布。染出的颜色，色泽柔和，不易褪色。

仫佬人喜欢穿草鞋，因为它柔软舒适，行走轻松，同时又是用廉价又易得的当地植物编制而成的工艺品。仫佬山乡的草鞋品种繁多，有竹麻草鞋、黄麻草鞋、禾秆心草鞋等。具体制法是将砍回的嫩竹放于火上烤软，用刀刮皮、抽丝、轻捶、晾干后与麻编织而成。有易做、耐穿的特点，并流传至今。

此外，仫佬族云头鞋的制作中也用到了当地特产的竹笋。云头鞋是一种布质平底鞋，主要有圆口、方口两种。鞋底为 20 多层的布制鞋底，近腿跟处多用 2 层干透的笋箨（笋皮）以增加鞋底的透气度和弹性，布料和笋箨码好后再用细麻线穿孔衲实。云头鞋面是用 4～5 层的棉布制成。底面合成后，再在鞋底涂抹多层桐油，使其具有结实耐穿、保暖、防潮、抗湿的特点。云头鞋在民国以前穿着比较普遍，后期随着胶鞋和皮鞋的普及它已基本绝迹。

粤东地区人们的服饰充分利用当地特产，夏装面料以麻、葛为主，冬天穿铺棉夹袄。民国时仍然延续服饰旧制："妇女冬日戴帕（头裙），皆用蓝布做成，夏日下地则戴竹笠，雨天戴大斗笠，穿蓑衣。鞋履有布鞋、草鞋、棉鞋和粤俗传统木屐雨天穿着干爽。"①

考古证明，古埃及人的衣服基本上都用透气性好的亚麻制成。埃及早期的耕作者利用尼罗河流域丰产的亚麻，生产出质量较高的亚麻布，并成为古埃及人主要的服装材料。作为古埃及服饰的一部分，由埃及当地的特产——纸莎草等材料编结而成凉鞋"桑达尔"有着重要的作用。古埃及的平民大多赤足，只有上层社会人士与神圣官员才能穿着。此外，作为木乃伊服饰的一部分，凉鞋还有让死者灵魂再生后依靠它行走的功能。

（三）矿物性土特产

中国岭南地区地质构造特殊，有色金属储备量大，当地人就地取材，将其制成美丽的饰品佩戴在身上。

世界上生长红珊瑚的只有三大海峡：台湾海峡、日本海峡、波罗地海峡。红珊瑚在中国以及印度、印第安民族传统文化中都有悠久的历史，尤其是印第安原住民和中国藏族等游牧民族对红珊瑚更是喜爱有加，甚至把红珊瑚作为护身和祈祷"上天（帝）"保佑的寄托物。根据历史记载，人类对红珊瑚的利用可追溯到古罗马时代。古罗马人认为珊瑚具有防止灾祸、给人智慧、有止血和驱热的功能，一些航海者则相信佩戴红珊瑚，可以防闪电、飓风，使风平浪静，旅途平安。因而罗马人称其为"红色黄金"，使红珊瑚蒙上一层神秘的色彩。现代西方人把珊瑚与珍珠和琥珀并列为三大有机宝石，是西方的"三月诞辰石"之一。

① 蕉岭县地方志编纂委员会，蕉岭县志，广州：广东人民出版社 1992 年版，第 664 页。

绿松石是古老宝石之一。公元5500年前，古埃及就在西奈半岛上开采绿松石，第一王朝时埃及国王曾派出组织精良并有军队护卫的两三千人的劳动大军寻找并开采绿松石。考古者在挖掘埃及古墓时发现，埃及国王早在公元前5500年就已佩戴绿松石珠粒。（见图7-45）

图7-45　佩戴着绿松石的喜马拉雅山脉居民

藏族对绿松石也格外崇敬，藏民喜欢把绿松石镶嵌在配刀、帽子、衣服上，至今仍是神圣的装饰用品，主要用于宗教仪式。

第四节　精神文化赋予民族服饰之灵魂

一、习俗导致代代相传

从民族生活来看，习俗似乎是一种祖祖辈辈延续下来，没有确切的解释，但又有着一种强大而神秘的力量驱使人们去这么做的生活习惯。当将其置于民族文化的层面去分析时，除去受自然环境影响形成的生活规律，大部分习俗的形成都与民族哲学与信仰相关。

礼文化是华夏文化的核心，华夏礼仪分为"吉礼、凶礼、军礼、宾礼、嘉礼"五种类型，成年礼属于嘉礼的一种，是少年成人的标志。由此，自周代始，成年礼便成了汉族人生礼仪中的重要环节，人们依据受礼者性别的不同，又分别称其为"成丁礼"和"成女礼"，代表不同性别的服饰便在这种身份转换的仪式中起到了象征性的作用。中国古代汉族男子成年礼被称为"冠礼"，以加冠为主要特征，所以又称作"及冠"；女子成年礼被称为"笄礼"，此时应把长发盘成发髻，再用簪子固定，又称作"及笄"。

　　与中国的色彩习俗相反，日本新娘的婚礼服都是白色的——丧服的颜色——象征着她在父母心中已经死去，并在生前永远不离开丈夫的家。女儿出嫁时，家里要进行清扫并用烟熏，这是移走尸体后的净化仪式。结婚时，新郎新娘都忌服紫色，因为紫是最容易褪失的颜色，因此被认为预示婚姻的短暂。（见图7－46）

图7－46　日本婚服

　　在东西方文化中，长发似乎是引起情欲和俗念的刺激物；而短发则被看成纯洁、禁欲的象征。因此，某些基督教的修女就像佛教的尼姑一样，要削去长发，以此作为虔诚入教的凭证。"韦斯特马克指出：'诸如此类的概念可能导致了另一种风俗习惯，即妇女结婚后要剃掉自己的头发。丈夫们企图用这种方式保持妻子对自己的忠诚。'"① 如古代墨西哥的特拉斯卡拉人结婚时，

---

　　① 布雷多克著，王秋海等译：婚床，北京：三联书店出版1986年12月第二次印刷，151页。

男女双方都要剃掉头发，以此表示"从此将放弃年轻人从事的任何活动。"此外，斯巴达的新娘在举行婚礼的这一天，也要剪短自己的头发。

中国汉族和许多少数民族都有戴银的习俗，但只有苗族人将银饰文化发展到了极致，并成为她们文化生活及风俗的重要标志。苗族是一个世界性的迁徙民族，足迹曾达到过世界除非洲以外的四大洲，之所以尚银，是因为苗族人深信银器会为自己带来幸福和好运，驱邪逐祟、防阴戕害。苗族银饰最早用于巫术、祭祖、宗教、辟邪、定情、节日等重要活动，发展至今，不论是在盛大节日还是日常生活，苗寨中的每一个人依然以佩戴银饰为荣，进而形成了苗族人以大、重、多为美的银饰佩戴风格。

佤族是典型的山地民族，崇尚红与黑。因其祖先将天空视为红色，大地视为黑色，天与地、黑与红的融合象征着世间的和平与吉祥，所以无论哪个支系的佤族妇女服饰，均以黑色为服饰的主要色彩，并间以红色。就连佤族民歌中也唱道："白衣衫我不爱穿，我爱穿深色黑衣衫，亚摆花白我不爱，我爱红罂粟花"。

白马藏族，俗称"白马人"，是一个具有悠久历史和独特民俗风情的少数民族。沙嘎帽是最具典型特征的白马服饰，无论男女都戴这种羊毛制作的白色毡帽，毡帽上插着一到三根白鸡毛，别致又有象征意义。沙嘎帽的由来，与一个美丽的传说相关。相传很久以前，封建统治者派官兵进攻白马人居住地，白马人寡不敌众，惨遭杀害，只剩三千多人退藏至深山中。一夜，被俘的白马人戎鲁探听到官兵欲突袭白马后，便设法连夜逃走，回去报信。他翻山越岭，饥饿疲惫，昏倒在一座山梁上。在官兵越逼越近，形势危急之时，山顶上一只白色公鸡引颈长鸣，惊醒了昏睡中的戎鲁，使白马人得以脱险。从此，白马人就在毡帽上插白色雄鸡尾羽，以纪念那只立功的雄鸡。

白色，在藏族人眼里，是圣洁、纯净的象征。在藏族神话传说中，居住在雪山的长寿五姐妹全身皆着白，连坐骑也是白色的狮子。《格萨尔王传》中的格萨尔王穿戴一身洁白。居住在青海湖南岸的阿尼玛卿山神驾白马、披白衣。其他山神也大多化身白人、白牛、白狮等动物，再穿佩白色衣饰。因此，藏族传统中，有贵客来访时，要恭恭敬敬地献上洁白的哈达。藏族妇女的头饰"巴戈"上装饰着一条醒目的白色珠带，由几十串洁白的珍珠组合而成。迪庆尼西藏族妇女则喜着白色褶裙。这生活中处处可见的尚白习俗表明了藏族人对神话的崇拜演变成了代代相传民族习俗。

土耳其女子在结婚的前一天有洗"新娘澡"和"染指"的习俗。新娘穿着华丽的绣满花朵的大袍戴白巾，晚上洗过"新娘澡"后，由新娘的嫂子或媒婆将新娘的双手手心和手指染成石榴红色，寓意吉庆、喜悦、美满。

荷兰的木鞋同郁金香、风车一道被称为荷兰的国粹。木鞋造型优美、做工精致、图案各异、色彩明快，加之上翘的鞋尖、敦实的帮底，整体看来如同一只袖珍的小木船。在荷兰人的传统民俗中，青年男女订婚时，男方要把自己亲手制作的木鞋作为信物送给女方。如果男方送给女方的木鞋做得精美又很合脚，那么女方就会认为男方是一个勤劳能干的小伙子，且诚心诚意地爱她，将预示着婚姻的幸福美满。因此，大多数荷兰男人从小就开始学习做木鞋的技术，以便将来能够做出精美合脚的木鞋送给未婚妻作为订婚的信物。

二、艺术营造美好氛围

民族服饰之所以能给人带来精神上的赏心悦目，因为它除了包裹人体满足生理需求外，还附加了许多人文情感和艺术创作。灵动多姿的造型、寓意美好的图案、变化万千的色彩、琳琅满目的配饰，这些是一种文化，也是一种语言，折射出不同民族独特鲜明的审美情趣，为民族服饰营造出美好的艺术感受。

（一）丰富的服饰造型

造型是民族服饰最重要的元素之一，每个民族有着独特的造型审美取向。汉族服饰中，深衣不仅从文化上代表了尊卑有序的儒家文化，更从审美的角度为传统汉服增添了含蓄的韵味。例如，魏晋时期的女子深衣——杂裾垂髾服。相比较之前的深衣，其主要的变化在下摆的幅度，下摆被裁制成几个上面宽下呈尖三角形的衣片，然后层层叠缝形如旌旗，而得名为"杂裾"。"髾"是在围裳中伸出两条或数条的飘带，名为"襳"。走起路来这些飘带随风飘起，彰显了女性的柔美。东晋画家顾恺之的《仁智烈女图卷》画中女子便穿着这种服饰。

燕尾服是起源于英国的男士最高级别晚礼服，因造型和颜色与燕子相似故得此名。18世纪初，英国骑兵骑马时，因长衣不便，而将前下摆向后卷起固定，露出其花色的衬里，没想到成就了气质挺拔、造型美观的燕尾服。燕尾服产生后，很快遍及全英国。到了18世纪晚期，已经在欧美大部分国家风靡起来了。

日本的平安时代，外交政策由积极的对外交流转变为自我封闭，国风盛行。其传统和服在原有的形制基础上开始追求精致奢华之美，如结构上趋于宽松，衣袖变得宽大很多，服饰色彩呈现多样化，着装制度日益完备。其中最具时代特征的便是和服中的"十二单"，其穿着层数繁多，是当时礼仪规格较高穿的宫廷女性礼服。具体穿法为：先穿多层广袖上衣，领子层层压叠着，围上厚重及地的"唐裙"，然后再在外面套上宽大的广袖上衣。"十二单"虽形制繁缛，但极富层次感，给人以庄重高贵的美感。（见图7－47）

图7－47　平安时代的"十二单"

精致优雅的纱丽是印度妇女最具代表性的传统服装。虽然从视觉上看纱丽像一条结构巧妙的连衣裙，但实际上，它的主体只是一块宽约0.9~1.2米，长约4.5~11米的布。其横向一端有精美的边饰纹样"宫嘎特"（Ghungat），一般采用织花或刺绣的方式进行装饰。作为缠裹型服饰的典型，纱丽既凸显出女性身体的美好曲线，又不失隆重典雅，体现出的是雍容馥丽的异域风情。

高腰襦裙是朝鲜民族的传统服饰，女款以短袄长裙为主，短上衣看似简单，结构却十分严谨。例如，衣襟、衬领、飘带、下摆，这些部位都要求左衣襟和右衣襟均为无纽扣，又自然妥帖地加以连接。襦裙装整体线条流畅，肩部处理方式类似现代的连袖衫，衣裳连接处的蝴蝶结蓬松优雅，裙摆为多褶的钟形，像一朵微开的郁金香，衬托出朝鲜女性柔美、雅静的特质。

（二）奇异的服饰图案

图案是民族服饰中不可或缺的组成部分，它不仅是民族文化的符号性标志，更是的民族审美的艺术升华。阳雀即太阳鸟，吉祥阳雀源于土家族西兰卡普的传说，是土家族织锦中常用的一种吉祥纹样，象征春天到来，寄托土家人对美好生活的追求和向往。荷花，也称莲花，象征洁净高雅，又因莲蓬多子，被寓意为生命繁衍的含义。中国白族喜欢在布料上扎染荷花，作为吉祥和爱情的信物。巴旦姆是新疆的一种野果，被视为吉祥的瑞果，因其果实坚硬，而代表了伟大力量和坚贞不屈的精神。因此巴旦姆图案排列有序、别具一格，是维吾尔族常用的一种吉祥纹样。如意，本身是汉族人最吉祥的祝福词语，又指一种赏玩的器物，还是象征吉祥的藏传佛教的佛具。如意作为吉祥的象征，不仅以实物的形制出现，同时还变化出心形、灵芝形、卷云形等，并与其他物象组合成吉祥图案，对中国传统图案艺术产生了重大影响。

银泡，象征烁烁闪亮的星星和月亮。在民俗信仰中，星星象征多子，月亮是生育女神，云南地区的傣族、景颇族、哈尼族、拉祜族、彝族等民族以代表星月的银泡装饰衣物，便是祈求人丁兴旺，世代昌盛。彩虹，象征光明美好，寓意吉祥幸福。朝鲜族的七彩衣，土族和基诺族的彩虹衣，都是彩虹在服饰中的化身。盘长，是佛教"吉祥八宝"图案之一（法轮、右旋海螺、宝伞、华盖、莲花、宝瓶、金鱼、盘长），图案本身盘曲连接，象征绵延不绝，寓意幸福绵长。与其类似的涡旋纹是由数个单线回旋成圆形的旋涡有序地组合而成，其含义，有人认为它象征太阳，普照万物；有人认为它像牛头上的旋涡纹，用来表达对祖先的怀念；还有人认为它象征蕨菜，能治百病。苗族、水族等民族服饰中都有涡旋纹，寓意吉祥美满。苗族将大自然中的花、鸟、蝴蝶等图案纹样绣在衣裙的不同部位，形成了花中套鸟、鸟中套花、图中有图的艺术效果，反映了苗族人民对生活的无限热爱和对大自然的深刻感悟与崇尚。

佩斯利花纹最早出现在古巴比伦，然后传入印度，并在印度流行起来，成为印度克什米尔地区的一种特色织物图案。它形似腰果，圆脑袋瓜儿小尾巴，也似泪珠，模样单纯谨慎，很中性。相传佩斯利涡纹旋花纹的图案多来自菩提树叶或是海枣树叶，而这两种树具有"生命之树"的象征意义，因此也赋予了这种图案一定的神话色彩。此外，不少人也从杧果、无花果断面、松球上找到它的影子。总之，佩斯利花纹具有细腻、繁复、华美的艺术特征，寓意着吉祥美好，连绵不断。（见图 7-48）

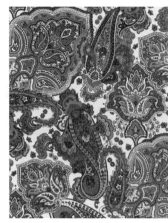

图 7 - 48　佩斯利纹样的现代设计

　　四叶，自古以来都是马耳他十字架的象征，用以表示幸运。特别是四叶中的苜蓿，作为幸运的象征，在欧洲民间极为普遍。例如，欧洲民间有这样的习俗，姑娘到了该出嫁的年龄，就要在家门口挂上一个四叶的苜蓿，那么从这门口进入的第一个男人就有可能成为这家姑娘的丈夫。

　　生命树纹样是产生于美索不达米亚地区的圣树纹样之一，象征着神秘而伟大的力量。最常见的生命树纹样由两部分构成：中间的圣树和圣树两侧对称的圣兽或贵人。生命树纹样在亚述出现之后，逐渐向东西传播，并大量应用于建筑、染织纹样上，至今已是世界纹样的基本式样之一。

　　日本传统染织纹样造型大致都较小巧、精致，线条细腻。云气纹、小几何纹、小簇花纹普遍地出现在染织纹样中。表现出的是日本人纤细的情感，力图在简约错落的外表下，蕴含无穷的趣味和深邃的意境，反映出一种调和的美。（见图 7 - 49）

　　印度尼西亚松巴岛生产的扎经织物以华丽著称，当地人称作"亨奇"（Hinggi）。纹样一般呈横条状，3 至 11 条不等，最中间的一条为主花，穿时显露。纹样均作对称形，题材多为动物、人物，含神话、宗教、生

图 7 - 49　图案丰富的和服

活、中国瓷器、荷兰金币等。不少纹样被赋予特定的象征意义，如鹿表示国王的狩猎场；马表示王室牧场；鱼和鸟表示王室繁荣等。

（三）民族服饰色彩

色彩是民族服饰最为醒目的元素，表达的是每个民族对自然的向往以及对美好的追求。云南省河口瑶族自治县的瑶族女装有着巧妙的配色：上衣为无领无扣斜襟黑色长衫，下为黑色长裤，襟边、袖口、裤口有挑花图案，红色的包头坠的红色毛线与衣服上的红色镶边、黑色挎包上的红色毛线装饰相互呼应，形成红与黑的强烈对比及完美均衡的统一。（见图 7－50）

图 7－50　少数民族对色彩的喜爱

苗族的服色则与祖先的迁徙路线有关。例如，裙子下摆各色条纹表示迁徙中经过的山川河流，蓝色条纹象征水浪，红色象征红河，黑条上的花纹寓意祖先曾在此定居，繁衍后代，其中也充满了尊祖归宗的意味。

云南佤族服饰多以棉布和麻布为制作原料，棉布多以自种棉花捻线织成，麻布用山间野麻煮洗捻线织成。以棉或麻为原料制作服装，未经染色，就已呈现出一种天然纯朴的材质美。佤族人染色多选用植物汁液、动物血或矿物质染料，由黑、白及红、黄、蓝三原色构成，也有绿色或其他混合色。以沧源佤族妇女筒裙为例，上部多为黑色，下部多用红、黄、蓝、白、黑等色彩，色彩通过散发着纯朴风格的棉布或麻布表现出来，使筒裙在浑厚粗犷、对比强烈中又不失朴素之感。

汉族崇尚红色，以红色象征喜庆、富有。在传统的中国式婚礼中，新娘要穿红衣红裤，腰系红带，头顶红绫，脚穿红鞋。新郎必须披红，入洞房时还要盖红巾。彝族崇尚黑色，婚礼中新娘穿黑衣、乘黑轿、顶黑巾，寓意高贵。云南盈江傣族（旱傣）女子成婚之日，即撤去少女时期一方黑布披搭而成的头帕，换戴高高的笋壳帽，并染黑牙齿。欧洲的民族传统尚白，典型的西方婚礼中，新娘嫁衣全部为白色，身穿白色薄纱拖地长裙的礼服、白头纱、白内衣、白鞋袜，象征纯净与圣洁。

古埃及地处沙漠地区，日照充足，尼罗河给古埃及带来的富庶让美的概念早早地植根于人们的日常生活之中。古埃及人制作首饰的材料大多效仿天然物体的色彩：黄金是太阳的颜色，而太阳是生命的象征，古埃及法老的首饰多以金色为基调；白银代表月亮，也是制造神像骨骼的材料；青金石仿似保护世人的深蓝色苍穹，从阿富汗开采而来；来自西奈半岛的绿松石和孔雀石象征尼罗河的生命之水，也可用利比亚沙漠的长石甚至绿釉料代表尼罗河河水，它赋予万物以生命；尼罗河东边沙漠出产的墨绿色碧玉像新鲜蔬菜的颜色，代表再生；红玉髓及红色碧玉的颜色像血，象征鲜活的生命。（见图7-51）

图7-51 古埃及配饰

（四）优美又实用的服饰配件

配饰的运用可谓民族服饰的亮点。围腰是中国少数民族十分重要的服饰配件，其装饰方法多种多样，常用的有织花、刺绣、挑花、蜡染、银饰等。云南石屏彝族服饰中的围裙就很有特色，围腰呈"凸"字形，中间镶着四方形为芯，周围用彩色丝线刺绣着各种彝族人喜欢的花草，再用细银链吊在脖子上，身后打个长长的蝴蝶结。蝴蝶结走起路来随腰身摆动，别具风韵，形成了别致独特的"尾饰"。

挎包作为佤族服饰不可缺少的一部分，多由土布编织，一般以红色、黑色和土布本色为质，以中黄、大红、深红作为配色，色调纯正内敛。包上所使用的纹样类似筒裙，一般用彩线织成几何图案，并加以长形野生白色芦谷米镶嵌成的"十"字花纹。疏密相间的白色野生芦谷米在这些粗细不一、色彩对比强烈的条纹中，显得尤为耀眼，衬托出挎包古朴又不失艳丽的美。

东部苗族花鸟帽以湘西地区的花鸟帽为代表，为无顶环形花冠。它的帽冠上加工有凸纹动物、鸟、蝶及花卉，经银匠精心制作，以簧形银丝焊连，作颤枝处理，突出立体装饰性，极富层次感。银帽整体轻、薄、美，帽檐下低垂一整圈银流苏，苗族少女举手投足间，银花晃动、流苏轻摇，眉眼生情、顾盼生姿，整个银帽被注入了生命的活力。

在母系氏族时代，苗族出嫁的一方并不是女人而是男人，在出嫁前男人要被装饰一新。牛是苗族的图腾，人们觉得水牛是非常强壮有力的动物，尤其是它的两个犄角更是威风凛凛，和新郎的雄壮非常辉映。于是就将水牛的角绑到出嫁的男子的发髻上，以此来显示男方的健壮。人类进入父系氏族时代以后，出嫁的人变成了女人，但装饰牛角的习俗还是沿袭了下来。后来苗族人觉得将牛角绑在娇媚的新娘头上太过笨重，于是就用木材雕刻成水牛角的形状来代替真正的牛角；再后来，随着生产力水平的发展，苗族人们开始用一种金属——银来打造牛角，用银打

图7-52 苗族姑娘的银牛角

造出的牛角华美异常，装饰效果极佳。流传至今，银质牛角便成了苗族女性非常重要的首服配饰。（见图7-52）

北美印第安人的羽毛博尼特帽十分壮观，只有特定地位的首领才有资格佩戴，是权力与地位的象征。制作羽毛帽要用一顶皮卡普帽（较为合体的帽子，主要包括头颅帽和长筒袜帽），上面装饰珠子，绣花和带发头皮——北美印第安人从敌人头上割下带发头皮作为战利品，以及猫头鹰的羽毛，用白色棉布做帽尾，再用藏蓝哔叽缠绕，最后用红色羊毛织物包住染色羽毛的根部。

头纱是最古老的女装头饰之一，它表达了女性特有的优雅、稳重、恭顺的举止，浓重了婚娶和丧葬的气氛，在不同地区又代表不同的意义。穆斯林教要求妇女外出时用方巾遮盖整个头部和部分面容，甚至只允许露出双眼，更甚者连方巾的双眼部分也是网织的。

西方贵族阶层佩戴的香盒坠是一种装饰精美，可以打开的小盒，通常为球形。主要挂在妇女的腰带或项链上，也有男士随身携带，或拿在手里，或藏在衣服里。盒内装有香水或固体香草，走到哪便把芳香带到哪。

三、信仰凝聚核心宗旨

（一）图腾崇拜痕迹

"图腾"（Totem），源于北美印第安人奥季布瓦氏族阿尔衮琴语，有"亲属""标记"的含义。人类考古和民族学的大量资料已经证明，图腾崇拜是人类最早的宗教形式——"1885 年，罗伯逊·史密斯在其研究阿拉伯人和闪族人的宗教著作中率先提出了图腾崇拜是一切宗教的起点。弗洛伊德在心理分析的基础上发展了史密斯的宗教起源图腾论，认为图腾崇拜是一切宗教和一切文化、一切道德以及社会组织的起源。杜尔凯姆从社会学的角度出发，在《宗教生活的基本形式》中进一步发展了这一理论。他认为，宗教起源于社会本身和社会需要，被视为神圣的物体象征着整个社会。图腾便是象征社会的最好例证。在澳大利亚人中，最神圣的是图腾标志和各种象征符号。杜尔凯姆在图腾崇拜的现象中发现了宗教性质的来源，认为图腾崇拜是人类最早的宗教形式。"① 曾普遍存在于世界各个原始民族之中，推动着原始社会的发展和人类自身的进步。

图腾崇拜之所以产生并普遍存在原始民族之中，究其功能，是原始人们为了促进两种生产：物质生产与人自身生产，也就是为了使自己的族群食物丰足、人丁兴旺。一般认为，图腾文化产生于旧石器时代中期，到原始社会末期走向衰落。它随着社会的发展而不断变化，大体上分为早、中、晚三个时期。早期的图腾意为"我的亲属"；中期的图腾引申为祖先的某种物象；晚期的图腾则指作为保护神的某种物象。与此相适应，产生了三种不同时期的图腾观念，即亲属观念、祖先观念和神观念。这是一种把人和崇拜物之间的关系作为研究客体的划分方式，而本文探讨的是图腾崇拜在民族服饰上的体现，因此采用以图腾物的所属物种为分类依据，将其划分为三大类：动物图腾、植物图腾和自然物图腾。无论哪种形式，服饰都伴随着它的产生和发展，记录着古老民族的精神点滴。

1. 动物图腾崇拜的体现

动物是图腾崇拜的主要对象，在人类社会的早期，原始人的生存条件极

---

① 廖杨：《图腾崇拜与原始宗教的起源》，广西民族研究 1998 年第 1 期。

为险恶，毒蛇猛兽不时地威胁着人们的生命安全，使他们产生了恐惧感并用各种方法抵御各种威胁。而当某种动物有益于他们时，他们却又会对这种动物或植物产生好感，进而用敬畏和崇拜的方式将动物幻化成民族的亲人、祖先或保护神，以期得到自然的庇佑。

苗族把对神兽修狃——牛的崇拜，变成了穿在身上、戴在头上以及刺绣在布上的图腾。相传，天和地在远古之时是连在一起的，人在其间伸不直腰。天神"府方"看到人们处于困境，便驾着神兽修狃将天地分开，用金银造出日月，将苗族人从混沌中解救出来，这修狃就是神牛。神牛在苗绣中的形象非常丰富，有水牛、犀牛，还有类似麒麟的怪兽——头顶一对弯弯的大银角，身披五色斑斓的麟片，拖着一条扫帚样的大尾巴，苗族称之为"牛变龙"；形态也各式各样，有的仰天长啸，有的昂首阔步，有的打架，有的吃草。贵州丹寨县苗族妇女的衣袖上有一种传统纹样，叫"窝妥"，描绘的是水牛头上的主旋纹。而苗家姑娘头上大大小小的各式银角、木梳，也是对牛角的一种模拟。

布依族也以牛为图腾，这从黔西南布依族妇女的包头中便可看出。这里的妇女每天清晨都要精心包裹着头上向左右伸出两个尖角的帕子，花色有紫青色、白色，或青底花格，形状恰似水牛角，故称"牛角帕"。"牛角帕"的两只尖角被裹得长长的，十分挺拔，象征着布依族人对牛的尊崇。

牛图腾也普遍存在于古代印欧语族群。在蒙古北部诺颜乌拉6号冢出土过1世纪的银片牛面饰物，绥远出土过雕有一对公牛图像的铜片。月氏人是河西走廊最早的居民，其位于嘉峪关市西北约20公里处的黑山岩画中有头戴牛角冠饰的人物群像，其冠饰正与且末县扎衮鲁克墓葬出土的装饰有牛角形状的毡帽及吐鲁番胜金店M13出土的木制牛角形冠饰实物相一致。公元前1000纪后期塞克人的康家石门子岩画中也存留大量戴牛角形状毡帽的人物。近代考古工作者还在吐鲁番墓葬中发现过装饰有牛角形状的毡帽和木制牛角冠饰。

苗族人对枫树和蝴蝶的崇拜也在其民族服饰中表现得淋漓尽致。例如，苗绣中的蝴蝶有的与自然界中的蝴蝶一模一样，有的则做了艺术加工——蝴蝶两翅间或腹部长出了胖胖的脸，脸上有圆圆的眼，亲切而慈祥，这便是"蝴蝶妈妈"的理想形象。湘西泸溪、古丈南部和吉首东部地区的苗族男女均围白色头帕，帕角绣着青色花蝶，朴素而美观。台江地区苗族姑娘的重要妆饰银冠上点缀着一对银蝴蝶。黄平苗族蜡染花布中也有被艺术化了的蝴蝶，纹样对称工整，构图严谨。

古羌是中国西部最原始的民族之一，长期的畜牧生活使羊图腾成为古羌文化的显著特点，表现在羌族服饰上，便是戴羊角形头饰和身披羊皮和羊毛。例如，羌族传统的舞蹈"老羊歌"中，羊的扮演者便头戴羊角帽，穿羊皮袄，走在队伍最前列，以羊的形象消灾驱邪。古羌人喜欢在脖颈上悬挂羊毛线模仿羊，此传统延续到现代便是每年举行的羌族冠礼上，冠礼人也要在脖子上围绕白色公羊毛线和五色布条。除了戴羊帽、围羊毛，男女皆穿的羊皮背心和羊皮褂，以及羌族挑花图案"四羊护花"也是羌人羊图腾崇拜的反映。

纳西族是崇拜蛙图腾的丽江土著居民与崇拜羊图腾的南迁古羌人相融合而形成的民族，因此，关于纳西族独具特色的民族服饰——"披星戴月"便体现出了两种图腾崇拜的融合。"披星戴月"类似一个披肩，下半部分用羊皮剪裁出类似蛙的形状，上半部分接缝黑色布料，并在黑色布料的接缝处并排钉着七个彩绣圆形布盘，圆心各垂下两根白色的羊皮带，代表着北斗七星。穿着时，白色的披肩长带由肩部至胸前交叉为十字结，再系于腰后。"披星戴月"将本民族的图腾与自然物相结合，象征着纳西族妇女的勤劳。

还有一些民族与纳西族服饰类似，体现出了羊图腾与其他图腾的融合，如滇西地区的彝族常穿羊形的羊皮褂，同时因彝族崇拜黑虎，所以彝族人的羊皮褂也以黑为美；普米族崇拜羊和白虎，所以羊皮披肩以白色为贵。

非洲班巴拉人崇拜羊，因此部落中到处可见成年男子头上有两只角——梳成羊角状的两束头发。

虎在原始人心中是勇猛与威武的象征，人们相信虎有超乎自然的神力，因此便对虎产生了崇拜。伏羲时期的虎图腾部落便分为黑白两支：现在的彝族、纳西族、傈僳族、哈尼族、拉祜族等是黑虎支，服色尚黑；普米族、土家族、阿昌族、白族等为白虎支，服色尚白。

唐代时，藏族、羌族的勇士们以披虎皮戴虎头帽为最大的荣誉；土家族、彝族、白族、汉族等都有给儿童戴虎头帽穿虎头鞋的习俗，寓意孩子健康强壮；凉山彝族男子在胸前佩戴虎爪，为的是驱魔辟邪；珞巴族祭司——纽布参与祭祀等重大活动时，穿缀饰有虎牙、豹子和鹰羽的法衣；永宁地区纳西族摩梭人结婚时，新娘要带着虎皮，既是护身符又有象征自己是虎族血亲的意思；土家族服饰传统图案以虎纹居多，如"台台花"便是由虎而来的几何纹样；傣族喜欢虎的文身，并以此象征英武和勇敢。

鱼象征多子多福，因此也被许多民族视为部落图腾。洱海白族姑娘曾喜戴黑色或金黄色布料制作的"鱼尾帽"，鱼头在前，鱼尾后翘，上缀银泡或白色珠子代表鱼鳞；她们还常穿海水蓝色的上衣，袖口和衣襟上也缝缀银泡。云南红河地区的哈尼族少女装束中有鱼形银坠和用金属打制的鱼饰腰胸、挎包，女子出嫁时要将许多金属鱼缝饰在帽子上。此外，儿童的裹背上也绣着鱼的图案，象征平安吉祥。黑衣壮族妇女所佩戴的双鱼对吻的银项圈，也是鱼图腾的体现。

鸟图腾崇拜在越南图腾崇拜文化中占有举足轻重的地位，因此越南原始印纹陶和传统布料中都有鸟形的出现。在非洲，富尔贝人崇拜风鸟，因此族人都独留头顶上的一绺，而剃光四周的头发，远远望去，恰似一个鸟冠。布领里人也用食肉鸟的头部为冠，或戴上乌鸦的头，他们还把图腾动物的齿、角绕于颈部，为的是护佑这个头与躯干相连的关键之处而保全性命。乍得湖附近的黑人用两块木片镶于唇的上下，模仿他们崇拜的动物——或为蛋圆形，或为鸟嘴形。这种仪式在婴孩出生后不久举行，初时用小模型，成年后就改镶固定的模型，最大的直径约为10英寸。

刚果北部的黑人或磨尖牙齿，或毁损上门牙，或拔去一部分牙齿，为的是模仿其部落崇拜的斑乌、猫、鳄鱼的牙齿。当特维人的豹氏族有成员死亡时，哀悼者要用红色、白色和黑色黏土在自己身上涂一些斑点，作为豹的象征。尼日利亚一些部族人的脸上刺刻着蝎子、公鸡、箭镞等图腾图案。苏丹罗图佳部族中，男子要在其成年礼时，在脸和身上刺青龙、白虎、雄狮、兀鹰等图腾形象。在安哥拉以蛇为图腾的部落中，青年人用树根或植物纤维织成蛇皮般的衣服包裹全身。东非豹部落的战士无不肩披整张豹皮，以羚羊为图腾的香巴人则必披羚羊皮。

2. 植物图腾崇拜的体现

植物图腾是万物有灵信仰的重要组成部分，一般来说，被崇拜的植物在神话中大多与本民族的关系密切——或植物生人或者植物救人，体现在服饰上，便是多用植物本身进行装饰，进而达到标记或驱邪的目的。

　　对葫芦的崇拜习俗在南方各民族中流传甚广，如侗族神话故事中便有葫芦救侗族始祖的描述。因此侗族人至今仍有在腰间挂葫芦和葫芦状绣片、葫芦形荷包的习俗，妇女盛装中有葫芦形的腰帘裙等。苗族有关于葫芦救命的传说，因此服饰中的葫芦大多是为了表达对其的感激和崇拜。汉族民间葫芦图腾的运用也较为广泛，其中葫芦形的肚兜与荷包最常见。

　　中国长江以南是竹子的主要分布区，由此便有了一些以竹为图腾的少数民族。例如，傈僳族、彝族、高山族、傣族、壮族、藏族、佤族等都流传着竹生人或者竹救人的故事。尤以古代夜郎国，即"百濮"族后裔对竹的崇拜最具特色，他们崇拜竹，并称自己为"竹人"。竹图腾的民族在服饰上有些相同的特点，首先是服色尚青：苗族中的"青苗"便是以竹为图腾从而服色尚青的；布依族亦尚青，爱好淡雅清洁，《贵州图经新志》中便记载着明代布依族妇女用青布包头，着细褶青裙。仫佬族也喜着青色服饰，整体风格素朴而简约。其次以竹为装饰：贵州地区的苗族妇女至今还在头顶上绾髻着两块竹片，以此表示对竹子至高无上的崇拜；苗族先民祭祖时巫师们戴的竹面具等被称为神竹用具；仫佬族崇拜竹，仫佬妇女便常戴一种用竹子编的杨梅竹帽，其工艺精巧，品种繁多，有方眼帽、六角眼帽、圆顶帽、尖顶帽、放鸭帽、小人帽等，轻便大方，用途广泛，既可遮阳，又可避雨、挡风；布依族女性将一种用布包上一尺左右的竹子横戴在头上当作帽子，以表示对竹子的喜爱。用图腾物穿耳是原始氏族的普遍现象，以此区分氏族或祈求保护，如土家族先民巴人戴竹耳环，以此表示自己是竹的后裔；台湾高山族平铺人自幼用竹穿耳，并渐换竹节；基诺族至今仍延续着竹管穿耳的习俗。最后是竹图案的运用，如台湾高山族男子在胸部或下膊"文竹"，以此祈求图腾物对个人和族群的保护。

　　侗族人的图腾崇拜是将榕树和月亮结合在一起的。他们认为榕树是庇佑儿童的神树，原是长在月亮上，月亮没有榕树便不会发光，因此侗族人织绣的背带上，月亮和榕树纹样常常同时出现。

　　满族人崇拜柳，相传远古洪水把天神用身上的泥做成的人都淹死了，只剩下最后一个人因为抓住柳枝而幸免于难。柳枝将他带到一个安全的石洞后化为女人，并和他生下后代，因此柳枝不仅是人类的救命恩人，还是人类的祖先。满族人不仅喜欢把柳穿戴在身上，还在祭祀的时候用新鲜的柳条做成各种神偶，女萨满和众人身围柳叶，儿童则在头上戴柳条编的鱼形帽。

　　维吾尔族先人以树为图腾，虞集的《高昌王世勋之碑》中便记载了一个关于双树生子的神话故事。树之子不仅能治理国家，自然界中的树还可以遮阳避雨，因此维吾尔人的服饰中便有许多树木和植物的图案，比较典型的是少女服饰中的"艾迪莱丝"丝绸纹样。

　　3. 天象图腾崇拜的体现

　　日月图腾是原始民族自然物崇拜的重要内容。哈萨克人崇拜太阳，认为自己是太阳的后裔，因此哈萨克族女子在喜庆的节日喜穿红色连衣裙，戴红色帽子；太阳是蒙古国的象征，蒙古族人崇拜太阳，因此他们常穿红色衣服，戴红色帽子，推崇象征幸福、热烈、胜利的红色；布里亚特蒙古人的帽子是蓝色的，帽缨是红色的长穗，象征着蓝天和太阳的光芒；同样是崇拜太阳，朝鲜族人认为太阳的光芒是白色的，因此他们喜爱穿白色的衣服；五彩袖长袍是土族女子的特色服饰，袖子从肩部到袖口的颜色依次是红、绿、黑、黄、白，不能颠倒，红色居首位，象征着对太阳的崇拜；在侗族的古老传说中，其始祖曾在洪水泛滥

图7－53　土族姑娘的五彩袖长袍

的时候用九个太阳晒干洪水，拯救万物，从此侗族人对太阳心存感激，儿童外出时大人要在孩子肚脐周围用锅烟画太阳纹，以此祈求得到太阳神的保护。（见图7－53）

　　彝文典籍《古侯》和《勒俄特依》中均记载了彝族先民与日月做斗争的事迹，但因感受到自然力的强大和不可抗拒，彝族人便开始了对日月的敬畏和崇拜。喜德地区妇女的头帕上绣有太阳纹；彝族中老年妇女经常戴绣有银质太阳和星辰纹样的荷叶帽；那坡县者祥等地彝族男子的右开襟低领上衣的

胸正中缀有一块称之为"挡花"的民族标志，其图案便是光芒四射的太阳。

佤族崇拜日月，因为太阳给白天带来温暖，同时让月亮在夜晚给人们带来凉爽，为了报答日月的恩情，佤族人在胸、肩背部和手臂上文刺日月的图案，祭典时在耳垂洞里塞一簇象征太阳的红毛树叶，参与祭典的人带黑、青、白色的布包头，祭司、首领、英雄和德高望重的老人则戴象征太阳的红布包头。祭鬼时传统祭司兼首领"窝朗"要穿胸前绣有日月的祭服，表示日月永存心中。

为了祈求太阳神的保护，瑶族人把各种太阳图案绣到服装上，侗族人将太阳纹样织绣在服装和背带上。基诺族人认为太阳给万物带来光明和希望，月亮带来凉爽和露水，因此基诺族男子的上衣背部缝缀着"日月花饰"，"日月花饰"直径10多厘米，用红、黄、绿、白等丝线绣在18厘米见方的黑布中，再缝于衣背上。花饰上的彩线有的呈放射状，像太阳的光芒，有的彩线平缓温和，像如水的月光。同时，在基诺族人的衣服和背包上也经常可以看到太阳花和月亮花的图案。

除了民族服饰，人们还将对日月的崇拜融入民族配饰中。珞巴族人背上佩戴着象征日月的"俄隆"——直径约20厘米的圆形铜盘。石屏彝族妇女的坎肩领围上绣着太阳花——一种由红色补花和银泡绣成的三角连续纹样，胸前戴着象征月亮的银质饰物"火拨姆"。拉祜族人在节日祭礼时，一些地区的神事会准备两顶"接年帽"，一顶代表太阳，一顶代表月亮，另外还要用白色土布缝一个接年挎包，上面用黑布缝两个圆饰，分别代表着太阳和月亮。

非洲科尼吉亚人信奉太阳，因此在头顶上立一个小车轮，周围的头发四散纷披，犹如四射的光芒。

除了日月图腾，对水火的崇拜也出现在诸多民族的服饰之中。彝族的整体装束都用火纹装饰，银质的头饰和项圈也用火镰纹和火焰纹，其构成基本形涡纹和勾状纹经过不同的形式组合后，产生了丰富的效果；白族妇女的鞋上刺绣着火焰的纹样；蒙古族服饰中也有火纹的出现；侗家人崇拜水，因此服饰中便常常出现水波纹、旋涡纹和井字纹；藏族服饰和蒙古族服饰中也有水的纹样。

水族亲水也崇拜水，因此水族人崇尚水的颜色——青、蓝、白、黑，其民族特色的"水家布"便以青、蓝、绿色为主。在服饰色彩上，无论男女老幼，也都以水的颜色为主。

（二）特殊符号标示

民族服饰除了用象形的方式表达氏族的图腾崇拜，还用一种由象形变化而来的特殊符号标示民族的精神意图。这种特殊符号大多具有象征性，与象形的方式比较起来有更大的隐喻成分。

1. 发式特殊符号

"三撮毛"是中国基诺族男子的传统发式，具有符号性的象征作用。民族学专家杜玉亭在 1958 年到基诺山做实地考察时，还能见到基诺族男子头顶两侧和脑门各留一撮长发的"三撮毛"发式。这种符号性发型或者说怀念祖先和父母，或者说感念孔明，或者说保护自身，其象征意义至今没有定论。

凉山彝族男子的发髻"天菩萨"也是一种表达民族文化的特殊符号。据考察，从古至今，大凉山彝族男性无论老幼都在头顶至前额之间留一绺头发，其余的都剃光，长度从一米至三米不等，并盘成发髻。彝语称其为"助尔"，汉语译为"天菩萨"。彝族

图 7－54　彝族天菩萨

习俗中，"天菩萨"在盘成发髻时，只能从右至左顺时针方向盘绕，反之则是人死后的盘法。"在平常的日子'天菩萨'一般不散开，在晚上睡觉时也是挽成髻而眠，只有'毕摩'和'苏里'在举行规模较大的作法仪式时，如送魂等，才会将发髻散开。让几米长的头发随着苏里的鼓声、毕摩的念经声拽动、飘扬、癫狂、舞动的长发平添了几分作法现场的气氛和神秘感。"[1]（"毕摩"是从事宗教祭祀活动的祭师，"苏里"为驱鬼除邪的人）此外，彝族男子相信"天菩萨"象征生命，在战场上能保佑平安，是吉祥之物。彝族祖先认为若没

---

[1]　苏小燕：凉山彝族男子发髻"天菩萨"的文化内涵，民艺之窗，2005 年 9 月，总期 149 期。

有了"天菩萨",人死后就得不到祖先的认可,灵魂就更无安身之处。由此可见,"天菩萨"是彝族原始宗教观念的符号性表达。(见图7-54)

2. 具象文字特殊符号

文字是语言的符号性表达,当人们需要在服饰中寄予某种愿望时,文字便被当作一种符号添加进了服饰纹样,直接标示出其包含的特殊文化意蕴。

传统汉族服饰,祝福性的文字常作为一种纹样直接出现在服饰和纺织布料上。例如,围腰上的"招财进宝",荷包中的"西去遇宝""富贵"等文字,直白地表达出民间百姓对于财富的追求;荷包上的"福如东海",儿童围脖上的"长生不老",民间枕顶上及袍、褂布料中的"寿"字纹无不透露出人们对生命长久、福气安康的渴望;荷包上的"五子登科""连中三元"等文字符号,显示出人们对仕途前程的美好期盼;民间儿童肚兜上的"榴开百子""麒麟送子""天赐麟

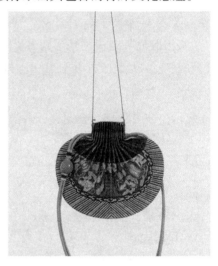

图7-55 寓意美好的荷包

儿""长命百岁"表达了人们对"良儿"的祈盼;鞋垫上的"永结同心""双喜",以及绣花鞋头上的"双喜""同偕到老"等,是汉族人祈求婚姻幸福美满、吉祥如意的美好愿望;山东高密地区女儿出嫁时刺绣的文字纹对联,传达了父母对儿女深厚的感情寄托。(见图7-55)

此外,服饰中的文字符号还可用于表达传统信仰,记载民间曲艺,抒发文学艺术情怀,记录政治文化。例如,汉族女子的凤尾裙中的"日""月",耳帽刺绣的"干雨""雷声"等,反映出人对大自然的崇拜之情;人们以文字的形式把民间戏曲人物形象、故事情节等刺绣到民间服饰上,简练而明确地表达出民间戏曲文化和风俗习惯;民间枕套上刺绣的书法诗文,荷包上的诗词名句,体现了人们对文字的尊崇以及对文字纹所表现出来的艺术美感的欣赏;"文革"时期的儿童小袄上绣着的"红心向党""红小兵"字样,枕顶上出现的"移风易俗""破旧立新"等,都如实地记录了当时的政治环境,以及民众的政治态度。

3. 抽象文字特殊符号

在汉族服饰文化中，"卍"字符号并不陌生，但究其源起，却为外来之物。它源于藏族先民之一的羌人文化，如果再往前追溯，古波斯、希腊、印度等地区都有它的遗迹。"西方一些研究者认为最早的卍形纹饰可以上溯到公元前一千多年，见于埃及第十二王朝时期的域外的塞浦路斯和卡里亚陶器残片上。欧洲的卍形纹饰在各个地区都能见到，而且其出现的时间也很早。考古发掘表明，早在欧洲的青铜器时代（约当公元前三千年至一千年），几乎所有类型的卍形纹饰就见于欧洲各地了。希腊与塞浦路斯的卍形纹饰，主要见于陶壶上；日耳曼的卍形纹饰，主要见于青铜带饰上；斯堪的纳维亚半岛上的卍形纹饰，主要见于武器、化妆品和衣饰上；在苏格兰与爱尔兰，卍形纹大部分见于石雕上；在英格兰、法兰西和伊特鲁利亚，卍形纹饰则主要见于青铜小饰物，如别针之类。小亚细亚与西亚等地也有卍形纹。其中特洛伊城遗址出土的卍形纹饰数量最大，也最为集中。卍形纹主要见于纺锤、壶、瓶以及贵金属饰品上。美索不达米亚出土的史前碗的花纹中有卍形纹。印度的卍形纹很早就遍见于各处，并且颇多标准的卍形纹。似乎至少可以上溯至公元前二世纪初。中国最早的卍形纹饰，似乎见于辽宁省敖汉旗的小河沿文化层中。"①

此外，"卍"字符号还是婆罗门教、佛教中的符号，佛教认为它是佛祖释迦牟尼胸部所现的"瑞相"，是三十二相之一，被称为"吉祥海云相"。"卍"字符号也是西藏雍仲苯教的密语之一，代表"永生""永恒""长存"之意。佛教在西藏的广泛流传，使"卍"字符号在藏族服饰中被普遍使用：明清时期的藏族武士装中的白色狍皮裤的膝盖处有一块圆布，布上便有"卍"字符号，名为"夏多"；至今在西藏的后藏地区（拉萨、山南地区称为"前藏"，日喀则地区则称为"后藏"）还能看到人们把"卍"字纹绣在衣服背部或刺在身上，成为文身符号；现代藏北妇女还有一种名叫"滚多"的头饰，由白色小海螺串联而成，上面也有用红珊瑚串成的"卍"字符号。藏族女性头上佩戴的辫筒、腰带上挂的荷包等都绣有"卍"字，衣服、腰带、袖口、领子、鞋帮、袜垫等生活必需品上也绣有"卍"字变体。

---

① 朱炳祥、普珍：彝族吉符"卐、卍"研究，《云南社会科学》2001 年第 5 期。

图7-56 卐字纹在民间工艺品中的运用

"卐"字符号自唐代传入中原，至武则天长寿二年（693），饬令天下百姓，定此符号读"万"音，"卐"字符号便在汉族及其他少数民族服饰中普及开来。在汉族民间服饰中，由"卐"字组合而成的图案具有祥瑞之意，如"卐"字四端延伸而产生的锁链花纹绵长不断，有富贵绵延之意；"卐"字的四方连续图案给人以旋转的动感，具有很强的装饰意味；明代汉族官服中，也有"卐"字纹样的出现，以示官员的威严和权贵；湘西苗族的一领挑花围腰上，肩部、胸部、腰部绣了好几对"卐"字纹样，胸前还有"长命富贵""福禄寿"等字样与其组合，表达了祝福绵长的含义；楚雄彝族将"卐"字绣在他们的围腰、肚兜上，取"卐字不断头"的美好寓意。（见图7-56）

在山西平遥民俗中，生育礼俗和丧葬礼俗穿着的服饰都体现出"卐"字日夜轮转和生生不息的意味。每逢寒食节，家长要给孩子制作一个戴在脖子上或缝在肩上的"红蓝蓝纸"，以驱邪趋吉。"红蓝蓝纸是用硬币大小的布片串成一串，三岁以下用红色布片，三岁以上用彩色布片。在最上面串一个纸制的公鸡，再串上一个蒜瓣或纸叠的笔架，有的则串一个纸制的'笤帚'，寓意扫除阴霾雾瘴，最下面是一个布条的穗儿。最后要在布片上画一个卐字。"[1] 寄托了父母家人对孩子健康苗壮成长的美好期望。在老人的丧葬礼俗中，孝子孝孙的孝帽上绣着一个卐字，麻绳上的装饰品也有卐字，表现出对生命生生不息，无限延续的期待，与卐字本身所带有的万物轮转的宗教意味相符合。

藏语中，"十"字纹样被称为"加珞"，给人"慈善""爱抚""与人为善"的感觉，在藏族服饰中得到更普遍的运用。它常常被连织，衬以底色，

---

① 冯良珍、陈晨："平遥民俗中的卐崇拜现象探析"，《中原文化研究》2014年第2期。

用色条将其分成单元，以各种颜色装饰，形成美丽的图案；西藏山南地区氆氇（藏族地区出产的一种毛织品）的主要纹样便是"十"字；藏族人喜欢用有序或无序的"十"字纹样的彩色氆氇装饰靴子和藏袍的领口、襟边等，独具特色；此外，门巴族和珞巴族的袍靴上，也时见"十"字纹。

在世界各国民族文化中，"十"字纹样也是普遍出现的。"早在公元前两千年，埃及、古希腊、印度等地曾出现过20多种'十'字纹样的图案。希腊所有'十'字纹样的边长都相等，它给人以平衡感。在西方，'十'字纹样作为一种符号，似乎使所有的力量都像凸透镜聚光那样聚集在它上面。十字架是古罗马帝国的残酷刑具，一般用于处死奴隶和无罗马公民权的人。救世主耶稣也是被钉死在十字架上的，因而它成为基督教信仰最重要的象征符号。基督教教堂的建筑设计用十字形的布局；英国皇家禁卫军骑兵头盔的正中，也有一个光芒四射的十字，它是战士冲锋陷阵、视死如归的象征。当然，同样是红十字，缝在军服上，也可以成为侵略的符号。中世纪以罗马教皇为首的天主教会，勾结封建统治者所组成的军队，以'十字军'为名，对东地中海沿岸地区发动侵略性远征，史称'十字军东征'。"①

"十"字符号是泰国北部兰那时期服饰中重要的纹形之一。这种纹形是太阳的标志，在东北部被称作灯笼纹。后来发展成为由一个中心向四周发散八个角或是四个角的纹形，在老挝、印度尼西亚的服饰及纺织品中也有出现。

4. 几何形特殊符号

几何形作为一种抽象的特殊符号，在新石器时代的彩陶装饰图案中就大量出现，一直沿用至今，是延续时间最长的装饰纹样。

湖北省马山一号墓中出土了战国时期楚国的织物，质地为素织单色丝织品，有的刺绣图案以菱形结构遍布整个表面；汉代女装的袖口已经有了几何形纹样；唐代的连珠纹样是由许多小圆形连接在一起再组成一个大圆形，内含鸟兽形象的团花图案；宋锦由唐代蜀锦发展而来，其中便包含了大量的几何纹样。

几何形是彝族刺绣中普遍使用的图案，它以简洁、有序、精美、易于制作等特点被彝族人民喜爱。楚雄彝族服饰刺绣图案中较常见的几何纹样有十

① 戴平著：中国民族服饰文化研究，上海：上海人民出版社1994年9月第1版，第314 - 315页。

字花、八角纹、盘绦纹、回形纹、人形舞蹈纹等。这些绣片主要用于装饰服装上容易磨损的部位，如托肩、衣襟、肘部、袖口、下摆、裤脚等处，采用以花补洞的方法，即把刺绣、挑花或者贴布的图案制作成大小适合的小块后，再缝制到服饰上。

赫哲人在吸收了汉文化图案艺术精髓和俄罗斯、阿尔泰等其他民族的造型艺术手法，创造出了几何图样拼贴纹饰，纹样采取三角形和菱形，或黑白或杂色的有秩序的拼贴，清新质朴，透着秩序之美；抽象的几何纹样是蜡染图案的重要组成部分，云南苗族传统蜡染中的几何形图案，多传承自远古纹样，如蟠螭纹、云雷纹、乳丁纹等；布依族蜡染中也有多种形式的几何形纹样，如菱形纹、圆圈纹、三角纹、齿形纹、方格纹、曲线纹、云雷纹等；藏族和瑶族裙子中最具代表性的便是大量出现的线条粗犷、色彩对比强烈的横格；阿昌族服饰中典型的几何图案有三角纹、菱形纹等；基诺族妇女的衣裙镶有红黑条纹花边，既增加了美感，又象征着基诺妇女对爱情忠贞不移的美德。

哈尼族服饰中，几何纹使用最广数量最大，使用范围遍布哈尼族的每一个支系，主要包括：方形纹、菱形纹、回形纹、三点纹、水波纹、犬齿纹、万字纹、雷纹、三角纹、折线纹、条形纹、锅齿纹、云纹、八角花纹等。这些几何形纹样多用于上衣肩背部、腰部、两襟、袖子的装饰，也用于头帕、腰带和护脚套的绣饰。除了在服饰上绣出几何图案以外，银泡银币在服饰上的钉缝也以几何形式展开，如在衣襟、底摆等位置，把小银泡钉成连续的三角形等。此外，直线和水平线的装饰形式也颇受哈尼族人喜爱，哈尼族支系僾尼人在服装背部绣上复杂多样的十字挑花，更加充分说明哈尼族对几何形纹样的偏好。（见图7-57）

图7-57　哈尼族服饰中的几何纹样

几何纹样在白族服饰的刺绣图案中是不可或缺的一部分，其主要从服饰的形式美为出发点，设计出无特定意义的点、线、块、格、圆、角等几何符纹及其变化图案，如白族日常服饰及饰品上的麻子点、梭针眼、锁齿边、压脚线、条条花、扭扭花、拐角线、散针线等。

泰国传统图案中的几何形纹样主要有螺纹、圆形、点纹、鱼齿形、半圆形、四边形、锥形、环形等。其中鱼齿纹在泰国各地的服饰中比较常见。这种像鱼牙的锯齿纹通常分横、纵两种纹路，有时也会一起出现在布料上，北部的山民会用绘制有鱼齿纹的布料挂在墙上做装饰用。（见图7-58）

图7-58　泰国服饰中的几何纹样

日本传统染织纹样以悲哀、幽玄、清丽的情趣为主，几何形纹样主要有麻叶纹、网眼纹、石岩纹、龟甲纹、市松纹、鳞形纹、折八角纹、鹿子纹、曲线纹、格子纹、纱绫纹、七宝纹、青海纹、立涌纹、菱纹、水竹纹、山菱纹。

第五节　民族服饰特色的集中

一、同民族不同生存环境的同中之异

即使是同一个民族，由于居住地区不同，穿戴亦有差异。中国阿尔泰地区的哈萨克族牧民冬季多戴羔皮或狐皮三叶帽，用色彩鲜艳的缎子做面料；伊犁地区的哈萨克牧民则戴圆形皮帽。

常年过游牧生活的布里亚特人的民族服饰与蒙古人的服饰基本相同，夏天男子穿右衽绲边蓝色长袍，袍子长及脚面，喜扎红腰带。上挂鼻烟壶、火镰和刀子。脚穿皮靴，靴尖向上翘。妇女穿腰部带褶的长袍，外套坎肩。男子戴尖顶皮帽，帽后有两条飘带。女子多戴用毛皮镶边的布帽，帽后垂绸穗，

夏季包头巾。妇女喜戴戒指、手镯、耳环，还喜欢把饰物挂在前额和肩上。布里特亚人的服饰有别于蒙古人的只是袍子的衣袖较短。

祖先为芬兰乌戈尔民族的科米人主要生活在俄罗斯地区，因长期与北俄罗斯人混居，因此服饰也近似北俄罗斯人。男子穿粗麻布斜领衬衫，女子着肥大的衬衫，外套萨腊范，系腰带。所不同的是科米人男子外穿粗呢背心，戴鹿羔皮帽，妇女爱穿翻毛鹿皮靴。

苗族发源于中原地区，现主要分布在湖南、贵州、重庆、云南、广西、湖北、海南等地，在黔、湘、鄂、渝、滇的交界地带也有较大的聚居区分布。地理环境复杂多样，社会进步程度差异大，历史服饰留存丰富，与不同民族聚居等因素，使各地苗族服饰外观与结构呈现较大的差异。结合其主要特点可概括划分为湘西、黔东、川黔滇、黔中南以及海南五大类。（见图 7-59）

湘西地处山地、丘陵地带，苗族男子多穿着裤装，女子多穿着百褶裙，为的是在山间谷地行走的快捷和田间劳作的便

图 7-59 短裙苗

利，同时也为在湿热的环境中更加舒适、透气。黔滇地区位于云贵高原腹地，受大气环流及地形等因素共同影响，气候呈多样性，有"一山分四季，十里不同天"的说法。因此该地区苗族服饰种类繁多，围裙、坎肩的穿用使服装款式更加多变。由于海拔升高，该地区平均气温有所下降，除了对襟短衣外，男子上衣还多了大襟长衫，保暖性较短衣有所增加，长衫左右开衩，也有利于山间活动。女子服饰同样以百褶裙为主，但裙子长短因所处地方不同而有所差异，高原地区多中长裙，海拔相对较低处多中短裙。例如，雷公山周围的高坡地带，盛行短裙，这部分苗族自称"敢淖"，俗称"短裙苗"。短者仅20 厘米左右，一般都在膝盖以上。平时穿四五条裙子，节日时则穿七八条不等。海南岛地区四周低平，中间高耸，以五指山、鹦哥岭为隆起核心，向外围逐级下降。山地、丘陵、台地、平原构成环形层状地貌，梯级结构明显。

因总体海拔较低，处于热带地区，妇女常年均穿深蓝色圆领右偏襟及膝单衣，下为蜡染短裙，裙为上衣所掩，长与衣齐。这样的款式利于抵御炎热的天气，也便于在多水域的地方生活、劳作。因海南日照强烈、昼夜温差大，这里的苗族人还多了一些防晒的帽饰和早晚御寒的服饰配件。

汉族服饰经历长期的发展演变，至今已经形成整体西化的着装风格。然而，在贵州安顺，还有一些汉族人的服饰传统至今还在延续。

明朝初年，贵州安顺一带曾大量驻扎着政府调北征南的军队，他们的驻扎地被称为"屯堡"，这些军人和他们的眷属就是现在"屯堡人"的先辈。作为外来移民的屯堡人以其独特的建筑、虔诚的信仰、古老的习俗、浓重的乡音成就了与当地众多少数民族差异极大的"屯堡文化"。（见图7-60）

图7-60　屯堡妇女服饰

屯堡妇女至今仍穿着一种颇具古风的过膝长衫——"大袖子"，其特征为低领、大袖、右开襟、两边开衩，前襟及袖口镶有黑色宽布边和细窄的小花边，腰间黑色的腰带缠绕数圈，腰带外围黑围裙。她们的发式也十分独特，两侧头发向后梳时要盖过耳朵，脑后盘发髻，罩马尾丝线发罩，再插上垂着一根银链子的发簪。额前不留发，包白色或黑色头帕，耳坠造型简洁。过去还常穿一种白布高筒的绣花翘尖"凤头鞋"。居住在屯堡周围的是众多西南少数民族，他们的民族服饰大多结构繁复、色彩浓艳，而屯堡妇女却保持着简洁、素雅的服饰传统，究其原因，是屯堡人和当地的少数民族在文化上的

"各自恪守"，并以其完整的形制成为汉族传统服饰中的一个特例。

二、不同民族聚居一处的异中之同

在民族杂居的大环境中，各民族之间的文化交流及生活条件和社会观念的改变必然导致民族文化的相互渗透与交融，服饰也不例外。

新疆阿维滩村是一个生活着汉族、哈萨克族、维吾尔族和回族的民族聚居村。新疆大学的毛蕊蕊在其论文《阿维滩多民族村生活民俗的相互影响研究》中对其多民族的聚居情况进行了深入的调查研究，其中关于民族服饰的相互影响有如下的论述："为了便于生活、生产，村中少数民族男子的服装开始趋向于汉族男子，如老年人多穿中山装；成年男子多穿中山装、西装、夹克；而小伙子则喜穿夹克、牛仔裤等新式服装。在服饰色彩方面，虽然传统中维吾尔族、哈萨克族女性服饰的色彩较为丰富，但现在她们逐渐学习汉族所穿的流行服饰，色彩趋向于简单化。……由于长期与汉族生活在一个村子里，一些少数民族妇女逐渐开始学习汉族妇女穿运动衣、运动裤、运动鞋。"[1] 由此可见，在多民族聚居的地区，每个民族在保留本民族服饰传统的基础之上对他族服饰文化进行选择性地吸收，从而促成各民族之间服饰文化的相互影响。这种影响不是简单的趋同，而是各民族根据自身生产、生活的实际需要进行的自我调适，从而形成的多元民族服饰文化共生。

云南省玉溪市通海县兴蒙乡的蒙古族自元朝时就迁徙云南，至今已 750 多年。因长期处于云南多民族聚居的特殊地理环境中，使他们的生产、生活方式产生了极大的变化，服饰的款式、色彩、功能等更是随之改变。以妇女服饰为例：蒙古族女性喜欢穿色彩鲜亮、对比强烈的连身蒙袍，还喜欢在蒙袍外套一个坎肩式的无袖长袍罩。而兴蒙乡蒙古族妇女则穿长短相间的"三叠水"，这是一种第一层、第二层衣服都只长及臀部的套装，只有第三层及腰长的对襟夹布坎肩在形式上与北方蒙古族的无袖长袍罩类似。蒙古族妇女的传统头饰为"顾姑冠"，这是一种向上高耸二至三尺，上大下小的帽子。兴蒙乡蒙古族妇女的帽饰虽也有筒状高台，但却有斗笠形式的帽顶。不仅造型不同，二者的材质也有很大差异，顾姑冠以木为骨，外包红绢，上缀珠玉，顶

---

① 毛蕊蕊：阿维滩多民族村生活民俗的相互影响研究，新疆：新疆大学，第 29 页。

插木枝、翎毛等装饰品，而"高台斗笠帽"① 则由竹篾编制而成，帽顶的斗笠与云南元江、新平一带花腰傣的"鸡枞帽"十分类似。北方蒙袍的领口、袖口、衣襟边缘及开衩处多用金银丝线织就的各色库锦或虎、豹、水獭、貂鼠等动物的毛皮装饰，常用图案有"盘肠""云益卷"等。而兴蒙乡蒙古族妇女服饰的领口和袖口则镶、绣桃红色为主的花边，样式有锁边花边、渔网式花边、狗牙花边、龙鳞花边、行节花边等，领口、袖口和衣服边缘也不再用毛皮装饰。北方蒙古族着靴，主要为布靴和皮靴两种，而兴蒙乡蒙古族妇女只在重要的节庆活动中穿绣花鞋，鞋面为黑色棉布，鞋头绣鸡冠花，后跟绣孔雀开屏，鞋帮上用五色花线绣满各种鲜花，花瓣中央还镶着彩色亮片。由此不难看出，兴蒙乡蒙古族服饰虽然保留了一部分传统特征，但也清晰地显露出与云南地区其他少数民族共居一处而产生的风格同化。（见图 7－61）

图 7－61　兴蒙乡蒙古族妇女的帽饰

四川省盐源县的长柏乡是川西南高山地区一个多民族的聚居地，主要生活着彝族、藏族、蒙古族、汉族等。虽然生活在此的汉族人不多，但其独特的服饰风格却充分体现出不同时期不同民族对当地汉族服饰文化产生的多重影响。

---

① 常雯婕. 文化交流、融合进程中民族服饰的流变——以通海兴蒙乡蒙古族妇女服饰为例，云南大学，第 7 页。

　　据当地人介绍，长柏乡的汉族是清代中晚期从湖广或川中迁徙而来的，存留着晚清风貌的"晚清服"是他们最有特点的传统服饰。与满族服饰类似，"晚清服"为立领（夏装无领）、右衽的长衫，主要为蓝色，也有深绿、粉红等。长衫外套黑色马甲，下身着长裤和绣花平头鞋。周锡保先生在《中国古代服饰史》中就清朝汉族女性的着装有如下表述："汉族妇女仍沿前明形制，以上身着袄、衫，下身束裙为主，或者再加上一件较长的背心。到后期则又流行下身不束裙而只着裤子。"① 由此不难看出，"晚清服"与晚清时期的汉女着装确有着相似之处。

　　虽然长柏乡的汉族女性总体上保留了迁徙之前的服饰形制，但从许多细节中还能看到他们迁徙至此后，对相邻少数民族服饰文化的吸收与借鉴。例如，当地的汉族妇女用长约丈许的黑色宽大布巾在头上缠成的巨大包头。纵使旧时汉族服饰中也常常存在包头习俗，但如此硕大的包头实属少见，所以他们很可能是受了崇尚头饰的彝族人的影响。在大凉山区，黑彝女子的包头就是这样素黑无饰，大如磨盘。盐源地区彝人的头饰虽然与此迥异，但总体造型也是高耸硕大。此外，盐源地区泸沽湖畔的摩梭妇女盛装时也颇讲究盘头头饰。除了硕大的包头，"晚清服"上的装饰也颇具少数民族风格。例如，袖子上节节分割、条条重复的图案，领、肩、襟部缘边的带状花纹，无论是结构还是色彩搭配都不是汉族服饰的特征，反倒与周边彝族支系服饰十分相近，由此不难看出，当地汉族人吸收了周边少数民族的服饰文化，形成了不同民族聚居一处的异中有同。

三、注重族源，崇尚繁衍

　　每个民族注重族源，崇尚繁衍的美好愿望从本质上说，就是对生殖的崇拜，体现了人类族群对繁衍的重视及祈祷。

　　《苗族古歌》中有这样的叙述：枫木变成蝴蝶妈妈，蝴蝶妈妈生出人类的祖先姜央，然后才有了苗族。蝴蝶是苗族人心目中的妈妈，因此苗族服饰常以蝴蝶形象为装饰，暗含了生殖崇拜的原始意图。湘西泸溪、古丈南部和吉首东部地区苗族男女的白色头帕上都绣着青色蝴蝶；贵州台江地区苗族姑娘

---

　　① 周锡保：《中国古代服饰史》，中国戏剧出版社 1984 年版，第 485 页。

的银冠上，也有一对银蝴蝶。苗族人民把对蝴蝶的崇拜，外化于服饰之中，是对母神崇拜的表达。

河南淮阳人祖庙会上有一种民间舞蹈，称《担花篮舞》。传说是从万古龙花会流传至今。舞者着一身黑，头上裹五尺长的黑纱包头，黑纱下边缀有长穗，象征龙尾。舞跳到兴处，舞者背靠背而过，两"尾"相碰，象征伏羲、女娲交尾之状，是人类对祖先生殖活动的赞美。（见图7－62）

图7－62　现代民间担花篮舞

在台湾传统民间汉文化中，鱼和莲花都因多子，而成了生殖崇拜的代表性图案，常见于服饰刺绣中的有鱼衔莲、鱼咬莲、鱼戏莲叶间、群鱼闹莲、连（莲）生贵子等，表达了人们祈祷多子多福的美好愿望。

鱼对许多民族而言，都是族群的起源和生殖的化身。云南红河哈尼族的人们认为远古的混沌是由海里一条能生万事万物的神鱼打破的。神鱼扇动鱼鳍，开辟天地；张开鱼鳞，抖洒出万物之神。神又生神，众神合力，把四根柱子支在神鱼身上，地就稳了。因此，哈尼族少女喜欢用金属打制的鱼形装饰在服装、挎包等处；女子出嫁时要用许多金属鱼装饰帽子；孩子的衣饰上，丰满稚拙的大鱼也是刺绣的主题；奕车女子的紧身短裤上也有源于神话故事的四角与四绳。

　　在我国包括壮族在内的许多少数民族曾盛行过拔牙的习俗，拔牙的目的出自先民对于生殖的崇拜。拔牙的仪式都发生在青年男女性成熟之时，故才有先拔牙而后婚嫁之俗，即拔牙是为了让婚嫁的男女增强生殖力以有利于后代的繁衍。

　　佤族魔巴祭服上除了日月、牛头等，还有一种不易被人看出，但意义重大的图案——"司岗里"。佤语"司岗里"意为"石洞出"或"葫芦出"，佤族人认为人类是在岩洞"司岗里"中诞生的，因此它便成了佤族人心目中的圣地。其形状，据去过"司岗里"朝拜过的佤族人说，像女性的生殖器。因此魔巴在拉木鼓时穿的"法衣"坎肩前襟下摆处，要用银泡或鹿角果镶缀出一对"司岗里"，祈祷着族群的兴盛与壮大。

　　云南石屏县彝族妇女服饰从领口向袖口、下摆织绣着散射状的火焰纹，犹如太阳喷发的烈焰。川滇彝族以太阳代表女性，月亮代表男性，女子坎肩或外衣的领口上也织绣着太阳纹。这些服饰现象不仅反映了彝族先民对太阳的崇拜，更表明了太阳女性化的宇宙观。彝族自古便有将宇宙万物按形状大小分为大雌小雄的母系意识，他们认为太阳养育万物，女性创造生命，用太阳装饰女性或将太阳女性化，都是对生命的赞美和崇拜。

　　在彝山，父辈、祖辈要给新生婴儿戴虎形帽，穿虎形肚兜，着虎形鞋，为虎族又添后代之意；背娃娃的背布上有"八方八虎"图案，是祈求神祖八方护佑，孩童妖邪难侵；妇女围虎形围腰，则表达为虎族多孕虎子的美好愿望。世居滇南红河流域的彝族"纳楼部"祭祖时，

图 7 - 63　彝族儿童的虎头帽

必须在祖先的塑像上披虎皮，因为传说中这位祖先的诞生是因其母与虎有感应而怀孕，因此出生后可以人化虎、虎化人。云南双柏县彝族在一年一度的"虎节"上都会举行延续多日的盛大仪式，从"接虎"到"送虎"，明示了人与虎祖的亲缘关系。（见图 7 - 63）

永宁摩梭人结婚时，达巴会给新娘绘制四件礼物——海螺、花盆、铜盆和虎皮为护身符，其中虎皮为人首虎身，有以此纳归为虎族血亲的用意。白族尚白，也以虎族自命。云南祥云县禾甸一带的白族就流传着一个感人的传说：相传，一位白族姑娘梦与虎交，醒后有了身孕，产下男婴便以虎为姓，孩子成年后化为白虎跑进山林，护佑白族同胞。因此，当地白族奉白虎为祖先，并自称"劳之劳农"，意为虎的后代。另外，蒙古族也尚白，并与其祖先的诞生有关。传说元太祖成吉思汗的十世祖孛端察儿的母亲寡居在家，夜里梦见白光自天窗进入，有感而孕，生下了孛端察儿，这便是成吉思汗承认的蒙古族祖先。因此，蒙古族人尚白，穿白色蒙袍，住洁白的蒙古包，都传递出对白虎赐祖的感恩之情。

春天的乡会是越南北部京族及其他少数民族生殖信仰中最普遍的一种表现模式。开乡会时，男女青年在祠堂前、寺庙前、庙会上通宵对唱。穿着纱衣和白色宽松裤子，戴着黑头巾，拿着黑雨伞的男方为"恋哥"，穿着三层衣，戴着系戴斗笠的女方为"恋姐"。他们有的情侣对唱，有的两男两女对唱，曲调非常丰富。这样唱过几个晚上后，虽然男女青年还是回到自己的家中，但关系已经更加亲密了。

古代叙利亚妇女习惯把木雕阳具随身佩戴，作为护身符。法兰西妇女也有佩戴小型男根的习俗。贝壳在远古时代便是玄牝的象征，并与生殖相联系。在民族学资料中，有在苏丹及其他一些地方，妇女佩戴由贝壳穿成的腰带，期望由此获得生殖力的记载。

四、渴望幸福，寄托深情

服饰是世界各民族人民传递情感的重要纽带。对生命的迎接，对成长的祈盼，对爱情的呼唤，对亲情的传递，这一切一切对幸福的渴望都倾注于手中的一针一线，让服饰焕发出蓬勃、真挚的人文之美。

新生命的降生，对于每一个民族而言，都意味着血脉的延续和族群的壮大。云南昆明地区的彝族人在孩子出生前，会为其准备好一整套"虎衣"，主要包括虎头帽、虎头鞋和虎纹肚兜，这不仅是将孩子纳入"虎族"，更是期望幼小的生命能够在虎的护佑下茁壮成长。佤族妇女分娩时，要准备一条自己的裙子用来包裹出生后的孩子，这与许多民族的传统类似——婴儿出生后，迅速把孩子洗净，再用旧衣服把他包起来，亲友来贺，也送旧衣服，特别是那些儿孙满堂、健康长寿的长辈的衣服，更是有着美好的寓意。

肚兜是汉族聚居地区最常见的儿童服饰品之一。给孩子穿肚兜，不仅是为了防风御寒，保护肚脐，更包含着驱邪避病消灾，使娃儿能平安健康的美好愿望。陕西临潼一带孩子的肚兜叫"裹肚儿"，上面绣着一只巴掌大的蛤蟆蛙。相传女娲开天辟地之时，传给后裔的唯一一件服饰就是形似蛤蟆的裹肚儿，因此大人们给孩子穿上，希望他们茁壮成长。除了蛤蟆图案外，还有绣葫芦、南瓜等多籽果实，寓意多子多福；绣大红牡丹，表示富贵；绣鲤鱼跳龙门，祈望孩子长大后金榜题名。

山东民间孩子带的花兜兜上，用七色彩线绣了五样虫蚤儿——蛇、蜈蚣、黄蜂、蝎和小龙，在端午节给孩子穿上，有驱虫避邪的功能。其实，绣五毒的小孩儿衣服在中国其他地区也相当常见，有的只是图案上有细微的变化，如另一种五毒图案为蝎子、蜈蚣、毒蛇、蟾蜍和壁虎，虽然内容不尽相同，但穿"五毒"的主要寓意都是希望孩子趋利避害，健康成长。（见图7-64）

图7-64 绣着五毒的肚兜

在藏族人的生活中，海贝、象牙等具有普遍认同的象征意义。他们把小海贝挂在婴儿的手腕和头发上，或缝于小孩儿背布中，以祈求宝宝健康吉祥，并像海贝一样洁白无瑕。此外，藏族传统中儿童服饰上也会绣上"吉祥八宝"中的图案，如在背布上绣莲花，再挂上一个海螺，是给孩子带来福运的象征。

在西南地区的水族传统中，外婆在婴儿满月时都要给外孙两件礼物：一是凤冠帽，二是凤凰背带。意为初生儿获得两件灵物的洗礼，在今后的人生旅途中无论遇到怎样的困难他都能走能飞，逢凶化吉，美好如意。麒麟也是水族人民喜爱的神兽之一，含义为早得麟子。水家人喜欢将它打造成银饰佩戴或刺绣于背带上，以祝颂生育聪智、仁厚的后代。例如，"麒麟送子"图案中，一只强壮威武的五彩麒麟，背驮着两个顽皮的孩童腾云驾雾走来，周围是彩花和飞蝶，喻义着祥瑞的降临和圣贤的诞生，表达了水族人民对儿孙的美好祝愿。

水族传统将"地母娘娘"，也被称为"苏宁喜娘娘"尊奉为"送子娘娘"。由此，水族小孩儿的帽子正上沿通常订有7个或9个银制的"苏宁喜娘娘"，她们个个慈眉善目，貌态安懿，以求保护水族后代茁壮成长，水家人丁兴旺。

青海农区的藏族人在小孩儿出生后，还要请活佛推算小孩儿衣着的颜色，并以此种颜色作为孩子的幸运色，认为可庇佑小孩儿，使其平安、吉祥。青海藏族还忌讳在孩子出生前为孩子置办新衣，他们通常只准备一些旧衣物等待孩子的出世。在他们的观念中应该是人等衣裳，而不是衣裳等人。

在青海藏族地区，还有一种类似于汉族的剃头礼。一般会在婴儿出生后的第三个年头举行。举行仪礼的时间大多选择在正月初三，仪礼内容主要包括剃发和着装两项。剃发的具体时间以日出时为最佳。给婴儿剃发的人应是家族中有威望的男性长辈，如爷爷、父亲、舅舅等。剃下的胎毛由父母揉成团并与羊毛混合，再用针线缝在一起，固定在后背衣领处，一般在一年后取下来。牧区藏族的孩子除了佩戴胎毛外，还要佩戴贝壳和铃铛。无论是胎毛还是贝壳、铃铛，都是受宗教习俗影响而形成的人们观念中的护身物，它们能够祛病护身，免除灾难，保佑孩子健康平安地成长。除藏族外，裕固族和蒙古族都有本民族的婴幼儿剃发礼，并且也有具体年龄限制，裕固族娃娃一般在一至三岁；蒙古族则要区分男女，男孩在三至五岁，女孩在二至四岁，且此过程都有喇嘛参与其中。由此不难看出，剃发典礼应当是信仰藏传佛教的民族所共有的一种礼仪。其作用是宣布孩子已经脱离死神的危险，能够继续茁壮成长。

在任何一个民族中，爱情的表达似乎都离不开服饰。彩带是畲族历史悠久流传广泛的手工艺织品，又称"拦腰带""带子"等，在畲族女性服饰文化和婚嫁文化中占有重要的地位。彩带在日常服饰中可以用于服装边缘的装饰及固定拦腰、绑腿等服饰品，还可用作背篼带、裤带等。除了广泛的实用功能外，彩带还是畲族青年男女的定情信物。按照传统习俗，畲族男女定情之时女方都会送上自己精心织成的彩带作为信物。白底的彩带中间以黑、红、青、绿色织出几何形图案，不同字符又代表不同寓意，如"田"代表继业，"王"代表诚心，"日"代表日间工作，口字中间加一点代表怀孕等。

　　云南大姚县的三台彝族地区有一个颇具特色的服装节，叫赛装节。据说是为了纪念美丽的彝族姑娘阿米尼而来的。相传，阿米尼爱上了勇敢厚道的猎人阿塔西。为了让他也爱上自己，阿米尼照着阿塔西送的锦鸡上的彩色羽毛绣出了一件五彩斑斓的羽衣。看到穿着羽衣光彩照人的阿米尼，阿塔西渐渐爱上了她，两人最终结了美满的婚姻。为纪念他们的爱情，每年农历的三月二十八日，姑娘们都要盛装参加一个服装比美大会。她们不但穿着自己精心制作的服装，还不时悄悄退出舞圈，换上更美的衣服。此时，在舞圈外一同跳舞，并借此机会寻找意中人的小伙子如果爱上了哪位姑娘，就会把自己带来的精美礼物送给她作为爱情的信物。

　　居住在云南昭通、大关、宜良、永善等县的苗族青年男女在定期举行的热闹集会中，常常以花带或抄带作为爱情的信物。苗家姑娘和小伙子结识并有了感情后，姑娘通常送给小伙子一条用红、白、黑等色线编织成的花带，其长约三尺，宽约一寸，上面绣山花图案，寓意"千里姻缘一线牵"。收到礼物的小伙子也赠送给姑娘一条由自己母亲或姐妹亲手织的线吊子。当男女正式定情时，女方又会送男方一条长五尺，宽约一尺的抄带，而对方此时回赠一把梳子和一个圆镜，用以表示愿终身相爱，白头偕老。

　　景颇族每年大年初二的"吉达"中，青年男女利用上山郊游的机会谈情说爱，互赠礼物。姑娘们向自己的意中人送上自己亲手绣的手帕或用于装饰筒帕（一种景颇族独有的挎包）的小花带、小绒花等以示深情，而小伙子们则回赠"必叔"（景颇人织布用的一种梭子）、扇子和耳饰等来传达爱意。景颇族还有一个热闹的节日，那就是"恩鲜鲜"（景颇语"采花节"之意）。它源于古时候"采花姑娘遍山坡"之说，是年轻男女聚会交际的节日。节日那天，小伙子们白布包头，背枪挎刀，姑娘们身着由数十个银或锡制成的半圆金属饰品穿连编织而成并饰有银穗或小铃的披肩装。这披肩装不但在日光的照射下闪闪发亮，走起路来还发出有节奏的悦耳的叮当声响。他们相约为伴，带着食物等上山游玩。当夜幕降临时，男女青年会拿出准备好的礼物赠送给自己的意中人，以表达爱慕之情。姑娘一般赠送自己亲手织成的筒帕、绣花腰带或一些装饰在小花袋、桶巴上的绒花、彩帕等，小伙子则大多赠送雕有各种图案的口弦盒、扇子、耳环、戒指等物。然后，互有爱意的男女青年再次走进树林欢快地对歌。

"女儿会"是湖北鄂西恩施地区土家族的民间传统节日，男女青年通过贸易集会来相识、定情。节日这天，赶女儿会的妹子会穿上几件最好的衣服——一件套一件穿，从里向外一件比一件稍长一点，袖口、衣襟、领子逐层露出一线边边，五颜六色，有如多道彩虹——背上装着土产山货的背篓来到集会上一边动手绣花、绣垫肩等，一边等着小伙子来搭腔。男青年也是穿着整齐，斜背着空背篓，好像只是来买东西，但如若看中了哪个姑娘，他们就会上前搭话，先问："妹子的花鞋绣得好呀？"妹子回答："养女不织花，不如莫养她。"然后，话题便会转移到买卖东西上。如果最终买卖成交，那就表示姑娘同意与这个小伙子恋爱交往了。

云南屏边县的苗族每年农历的正月初一到初六会举行传统的屏边花山节。此时，若小伙子选上了自己的意中人，就会解下横背在腰间的雨伞，向着姑娘撑伞。姑娘若不喜欢这位小伙子，便会迅速地绕着姑娘圈躲避。例如，姑娘中意这位撑伞的小伙子，就会来到他的伞下，互相倾诉爱慕之情。

"扎巴节"是瑶族每年农历二月十五的传统节日，主要流行于云南河口瑶族自治县大树圹一带自称"金门"的瑶族村寨中。节日那天，小伙子们打开手中的黑伞，姑娘们打开手中的花伞，在晒谷坪上同跳"扎巴舞"，并在跳舞的过程中寻找意中人。尔后，一对有情人便在黑、花双色伞的遮掩下一唱一和，并交换布伞作为定情信物。

"赠带节"是四川省叙永县正束一带的苗族民间节日。过节时，村寨里的男女青年们在对唱情歌、一同跳舞的过程中寻找意中人。如果双方一见钟情，便互赠腰带，如一方喜欢对方并赠予腰带，而对方不予回赠，则表示他拒绝了对方的求爱。这种定情的腰带长度约五尺，宽度五寸。腰带上绣鸳鸯、山水等传统图案。姑娘们的腰带是自己精心绣成的，小伙子的腰带则是自己的姐妹或亲友代绣的。

"抢头巾"是广西隆林苗族青年恋爱时的一种活动。每当集市或集会活动结束时，未婚青年男女故意落在人后，先是保持一定距离对唱山歌，选择对象，以目传情，尔后，小伙子便主动去抢意中人的头巾。姑娘若不愿意，会呼喊夺回自己的头巾或让小伙子礼貌地还给自己。如若愿意与"抢头巾者"相好，便会含情脉脉地不做躲避。这时，小伙子走在姑娘的前头执头巾三步一回头，引导姑娘到僻静处并肩而坐，倾诉爱意，并相约后会之期。经过一段时间的交往，如果两人情投意合，便可引见双方父母定下婚事，使有情人终成眷属。

第六节　世界民族服饰的空间分布

一、东亚民族服饰

（一）中国服饰

1. 唐代服饰产生的时代背景

中国，位于东亚，是一个以华夏文明为主体，中华文化为基础，以汉族为主要民族的统一多民族国家。在长期的历史发展中，中国的服饰文化历经多个时代的发展与变迁，呈现出了形制上或开放或封闭，审美上或馥郁雍容或雅致恬淡，文化上一脉相承又兼收并蓄的独特魅力。

在中国服饰文化的发展历程中，汉民族服饰文化始终以主线的形式贯穿始终，而少数民族文化对它也产生了深远的影响。虽然魏晋南北朝、唐，五代十国、宋辽金元、清等时期汉族传统服饰都因政权上与少数民族交汇而迸发出异彩的火花，但论及影响之广、形式之盛，非唐莫属。

就民族问题而言，唐代可谓一个汉族与少数民族交织在一起的时期，虽然少数民族势力的日益强大带来了唐代后期的"安史之乱"，并成为唐朝覆灭的导火索和重要因素，但不可否认的是，就文化层面而言，"来势汹汹"的少数民族文化对力图承隋旧制的唐代起到了几近颠覆性的作用。这种颠覆在唐朝泱泱盛世、海纳百川的气度之下以喜庆、昂扬的节奏展开，与此同时，服饰文化的盛世也就随之到来。

2. 唐代女装的独树一帜

唐代女性的服饰形制大大区别于汉代以来以深衣为主的封闭式，呈现出了结构开放、审美自由的特征。

（1）从幂篱、帷帽到靓妆露面

隋唐妇女外出，有蔽面之举，所用服饰即为幂篱和帷帽，幂篱是吐谷浑和白兰国的大帽披，据说源于对波斯人遮面大衫的效仿，主要功能为出行时

抵御风沙，是少数民族男女均可穿用的服饰。

帷篱，一种用来遮蔽面部的首服，通常由黑色纱罗制成，戴时上端覆于头顶，下摆长至胸背或更长，近脸面处开有小孔以便露出眼鼻。隋唐女子盛行骑马。再加上初唐时，女性除了骑马娱乐外，命妇进宫朝谒也有骑马驾车的，因此帷篱成了隋唐代女性出门时遮蔽面部的重要服饰品。然而，随着唐代社会的日益开放，人们审美意识的全面觉醒，武则天革唐建周后，帷篱之风渐渐退去，转而帷帽盛行。

帷帽，前身叫"围帽"，产生于隋代，唐初曾被废，高宗时取代帷篱而再度兴起。帷帽的基本形制为在藤席编成的笠帽的帽檐上再加装一圈丝网，从里能看见外，从

图 7-65　吐鲁番阿斯塔那出土的唐代
彩绘戴帷帽女骑马泥俑

外却看不见里，优点则是戴卸方便，不像帷篱那样从头蒙覆到胸前；外表较美观；帽檐上的网纱可随时撩起，以便将脸面浅露在外。（见图 7-65）

虽然对于唐代妇女来说，帷帽取代帷篱无疑是一件具有解放意义的大事，但在社会风尚的进一步开放及唐女爱美之心的越来越强烈的催化下，唐代女性迎来了盛世之下的"靓妆露面"。

《旧唐书·舆服志》载："开元初，从驾宫人骑马者，皆着胡帽，靓妆露面，无复障蔽。"至此，唐代女性抛开所有遮蔽，花颜玉颈一览无余，露髻驰骋之时迎来了中国妆饰史的鼎盛时期。

（2）襦裙装

唐代襦裙装继承了汉族女子服饰的传统形式，亦接受了少数民族服饰的影响，可谓采众家之长，存中华神韵。襦裙装的廓型上紧下松，面料轻薄柔软，加之扎系丝带或着披帛时产生的飘逸效果，确实可被称为中国女性服饰中最为精彩动人的装束。（见图 7-66）

唐代襦裙服的主要搭配为上着短襦、袄、衫，下着长裙，佩披帛，加半臂，足登凤头丝履或精编草履，头上扎花髻，出门可带帷篱。其中，最具审

图 7-66　唐代《簪花仕女图》局部

美价值的便是袒领短襦、大袖罗纱衫、高腰掩乳裙和披帛、被子的搭配。唐代张萱《捣练图》和周昉《簪花仕女图》中女子所着之衣就是其真实的写照。

（3）冲破礼教的女着男装

《礼记·内则》规定"男女不通衣服"，因此女着男装在中国封建社会中是较为罕见的现象。《晏子春秋》曾记载齐灵公的后妃们都爱梳男子发型，着男装，民间的女子也争先效仿，但终因礼教森严，而未能普遍。然而在唐代，尤其是开元、天宝年间，这一服饰现象却极为盛行，蔚然成风。《新唐书·五行志》记载："高宗尝内宴，太平公主紫衫、玉带、皂罗折上巾，具纷砺七事，歌舞于帝前。帝与武后笑曰：'女子不可为武官，何为此装束'。"

上有所为，下必效之，贵族女性的男装时尚很快就推向了整个盛唐时期，士人的妻子们在天宝年中也穿戴起丈夫的服饰。例如，《中华古今注》载："至天宝年中，士人之妻，著丈夫靴衫鞭帽，内外一体也。"侍女们也仿照女主，穿着男式圆领袍衫，头裹幞头，足踏高靿皮靴，腰系革带，侍奉于厅前堂下。

（4）胡风与胡服

在唐代，"胡"不专指一个民族，而是包括波斯、印度突厥、回鹘等西域及北方游牧民族之总称。从太宗晚年到高宗初年，唐朝解决了西突厥问题，丝绸之路畅通。从长安安远门（西门）往西，穿过河西走廊和新疆，直抵中亚和西亚的路线，便是中外文化交流的大道，也是商旅贸易的通道。当时中亚、西亚的商人、僧侣、贵族等带着充满异域风情的服饰、饮食、舞蹈、音乐、百戏（杂技，有时也包括歌舞）等纷纷经由丝绸之路来到中原，其中最先引起人们关注的自然是西域人穿着的胡服。

胡服之美，对中原人而言颇具神秘感。它样式紧窄，质料厚实，服饰色彩以间色为尚；装饰纹样较为粗犷豪放，以飞禽走兽为主。这样的服饰让唐代妇女耳目一新，进而刮起一股不可阻挡的胡服风尚，其中尤以首都长安和洛阳地区为盛，衣物妆饰无不充满异邦色彩。典型的唐女胡服装束为：上戴浑脱帽，身着窄袖紧身翻领长袍，腰系蹀躞带，下着小口条纹裤，足登高靿革靴。

胡帽是胡服装束中颇为精彩的一部分，它泛指西域少数民族所带的巾帽，有：蕃帽、搭耳帽、珠帽、毡帽、浑脱帽及卷檐虚帽等。开元初年，士庶女子看见仪仗队里的骑马宫人都带胡帽，靓妆露面而不再障蔽，便纷纷抛弃帷帽而效仿。为唐女所喜爱的胡帽主要有：胡腾舞者虚顶尖的织成蕃帽；柘枝舞者的卷檐虚帽；波斯男性的白皮帽，其中在中原女子中最为盛行的是浑脱帽。浑脱帽，其形源于浑脱——游牧民族杀牛羊后，在其脊背处开一小口将其皮囊完整剥下，吹气使其饱满，主要用来盛酒或乳酪的容器，又名革囊或皮馄饨。各式胡帽进入中原地区后，基本形制没有改变，但面料却换成了较厚的锦缎或乌羊毛。胡帽在汉人地区流行的时间并不长，始于开元年间，至天宝初安禄山起兵造反后就基本消失了。

窄袖紧身翻领长袍：袍亦称袍服，是一种长度达膝盖以下的上衣。翻领是一种中原服饰原来没有的领型，属波斯的服装样式，有人将此称为“折襟”。从对唐代石刻线画等文物上的妇女服饰形象的考察中可得知，窄袖紧身翻领长袍的基本形制为袖窿紧窄，衣身合体，穿着方式为对襟系扣。

蹀躞带：一种坠有垂饰的腰带。以皮革为鞓，端首缀鐍，带身钉有数个小孔，孔中穿入小环，环上套挂若干个小皮带，游牧民族原用此悬挂小刀、针筒、囊袋、磨刀石等杂物。蹀躞带原用于西域游牧民族，用于束腰以便于乘骑。魏晋南北朝时传入中原，开始为汉族所用，但多见于武官。到了唐代，蹀躞带曾一度被定位文武百官的必佩之饰，但垂挂之物有所改变，被替换成包括算袋、刀子、砺石、契芯真、哕厥、针筒及火石袋共七种杂物在内的“蹀躞七事”。后来，官吏不再佩挂，但民间女服却一度兴起这种装饰并将其改造，保留数个制作精致的小皮条，但再不佩七事。

小口条纹裤：唐女胡服装束中的下裳，顾名思义就是脚口收紧，用条纹面料裁制而成的长裤。脚口收紧源于少数民族的便于骑乘和易于穿套高靿革靴。穿法是直接与窄袖紧身翻领长袍搭配穿着，而不是像中原服饰惯例中的裤外着裙。

靴，本作"鞾"，原为少数民族服饰，战国时传入中原为汉人所着。刘熙《释名·释衣服》："鞾，跨也，两足各以一跨骑也。本胡服，赵武灵王服之。"唐代的高靿革靴是以皮革制成的高筒靴，穿着时紧束于腿部。靴延续到魏晋南北朝时，北方居民将其用作常服，男女均可穿着。入隋以后，渐用作百官常服，皇帝、贵戚除祭祀庆典外常着之。及至唐代，靴穿用范围渐广，不仅作为百官常服，朝见天子时亦可穿用，还曾赐予宫中女侍。靴除皮革外，还可用锦缎布帛为之。盛唐时期女子的胡服装束中，与浑脱帽、窄袖紧身翻领长袍、小口裤形成最佳搭配的是高靿革靴。

其实，胡服传入中原由来已久，虽然春秋战国时期的"胡服骑射"首先把主要特征为：短衣、长裤、革靴或裹腿，瘦袖紧身，翻领左衽，便于活动的胡服引进了汉族的兵服中，但需要说明的是，唐代的"胡服"与春秋战国时期赵武灵王"胡服骑射"中的胡服大有差异。赵武灵工的"胡服"主要来自西北少数游牧民族的服装；而唐代的所谓"胡服"不但包括西北少数民族的服装，还包括印度、波斯等外国的服饰。《新唐书·车服志》记："开元年间，奴婢服襕衫，而士女衣胡服。"隋唐女子衣胡服，是指头戴饰珠玉的胡帽（也有戴幞头或裸露发髻的），身着折领（或圆领）窄袖长袍（袍的领或襟还有很宽的绣花缘边），腰束蹀躞带（带下垂挂着刀子，佩巾等饰物），下穿条纹小口裤，足着尖头的绣花软底鞋或半勒软靴的一种装束。隋唐仕女争相穿着胡服已蔚然成风，正如元稹《法曲》诗中所描写的那样："自从胡骑起烟尘，毛毳腥膻满咸洛。女为胡妇学胡妆，伎进胡音务胡乐。火凤声沈多咽绝，春莺啭罢长萧索，胡音胡伎与胡装，五十年来竞纷泊。"亦如白居易《时世妆》云："元和妆梳君记取，髻堆面赭非华风。"

唐人对胡服的喜爱最初来源与胡人的舞服，而这些也成了唐代几种较时兴的胡服式样。"回鹘"是现在维吾尔族的前身，唐时曾是西北少数民族中较为强盛的一支。"回鹘装"就是他们的民族服装，也是唐时被汉民族喜爱的胡服之一，倍受贵族尤其是宫廷贵妇们的青睐。花蕊夫人《宫词》中就记有当时妇女们喜好"回鹘衣装回鹘马"的情况。在甘肃安西榆林窟的壁画中，至今还可以看到贵族妇女穿着"回鹘装"的形象。从图上看，这种服装整体略似长袍，上部为翻领，袖子窄小，裙摆较宽，下长曳地。其选料一般为红色织锦，绚烂夺目，晔晔生辉，加之在领、袖等处还镶有宽阔的织金锦花边，和衣身的主体色彩形成对照，更增添了服装的整体美学效果。另外，穿着这种服装通常都要将头发挽成椎状，时称"回鹘髻"，鬓角上还插有精巧的簪钗，不戴簪钗时，就戴上一顶缀满珠玉的桃型华冠，上缀彩凤鸟。为了与整体衣裳相配套，穿着"回鹘装"时，着装者脚上的鞋子也有讲究，一般要穿着翘头的锦鞋。

另外还有一种伴随"胡腾舞"进入中原的胡服，诗人刘言史《王中丞宅夜观胡腾舞》中的描述，为我们想象这种服装式样提供了一些线索："石国胡儿人少见，蹲舞樽前急如鸟。织成蕃帽虚顶尖，细氎胡衫双袖小。"头戴虚顶蕃帽，身着窄袖的细棉布衫子，下身或裙或裤，腰部扎有革带，带上系有小铃。这种装饰既是舞服，也可以平常穿戴，这在西域特别是波斯一带，是居民日常生活中非常流行的一种装束。

《旧唐书·舆服志》中有"开元中女子衣胡服"的记载。刘禹锡《观柘枝舞二首》之一中："胡服何葳蕤……垂带复纤腰，安钿当妩媚"，更是直接写出妇女穿胡服的妩媚。此外，一些绘画、壁画和石刻作品中也有唐女窄袖胡服的模样。例如，阎立本《步辇图》中袖口紧束，下着红绿条子小口裤，软锦透空靴的宫女；永泰公主墓出土的彩绘陶俑；陕西西安韦顼墓石刻线画中着浑脱帽、圆领内衣、翻领小袖袍、条纹裤、锦靴、蹀躞带的健美侍女；咸阳市边防村的彩绘胡妆立俑，头戴浑脱帽，身穿翻领胡服，束带佩囊，脸色丰润如"英俊少年"的侍女"阿谏"。

通过史料检查核对我们发现，唐代妇女所穿着的胡服，与真正的胡人之服是有差别的，并不是完全的模仿。这是因为唐人以其发达的纺织业为基础，对胡服进行了较大的改造，主要是采用了不同的面料以及在上面添加了很多装饰，使其变得更为美观，也更为符合唐人当时多元化的审美理念。

（二）朝鲜服饰

1. 朝鲜民族服饰产生的时代背景

朝鲜民族是东亚的重要民族，又称韩民族，属于蒙古人种东亚类型人种，主要分布在朝鲜和韩国，是朝鲜和韩国的主体民族。此外，朝鲜民族还居住在中国东北地区、俄罗斯远东地区及其他原属苏联的加盟共和国、美国、日本等世界各地。

在北方游牧民族的影响下，早期朝鲜族服饰主要由窄袖的襦和合体裤子组成。统一新罗时期，开始受到中国唐代服饰的影响，高丽时期受到宋和元的影响，朝鲜王朝时期则与明朝服饰十分接近。虽然中国服饰文化对朝鲜的影响主要表现在统治阶层的服饰中，但这种源于上层社会的服饰也自上而下地影响到了民间服饰，加之蒙古服饰的影响，朝鲜服饰在 15 世纪时形成了与现在朝鲜族服饰基本类似的服饰形制。

2. 朝鲜民族服饰的基本形制

朝鲜民族服饰中，有特点、普及度较高的种类主要有襦、裳、袍、袴。（见图 7 – 67）

（1）襦

朝鲜传统服饰习俗中，男女皆着襦，其名称源于朝鲜朝世宗时期，三国时期称之为襦、短衣，新罗时期则称之为尉解。襦的前襟为敞开型，领型主要有"V"形右衽交领和"U"形袒领。袖筒分宽窄两式，即从袖窿到袖口逐渐变窄和袖口宽度与袖窿一致。女子着襦的长度一般不及腰，而男子的多长及腰下。襦的颜色和纹样随时期不同而发生变化，主要的装饰为领口、袖口处拼接或贴缝的彩色牙条。

图 7 – 67　朝鲜民族女服

（2）裳

与襦搭配的是裳，朝鲜族的裳一般为修长有细褶的裙子，宽幅为佳，穿着时裙腰与襦内小背心相连，且长度不一。年轻女子裙长过膝盖，婚后加长，多长及足跟。

裳的结构由裙腰、裳身和襻组成：裙腰穿着时用腰带在后腰处交叉后系扎在左、右一侧；裳因宽幅而多细褶，所用布料略厚且刚度较唐代襦裙大，因此裙身呈蓬松隆起的花苞状，立体感强，此外，裳的宽幅也更适合朝鲜女性秋冬季以火坑为主的坐式环境；裳的底摆加花色布条装饰，名为"襈"，高句丽墓室壁画中褶裙的下摆处便有花饰边缘，还有七彩裳。

朝鲜族女性的传统服饰中，裳的形制最为简单，变化也最少，主要以长度增减为主。襦的长短决定裳的变化，较有特点的是着短襦，裙腰则上提，最高至乳点，与抹胸搭配穿着，上身肌肤隐隐显露，显女性体态之美。

按材质分类，裳可分为棉裳、双层裳、衍型裳和单面裳等，后来棉裳、衍型裳都已消失，只剩下单面裳在民族服饰中保留下来。朝鲜族喜爱净色，因此裳以单色为主，女孩儿从小至出嫁前，多红裳，中年着蓝裳，而老年女性则以玉色或灰色裙裳为主，重大仪式时以蓝裳表示夫妻二人都健在，而寡妇只能终生着白裳。

（3）袍

朝鲜族的袍承汉族服饰古制，基本形制与襦相同，但长度及踝，袍身从上到下逐渐变宽，以正好能够露出女子的裤子或裳的小部分下摆为宜，这从高句丽墓室壁画的人物形象中便可看出。

女性袍服的装饰以领口、褶边、袖口处的"襈"为主，袍领为直领交衽的形式，穿上袍后在高腰节处系个带结。最初，穿着袍服是为了御寒，后来着袍便具有礼仪之意。

男子袍服种类较多，功能上分为帝王百官的制服、公服、朝服、丧服、便服等，结构上有直领袍、短领袍、长衣、中致莫、天翼等。朝鲜男子根据场合不同、用途不同穿不同的袍，袍服便成了男子身份的象征。

（4）袴（裤）

在朝鲜民族服饰中，"袴"为男女皆着的下装，朝鲜王朝初期改称为"裤"，后来裤逐渐成了男子的专利，而女子的裤则逐渐转变为穿在长裙之内的衬裤。

朝鲜族的裤主要由碎布、斜幅、腰带等几个部分构成。它是一种以人的身长为依据的宽幅式下装，与宽大的襦裙一样，适合朝鲜族坐式的生活环境。朝鲜族男裤的突出特点是即肥且大，裤口系腿带，俗称"跑裤"。女裤根据其功能主要有以下几种形制：便于排便的裤子，裤裆为交叠状；对外裙起支撑作用的裤子，裤口做得很宽大；较为隆重的场合下，裙子因起坐走动而露出里面的裤子时，裤子膝盖以下部分便需要缝的更加精致，如膝盖下用绸缎而膝盖上用粗布来完成。

（三）日本服饰

1. 唐代服饰影响下的和服文化

日本位于亚欧大陆东部、太平洋西北部，领土由本州、四国、九州、北海道四大岛及 7200 多个小岛组成，人口由东亚日本列岛居民组成。生活在日本的主要有两个民族，占人口总数 99% 的大和民族与少数民族阿伊努人。

和服，是日本大和民族的传统服饰，其产生和演变过程体现出日本人既擅于吸纳引进，又保守自封的民族特性。从和服的形制上看，我们不难发现中国传统服饰的诸多特征，通过史料查证可以得知，现代日本和服确实是从中国的三国时期和唐代服装的基础上演变而来的。与此同时，和服的许多造型元素又可以从日本本土服饰中找到，穿着方式和服饰礼仪等也深受本国传统审美情趣的影响。

与古代中国类似，日本的先民也着窄袖斜襟的粗布服装。日本本土服饰文化开始于绳文式文化时代后期和弥生式文化时代，服饰基本形制为套头式圆领衫和对襟式开衫。对襟开衫的特点是左衽、领子长及腰间，左右两片分别与侧缝以绳带系结，袖子为筒型，长度在膝盖以上。

从奈良时代开始，日本便有将中国服饰引进国内，并将其吸收和制度化的正式文字记载。日本的奈良时代正值中国盛唐时期，日本派出大批遣唐使者——其中包括学者、僧侣等到中国学习和交流，他们把大唐的文化、艺术、律令、制度等都带回了日本，其中也包括唐代的服饰文化，日本和服的基本形制和礼仪制度就是在这个时期建立的。

唐代的服饰文化传入日本后，对其传统服饰形制和服饰制度都产生了颠覆性的改变。例如，"衣服令"便是奈良时代制定的服饰制度之一。它将官员和公务人员服饰分类为礼服、朝服和制服等，朝服为官职人员服饰，按官职等级区分，制服是无官职的公务人员的服装，按行业分类。

到了平安时代，日本的外交政策由积极的对外交流转变为自我封闭。在这个时期，日本国风盛行，和服在原有的形制基础上开始追求精致奢华之美，如结构上趋于宽松，衣袖变得宽大很多，服饰色彩呈现多样化，着装制度日益完备。例如，和服中的"十二单"便是穿着层数繁多，礼仪规格较高穿的宫廷女性礼服——先穿多层广袖上衣，领子层层压叠着，围上厚重及地的"唐裙"，然后再在外面套上宽大的广袖上衣。"十二单"虽形制繁缛，但极富层次感，给人以庄重高贵的感觉。

镰仓时代，日本崇尚精干、简易的武家文化，反映在和服上便是结构回复朴素，袖幅变窄。

室町时代，家纹盛行，每种姓氏都有属于自己的独特纹样，并将其印染在服饰上。和服形制延续简洁化的风格。

安土、桃山时代，人们开始讲究不同场合穿着不同的服饰，于是和服中出现了参加婚宴、茶会时的"访问装"，参加各种庆典、成人节、宴会、相亲时穿的"留袖装"等。

江户时代是日本服装史上的盛放时期，男装、女装的基本格局已定，到了明治时代，现代意义上的和服就定型了，此后一直没有太大变化。现在我们看到的和服大都是延续了江户时代的形制。

2. 和服的结构特征

和中国传统服饰一样，和服也属于平面结构——相对于西方有省道、分割线、褶裥的立体结构而言，裁片能完全平铺，轮廓线几乎由直线构成，如将和服拆开，可以看到，和服的裁片仍然是一个完整的长方形。

平面结构服装的重要特征就是潜隐人体，因此和服在剪裁上较少考虑人体尺寸，而是将面料上的图案作为制作和服时确定尺寸的重要依据，穿着时靠调节腰带尺寸来适应人体的围度大小。虽然和服缺少对人体曲线的勾勒，但它却因此而有了庄重、宁静的气质，充分体现了日本民族崇尚寂静、朴素、含蓄的美学观念。此外，宽大的和服还能掩盖日本女性整体身材矮小，腿短较粗的体形缺陷，具备扬长避短的美学功能。

此外，和服还具有标示身份的社会功能，其穿着细节能体现出着装者的社会角色。例如，日本的艺人在穿着和服时，衣襟始终敞开，仅在衣襟的"V"字形交叉处系上带子。这种穿着方式，给人以一种似脱而未脱的感觉，显示出从事该职业妇女的身份。普通女性则须将衣襟合拢。但即使是合拢衣襟，其形式也有讲究，并可以此判断穿着者的婚姻状况，如已婚妇女，衣襟不必全部合拢，可将靠近颈部的领口敞开。但如果是未婚的姑娘，则必须将衣襟全部合拢。这些只是和服礼仪中的一小部分，其讲究之多，形式之繁，以至在日本有专门教授如何穿着和服的课程。

3. 和服的搭配

和服种类繁多，花色、质地和式样千余年来变化万端。形制上不仅有男女和服之分，未婚、已婚之分，还有便服、礼服之分。此外，根据拜访、游玩和购物等外出目的不同，穿着和服的纹样、颜色、样式等也有所差异。例如，男、女和服之间的差异在于男式和服色彩单一，偏重黑色，款式较少，腰带细，附属品简单，穿着方便；女式和服则色彩艳丽，腰带很宽，而且种类、款式多样，更有诸多附属品。依据场合与时间的不同，人们也会穿着不同的和服出席，以示慎重，如女式和服便有婚礼和服、成人式和服、晚礼和服、宴礼和服及一般礼服之分。以下便是根据出席场合和性别不同列举出的数种和服套装：

留袖和服：女性参加婚礼等重要仪式时的礼服，主要有"黑留袖"和"色留袖"。"黑留袖"和服面料的底色为黑，染有五种花纹，前身下摆两端印有图案，主要为已婚妇女穿用。在其他颜色的面料上印有三个或一个花纹，且下摆有图案的为"色留袖"和服。

振袖和服：又称长袖礼服，是未婚女性的第一礼服。根据袖子长度可分为"大振袖""中振袖"和"小振袖"，其中最为常见的是"中振袖"。主要用于出席成人仪式、毕业典礼、宴会、晚会、访友等场合。因款式结构较为简洁大方，所以也被越来越多的已婚妇女所喜爱穿着。（见图7-68）

图7-68 振袖和服

图 7 - 69　日本丧服

访问和服：在面料上定织定染图案的和服，一件和服的布料展开后是一幅完整的图案，而不是连续性的纹样。近年来，这种和服因面料别致，结构简洁成为普及度和受欢迎程度很高的简易礼服。主要用于出席开学仪式、朋友宴会、晚会、茶会等场合，且没有年龄和婚否的限制。

小纹和服：用印染有细碎花纹的面料制作的和服，较为活泼。不仅是受女性喜爱的日常时尚装束，还具备练习和服穿着技巧的功能性，主要用于约会或外出购物的场合，年轻的女性还可以穿着它出席半正式的晚会。

丧服：连腰带在内的全部为黑色，丧礼时穿。（见图 7 - 69）

婚服：结婚时的礼仪性和服，穿着程序复杂。

浴衣：沐浴之前或夏季节庆、纳凉时所穿的和服，也被称为夏季和服，可作为单衣直接贴肤穿着。

男式和服：男子和服以染有花纹的打褂和袴为正式礼装。除了黑色以外其他染有花纹的打褂和袴只作为简易礼装，可以较为随意的搭配。（见图 7 - 70）

图 7 - 70　男士和服

无地和服：一种单色和服（除黑色以外），如果染有花纹可以做礼服，如果没有花纹则做日常装。

"付下"和服：这种和服前后身，领子的图案全是以自下往上印染，比访问和服轻便舒适。

十二单：古代妇女进宫或节会时所穿的盛装礼服。分为唐衣、单衣、表着等，共十二层。

带子，即和服中的腰带，是和服整体结构中的重要组成部分，其中主要的种类有：

丸带：女式和服最初使用的带子，正面有花纹，华丽而不失典雅。

袋带：带宽八寸（日本的1寸=3.03cm），正面有花纹，底面为素色，是日本最流行的带子。其中一种织入锦线或金线的带子可与礼服搭配，其他染有活泼图案的带子则用于日常装。

名古屋带：太鼓的两端分别连有两条较细的带子，这样系起来既舒适又方便。大正末期出现于名古屋，后因缝制和穿用方便而得以迅速推广。名古屋带尾宽同普通和服带，首宽为尾宽的一半，方便打成多种常用带结。名古屋带等级和正式程度较丸带、袋带低，通常用于日常场合。

半中带：带宽只有普通带子的一半左右，可以根据自己的喜好打结。

男式带子：和半中带一样宽，但用较硬的面料做成，又被称为角带。另外还有一种使用的是丝绸等较柔软的面料制成的兵儿带，供儿童使用。

和服之美，除了夹、带、结的组合外，配件也起了很大的作用。和服的配件主要有带扬、带缔、带板、带枕、伊达缔、腰纽、胸纽、比翼等。另外还有与和服配套的内衣，穿和服时、进行美容时的一些辅助用具以及鞋和其他附属品。

带扬和带缔是和服整体装束中十分重要的小配件。带扬除了在制作带结时能够固定和包覆带枕外，还应严格地与和服、和服带配套。制作带扬一般选用纺绸、绫、绉等织物，上面装饰扎染纹样、友禅染、小纹、刺绣图案等。带缔是系结和服带结的配件，有绳带、编织带、绗缝带之分。有一种绗成圆筒形的带子被称为丸绗带，是礼服上专用的带缔。还有一种织进金银丝的绳带也是用于正式礼服和便礼服的带缔。一般来说，带缔厚实的宽带比窄幅带的价格高，所以窄幅带缔一般只用在浴衣上面。

带板：置于带子前方，防止带子起皱的一种整形用的配件，宽度比带子略窄。

带枕：制作太鼓的带山和塑造变化带结时所用，有大也有小，一般选用标准形。

伊达缔：一般选用质地较薄的织物，系在和服领窝以下的胸口位置，起固定作用的一种和服配件。

腰纽、胸纽：试穿和服时用于比试和服的长度，或者作为胸口的假纽之用。

比翼：留袖上的一种特定装饰，主要出现在袖口、领、衽以及从腋下到袖下的开口部分，丧服不能用比翼。

内衣：和服的内衣主要有足袋、肌襦袢、衬裙、长襦袢、半领等。足袋，即袜子，和服的袜子为全白，四个脚趾套在一起与大脚趾分开。肌襦袢即贴身汗衫，起到夏天吸汗，冬天保暖的作用，面料选用细腻的细纱、罗等，领子用同类布做成窄幅的 V 形领。衬裙的作用主要是为了防止裙子沾污和保暖，面料选用纺绸、绉织物、尼龙等，长度比长襦袢短 5 厘米左右。长襦袢也叫和服长衬衣，是穿在和服里面的一层衣服，主要功能是在穿着时保持和服的平整和外形的美观，同时也起到防污的作用。半领也叫衬领，缝在长襦袢上，主要功能也是防污，面料选用绉织物、盐濑纺绸等。

履物：包括草履、下驮、手提包、带扣、发饰等。草履不是指用草制作的鞋，而是对包括布鞋、皮鞋、漆皮鞋等鞋跟约在 2 至 8 厘米的鞋的总称。选草履时，要注意与和服的用途相符。礼服用的草履是布制的，鞋跟也要选得高一些。近些年选用漆皮鞋的人越来越多。下驮即木屐，有涂漆下驮、白木下驮等。穿浴衣时，赤足穿下驮。下雨时，木屐要套上防雨、防泥的木屐罩称为雨下驮。手提包也是和服的重要附属品之一，在选用面料、花色上同样

图 7 - 71　与和服相配的发型

要求与和服配套。礼服用的手提包通常以丝织品作为主料。外出携带的手提包，则大多选用漆皮和皮革。

发饰，如梳、簪、丝带等，选择发饰要注意使用的场合，像穿振袖之类的和服，可选择较为华丽的发饰；若是穿丧服则要避免戴珊瑚、翡翠之类的发饰。（见图 7 - 71）

二、东南亚民族服饰

（一）印度服饰

1. 印度的宗教特征

印度全名为印度共和国，得名于印度河。河名出自梵文 "Sindhu"，意为 "河"。中国东汉时称其为 "天竺"，唐代时改称印度，印度人自称为 "婆罗多"。印度是人类古文明的发源地，其文化有着独特的神秘气息。

服饰作为文化的载体，必定会反映出文化的特征。印度服饰所包含的文化特征正如印度的建筑、雕塑、绘画一样，具有宗教性、多样性、装饰性和包容性等特点，其中最重要的无疑是宗教性。

整体上看，印度传统文化的形成与宗教有着密切且直接的联系，宗教的影响深入社会与文化的每个角落。几乎可以定义，印度传统文化实质上是宗教性的。因此，宗教习俗不可避免地影响着印度服饰的款式、结构及造型。

在印度，印度教是教徒最多，影响最大的宗教，纱丽便是印度教典型的女性传统服装，它由一块长方形布料披裹而成，没有经过任何裁剪和缝制处理，其形制从公元前到现在一直保持稳定，几乎没有任何变化。纱丽之所以能有如此旺盛的生命力，除了它穿着后造型优雅，结构和布料适应炎热的气候之外，更重要的原因是它的产生和成熟基于宗教之下。

在印度教的宗教习俗中，衣服被认为是不洁之物，因此修行者都尽可能少穿衣服，像男士的多蒂就因为没有接缝而被认为是 "净衣"，女性的纱丽也因结构极其简单而被广泛穿着。印度妇女前额中间的红色吉祥痣是传统印度教女子已婚的标志，象征着吉祥喜庆，是印度妇女最具特色的传统装饰。

2. 印度纱丽

精致优雅的纱丽是印度妇女最具代表性的传统服装。最初，纱丽只在举行宗教仪式时穿着，后来逐渐演变为印度妇女的日常装束。（见图 7 - 72）

虽然从视觉上看纱丽像一条结构巧妙的连衣裙，但实际上，它的主体只是一块宽约 0.9~1.2 米，长约 4.5~11 米的布，色彩鲜艳明亮，装饰以刺绣、花边、亮片等。

印度女性着纱丽之前，先得穿"乔丽"（Choli）和衬裙。乔丽是一种短且紧身的上衣，领口形状和衣长依流行而变，但一般短的露出肚脐的较多，袖子有半袖、无袖和连袖等，长袖较为少见。其色彩以烘托纱丽为目的，有些丝绸做的纱丽，常从一端裁下一截做乔丽用，以求色彩和材质上相互呼应。衬裙大多采

图 7-72　印度纱丽

用棉布，较为高级的则选择塔夫绸或缎子，并装饰有刺绣或蕾丝。常见的结构为六片裙，裙长及踝，腰部用棉布带扎系，色彩以白色为主，也常与纱丽同色。

印度纱丽的披裹方式、色彩、质感等变化繁多，不同的种族、区域、信仰都会有所不同，较为常见的是纱丽末端归于单肩并自前向后垂下。

围裹纱丽时，其横向的一端有精美的边饰纹样"宫嘎特"，一般采用织花或刺绣的方式进行装饰，穿着时先把没有边饰的一端自右腋下起在身上围一圈，高度在胸下和衬裙腰线之间，再把上部边缘掖进衬裙系紧的腰带里。然后将纱丽围着身体再缠绕一圈，这一圈大致是三五个身体的放量，只要留出的长度足够用来搭在肩后就可以。缠绕完第二圈后，将有边饰的那端折叠，并把折叠好的一端自右下向左上绕，经左肩垂于身后，垂在身后部分的长短因纱丽的长度而定，一般垂到膝下位置。纱丽的尾端自右腋下向左肩缠绕时，布料紧贴前胸，整理出优美的褶饰。第二圈围绕腰臀部的放量则在前中央折叠成 10 厘米宽的规律直褶，印度女性叠这种褶非常熟练，不仅一只手可以快速完成，而且褶的宽度完全一样，就像经过计算一样精确、整齐，令人惊叹不已。直褶折叠完后，掖进前中心腰围处，如果还不够平整，就把多余的量往后摞，掖在后腰处，为的是保持前身的平整、利落。

纱丽围裹方式的形成与印度的气候、环境、生活习惯有着密切的关系，同时也是着装者身份、地位的象征。寡妇穿着纯白且没有任何边饰的纱丽，表明她在为丈夫服丧。披在肩上的布端也各有讲究，一般情况下，布端垂挂在左肩，但进行宗教祈祷或外出时，则常把布端戴在头上；已婚妇女遇见长辈或在寺庙中拜佛时，应把布端当披肩，从左肩围披到右肩，把里面穿的乔丽遮掩起来；工作时，则把垂在左肩后面的布端从后右腋下绕到前面，再把其披在左腋下，以便于行为走动。在孟加拉地区，左右腋下折叠的宽褶代替了前身中央细密的直褶，在印度北部地区，垂挂在左肩的布端要从后面披向右肩，再从右肩向前披过来，最后把布端夹在左腋下。

3. 印度男性下装"多蒂"

多蒂是印度教男教徒穿用的长腰布，主体是一块白色的棉布，有的有边饰纹样。多蒂的着装方式因地区而异，主要可分为两种形式，从两腿间穿过去的兜裆式和像纱丽一样在身上的缠裹式。

兜裆式的穿着方式为：布在身体后横向展开，人站在 1/4 处，从两侧把布向前围过来，系于人体腰部的前中心，然后把短的布端穿过裆，从身后拉出，折叠成褶，掖进后腰中间。较长的布端在前腰中央折叠出五个规律直褶，剩下的布顺势向后绕，再绕回到前腰，压住折叠好的直褶，反向掖进向后绕的布条中，紧紧地系在腰间。

根据印度史料记载，多蒂的起源可追溯到 4000 年前的古代印度文明，从那时的遗址中可以看到当时的人们已经开始穿用类似多蒂一样的衣服，据说纱丽便是多蒂的变形。此外，在南印度的西海岸地区，有一种 12 厘米长的纱丽，这种纱丽的着装方式被称为"卡恰式"，其特点是把缠绕在腰部的布端像多蒂一样从两腿中间穿过，在背后掖进腰里，这也证明了纱丽和多蒂如出一辙。

（二）泰国服饰

泰国服饰中，女性礼服"帕·弄"（Phâ nung）和"萨·百"（Sa—bai）也属于缠裹式服装，穿着原理和造型结构与纱丽十分类似。

泰国女性礼服主要由裙子"帕·弄"，缠绕式上衣"萨·百"和饰带组成，帕解释为布，弄解释为穿，帕·弄其实是下装的总称，也被认为是筒裙的代称。泰国的帕·弄高 1 米左右，长及脚踝，筒裙周长大约为 1.5 米。一

图7－73　"帕·弄"和"萨·百"

一般来说，帕·弄的下摆处和萨·百的一端都织有金色的纹样——泰国人很喜欢这种横向的条纹，称其为"帕·辛"（phà sin），在整套服装穿着完毕后，帕·辛起到很好的装饰烘托效果。（见图7－73）

在不同的场合中，依据礼仪规格的高低，帕·弄呈现出的着装效果也不同。例如，礼服套装中，帕·弄的穿着方式为：身体套入筒裙中，腰臀部紧裹，把余量全部归到身体的前中央，然后将其折叠成5~6厘米宽的箱型直褶，直至箱型褶紧贴腰身，再将它们重叠着平压在前中央，用装饰腰带固定。正式夜礼服的着装方法为：身体套入筒裙，余量归至前中，折叠成6~7厘米的直褶，并将折叠在一起的直褶向右折，再系上带扣的装饰腰带。白天正装或休闲时的着装方法为：将余量归至身体右侧，然后再自右向左折叠固定。现今，商场里销售的帕·弄都直接做成有直褶装饰的裙子，穿着十分方便快捷。

上衣萨·百主要用于夜礼服，越长礼仪规格越高，长及曳地则为泰国女性的豪华装束。与第一种帕·弄穿法相搭配的萨·百是把幅宽96厘米的布两折为约28厘米的窄条，长度1.6米左右。具体穿法为，自右腋下起绕胸部一圈后，披挂于左肩，或直接垂于身后，或在左肩上折叠一下，用饰针固定。萨·百采用的面料一般为刺绣丝绸，或折叠出直褶或作出垂褶装饰的蝉翼纱。

泰国女性根据不同的礼仪规格而选择不同结构的上衣，不同面料、花纹的裙子，这些服装组合都有固定的专属名词，Thai Sa－bai 是礼仪性最强的夜礼服，由帕·弄、萨·百和饰带组成；Thai Borompimarn，Thai Chakrapat 是正装、半正装的夜用套装，正装的搭配为立领长袖上衣和正式穿法的帕·弄，半正装为萨·百和正式穿法的帕·弄。这些夜礼服的面料大多采用织进金银线的织锦缎，以凸显其雍容华丽的风格，配饰中的腰带、鞋和首饰等也多用金、银和宝石点缀装饰。Thai Amrin 是简略式的夜礼服套装，由缠绕式的帕·

弄和高领长袖上衣组成。Thai Chitrlada 是日间正装，由全条纹或只在下摆处有条纹的帕·弄和前身系扣的立领长袖上衣组成；Thai Ruan – Ton 是休闲套装，面料除丝绸外，还采用棉布，帕·弄上有横向或纵向条纹装饰，上衣为小圆领，七分袖，袖口较宽，前开襟，五粒扣，色彩为帕·弄的对比色或帕·弄上条纹的颜色。

三、马来西亚服饰

1. 马来服饰的文化内涵及影响因素

马来西亚民族众多，传统服饰可谓集百家之长。印度服饰、阿拉伯服饰、中国服饰以及西方服饰的特点在多元文化的影响下主动或被动的交融。印度人是最早拜访马来半岛的外来居民，他们不仅带来了佛教、印度教，其服饰文化也渗透进马来西亚民间，如马来人的萨笼就脱胎自印度的"多缔"，至今马来人一些传统仪式、词汇和王权概念还有印度的影子。

在外来宗教文化荟萃的马来西亚，伊斯兰教之所以成为国教，政治和经济因素起到了决定性的作用。13 世纪，伊斯兰教随着阿拉伯商船的抵港来到马来半岛，与此同时，大批中国穆斯林的到来也使伊斯兰教开始被广泛传播。15 世纪，马六甲王国建立之初，国力衰微，统治阶层为了巩固政权，大力宣扬伊斯兰教，用以增强国民精神内聚力，反对暹罗国佛教王朝，并与苏门答腊岛伊斯兰教国波塞王国联姻，定伊斯兰教为国教。

伊斯兰教影响下的马来服饰必定以伊斯兰教义为根本的价值观，统摄服饰文化、着装心理以及审美取向等各要素。归纳其要义即为遮盖"羞体"（Awrah）。"羞体"是伊斯兰教的经堂用语，教法规定，凡人体不许外露或不能为他人所见的部位即羞体，遮羞体被定为道德准则之一。在严格的教义下，马来男性服饰至少要遮盖从肚脐到膝盖处，不许暴露大腿和多半臀部，马来女性戴头巾，为的是盖住头发、耳朵、脖颈，着装只可露出面孔和双手。衣服的布料严禁透明或肉色，忌讳裁剪过于紧身的衣裤暴露身体曲线。装饰上忌奢侈豪华，以保持谦卑、优雅的美德。

2. 马来半岛萨龙的基本形制

萨龙（Sarong），主要是指居住于马来半岛或太平洋诸岛男女皆可穿着的一种围裙、布裙，基本形制为筒形。这种极具地域特色的筒形服饰在不同的地区名称也不相同，马来西亚、新加坡、印度尼西亚、柬埔寨称其为"萨龙"，在缅甸被称为"龙基"（Longyi），老挝为"希"（Shil），而泰国则为"帕·弄"（pha nung）。

萨龙的尺寸是以人体为基准，根据人体和人的动作幅度计算出来的。制作萨龙的布料一般由手工织机完成，幅宽大都在 1 米左右，正好满足萨龙从腰部到足踝的长度需求。萨龙的围度可以人为控制，一般周长的 1/2 是人两手张开时的长度，非常适合单人独立穿着。

萨龙的穿法虽因地区而异，但大多都是人套入圆筒中，再把多余的量打成褶固定在腰部。褶的倒向没有特别的规定，位置也不尽相同，如泰国的萨龙就是在前身中央迭出几条纵向的直褶。人们穿着萨龙时动静皆宜，站立状态下萨龙紧裹腰臀，勾勒出优美的人体曲线；行走、跑步或蹲坐时，又因为打褶处的松量，而让人们行动自如。在东南亚的一些国家，萨龙除了当下裳，还被戴在头上，防晒防风，像斗篷一样。

在马来西亚，蜡染面料的萨龙搭配蕾丝上衣卡巴亚是当地女性的节日盛装，它们的原始造型都由印尼传入，但因受时装潮流的影响，萨龙的下摆变窄，卡巴亚的腰部也趋于合体，衣长变长，更加凸显了女性身体曲线的美感，曾作为民族正装多次出现在国际性场合。

与其他国家相比，马来西亚女性所穿着的萨龙圆筒更宽大些，长 1.1 米，围度大约 2 米，接缝处用暗缝的针法缝合，常见的面料为绿色棉布上织进金线纹样。值得一提的是，这种纹样并不是满幅的织绣在布料上，而是像现代的定织定染一样，只在整圈下摆织绣 7 厘米宽的纹样，还在裙子的纵向，即包裹身体的部分（非叠褶部分）织绣 45 厘米宽的花纹。这种布料叫作"吉兰丹布"，是马来西亚北部吉兰丹州（Kelantan）的特产，棉布或丝织物上的定位丝线纹样是它的重要特征。

因其面料的特殊性，使这种萨龙在穿着方式上也与其他国家略有区别。首先把人体套入萨龙，裙子的长短以露出脚尖为宜，让纵向部分 45 厘米宽的花纹位于身体的前中央，圆筒的右侧贴身，余量拉向左侧，然后由左侧的布端向内折叠出若干个 6～7 厘米宽的纵向直褶，直至余量全部折叠完，褶裥紧贴左侧身体，最后把褶山部分倒向身前，贴在左侧的身上，腰部用橡胶带或腰带扎系。

在马来西亚，与萨龙搭配穿着的上衣虽然也叫卡巴亚，但其造型结构却与印度尼西亚的卡巴亚有着较大的区别。这种卡巴亚为套头小圆领，前领口中央有 3 厘米长的纵向开口，开口处用盘扣固定，其功能主要是让头部能通过领口。卡巴亚的衣长 80 厘米，下摆宽 82 厘米，袖肥 21 厘米，腋下有三角形的插片，整件衣服为直线裁剪，松量较大，是一种宽松的罩衣式上衣，所用面料与萨龙一样。

在马来西亚的传统服饰中，除了萨龙和卡巴亚，还有一种从葡萄牙传入的"乔霍尔式"（Johore style）服装，主要为上层妇女在节庆或婚嫁时穿用，也用于王室正装，面料配色沉稳华丽，织有金银色花纹。

3. 男子萨龙及其配套装束

马来西亚的男子也穿着萨龙，但搭配、形制、穿法等都与女性的有所区别。以常见的婚礼服为例，马来西亚男子的婚礼服由上衣卡巴亚、裤子、萨龙和帽子"颂科"（Songkok）组成。（见图 7-74）

图 7-74 马来西亚男子萨龙

男子的上衣卡巴亚是一种立领的宽袖口（20 厘米左右）衬衫，板型结构与女式卡巴亚很类似，结构线都是直线，腋下有三角形插片，女式的没有口袋，而男式的则在左胸前和左右腹部缝制贴袋。裤子很宽松，裤口宽大约为 31 厘米，像睡裤一样。它们所采用的面料大都为人丝缎，白色为多，有时也会在裤子里面穿衬裤，衬裤的结构与外裤基本一致，只是尺码略小而已。

男性所穿着的萨龙长 105 厘米，圆筒周长 186 厘米，比女性的窄一些，也采用暗缝的手法拼缝接缝。面料为相同的吉兰丹织物，并织有金线纹样，上下布边对称织绣 8 厘米宽的花纹，纵向也有一条约 8 厘米的花纹。穿着时，先穿上衣和裤子，再套上萨龙，因男子萨龙的长度只要及膝或没过膝盖即可，所以长出的部分从腰围处向内折叠。人体居于圆筒中央，纵向花纹放在身后，余量均匀分至左右两侧，再分别向前中折叠，腰围处的布角掖进腰内，左右两侧的布端在前中心呈较窄的"人"字形。为了让腰围处固定得更紧实些，前腰中心向外翻卷，带动整个腰围顺势向外侧翻卷下来，形成前中央向后散射的褶，更加贴合穿着者的体型特征。

"颂科"是马来西亚男子在举行一些特定的仪式时穿戴的首服，因马来西亚人保持着信仰伊斯兰教的传统，所以这种帽子的造型类似于土耳其帽，体现出当地的宗教文化。

（四）缅甸服饰

图 7－75　缅甸萨龙

在缅甸，萨龙式的下装被称为"龙基"（Longyi），与衬衫"恩基"（Eingyi）搭配成套，男女皆可穿着，但具体形制又有所区别。（见图 7－75）

缅甸女性穿着的龙基是长度及踝的筒裙，面料多用粉红色或明快华丽的花色，裙长为 117 厘米。这里的裙长是在龙基面料 105 厘米幅宽的基础上，再拼接一块 15 厘米的黑色棉布，主要是为了更紧实地将筒裙固定在腰上。龙基的圆筒周长为 150 厘米，穿着时，把身体套入龙基至胸下，使后腰部贴身，余量归于身体右侧，再自右向左反折回来，布角掖进筒裙的上缘。为了更好地固定龙基，可将胸下拼接的黑色部分向内反折进腰内，或用带子扎系。

固定好龙基后，再穿衬衫"恩基"。虽然称之为衬衫，但其形制却完全不是西方的翻领开襟式，而是一种类似于中国清代琵琶襟马褂的连袖收腰短袄，一字盘扣连接。面料一般多为淡色或白色的薄丝绸，或是尼龙面料。也许是为了追求现代时装潮流的缘故，恩基的布料与龙基的自然凉爽相比较，不仅透气性差，而且较为透明，因此，缅甸的女性都穿用西式的内衣，或再在恩基外边披上披肩。

从视觉上看，因腰部拼接一截而呈高腰款式的龙基搭配短及腰线且收腰的恩基，让女性身材比例更加完美。再梳上一个不高不低的发髻或编成发辫斜垂在右后方（发辫仅限于未婚女子），随手插上兰花、茉莉等清新淡雅的鲜花做点缀，让缅甸女子呈现出亭亭玉立的美感。

缅甸男子的主要装束也是由龙基和恩基组成，但龙基的穿着方式与女性不同，较为多样。其中一种较为简单，身体居于龙基中间，左右两侧的余量分别折回前身中央，再将两个布端掖进腰里。另一种穿法先前的步骤与第一种相同，只是左右两侧布角在折回前中时交错在一起拧了一下，然后再掖进腰内。

缅甸男子的恩基比女性的略长一些，为连袖直襟，缝订一字盘扣，左胸和左右腰部缝制了三个口袋。近些年，许多人用西方的衬衫代替了传统的恩基与龙基搭配。龙基恩基作为礼服时，还要戴一种叫作"冈帮"（Guang—baung）的帽子。

（五）印度尼西亚服饰

卡因·潘将是印度尼西亚主要岛屿爪哇岛上的代表性服装，在印度尼西亚语中，"卡因"是布、腰布的意思，"潘将"是长的意思，因此卡因·潘将意为长腰布。它全棉质地，印染着巴蒂克式纹样（Batik，印尼流行的一种蜡防印花布），穿着时要折叠出整齐的纵向直褶，是特殊的礼仪场合才可穿用的盛装。（见图7-76）

图7-76 印度尼西亚的"卡因·潘将"

卡因·潘将的着装方法为，把布的一端对角折出三角形，另一端堆叠7到12个宽2至3厘米的直褶，三角形布端置于身后，顺时针向前围裹，直至之前整理好的直褶处于身体前中央或稍偏左侧，然后再用宽17厘米，长约122厘米的硬挺腰带"斯塔根"（Setagen）把缠绕好的卡因·潘将围系在腰部。

与卡因·潘将搭配穿着的上衣为"巴究"（Badju，也称为"卡巴亚"Kebaja），它是一种用蕾丝等半透明织物制成的翻领对襟上衣，胸口处有胸挡，里面穿内衣"科坦"（Kutang）。巴究的衣襟用类似胸针的金属装饰物固定后，披上宽 50 厘米，长 134 厘米的披肩"斯伦丹"（Selendang）。斯伦丹在美化整体着装的同时，还可以成为妇女背孩子的兜带，是一种美观兼具实用的服饰品种。

图 7-77　爪哇岛女性服饰

印尼主要岛屿爪哇岛上女性的日常装束为，上身着内衣"科坦"（Kotan），外衣"卡巴亚"（Kebaja），下身穿萨龙，腰系 633 厘米的带子"斯塔根"（Stagen），身背既可盛放物品又可背孩子，还是一种装饰的布袋"斯伦丹"（Selendang）。她们穿的萨龙基本采用白棉布染成的蓝色"巴蒂克"印花布，布上的花纹由"卡帕拉"（Kepala）和"巴丹"（Badan）这两个不同的花纹构成，幅宽 1 米左右，长 1.5~4 米，穿着时，把下半身套入萨龙中，使萨龙在右侧贴身，所有余量都归到左侧再折回右侧，并把余量的布端掖进腰里或用带子斯塔根扎系固定。（见图 7-77）

（六）尼泊尔服饰

尼泊尔与印度接壤，宗教和文化深受印度影响，因此服装类型上也有许多相似之处，卷衣希塔科·帕瑞亚便是一种穿着方式与纱丽类似的传统服装，区别在于它只是一种裙装，并不像纱丽那样缠绕全身。希塔科·帕瑞亚是一块 95 厘米×400 厘米的印花布，穿

图 7-78　尼泊尔的"希塔科·帕瑞亚"

着时把布的一端自右腿前向左绕一圈，布的另一端留出一个臀围的量，约 100 厘米，把中间部分叠成 10 厘米宽的直褶，褶山整理平整后放在前身中央，掖

进腰里。剩余部分的布端捏出自然褶，自右向左再绕一圈，掖进前身左侧，使布的左边呈螺旋状。（见图 7－78）

与希塔科·帕瑞亚搭配穿着的有上衣"乔罗"（Cholo）、带子"帕土卡"（Patuka）、披肩"喀斯特"（Khasto）和一个吊带"米恰"（Mhicha）。

乔罗的领子是立领，门襟的交合处是非对称的，袖子十分合体，腋下拼缝三角裆以便于活动，面料为刺绣花纹的薄蝉翼纱，也有用双层厚地织物制成。连接乔罗和希塔科·帕瑞亚的是缠腰带"帕土卡"，它宽60厘米，长548厘米，材质为未经漂白处理的本色白棉布，穿着时既可以一圈一圈地缠绕在希塔科·帕瑞亚之上，也可以将其对折，自右向左缠绕，把布端塞进带子里或披搭在肩头。帕土卡层层缠绕时可保暖腹部，或当口袋储物之用，解开后还可以作为背孩子的带子，颇具实用功能。披肩"喀斯特"一般为织有横向花纹的棉布，披法各异，和纱丽的披肩部分最为接近的是把布的一端夹在左腋下，另一端从背后经过右腋下向左缠绕，最后披搭在左肩上。

四、中东民族服饰

（一）阿富汗普什图族服饰

亚洲西南部的阿富汗主要民族为普什图族，又称"帕坦人"，占总人口的50%以上，其余还有30多个少数民族，如乌孜别克族、塔吉克族等。因主要信仰伊斯兰教，所以阿富汗的民族服饰区别很小，主要以宗教服饰为主。

因宗教和风俗的原因，阿富汗成年女性外出，都要穿戴上其传统服饰布尔卡。这种大长袍将女子从头到脚包裹得严严实实，只能透过眼前一小块网纱看到外面的世界。布尔卡形制上是一个宽松的拖地大外套，具体风

图 7－79　穿着布尔卡的普什图族妇女

格、款式、颜色、剪裁和穿法因各国习俗不同而有不同。（见图 7－79）

布尔卡以蓝色为主，据说这种颜色最符合端庄的要求，也偶尔能看到白色、紫色的。面料通常以棉布、纱布、涤纶和丝绸等为主，装饰有机器缝绣的彩色花样或手工刺绣，或在袖口、裙摆缝制出的亮片、珠子、水晶、碎钻等。质地好的罩袍，穿起来轻盈舒适，没有负重与闷热的感觉。

从款式上看，布尔卡主要有一件式套头款式和前扣或暗扣的大衣款式。罩袍是穿在最外层的服装，所以大多以直线、宽松、略长的剪裁为主。但随着时代的变迁，逐渐涌现出了合体、有腰身的罩袍，多为年轻、时髦女士们所青睐。

布尔卡因做工不太复杂，所以许多人都是自己制作。当然，在阿富汗，若要量身做衣，女性是不可能让男性裁缝为自己量身的，因为在伊斯兰教义中成年女性的面容和身体不能让丈夫以外的人欣赏。

图 7-80 普什图族服饰

阿富汗男子一般穿长外衣和灯笼裤，长外衣用条格布，腰缠布带，头上缠裹着包头布，留着大胡子。由于受伊斯兰教义影响，普什图人必须经常去清真寺祈祷。在徒步祈祷的过程中，普什图人逐渐形成在身上披一条毯子的习惯，用于祈祷时和衣而睡。这与中国藏族宽大的藏袍的功能类似，普什图人的毯子既当衣服又当被子，极为实用和方便。（见图 7-80）

（二）伊朗波斯人服饰

位于亚洲西南部的文明古国之——伊朗是政教合一的体制，主要信仰伊斯兰教。在古波斯语中，"伊朗"意为"光明"，中国古代史书上称其为"安息国"。伊朗总人口约6576万，波斯人约占66%，波斯人是伊朗的主要民族，也被称为伊朗人，其余为阿塞拜疆、库尔德等人。

几千年来，勤劳、勇敢的波斯人创造了辉煌灿烂的文化，特别是在医学、天文学、数学、农业、建筑、音乐、哲学、历史、文学、艺术和工艺方面都取得了巨大的成就。波斯人在服饰上严格遵守伊斯兰教义的等级制度，男子一般缠头巾、穿长衫和宽松长裤，服饰颜色、款式等又依职业、社会地位、籍贯等的不同而有所不同。无论天气多么炎热，伊朗男子在公共场合下也不能穿背心或露肩的短衫。

与大部分伊斯兰教国家类似，伊朗女性服饰也以长袍、面纱为主。她们一般着黑色长袍和不显露体型的宽大灯笼裤，城市妇女还必须戴眼部有网状透孔的白色面纱。此外，女性在公众场合不得露出头发，也不得穿容易在逆光下显现体态的薄料衣装，总体来说，就是要将女性的所有特征隐蔽起来。

2006 年，伊朗议会通过了《着装法》，对女性装着要求"黑夹布"，遮至眉梢下，嘴唇之上。"黑夹布"，是阿拉伯语"遮蔽"的意思，通常有三种规格：正宗的为 5 至 6 米黑布，从头部缠至脚跟；另外为头巾与披肩相连，外加长袍；最普通的就是头巾，配以长袍或宽大的外套。(见图 7 – 81)

图 7 – 81　伊朗女性服饰

在伊朗，虽然女性解放的步伐非常缓慢，但着装的封闭程度上较之以前已有改善，特别是在年轻人的服饰中较为明显。一位记者通过在伊朗的走访，描述了伊朗女性当今的服饰风俗：头巾以毫米为单位一点点地向后面挪动，头发越来越多的露出来，纱巾在下巴处以半毫米为单位，一点点地向下移动，脖子也开始显露。一些女性戴了项链等饰物，裤子一点点地变窄，外套一点点变短变细，显示出了波斯女子的腰身。在伊朗的一些公共场所还有女性着装的"提示语"，如机场的提示牌写着："亲爱的姐妹们，你们好比美丽的珍珠，'黑夹布'好比蚌壳，蚌壳越厚实珍珠就越发亮丽！"

在伊朗，男性和女性在公共场合需要保持距离，如等车时，男女分开站立，上车后，男女也是分开坐；男性在前门上下，坐车厢前半截，女士在后门上下，坐车厢后半截；此外，还有女性专乘的公共车辆。

(三) 科威特阿拉伯人服饰

科威特阿拉伯人是西亚阿拉伯半岛东北部科威特的主要民族，以信奉伊斯兰教为主，早先主要从事游牧业和打捞业，现今以石油业为主。

科威特阿拉伯男子的传统民族装束为：身着简洁的白色宽松长袍，下穿黑色灯笼长裤，戴白布或方格布头巾，头巾上扣头箍。近代科威特由于受到石油经济的影响，不仅获得巨大的财富，还受到了现代文明的影响，这都让科威特阿拉伯人的传统民族服饰产生了不小的变化。他们也开始穿西装系领带，但依然将宽袖肥身的大袍穿在最外面，同时戴头巾、小帽，保持着象征民族传统的标志。

因信仰伊斯兰教，科威特阿拉伯女性在公共场合下也以黑袍、面纱为主，但回到家中，却可以穿着鲜艳的袍裙，佩戴各种金银首饰和讲究的头巾。

（四）沙特阿拉伯人服饰

阿拉伯人是亚洲西南部阿拉伯半岛的沙特阿拉伯国家的主要民族，人口900多万，属于阿拉伯人的分支。早期阿拉伯人以游牧为生，现在的支柱产业则为石油业。

阿拉伯男性的传统服饰为白色长衫，粗毛呢斗篷，黑色灯笼裤，白色或各色方格布头巾和黑色头箍。最初阿拉伯人穿着这种服饰是为了适应热带沙漠气候，通风且防晒，而今这种样式已成为当地居民明显区别于其他民族的显著标志。（见图7-82）

阿拉伯女性服装也以着长袍、戴面纱为主。虽然服饰把女性的绝大部分身体、容貌遮蔽，但阿拉伯妇女喜欢戴戒指、项链、鼻

图7-82　穿白色长衫的阿拉伯人

环等饰物，还有在前额、双唇、脖颈、胸部等处染蓝色花纹的习俗。

虽然在伊斯兰教义的规定下，阿拉伯女性外出时必须裹黑纱或白纱，但在一些地方，如沙特内志地区，适逢节日或婚嫁时，妇女则穿着盛装——黑色的头巾与绣着金色图案的红色长袍搭配，醒目又华丽。红色长袍上的金线刺绣图案为沙特的国徽——椰枣树和双剑，是阿拉伯民族的象征。

（五）贝都因人服饰

贝都因人，也称贝督因人，是以氏族部落为基本单位在沙漠旷野过游牧生活的阿拉伯人。主要分布在西亚和北非广阔的沙漠和荒原地带，属欧罗巴人种地中海类型，人口1600多万，以阿拉伯方言为主，主要信仰伊斯兰教。

贝都因人一般生活在沙漠、荒原、丘陵和农区边缘地带，靠饲养骆驼为生。他们按季节和固定路线进行有规律的移动，每次游牧距离常在1000千米以上。因此，贝都因人习惯居住毛毡帐篷，帐篷里用布或毡子隔开，男女分居。

贝都因男子日常装束为长及脚踝的灯笼裤，肥大的长衫，冬季外加斗篷，腰间插一弯刀或手枪。节日时则穿着传统盛装：镶有毛皮饰边的大斗篷，绣满花纹的上衣，丰富褶皱的不对称围裙，造型奇特的绣花皮靴，防风沙的头巾。这套装束层次丰富、装饰精美，体现出贝都因曾经有过的繁荣。

习惯游牧生活的贝都因妇女喜欢用绣花和各种饰物装扮自己。长衫、外衣、斗篷无不绣着传统花样，身体上佩戴着各种首饰：手镯、脚镯、戒指、项链、鼻环以及用金属、兽角、珊瑚、玻璃等材料制成的胸饰。此外，贝都因女孩儿自16岁起，就在前额、下颏、双唇、双颊、手、胸、脚掌上黥染蓝色或绿色花纹。（见图7-83）

图 7-83　贝都因妇女服饰

（六）犹太人服饰

在原始血缘上，犹太人和阿拉伯人很近，具体的起源在《圣经》和《古兰经》中都有记载。

最初的犹太人主要聚居在亚洲西南部的以色列和地中海东岸，经过千百年的发展，世界各地的许多不同肤色的人群通过皈依犹太宗教，与犹太人通婚而成为犹太族群的一部分，而犹太人也由此从阿拉伯半岛的一个游牧民族，发展成为遍布全球的世界性族群之一，主要包括了有白种犹太人，黄种犹太人和黑种犹太人，以及印度和拉美的亚肤色的犹太人。

蓝色和白色既是以色列国旗的颜色，又是犹太人的象征。

虽然犹太人遍布世界各地，但服饰一直保持着犹太民族传统，如犹太男性的基本装束为：白衬衫，灯笼裤，以黑布缠腰、外套背心，在衬衫及背心的门襟处绣有代表民族传统的精美图案。此外，按照犹太教教义规定，男性还应戴小圆帽。

（七）土耳其人服饰

土耳其人是地处亚洲西南部、欧洲东南部土耳其共和国的主体民族，绝大多数信奉伊斯兰教，源自奥斯曼帝国时期。土耳其人是阿拉伯人的一个分支，有很少突厥的血统，多数是安纳托利亚的安纳托利亚人、希腊人、高加索民族、库尔德人、阿拉伯人与波斯人，以及古代的赫梯、吕底亚人与后来巴尔干半岛的居民的血统。

土耳其人曾是一支非常著名的游牧民族，于公元 16 世纪建立了横跨亚、欧、非三洲的奥斯曼土耳其帝国，从那个时期开始，就有部分土耳其人散居在许多国家，如德国、希腊、保加利亚等。

与大多数信奉伊斯兰教的阿拉伯民族类似，土耳其的民族服饰也受到伊斯兰教教法和习俗的深刻影响，男性以长袍为主，女性则要戴面纱。除了如宫女、肚皮舞舞女、妓女等特殊身份的女性服饰能突出曲线美外，其他土耳其女性的服饰多以遮蔽身体曲线为主要功能。

但与阿拉伯人不同的是，土耳其人不戴头巾，而戴帽子。例如，土耳其皇帝穆罕默德二世在其画像上，便戴着一项巨大的帽子，仿佛头上顶着个枕头。伊斯兰教崇尚白色与绿色，因此阿拉伯长袍多为白色，阿拉伯妇

图 7-84　着民族服饰的土耳其少女

女服饰以黑色为主，而土耳其人的服饰则色彩斑斓、装饰繁复。例如，被称

为美丽的哈莱姆样式的女性灯笼裤，用金线、金缠子、金银亮片等进行刺绣装饰，华丽非常，一些富贵人家的服装更是精致，在今天看来也依然让人赞叹不已。这在近代欧洲浪漫派画家反映东方风情的绘画作品中便可以看到。

在土耳其，男性注重帽子，而女性的服饰重点则为头饰。无论在今天的伊斯坦布尔还是安纳托利亚高原，都可以发现头饰是土耳其女性必不可少的装饰物。土耳其女性的头饰不仅装点服饰，还具有标示功能，家乡、年龄、社会地位等都可以通过不同的头饰区分出来。（见图 7 - 84）

在现代文明的影响下，土耳其男子服饰有所变化，一般里面穿西式服装，而外罩一件名为"多尔门"的阿拉伯长袍。长袍不再是白色，取而代之的是色彩斑斓的条纹布料，襟边有精致的装饰，体现出欧洲所崇尚的宫廷风格。

五、北非民族服饰

（一）埃及人服饰

埃及人也称"埃及阿拉伯人"，基本上为古埃及人的直接后裔，属于欧罗巴人种地中海类型，以阿拉伯语为主，信奉伊斯兰教。埃及人创造了人类四大文明之一——古埃及文明。这使古埃及成为人类最早进入文明的地区之一，其政治、经济、文化、宗教都有过空前的发展。

1. 古埃及染织

公元前 5000 年左右，埃及就出现了以麻和羊毛为主的纺织品，纺织工具为从古代近东引进的横机和竖机。

埃及早王朝时代阿蒙赫太普二世时织有文字的缀织物，以及包裹着塞尔王木乃伊的亚麻布——此布幅宽 1.525 米（60 英寸），经丝达 160 根，纬丝达 120 根，展示了埃及人高超的麻纺织技术，表明当时的工匠已熟练地使用较大的织机。此外，同时期的某些亚麻布还被发现进行过防腐处理和被茜草染色的痕迹。

地毯、挂毯和帐篷的编织是古代埃及的羊毛纺织技术的集中体现。埃及人最早用编筐的方式来织地毯，并且根据颜色、花纹的需要来结结。埃及的挂毯图案颜色鲜艳，多见红、蓝、绿等色的组合。染色的染料从天然矿物及动物体中提取的，如从孔雀石、翡翠石中提取绿色；从石灰、贝壳、白土中提取白色；从大青植物中提取蓝色、青色；从昆虫、贝紫类贝壳中提取红色、紫色等。

古埃及在印染织绣方面的成就到托勒密时期的科普特达到顶峰。"科普特"是希腊语中埃及人的意思，后专指信仰基督教的埃及人。托勒密王朝以前只用麻包裹木乃伊，从托勒密时期开始，认为精美织物也可以用来包裹尸体，因此进行了下葬制度改革，科普特精美的羊毛织物便作为殉葬品得以留存。

虽然科普特织物仍以羊毛和麻为染织原料，但天然染料的种类较之以前更加丰富，开始使用矿物、织物、明矾等作为媒染剂，同时还创造了毛圈织法——科普特时期独特的织法，以纬线圈结表现绒的效果，并使用麻毛交织，麻为经线，羊毛做纬线并变换颜色。科普特时期的染织图案题材也有增加，较为常见的有海中仙子、鱼、尼罗河风景、神等，也有反映基督教义的题材。艺术特征为，人物多为正面，大头大眼，表情严肃、忧伤；图案以对称形式出现，或加方框，或用葡萄枝分割；色彩上出现了渐变色。

2. 古埃及服饰

①布料：埃及为地中海式气候，夏季炎热干燥，冬季温和多雨，这使埃及人更喜欢植物纤维制成的轻薄布料，如亚麻布便是服饰的主要面料。亚麻纤维长，略显红色，质地光滑细腻。这种轻便的衣料在炎热的季节穿起来非常舒服。

公元前3000年时，埃及的织工就能织出亚麻布料，并用来制成简单的衣服。埃及亚麻布的纺织主要由妇女在家完成，也有贵族或有钱人开办专门的工坊。加工过程中，亚麻植物经过捶打与梳理，变成纤维后纺制亚麻纱线，最后便可纺织成布。

除了亚麻布，埃及人也偶尔使用其他种类的布料，如从东方进口的棉布，从地中海东岸买回的桑蚕丝和制作斗篷的羊毛。埃及人也使用兽皮，主要为豹皮，当法老作为神之第一侍者时才穿，如法老图坦卡蒙的墓室中就曾发现过一套这样的衣服。此外，一些国王和王后还会穿饰有羽毛和圆形小亮片的礼服。

②服饰：服饰对于古埃及人而言，并非仅仅为了遮体，强调衣服的象征意义和价值才是着装的主要目的，因此古埃及男女服饰区别并不大。

古埃及早期，男子无论地位高低，皆袒胸脯，下身着白色亚麻布制的缠腰布"罗印·克罗斯"。所不同的是，身份地位高者，比身份地位低者的罗印·克罗斯富于变化。从造型上讲，上层阶级男子的罗印·克罗斯有熨烫定型的直线普利兹褶，并在外系一个三角形的围裙，围裙上装饰着金银饰物及刺绣，并有宝石镶嵌以示特权。新王国时期，罗印·克罗斯变长，面料更加精细，出现了半透明的细布，着装也更加讲究，有两件式或三件式的穿法。至于平民和奴隶的罗印·克罗斯，式

图7-85　古埃及服饰

样则相当简单，所使用的亚麻布也较为粗糙。（见图7-85）

古埃及的女性服装主要有丘尼克、卡拉希利斯、多莱帕里等，虽然它们都以造型简洁为特征，但是褶裥的变化形成了丰富的立体层次和明暗效果，是构成古埃及服装魅力的重要手段。

古埃及女性普遍穿着的丘尼克是一种从胸到脚踝的筒形紧身裙，它充分体现女性玲珑的身躯，种类也较多，是古埃及女子的正式服装。早期的女奴和舞女们则常为裸体，只在腰臀部系一根细绳，称为绳衣或腰绳。

卡拉西利斯是一种由东方传入埃及的贯头衣，质地柔软，古埃及女性和男性在参加宗教仪式时都穿着这种服饰，虽然款式相同，但穿法上男女略有区别。

多莱帕里是一种男女皆着的卷衣，其中女式的多莱帕里较有特色，它是一块长方形的布，一般有大小两种形制，大的长边是短边的3倍，小的长边是短边的1.5倍，短边长度为腋下到脚踝的距离。卷衣缠绕披挂在身上，呈现出许多悬垂的衣褶。

埃及人的凉鞋主要是以纸莎草等材料编结而成的桑达尔。古埃及人大都赤足，只有上层社会人士与神圣官员才能穿凉鞋，二十一王朝法老苏萨内斯一世的金制凉鞋，堪称是打造得最精致的凉鞋，令人赞叹不已。此外，作为木乃伊"服饰"的一部分，凉鞋还有着重要的意义——死者的灵魂再生后将

依靠它行走。

③头饰：为了达到清洁和防晒的目的，古埃及男女皆剃发，并佩戴染成各种颜色的假发，男子有的还在假发上缠头布，这种装饰在古埃及历史上一直延续到今天。

新王国时期，古埃及人的头饰得到了相当程度的丰富和发展，主题丰富、造型优美，象征着宗教和权力。此时妇女的假发最密、最长，装饰也越加精美多样。例如，女神和王后皆戴蓝色假发，浓密光洁。王后头顶上佩戴兀鹫头饰，据说能保佑战场上的法老不受魔鬼的伤害而得到永生。女神头饰上则装饰有阿蒙神的两片羽毛和太阳神的太阳球。

④佩饰：项饰是古埃及人的重要配饰，材质上或用宝石成串排列而成，或用彩釉、陶器的瓷片组成。例如，出土于中王国时期的莎哈托胸饰，就是一件梯形纯金透雕饰品，装饰图案精雕细镂，由一根用玛瑙珠、绿宝石珠、青金石珠与黄金珠子串成的项链吊着，具有祈求神灵保佑，除灾避邪的含义，象征着生命的符号。

二十一王朝的手镯，也是王室珍宝之一，代表了当时杰出的、令人惊叹的首饰加工水平及设计师非凡的创造力。例如，法老阿蒙内莫普的木乃伊佩戴的手镯上雕刻着具有象征意义的蜣螂。蜣螂前镶嵌有太阳盘，一侧为环形象形符号"申"，代表了宇宙的无穷力量，另一侧则是刻有法老苏萨内斯一世名字的椭圆形饰板。

此外，古埃及人的佩饰还有耳环、脚镯、臂饰、手指护套、脚趾套等，几乎现代人使用的首饰，古埃及人都曾使用过，制作的工艺技巧更是高超。制作佩饰的材料有祖母绿、玛瑙、土耳其玉、金、银、紫水晶、青金石、绿宝石等，大都具有宗教意义，一些特定造型的宝石还用来象征永生。

化妆：古埃及人很早就使用各种化妆品，且化妆术很发达。眼影用孔雀石制作的青绿色料涂抹，再画上长长的眼线，既保护眼睛又增加美感，这在当时非常流行。此外，还有用散沫花做成的腮红、口红和手脚指甲油。

埃及人认为油膏、香水和眼线膏是今世和来世的必需品，这在古埃及史书可以得到印证："你要真心爱你的妻子，供她吃，供她穿，还要供她涂抹用的油膏。"

（二）柏柏尔人服饰

柏柏尔人这个称呼来自拉丁语中的 barbari，有蛮族、异教徒的意思，是非洲北部说闪含语系柏柏尔语族的古老民族。一般认为，柏柏尔族的祖先一支来自欧洲，另一支来自撒哈拉，公元7世纪阿拉伯人进入北非后，便称这些原住民为柏柏尔。一部分柏柏尔人被阿拉伯人同化，另一部分未被同化的族人多居住于山地和沙漠，至今仍保持着自己的语言和风俗习惯。

柏柏尔人多为游牧及半游牧民，社会相当松散，分布于非洲西北部，主要居住在摩洛哥（约占总人数的35%至60%）和阿尔及利亚（约占总人数的15%至33%），最东面的可以到埃及，最南面的可以到布基纳法索，属欧罗巴人种地中海类型，多数人信伊斯兰教。

与阿拉伯人着白色长袍不同，柏柏尔人的标志是从头巾到长袍都是蓝色的，因此被称为大漠深处的蓝袍人。例如，居住在马拉喀什的柏柏尔妇女，便是一袭蓝色的长袍从头盖到脚面，再用面纱和头巾遮住面部和头部，只露出两只眼睛。（见图7－86）

图7－86　大漠深处的蓝袍人——柏柏尔人

极度干燥的热带沙漠气候催生出柏柏尔人特有的一种职业——卖水人。卖水人的着装十分特殊，他们穿着色彩斑斓的服装，着灯笼裤，盛水用的碗和杯子串在一起挂在肩上，手里拿着可发出吆喝声的大铃铛，头上围裹着白色头巾，再戴上鲜艳夺目的编织帽，繁复的装束既可以吸引路人的目光，又遮蔽了炎炎烈日。

在西方文明的影响下，居住在城市及城市边缘的柏柏尔人的服饰已发生了变化，虽然外边披着本民族的披毯，裹着头巾与披巾，但里边却穿上了西式的衬衫。

（三）苏丹尼格罗人服饰

苏丹尼格罗人（Sudan－Negroes）是尼格罗人种的古老支系，简称苏丹人，主要分布在非洲北部撒哈拉沙漠以南呈长方形的两河一湖（尼日尔河、乍得湖、尼罗河中上游）地区。7世纪以后，建立了一系列受伊斯兰教影响的国家。

苏丹尼格罗人至今还有男女均行割礼的习俗，此外，中苏丹和东苏丹的尼格罗人在举行成年仪式时，还要摘除下门牙。

在宗教和气候的影响下，苏丹尼格罗人的服饰也以披裹式的长袍为主，颜色并不局限于黑白，而是较为鲜艳，如红蓝条相间的长袍。

（四）丁卡人服饰

丁卡人（Dinka）为南苏丹白尼罗河流域的民族，自称坚格人，属尼格罗人种苏丹类型。人口约 337 万人（1995 年），语言属尼罗—撒哈拉语系沙里—尼罗语族。多持万物有灵信仰，少数信基督教。主要从事游牧，也有锄耕农业和渔猎。

虽然丁卡人在文化上同种同源，信奉唯一个至上神、造物主——"Nhial-ic"。但丁卡人每个氏族又都有其明显的特征与宗教仪式，如尊敬各自的图腾（帕蒂普氏族的图腾是狐狸，帕蒂库尔氏族的图腾是狮子）和祭拜各自先祖的神灵，以及在成人仪，给受礼男孩儿的脸颊纹刻上象征着本部落或本氏族的纹面图案。

丁卡人的服饰简单，但注重身体的装饰，脖子与手臂上常带着华丽的珠状饰物。

六、中非及南非民族服饰

（一）富拉尼人服饰

富拉尼人，亦称"颇尔人""富尔贝人"等，为非洲西部的跨界民族，主要居住在尼日利亚、几内亚、塞内加尔、马里、喀麦隆等中西非广大地区，为非洲第四大族，人口 1392 万人（1978 年），仅次于埃及人、豪萨人和阿尔及利亚人。

富拉尼人与柏柏尔人有着较深的渊源，其祖先发祥于非洲大陆塞内加尔河流域及其南部的福塔托罗高地，后遇柏柏尔人南移，富拉尼人便与之混合。民族信仰为伊斯兰教、基督教、原始信仰、自然和祖先崇拜。

富拉尼人非常爱美，喜欢文身和佩饰，用比皮肤颜色更深的黑色或红褐色颜料在脸上"绘图"，佩戴复杂多样的头饰，包括头巾、发箍、耳环、项缀等。

因民族分布广泛，使不同生活环境下的富拉尼人服饰也不尽相同。城镇中的富拉尼男子常穿领口、袖口绣有花纹的白色或浅色大袍或丘尼卡式的套头长袍，头上戴着与袍同样颜色的小圆帽，或缠裹上长长的白色头巾。有时会在长袍的外面斜披巨幅布料，从右肩腋下通过，在左肩系结固定。女子着裙、戴头巾、披肩、项链、耳环等。

定居的半农半牧富拉尼人的日常服饰较为随意，主要为无袖宽松汗衫和裆部宽大的裤子，舒适并便于劳作的。放牧时，富拉尼人将盛水的葫芦和牧羊棍随身携带，再戴上剑麻编织的圆形阔边遮阳帽。

牧区的富拉尼男子穿无领对襟短衫，宽裆系腿裤，系深色的围巾。女子服饰为无领蓝色对襟长褂，偶尔系围巾。特别的是，已婚女子会在额头上绾一个圆形发球，并佩戴沉重的耳饰、项链和手镯。

（二）莫西－格鲁西人服饰

莫西－格鲁西人（Mossi－Grusi）是西非民族集团之一，共48个民族，各族几乎都有自己的语言，但均属尼日尔－科尔多凡语系尼日尔－刚果语族。因居住在沃尔特河流域，莫西－格鲁西人亦被称为"沃尔特人"，属尼格罗人种苏丹类型，主要分布在马里、布基纳法索、科特迪瓦、加纳、多哥和贝宁等国。宗教上大多保持传统的自然崇拜和祖先崇拜，伊斯兰教影响较小。

莫西－格鲁西人的女性服饰较为简单，以缠裹系扎为主。或用一块布自腋下包裹，缠住整个躯干，脖子上再挂一串红色的项链或其他配饰；或上身赤膊，腰间仅系扎一块花布，露出健美的身躯，赤足散发。

（三）豪萨人服饰

豪萨人（Hausa）为西非民族之一，主要分布在尼日利亚北部和尼日尔南部，少数散居在喀麦隆北部、乍得湖沿岸、贝宁北部、布基纳法索北部、多哥北部和加纳北部，属尼格罗人种苏丹类型，使用豪萨语，属闪含语系乍得语族，有多种方言，以卡诺方言为标准语言。

豪萨人以心灵手巧著称，其铸铁、制陶、制革、纺织、草编织物等都达到了相当高的水平。

豪萨人典型的套头式装束为，在衣片的中央挖洞后将头钻进去，这是一种简单、方便而原始的服饰形制。他们喜欢鲜艳的色彩，如在红色的衣片上装饰金色的刺绣，缠红色头巾，十分精美，也分外夺目。因生活在沙漠中，豪萨人大多赤足。

居住在尼日利亚的豪萨人，常穿一种名为"布布"的长袍，侧面开口，可隐约看到身体的一部分，领口位置以下或袖子、下摆等处装饰着色彩斑斓的布幅，并头上缠裹白色头巾。喀麦隆的豪萨人同样也穿着"布布"，只是领口以下的装饰布料上的几何图形被换成了总统肖像。把总统肖像或人理想中的事物印在衣服上是当地的通行做法。（见图7-87）

图7-87　豪萨人服饰

（四）芳人服饰

非洲中西部民族，又称帕胡因人、庞圭人、芳维人。主要分布在喀麦隆南部、赤道几内亚、加蓬以及刚果部分地区。属尼格罗人种班图类型。使用芳语，属尼日尔-科尔多凡语系西北班图语群，有用拉丁字母拼写的文字。多信万物有灵，崇拜祖先、土地神和水神，部分人信基督教。

芳人的服饰简单，但佩饰颇具特点。例如，少女们裸露上身，只在腰间系一条胯裙，但饰物却不简单，不仅脖子上戴一串珍珠项链，腰胯上更是缠绕好几条腰链。最下功夫的是头饰，芳人把饰带与人的头发混编在一起做成各种喜欢的造型，再系上彩色束发带。

当地少年也是上身赤膊，衣着简单，但注重装饰。帽子上的纹样刻画得非常细致，且在颜色上注意与其他服饰统一。腰饰复杂，分为腰带和流苏两个部分，腰带上的图案与帽子呼应，从腰带上垂下的流苏用动物毛皮制成，随着身体的活动而摆动，起到驱赶蚊虫、保护躯体的作用。

芳人身处礼仪或祭祀场合时，穿着领口绣花的短袖长袍，虽然形式上比普通芳人服饰正式很多，但颜色上依然选用大红、金色等鲜艳的色彩，体现出芳人热情奔放的民族性格。

（五）赫雷罗人服饰

赫雷罗人（Herero）为尼格罗人种班图类型，使用赫雷罗语，属尼日尔－科尔多凡语系西南班图语群。在班图人从大湖地区向南迁徙的过程中，赫雷罗人则赶着牲畜独自向西南进发，至迟在 17 世纪渡过库内内河，进入奥万博兰以西的卡奥科兰地区。约在 18 世纪中叶，大部分赫雷罗人继续向南向东迁移，占据了奥阿斯山脉以北地区，滞留于卡奥科兰的赫雷罗人形成了两个人口不多的部落：欣巴人和津巴人。赫雷罗人的传统宗教为祖祭，后来许多赫雷罗人改信基督教，现主要居住在纳米比亚北部和安哥拉南部。

与许多注重饰品的非洲民族类似，赫雷罗人的分支欣巴女子上身虽未着衣物，但却有十分繁复的项链和头饰。腰间系着编织出几何图案的腰带，腰带围裹由毛皮和织物组成的短裙。较为特别的是，短裙的后方做出了一个漂亮的隆起，仿佛欧洲 19 世纪的 S 形巴瑟尔裙撑。

（六）祖鲁人服饰

祖鲁人为非洲南部的民族之一，亦称"阿马祖鲁人"。人口 565 万人（1978 年），主要分布在南非纳塔尔省（545 万），莱索托东部（15 万）和斯威士兰东南部（5 万）。属尼格罗人种班图类型，使用祖鲁语，属尼日尔－科尔多凡语系东南班图语群。有用拉丁字母拼写的文字。

祖鲁妇女服饰简单，但却花很多时间和精力在发型的制作上，她们或编成高高的圆顶髻用胶固定，或用蜡做成下垂的小卷，发型上具有鲜明的民族特色。除了发型，祖鲁妇女还注重佩饰的穿戴，裸露的身体上常常挂满了珠子和骨质的饰品。在她们看来，服装的遮挡似乎并不重要，而配饰却具有非凡的意义。

年轻的祖鲁女子常常只穿一条草编的短裙，前面加一块编织的花布，与之搭配的是形式丰富的发箍，交叉于胸前的项链，围系于腰间的编织带和缀有红色小绒球的腿环。婚后的祖鲁女性裙子加长至膝盖，乳房罩上布片，颈项间佩戴着垂挂的珠饰。（见图 7–88）

祖鲁男性服饰也以腰布为

图 7–88　祖鲁女性服饰

主，常带圆形扁帽，发型和头饰较为特别。头发留长后梳成小辫，每条小辫又拴着小串珠，走起路来叮当作响。装饰在头上的羽毛、牛角和披在身上的兽皮等常作为狩猎者的荣耀而穿戴出来。

在一些重大的祭祀活动中，有的祖鲁男子上身赤膊，戴一条编织的彩色围脖，头顶的冠上，手臂的臂环上，腰间的胯裙上都装饰着具有图腾意义的羽毛。还有的男子头戴染成红色的毛皮帽子，肩头一侧挂项链，另一侧装饰毛皮。虽然腰间的各种彩色的布块缠系得较为随意，但腿上的流苏则是很讲究的和不可缺少的。

（七）马赛人服饰

马赛人（Masai）是东非民族之一，主要分布在肯尼亚南部和坦桑尼亚北部的草原地带，属尼格罗人种苏丹类型，为尼罗特人的最南支系，使用马赛语，属尼罗－撒哈拉语系沙里－尼罗语族，相信万物有灵。

以畜牧为生的马赛人是完全的游牧民族，终年成群结队流动放牧，几乎全部依靠牲群的肉、血和奶为生。至今仍生活在严格的部落制度之下，由部落首领和长老会议负责管理。

在马赛古老民俗传统中，每个勇士必须杀死一只狮子才能成人，因此马赛男子以杀死过狮子而自豪。在推选部落首领的仪式上，所有的候选人都要带上狮鬃，并涂抹取自圣崖的白垩粉，以象征屠戮雄狮的勇敢经历。马赛男子蓄发编小辫，批"束卡"——红底黑条的两块布，一块遮羞，另一块斜披在肩上。这种衣着很像一团火，这正是他们所要达到的效果，在野兽遍布的大草原上，火一样的装束能有效地驱赶野兽。马赛男子在放牧和部落战争中，或在头上装饰狮鬃，或用色彩鲜艳的鸵鸟毛做成一个圆圈挂在头上，中间仅露出面颊。（见图7－89）

马赛女性剃光头，衣着简单，但配饰讲究。头顶带一圈白色的珠饰，颈上套一个大圆

图7－89　马赛男性服饰

披肩，用串珠做成的项圈年龄越大层数越多。从上臂到手腕，小腿至脚踝都

戴满了白、黑、蓝各色串珠饰件。马赛女性有的大耳垂肩，因为马赛女孩生下来就扎耳朵眼，以后逐渐加大饰物的重量，使耳朵越拉越长，洞也越来越大。（见图7－90）

马赛人大部分都缺少两个门牙下齿，这是从小拔掉的，为的是灌药方便。此外，马赛人都随身携带一根圆木或长矛用于防身、赶牛。这是长期形成的民族习惯，即使进城逛街也不离身。

图7－90　盛装的马赛女子

七、大洋洲民族服饰

（一）毛利人服饰

毛利人是新西兰的少数民族，属蒙古人种和澳大利亚人种的混合类型，使用毛利语，属南岛语系波利尼西亚语族，有新创拉丁文字母文字。信仰多神，崇拜领袖，有祭司和巫师，禁忌甚多。新西兰官方文献证明，毛利人是四千多年前从台湾迁出的原住民，毛利人参访台湾阿美"族"太巴塱部落祖祠时，发现门窗开的位置、建筑梁柱等结构都和毛利人的聚会所相同。

公元14世纪，毛利人从波利尼西亚来到新西兰定居，成为新西兰最早的居民。毛利人的雕刻艺术技艺精湛，大到房檐，小到手杖都异常精美。他们的舞蹈服饰别具一格，色彩鲜艳的衣服，美丽的花环，项上挂着的绿佩玉以及腰上系着的蒲草裙充分展现了毛利人独特的民族风情。

毛利人的纺织技术高超，用新西兰野生亚麻织成布匹，或用贝壳梳理野生亚麻的茎皮取其白色纤维，用来缝制衣服。例如，亚麻布做的吊带背心裙便是毛利人麻纺织技术的突出表现。这种织工精美的毛利裙通常编织有红、白、黑三色的几何纹样，裙子的质地与背心相同，不同的是几何纹样的色彩减为黑、白两色，裙摆处无折边，而是很自然地织成了下垂的流苏。从款式上看，这虽是一种古老的民族传统服饰，但却非常具有现代感。

毛利人还有一种名为"卡胡基维"的特色服饰，是用亚麻掺入鸟羽制成的披肩，很是贵重，只有特殊场合下才穿着。而常穿的服饰品种有：系在胸

前的围裙，围在腰间的腰带，亚麻与狗皮、鸟皮混合制成的披肩或斗篷。（见图7-91）

毛利人注重身体的装饰，头上系着一种像发勒的细长带子，带子由彩色植物纤维织成，点缀着传统民族花纹。此外，他们也喜爱文身黥面。

图7-91　毛利人的"卡胡基维"

（二）澳大利亚原住民服饰

40000多年前，土著居民定居澳大利亚大陆成为澳大利亚原住民的定居地。他们属游牧民族，没有固定的居住点，分散在整个澳大利亚，在欧洲人占领澳大利亚之前，共有500多个部落，人数达75万之多。

澳大利亚原住民的人种归属为大洋洲诸岛和东南亚一带的尼格利陀人种，但随着时间的推移，也加入了其他人种的基因，包括高加索暗色人种，斯里兰卡的唯达人，日本的阿伊努人，印度的托达人，甚至中国的苗族也融入其中。

澳大利亚原住民的衣服很简单，或围裹袋鼠皮，或在身上涂抹一些颜色，但却有繁复的装饰。他们用涂抹、文身和佩戴饰品三种方式装饰自己。

平日里，澳大利亚原住民在面颊、肩、胸等部位用红、白、黄等颜色的土粉点上象征性的彩点。参战时在身上涂红色，死后涂白色，节庆仪式或节日歌舞时彩绘全身。在举行"野猫崇拜"仪式时，扮成野猫的人要在额角、两臂、胸部直至膝盖都描画上一道道红色的条纹。

澳大利亚原住民的文身以瘢痕为主，这是一种对皮肤有着破坏性的装饰方法。一般用贝壳或刀石割破皮肤，在伤口处涂一些灰，因增加了异物，伤口愈合后便呈现条条块块的疤痕。文身多为粗线条，有的像雨点，有的似波纹，对经过成年礼的原住民来说文身不仅是装饰，还有吸引异性的功能。

澳大利亚原住民的饰品种类主要有腰带、项圈、额箍、穿鼻针等。头上用鼠牙、狗尾、蟹爪、贝壳等装饰，有时还插上红色羽毛。女性的头发任其生长，男性的发式则较为复杂，或用红色的泥土涂在头发上，甚至加入动物脂肪让头发黏合在一起，再定型为饼一样的块状；或将头发分成小指粗细的条束，再用人的毛发与袋鼠的毛合编而成的带子做包头。

成年礼是澳大利亚原住民重要的人生环节，在南部伯尼凯亚部落的成年礼上，人们要在背上涂三个圆圈，代表袋鼠的眼睛和尾巴。澳大利亚中部原住民阿兰达人成年礼的仪式之一便是拔牙。在拔牙仪式上，待拔牙的人仰面躺下，头靠在坐着的巫师的膝上，巫师把皮绳塞进躺着的人嘴里，既可以止痛、止血，也可以避免牙齿被吞食。然后，巫师拿起一根有孔的木头，让牙齿抵在孔里，再用石头狠狠敲击，待牙齿拔下，拔牙礼也就结束了。

（三）斐济人服饰

斐济人（Fijians），太平洋西南部斐济群岛的民族。主要属澳大利亚人种美拉尼西亚类型，并混有波利尼西亚类型的若干特征。使用斐济语，分多种方言，属南岛语系美拉尼西亚语族，有以拉丁字母为基础的新创文字。多信基督教。其祖先约在3500多年前自新赫布里底群岛分几批迁入，其后又有其他移民到来，而且很早便与东部邻居萨摩亚人和汤加人有密切交往。

斐济人有一种著名的纺织品"它巴布"。这是一种用树皮制成的布料，是当地劳动人民智慧的结晶，也是斐济著名的民俗文艺。为满足生活的需要，当地妇女将剥下的树皮在水中充分浸泡，待其变得柔软后，将树皮捶打至只有原来厚度的十分之一，捶打过程需要保持树皮薄厚均匀又不断裂，捶打完成后将树皮晾干并染色，至此，树皮布便制作完成了。斐济人用树皮布制作成各式民族服装，既结实又透气，非常适合当地的气候环境。

斐济人迷恋音乐和舞蹈，在著名的传统舞蹈"火把舞"中，民族服饰便和舞蹈交织在一起，传达出斐济人热情奔放的民族性格。舞蹈前，土著斐济人把脸抹黑（斐济人以脸上抹黑为美），头颈上挂着彩色斑斓的珍珠项链，手臂上戴着棕色的手环，上身赤裸，穿着用植物纤维制作的长裙，赤着双脚。他们每人手持

图7-92 斐济人服饰

一根细长的木棒，木棒的两端扎着彩色艳丽的纤维球。舞蹈时，木棒飞快旋

转，两端的彩球翩翩起舞，酷似火把，象征着光明和希望。（见图7-92）

较之女性服饰，斐济男子服饰更注重装饰，他们喜欢在身上佩戴各种由贝壳、鱼甲、兽牙、鸟羽等材料制成饰物。发式上，男子留长发，而女性结婚以后则要把头发剪短。

（四）夏威夷人服饰

夏威夷人（Hawaiians）是美国的少数民族，自称卡纳卡人，分布在太平洋东北部夏威夷群岛，属南方蒙古人种和澳大利亚人种的混合类型，为波利尼西亚人的一支。使用夏威夷语，属南岛语系波利尼西亚语族，信奉基督教。夏威夷人发色黑，头发呈平直或波纹状，体型与新西兰毛利人一样，高大健美，语言也与毛利人相似。

图7-93　夏威夷草裙

夏威夷的草裙舞是世界闻名的民族舞蹈。传说中第一个跳草裙舞的是舞神拉卡，她跳起草裙舞招待她的火神姐姐佩莱，佩莱非常喜欢这个舞蹈，就用火点亮了整个天空。自此，草裙舞就成为向神表达敬意的宗教舞蹈。早期，在夏威夷无论男女都跳草裙舞，跳舞时，男性只缠着一条腰带，女性则不着上装。当第一批传教士们到达夏威夷时，被这种过分暴露的服装吓坏了，颇为性感的舞蹈动作也令他们反感，因此草裙舞立刻被禁止了。然而草裙舞并没有消失，而是被秘密地保留了下来。1874年卡拉考阿国王开始执政，他恢复了这种传统舞蹈，但要求女性不得裸露上身并穿上长裙。（见图7-93）

在夏威夷，只有显贵人物才能穿着红黄色的衣服，国王披长斗篷"马莫"，首领们披短斗篷，贵族们戴用禽鸟毛做成的盔帽和鲜艳羽毛制成的装饰品，贝壳做的项圈、手镯和脚镯，以及用兽骨和兽齿做的饰物。

平民喜欢用鲜花装扮自己，衣服则较为简单，从形制上看，都是用一块长布裹在身上。男性着一条腰带"马洛"或阿罗哈衬衫，女性着一块长度由胸部至膝盖的麻布裙"帕乌"和披肩"基赫伊"。

夏威夷人也有截取树皮捶打成布
的习俗，还能将草染成各种颜色制作
草裙。例如，染成金色的草裙在当地
就很常见。一些心灵手巧的少女还用
草来编织的裙腰上的花饰和制作头饰。
（见图7-94）

八、西欧民族服饰

（一）希腊人服饰

希腊人是希腊共和国的主体民族，
另有部分分布在美国、俄罗斯、乌克
兰、澳大利亚和土耳其。多属欧罗巴
人种地中海类型，部分属阿尔卑斯类
型。使用希腊语，属印欧语系希腊语
族。文字有古希腊文与新希腊文之分。

图7-94　鲜花装扮的夏威夷少女

多信东正教，少数信天主教和伊斯兰教。

希腊位于欧洲东南部巴尔干半岛南端。陆地上北面与保加利亚、马其顿
以及阿尔巴尼亚接壤，东部则与土耳其接壤，濒临爱琴海，西南临爱奥尼亚
海及地中海。希腊被誉为是西方文明的发源地，拥有悠久的历史，并对三大
洲的历史发展有过重大影响。

古希腊服饰是希腊民族服饰中光辉灿烂的一页，这种简洁、单纯的服饰
风格不仅适合希腊山海交错的地理环境和晴朗温润的气候条件，还作为古希
腊文化的一部分对其征服者古罗马服饰产生了深刻的影响。

公元前5世纪希腊进入古典时期，即古希腊文明的鼎盛时期。古典时期
的男女服饰风格差别不大，服饰多采用不经剪裁的矩形面料，通过披挂、缠
绕的方式遮覆在人体上，再利用搭扣、别针或腰带等配饰固定，形成潇洒、
浪漫的褶皱。主要服饰类型有披挂型的"希顿"（chiton）和缠绕型的"希玛
纯"（himation）。

希顿是古希腊人的常服，男女皆穿，因不同的风格而分为多利安式和爱
奥尼亚式两种，多利安式希顿又称佩普洛斯（peplos），为一块长方形的白色

毛织物，长度多出着装者身高 1 英尺，宽度为着装者平伸两臂，两肘间距离的两倍。穿着时，长度长出的 1 英尺部分向外翻成双层样式，用于保暖和防止别针部位的面料逐渐破损，然后纵向对折，把身体包在对折布的中间，后肩左右处各提上两个布角，在前肩的相同位置用 10 厘米长的别针固定，多余的布料自然地垂挂在身上。走动时，衣裙随风摇曳，健美的体态时隐时现，优美而潇洒。

为了方便弯腰、下蹲等日常活动，希腊人在希顿上系一条腰带，再把腰带以上的布料向上提，以至自然下垂盖住腰带，制造出疏密随意的重褶。

爱奥尼亚式的希顿与多利安式有许多不同，多利安式希顿的面料通常是羊毛，而爱奥尼亚式希顿的面料为亚麻。爱奥尼亚式用一系列小圆搭扣连接固定在上半臂，这种固定方式形成宽松的袖子，通常袖长到肘部，而多利安式没有袖子。爱奥尼亚希顿最简单的款式就是呈圆柱形，长度多变，但是通常比穿着者的身高长，多余的长度从腰带里拉出，并根据穿着者的个人要求调节深浅。质地好的亚麻希顿比粗糙的羊毛希顿饱满，而且褶皱也更丰富、更优雅。

希玛纯是古希腊男女皆着的包缠型长外衣，用大幅长方形面料制成，可做头巾、斗篷，也可缠在身上成为希顿的外衣。在希腊的黑绘和红绘陶瓶上，人物有时将面料上缘的中间部位拉到头顶盖住头，然后两边面料自肩膀垂落在身体两侧，像个头巾；有时直接搭在肩上，想盖住头部时，可轻松地把布料从后面拉起盖在头上，像个斗篷；此外，还有一种包缠式的穿着，即把面料的一端搭在左肩，后背垂落大量布料，把这些布料从右臂下面穿过，缠绕到身体前方，再搭回左臂背后，即完成穿着，是一种男女都非常普遍的穿着方式。

这些古希腊服装都具有潇洒、飘逸的基本特点，由于布料较宽并系扎穿着，形成了无数具有凹凸效果的纵向线条，增加了服装的立体效果，宛如一件活体雕塑。

（二）西班牙人服饰

西班牙人的先民主要为比利牛斯半岛上的古老居民伊比利亚人与公元前 9 世纪至公元前 8 世纪来此的克尔特人结合成的克尔特伊比利亚人，此外，还吸收有腓尼基人、迦太基人、希腊人、阿拉伯人、犹太人等成分。

西班牙人是西班牙的主体民族，另有部分分布在法国、阿根廷、德国、巴西、委内瑞拉、瑞士和墨西哥等地。多属欧罗巴人种地中海类型，部分属阿尔卑斯类型。使用西班牙语，属印欧语系罗曼语族，文字用拉丁字母拼写。信奉天主教。

欧洲文艺复兴运动之后，奢华时髦的西班牙的宫廷服饰曾与法国服饰一道，引领着欧洲的时尚，如拉夫领、裙撑等都是他们的发明。但随着巴洛克、洛可可风格的演进，西班牙宫廷服饰也逐渐被法国同化，而呈现出相似的风貌。

西班牙人是典型的南欧人性格，因此西班牙的民族精神表现出热情奔放，乐观向上、无拘无束的特点，斗牛和弗拉明戈便产生于此。

斗牛作为西班牙的国粹，已经有好几个世纪甚至上千年的历史。在阿尔达米拉岩洞中发现的新石器时代的岩壁画里，人们就看到了一些记录着人与牛搏斗的描绘。作为一种充满冒险魅力的运动，斗牛的过程充满了惊险血腥和美丽崇高，斗牛士与公牛之间的纠缠，堪称一场华丽的艺术之舞。

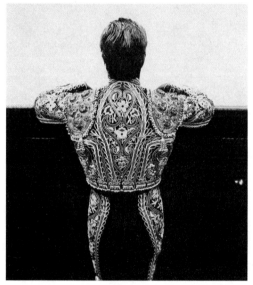

在这场精彩绝伦的舞蹈中，斗牛士的装束分外夺目。西班牙斗牛士的服饰继承了16世纪前辈的传统，主斗牛士一般选用红色为主的衣着，服装上的金色镶边和金色饰物，使其在阳光下做动作时闪亮夺目、光彩照人。16世纪的人习惯

图7-95 西班牙斗牛士服饰

于盘发，因而主斗牛士都带有头饰，这个传统一直被延续到今日，头饰不仅成了一种装饰，还演变为主斗牛士身份的象征。（见图7-95）

红布和斗篷是斗牛士的必要配件。在斗牛活动中，红布被称为"穆莱

塔"，是主斗牛士的专利。穆莱塔一面为红色，另一面则为黄色，与西班牙国旗的颜色一致。斗篷为三名斗牛士助手所持，斗篷与穆莱塔的区别是其中红色的一面被粉红色取代。

当然，主斗牛士最重要的配件是刺牛的利器。全套斗牛士的工具包括：一把长矛，六支花镖，四把不同的利剑以及一把匕首。其中，短剑是最具有挑战性和观赏性的。主斗牛士在表演的不同能够阶段选择不同的工具：初始阶段一般选用不带弯头的利剑，支撑红布以引诱公牛，到了最后的刺杀阶段，亮相的是带弯头的短剑，斗牛士将其刺入公牛后背的心脏。此外，主斗牛士还配备十字头剑，用来刺杀公牛中枢神经。

弗拉明戈舞（Flamenco Dance），作为当今世界最富感染力的流行舞种，是吉卜赛文化和西班牙的安达卢西亚民间文化的结合。代表着一种慷慨、狂热、豪放和不受拘束的生活方式。（见图7-96）

图7-96 弗拉明戈舞者服饰

弗拉明戈女舞者常穿黑色的紧身吊带背心，裙子为多层塔身结构，每一层都被赋予了不一样的色彩，蓝、白、橘、红、绿等，热情明快。男舞者一般穿短夹克或绣花背心搭配长袖衬衫和紧身高腰长裤。相同纹样的围巾围系在两人的肩颈，将舞者的灵魂纽缠在了一起。舞鞋是舞蹈服装中的重要组成部分，跳弗拉明戈舞蹈时需要舞鞋有结实的鞋跟，以满足舞者有力的顿足，有特殊需要时还会在鞋跟底部钉上金属片。

（三）法兰西人服饰

法兰西人是法国的主体民族，先民是被罗马人称为"高卢人"的古代克尔特人部落，5世纪时，大批日耳曼人来到这里，成了法兰西民族的另一源头。18世纪的法国大革命最终促成了现代法兰西民族的形成。

法兰西人属欧罗巴人种，主要有3种类型：南部大多为地中海类型，中部大多为阿尔卑斯型，北部大多为大西洋波罗的海型。使用法语，属印欧语系罗曼语族，有用拉丁字母拼写的文字，大部分人信天主教，少数信基督教新教。除法国外，法兰西人还居住在美国、意大利、比利时及加拿大等国。

法兰西的民族服饰主要可分为以巴黎为中心的宫廷服装和广泛分布于南部乡村的民俗服装。其中，民俗服饰大多为衣袖宽大的外衣、长裙等，装饰有充满生活情趣的绣花，强调的是功能性和舒适性。而宫廷服装因其强调曲线的造型、浪漫繁缛的装饰等，长期被欧洲各国奉为经典。

17世纪，法国宫廷服饰盛行的巴洛克风格，是欧洲人对强调均衡和谐的古典样式的突破和发展，呈现出气势磅礴、富有活力的艺术特征，主要表现在法国男装的造型变化与装饰手法上。（见图7-97）

图7-97 法国巴洛克时期男装

17世纪60年代，法国出现了一种合体的男装——"究斯特科尔"（Justaucorpr），这是一种无领的前开式的长外衣，使用的面料主要为天鹅绒或织锦缎，前门襟有一排扣子，但一般不扣，只是作为一种装饰而存在，扣眼用刺绣装饰，或为金缠子扣襻。口袋位置很低，整个造型重心下移，袖子也是越靠近袖口越大，袖口有翻折回来的袖头，袖头上装饰着金、银、珠宝等制成的扣子。

穿在究斯特科尔里层的服装为"贝斯特"（Veste，英语为waistcoat），因外套的敞开，使贝斯特也用豪华的织锦缎制成。贝斯特造型与外面的究斯特科尔一样，也有一排扣子，衣长略短一点。这种穿在外衣与衬衣之间的中衣，到18世纪中叶，衣长逐渐变短并去掉了袖子，成了现代西服中的背心。

由于究斯特科尔为无领上装，所以脖颈上的装饰就显得格外重要。这时的颈饰叫作"克拉巴特"（Cravate），来自为路易十四守卫宫廷的克罗地亚士兵脖子上系的亚麻布带子，由于法国人称这些士兵为"克拉巴特近卫兵"，因此这条颈饰也就被称作'克拉巴特'。成为 17 世纪后半叶男子装束中不可或缺的服饰品，这也是现代领带的直接始祖。但这时的克拉巴特还只是一条长 2 米左右的围巾，一般用薄棉布、亚麻布或丝绸制作，边缘装饰蕾丝或刺绣，系法是在脖子上绕两圈后，系个蝴蝶结。①

"克尤罗特"（Culotte）是一种与上衣"究斯特科尔"和中衣"贝斯特"搭配的裤装，裤长及膝下，裤口用缎带扎系装饰，面料与上衣相同，下穿紧身长筒袜。

由这几种服饰组合而成的完整搭配影响到近现代男装，19 世纪中叶出现的男西服三件套装就是这种格局的延续。

这时的法国男性除了服装上颇为讲究外，还注重头饰。他们不仅戴各种假发，还流行戴一种装饰着鸵鸟羽毛的三角形卷檐帽，这些与衣服上大量使用的刺绣、蕾丝、飞边、缎带等华丽装饰一起，形成了巴洛克风格服饰特点。

虽然男装是巴洛克风格的中心，但这一时期的上层社会女装也呈现出华丽奢侈的巴洛克风格。为强调夸张的身体曲线，女性再次穿用紧身胸衣，并在臀部使用"臀垫"。面料以丝绸、锦缎、天鹅绒、蕾丝等豪华材料为主；裙身上装饰着缎带、蝴蝶结、刺绣、飞边、缘饰以及各种褶皱处理等。总之，这时的女装色彩华丽，造型奇特，装饰繁复，与"巴洛克风格"男装相映生辉。

（四）荷兰人服饰

荷兰人的先祖克尔特人早在公元前 5 世纪就聚居在现在的荷兰、比利时境内，弗里斯人和巴塔维人于公元开始前迁来。公元 3 世纪，法兰克人与撒克逊人相继来到荷兰。法兰克人征服了其他部落，并与之混居，形成了荷兰民族的基础。

荷兰人是荷兰的主体民族，主要分布在荷兰北部和中部地区，另有部分散居在美国、加拿大、奥地利、比利时和德国。属欧罗巴人种，使用荷兰语，属印欧语系日耳曼语族。大多信奉基督教的加尔文派，北部地区有一些人信

---

① 李当岐："巴洛克时期的西方服饰文化"，《装饰》012 年第 5 期（总第 229 期）。

奉天主教。

　　荷兰民族的男装以衬衣、外套和大裆裤为主，大裆裤原为 17 世纪的水手服饰，因便于行走和工作，便被纳入日常服饰之中。荷兰男子还常戴无檐软帽子，帽子形态简洁，有尖顶和一字顶等。

　　荷兰女性的日常服饰为衬衣和大长裙，裙子一般采用家纺的羊毛面料制成，以黑色为主，内穿的衬裙则常为鲜艳的红色。也有的年轻女性直接穿着色彩斑斓的彩条长裙，或把黑色外裙简化为一个围裙，而将鲜艳的衬裙露出来。（见图 7 – 98）

　　荷兰位于欧洲西北部，濒临北海，地势低平，这使荷兰几乎有一半的土地都浸泡在水中，因此，荷兰又被称为"海平面下的王国"。正是这样的地理条件，促使荷兰人在五百多年前发明了木鞋。木鞋有许多优点：防潮湿，经久不烂，因木质干燥，故脚部舒适干净，同时还能保护足部，避免被硬物所伤，又能防水、防热、防泥，且就地取材，成本低廉。

图 7 – 98　着民族服饰的荷兰少女

　　最初，木鞋是劳动人民御寒的工具。贫穷的农民买不起鞋，但又不能赤脚在结冰的地上走，于是就把木头雕空制成鞋底厚实，鞋头上翘的船形鞋，并在鞋内填充稻草用来御寒。后来，这种鞋因穿着舒适又暖和，便在整个荷兰流行起来，并一代代流传下来，直到今天，许多荷兰农民和渔民仍有穿木鞋的习惯。

　　荷兰人普遍穿着木鞋，但形态、功能因适应不同行业而有所不同：农人穿平底木鞋在湿润的耕地或牧场中劳作；泥炭工、割苇工、堤坝工等穿加厚加宽的木鞋以便隔水防潮；花田里栽植郁金香的园艺工穿平板方头木鞋很方便；渔民穿的冰上木鞋鞋底带铁齿，鞋尖跷成钩状，修整渔网时渔民手足并用，跷鞋尖伸进网眼能把网绷紧，因此渔民的木鞋是足具也是工具；不仅荷

兰人穿木鞋，连马匹干活时蹄铁外也套上"马木鞋"。（见图7-99）

还有一类木鞋为居家木鞋，做工比工用木鞋考究，装饰性也较强；孩子穿摇篮木鞋，小脚丫向着壁炉，保暖又隔热；假日游憩有野营木鞋；上教堂和过节日有周末木鞋；还有特别的新娘木鞋，由待婚新郎亲手给未婚妻雕制，订婚时送给爱人，结婚当天新娘穿上，婚后置放新房显眼处，意义如同婚戒。

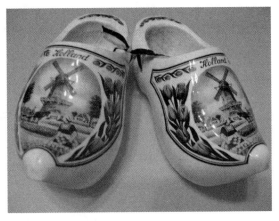

图7-99　荷兰木鞋

在荷兰，木鞋不仅有着实用功能，还具备诸多礼仪功能。例如，荷兰王室规定，凡是谒见国王的人，必须身着礼服足蹬木鞋，以示尊敬和臣服。在民间，婴儿出生后，父母要为宝宝准备一双小木鞋，寓意孩子一生能有木鞋为伴；结婚时，丈夫需要把木鞋作为爱情的信物送给妻子，并亲手为她穿上木鞋；荷兰人日常生活中走亲访友时，也常以木鞋为礼，寓意美好的祝福。

憨态可掬的荷兰木鞋鞋底厚实，鞋头上翘，整体呈船形，取材于荷兰特有的一种白杨树，其质地细腻、坚硬，且无花纹，易清洗，不易变形。制作时，先将整段木头按需求截断，用刀头将鞋内掏空，再将鞋打磨光滑，最后是上色和刷油。荷兰人对木鞋上的装饰图案极为讲究，通常制鞋人会将荷兰风车和郁金香绘制在木鞋上，再刻线雕花，刷上漂亮的油色，一双美丽的荷兰木鞋才算制作完成。

早期的荷兰木鞋都是纯手工完成，虽然制作过程并不复杂，但要做出一双好看而又合脚的鞋子，并不是一件

图7-100　荷兰木鞋作坊

容易的事，起码得花上四五天的时间。因此，手艺精湛的木鞋匠就是雕刻艺术家，他们用双手将一根根普通的木头就能变成一双双神奇、漂亮的鞋子。（见图7-100）

随着时代的发展，现代荷兰木鞋虽然形式上与旧式木鞋相差无几，但工艺上已经实现了全过程的机械化。制作一双木鞋，仅需两台机床便可完成，操作人员在电脑里选择所需鞋样和花纹，设定好程序后，只需几分钟，一双造型美观，刻有各种图案的木鞋就做好了。因此，现代的荷兰木鞋已经成为荷兰的标志性纪念品，为世界旅游者所珍藏。

（五）苏格兰人服饰

苏格兰人（scottish）为西欧英国的少数民族，是苏格兰当地的土著民族，属欧罗巴人种大西洋波罗的海类型，多信基督教的长老会教派，少数信天主教。主要分布在大不列颠岛北部的苏格兰（占当地人口92%）和英国各地。苏格兰境内人口近500万，但全世界另有5000万人拥有苏格兰血统。

12世纪，苏格兰与英格兰王室联姻，加速了苏格兰的封建化和英格兰化。1707年，二者联合为大不列颠王国。苏格兰虽然在政治上与英格兰联合，但民族传统仍然保持，如反映家族制度的姓氏、高地服饰、高地舞蹈、风笛音乐以及各种各样的节日。其中最使苏格兰人闻名遐迩的便是他们别具一格、色彩绚丽的服装和面料。（见图7-101）

在苏格兰当地的盖尔语（Gaelic）里，源于苏格兰高地，只有苏格兰男人才穿的格子裙被称基尔特（Kilt），是苏格兰男人的象征。

基尔特源于早年苏格兰高地农民的日常衣着，已有400多年的历史。苏格兰高

图7-101 苏格兰民族服饰

地冬天寒冷潮湿，农民们为了方便与保暖，便将用羊毛织成的格子纹样的基尔特围在身上，并在腰部扎一根腰带，白天可以遮风避雨，夜晚还可以当作

被褥或毛毯使用。当时的服装腰部以下和现在的基尔特差不多，为了美观，还常在肩部用别针做出褶皱的效果。

1707 年，苏格兰和英格兰合并后，基尔特作为苏格兰的民族服装被保留下来。1745 年，英国汉诺威王朝镇压了苏格兰人民的武装起义，并颁布英国历史上著名的"禁裙令"，并禁止苏格兰人吹奏风笛和佩带武器。然而，具有讽刺意义的是基尔特却随着禁令越来越受欢迎，在几十年里竟发展成为整个民族的服装。经过三十多年的抗争，苏格兰人最终迫使汉诺威王朝在 1782 年取消了"禁裙令"。

一套正式的基尔特及配饰包括：长度及膝的方格呢裙，色调与之相配的背心和花呢夹克，长筒针织厚袜、皮带、帽子、毛皮带、匕首，有时肩上还斜披一条花格呢毯，用别针在左肩处固定。苏格兰男人普遍身材魁梧，穿上了基尔特后更加突出肩背的宽厚和强健富有弹性的双腿。穿着基尔特时，苏格兰男人十分注意搭配，在他们的前身腰际处，有时会加上一个精致的小酒壶，或者兽皮做的小包（asporran），包外饰以羽毛。这种酒壶或小包紧贴着基尔特的前摆，并由肩带连接，直接悬挂在肩膀上。

基尔特上最显著的标志，莫过于裙子上的格纹。苏格兰格子，素有一"格"一阶级的说法，是苏格兰人身份的表达。苏格兰高地的传统社会单位是家族，家族通常以父系为准，每个家族都有其不同的徽章，上面标有本家族的标志和战服图案，佩戴在帽子上，以此来辨别其成员。这种传统延续至今，不同的方格图案便代表了不同的部族及门类。例如，为王室成员及贵族定制的叫"贵族格"（the Noble Tartan），黑灰格被称为"政府格"（the Governmental Tartan），以姓氏命名、代表一个苏格兰家族的则是"家族格"（the Clan Tartan）。其中，"家族格"在这些方格中最具有广泛代表性，并一度成为地位高低和成功与否的标志。到 19 世纪末，苏格兰几乎所有具有地位和身份的家族都有了属于自己的方格图案。人们将这类图案统称为"塔腾"（Tartan），其意思就是能代表苏格兰某一家族的方格呢绒。

随着社会的发展，今天苏格兰的家族观念已经淡泊，但是这些独特的方格图案却被完整地保留了下来。作为民族文化的一部分，基尔特成为苏格兰人在婚礼、高地比赛、除夕欢庆活动等重大场合中的正式民族服装。

九、东欧民族服饰

（一）罗马尼亚人服饰

罗马尼亚人是东欧罗马尼亚人口占多数的民族，约有 1973 万人（1982年），占全国人口的 88.1%，属欧罗巴人种巴尔干类型，使用罗马尼亚语，属印欧语系罗曼语族，其远祖系色雷斯人，早在青铜时代（公元前 2000 年纪初）就生活在喀尔巴阡山 – 多瑙河 – 黑海地区。

作为一个传统农业国家，罗马尼亚居民有纺纱织布的传统，因此罗马尼亚在纺织服装行业内取得了相当高的成就，其中较为出名的是"巴尔干"女衫和"霍尔班"绣。（见图 7 – 102）

图 7 – 102　罗马尼亚的民族服饰

"巴尔干"女衫是"一种宽松而长及臀部的套头衫，衣摆处抽碎褶并有宽带接缝，领口、袖口处也抽碎褶形成好看的花纹"①；"霍尔班"绣，"用数种绣线与双平针法绣出看起来像两面都有图案的绣品，常用几何形图案或传统图案，也称罗马尼亚式绣。"②

罗马尼亚女性服饰的基本款式为披肩、短袖衬衫和长裙，有时外边再罩一件天鹅绒的小夹克或马甲，色彩丰富是其特征之一，如青春洋溢的罗马尼亚少女身着布满了金丝线的黑丝绒背心，头戴缀满闪亮珠片的帽子，两肩向后延伸出一块绣花彩色披巾；纵向排列的黄绿色系二方连续绣花纹样，在红艳艳色的裙身上格外夺目，裙摆装饰着具象的绣花宽边。

强调装饰也是女装中的特点，如将彩色玻璃、丝线、亮珠甚至是银币做

---

① 张竞琼、梁惠娥编著：《世界民族服饰图典》欧洲卷，安徽美术出版社 2006 年 12 月第 1 版，第 1 页。

② 张竞琼、梁惠娥编著：《世界民族服饰图典》欧洲卷，安徽美术出版社 2006 年 12 月第 1 版，第 1 页。

的饰物缀蛮高顶帽，再用它们串成项链在脖子上缠绕好几圈。马甲、衬衫和裙子的组合虽为基本形式，但黑丝绒马甲胸前纵向装饰着两排彩色绒球，红色长裙上布满了满天星式的花卉纹样。

此外，女装中的抽褶也是随处可见，如中袖上衣的袖口处抽碎褶后，用一条窄窄的克夫收拢舒展的袖身，克夫上还安置了窄小的异色茬边作为装饰，显得十分精细；前胸的绣花"复势"是上衣的视觉中心，"复势"下缘的碎褶为胸部的隆起提供松量；裙子为拼接塔裙，两层都抽满了碎褶，与布料上的碎花图案相映成趣，别具浪漫风格。

罗马尼亚已婚妇女习惯用各种饰物将头发遮盖起来，最常用的是 40 至 50 厘米宽，2 米长的绣花包头巾，具体的包头方式因地区而不同。

罗马尼亚男子一般穿棉、麻质地的白色衬衣，领口、袖口、门襟等处有绣花装饰。裤子有宽大和紧腿两种形式，冬天披羊皮袄或斗篷，再在里头穿一件羊羔皮背心以御寒。

（二）俄罗斯人服饰

俄罗斯人是俄罗斯的主体民族，北方俄罗斯人属欧罗巴人种中的白海 - 波罗的海类型，身材中等，头型较长，鼻子高突，鼻梁呈直形或凹形，头发和眼珠色浅。南方俄罗斯人属欧罗巴人种中的中欧类型（或称阿尔卑斯类型），身材中等或中等以上，头型宽短，脸宽，鼻高且大，发色淡黄并呈波状。

"俄罗斯人的祖先为东斯拉夫人罗斯部落族，并于公元 15 世纪末建立了俄罗斯大公国。在后来的领土扩张过程中，与被征服地区的居民产生接触和混居，至 19 世纪下半叶最终形成了现代俄罗斯民族。"[1]

红、白、蓝三色是俄罗斯民间服饰的主要色调，具有浓厚的民族文化内涵。红色象征美丽吉祥，是最受欢迎的颜色；白色带给人温暖和希望，是高贵、圣洁的象征；蓝色代表天堂与高贵，也是自由与幸福的象征。此外，绿色、蓝色、橙色、黄色也是服饰中常用的色彩。

典型的俄罗斯民族服装为：男子着斜襟长袖衬衣，领口和下摆处通常有绣花装饰，且多为红色，外系一根绣有红色花纹的腰带，在斯拉夫文化中红

① 张竞琼、梁惠娥编著：《世界民族服饰图典》欧洲卷，安徽美术出版社 2006 年 12 月第 1 版，第 42 页。

色绣花有驱邪避恶的作用。衬衣面料一般采用麻纱布、白棉布，也有用色彩鲜艳的花布。裤子较肥，用白布或染色的花布做成。气候寒冷时，外罩为羊皮短外套或羊皮大衣，头戴毡帽，脚穿高筒皮靴。典型的俄罗斯女装大多色彩艳丽，衬衫为粗麻质地，领子不开口，衣领有褶，衬衫有刺绣装饰，垫肩，衣袖肥大，被称为"鲁巴哈"。在冬季，女性以厚呢子或毛皮外衣，高筒皮靴为主。

　　"鲁巴哈"是俄罗斯的传统女装，其样式有点像长袖连衣裙，没有腰身，穿着时须束腰带。从前，俄国妇女下地除草时都穿鲁巴哈，因为长袖能防止稻草扎刺皮肤。鲁巴哈又被称为"割草裙"。鲁巴哈的款式多样，因地区而异。南部地区为"冬尼卡式"，形制较简单，领口有装饰，下半部采用直筒裙式。北方则有修长的腰身，衣袖宽松，能将姑娘的身材衬托得更为修长而丰满。此外，其他地区的鲁巴哈也各具特色，斯摩棱斯克地区以白色为主基调，肩部红白相间，配以蝴蝶式的袖子，十分漂亮；瓦洛尼什地区则以烦琐的绣花，复杂的图案为特点，颜色

图7-103　着民族服饰的俄罗斯少女

热烈、活泼，但又不失整体的和谐效果。（见图7-103）

　　"萨拉范"为俄罗斯妇女的连衣裙，曾十分大众化，一年四季皆可穿着，款式颇像今天人们穿的太阳裙或沙滩裙。冬季的萨拉范主要用厚呢、粗毛、毛皮制成，内穿棉麻衬衣，再围上厚厚的毛披肩，是过去俄国妇女的典型服装。因为冬季的萨拉范穿起来较为笨重，所以今天的俄罗斯妇女冬季不再穿萨拉范，但夏季穿的人仍然不少。夏季萨拉范的面料主要为手工蜡染、粗麻布、印花布等，衣服上装饰的绣花、补花、丝带和鲜艳的色彩使萨拉范显得自然、活泼、随意。

　　"淑巴"即皮大衣，是俄国人冬季不可或缺的御寒服装，一般由貂皮、裘皮、羊皮、兔皮和狗皮等制成。很久以前，俄国人的淑巴主要为羊皮。例如，俄国皮衣的生产地之一的罗蒙诺夫，便是以一种杂交种羊的羊皮而闻名。19

世纪中期，罗蒙诺夫因此而小有名气。据说，这里的冬季寒冷异常，人们坐雪橇出行时必须穿着保暖的服装，淑巴便由此应运而生。

除了服饰，俄罗斯女性的头饰也具有浓郁的民族特色，其形式和装饰还保留古老的功能，是俄罗斯妇女的重要装束。在俄罗斯民族习俗中，已婚妇女戴麻布或丝绸制作的头巾，为的是隐藏头发，头巾多为白色或红色，一般是三角形。未婚姑娘要将头发外露，留长散发或扎辫子，头发上装饰绣花彩带并佩戴发箍。发箍种类丰富，有镶珍珠的、花环式的、普通木头的等。俄罗斯未婚女性最普通的头饰要算是亚麻制的手绢，它与妇女的帽子一样，要随年龄增长而选用越来越深的颜色。姑娘结婚后，帽子就取代了手绢。俄罗斯妇女还很喜欢佩戴各种小饰物，如耳环、项链、胸饰等。

十、北欧民族服饰

（一）丹麦人服饰

丹麦人是北欧丹麦的主体民族，约563万人（1978年），其中有498万人分布在丹麦，占该国人口96.8%，其余65万人分布在瑞典、挪威、联邦德国、美国和加拿大。多信基督教路德宗。属欧罗巴人种北欧类型，身材高大，皮肤白皙，金发碧眼。使用丹麦语，属印欧语系日耳曼语族，与瑞典语和挪威语十分相近，文字用拉丁字母拼写。丹麦人受欧洲大陆文化影响较深，文学艺术水平较高。

图7-104　丹麦传统妇女着装

青铜时代丹麦人的服装就是紧身型的代表，它对欧洲立体型服饰的形成与发展产生了深远的影响。它采取对人体的躯干和四肢分别包裹，再加以连接的方式，形制上完全区别于古希腊、古罗马的披裹式服装。例如，丹麦有一种非常古老的女裙样式，可以一直上溯至中世纪欧洲的"布里奥"。这种女式连衣裙的腰身和袖窿已经开始收拢，而袖口则优雅地张开。此时腰身的收拢在西方服装史上便具有了划时代的意义。

丹麦有一种著名的服饰加工工艺——"煮"裙子。丹麦人把裙子泡湿后，用熨斗熨出纵向的折痕，再用细布把熨好的裙摆包住放进炉子烘烤，以做出百褶式的裙子。一般女性用装饰有蕾丝花边的上衣和背搭配这种褶裥厚重的长裙，再披上格子披肩，裙子颜色有已婚和未婚的区别：未婚女性着绿裙并镶有金边，戴白色软帽；已婚女性着红裙，带黑色或深色软帽。（见图7-104）

北欧气候寒冷，因此北欧妇女的冬季装束十分厚重：内衣、外套，围巾、头巾，长裙、罩裙，护肩、袖笼，一个也不能少。20世纪70年代，时装界还将此作为一种着装风格而将其称为"多层风貌"。

丹麦男子服饰较为简单，一般"着白色立领衬衫，饰以色彩鲜明的手帕，外加背心和短外衣，及膝裤的裤脚口有克夫或用穗带系住，头戴红色帽，脚蹬有银质饰扣的皮鞋"①。

丹麦人还精于刺绣，他们在白色亚麻布上用剪扎、抽纱等方式制作绣品，被称为丹麦式刺绣而享誉世界。

（二）拉普人服饰

拉普人为北欧民族，自称萨阿米人。主要分布在挪威、瑞典、芬兰和俄罗斯的北极地区。属乌拉尔人种，为蒙古人种和欧罗巴人种的混合类型。使用拉普语，属乌拉尔语系芬兰-乌戈尔语族。多信基督教路德宗，少数信东正教，并广泛保留原始宗

图7-105　拉普家庭

教残余。拉普人的祖先早自1万年前便开始从乌拉尔地区陆续迁入斯堪的纳维亚，原分布地区较广，后受日耳曼部落和芬兰部落排挤，逐渐北移。部分人被后来者同化。

---

① 张竞琼、梁惠娥编著：《世界民族服饰图典》欧洲卷，安徽美术出版社2006年12月第1版，第154页。

因生活在寒冷的北极圈，服装的保暖功能必然占据首要位置。拉普人的传统服饰大都就地取材，用兽皮制作，且男女服饰区别不大。例如，用驯鹿皮制作的又长又厚的外套，外出时可抵御风寒；用驯鹿皮或海豹皮制作的裹腿或靴子，靴头呈尖形并向上翘起，既保暖又具有功能性；头戴有护耳的风帽，手戴"米滕"连指手套；长裤外、脚踝间用袜套包裹起来，不让一丝凉风进入；男性的帽子有帽舌并装饰有绒线球，女性的帽子则有复杂的刺绣。（见图 7－105）

拉普人典型的鹿皮外套为半开襟套头式，高高的领子挡住了下颌，并用可调节松紧的绳索系扎住。肩膀、领口、袖口和底摆处均镶有红色的饰边，饰边上有细密的刺绣。戴仿鹿角形状的帽子并用飘带来充当护耳。

驯鹿民族的少年们大都穿着服从于御寒的需要鹿皮衣裤与靴子，靴子的前端具有标志性的上翘，裤子外面再加袜套，手上戴连指手套。肩上挂的是被当地人称之为"斯瓦巴纳"的套索，他们常常玩一种游戏，就是往头戴鹿角帽的孩子身上扔套索。由此可见，拉普人少年时代的游戏就是未来谋生本领的训练与预演。

虽然拉普人的服装很厚实、宽大，为的是在里面多加几层衣服。但他们绝没有忘记美观和情感，如蓝色大氅与红色纹样的色彩对比表达了他们对美的理解；精细的做工和富于韵律感的绣片，则为粗犷的拉普人平添了一份儿女情长。

第七节　世界民族服饰的时间变异

一、古代服饰民族性的单一与纯朴

民族是人类社会发展到一定阶段的产物——"由于生产力的进步，人类的婚姻由'血缘家族'过渡到'群婚家族'，即禁止兄弟姐妹之间的通婚。在这个基础上，人类形成了氏族。氏族后来发展成胞族，许多胞族结合起来，形成了部落。部落的进一步发展，又形成了民族。"[1] 因此，本文所要论述

---

① 戴平：《中国民族服饰文化研究》，上海：上海人民出版社 1994 年第 1 版，第 1 页。

的，民族服饰的单一与纯朴，并不是原始人类服饰那样简单、粗糙的形制与材质，而是某一个民族形成后，在漫长的民族发展过程中，在相对封闭的自然、人文条件下，族人用智慧与技艺将民族精神与文化外化为服饰形式，进而形成的一种纯粹的民族化服饰体系。

这种服饰体系的形成方式简单而直接，所包含的内容单一而纯朴，无所借鉴也无须借鉴，对他族而言可能毫无意义，但却是本民族文化的真实表达，是一种穿在身上的民族语言。

古希腊人披覆在身上的亚麻织物适应当地山海交错、温润怡人的自然条件，也反映古希腊人对自由和健美的追求；印第安人之所以戴盛大的兽牙和羽毛头饰，以兽皮为衣，文身为饰，为的是用强大的外形激励勇气，吓退野兽；生活在高寒地区的藏族人穿大领、斜襟、无扣、宽腰长袖的藏袍，白天当衣，夜晚当被，与藏族传统的游牧生活方式相适应；披着花头巾，戴着黄斗笠，上穿湖蓝色斜襟短衫，下着宽大黑绸裤的福建惠安女性服饰形象，不仅包含了丰富的地域文化和历史文化，还融入了她们奇特的民俗习惯和审美意识；苗族姑娘鸾凤银冠上以喜鹊登梅、双凤朝阳为题材装点的饰物，盛装裙片上绣满的红花、绿叶、蜜蜂、蝴蝶的花纹，反映了从事农业生产的民族对大自然的热爱。

时代发展至今，想要探寻古代服饰民族性的单一与纯朴，回到某个民族建立之初，亲历那些民族服饰的产生过程已然不可能。但我们可以通过民族文化溯源，去了解那些身处城市，已经被现代文明同化了的民族的服饰；也可以研究那些因自然环境与经济条件的制约，至今仍保持着原始形态的民族服饰；同时，我们也正见证着许多古老的民族服饰在飞速发展的时代步伐中，朝着"现代化"的方向转变。

这些都是方法，而我们的最终诉求是要了解民族文化的源头，这是我们认识一个民族的唯一途径，也是我们认识自己的唯一方式。

有一点需要说明的是，古代服饰民族性的单一与纯朴，并不仅仅指服饰内容——面料、结构、色彩、装饰等的纯粹民族化，还包括了民族服饰发展过程中，因继承与完善的需要，主动或被动改变民族服饰其目的的单纯。

二、近现代殖民主义对服饰民族性的冲击

殖民主义（colonialism），指一个比较强大的国家采取军事、政治和经济

手段，占领、奴役和剥削弱小国家、民族和落后地区，将其变为殖民地、半殖民地的侵略政策。

从历史上来看，由于各大陆之间相对隔绝，世界范围的民族问题主要发生在古代国家内部，在欧亚大陆也发生在大陆性帝国扩张而造成的地区和国家之间，但是总体上说是非全球性的。然而，"近代以来，人类社会经历了有史以来规模最大的一次对土地、自然财富和资源的掠夺和侵占，这就是进入工业文明社会的欧洲民族向世界其他地区仍处于农业社会和原始社会的土著民族发起的殖民主义侵袭。"① 西方殖民主义的扩张，造成很多古老民族传统文明的衰落，甚至灭绝，而且也造成了世界范围内日益尖锐的民族、种族冲突。这些无法弥补的损失在殖民主义时代结束以后，仍旧作为"历史遗产"留给了前殖民地、半殖民地国家。

从 16 世纪到 20 世纪 20 年代（第一次世界大战结束前后），殖民主义对世界范围内的土著民族及其文化——这其中必然包括民族服饰的冲击和破坏是多重的。

（一）殖民主义强权入侵导致民族人口减少乃至种族灭绝

这是殖民者到达一个地区后最先施行的"暴政"，他们改变了世代居住于此的民族的生活状态和环境，将大量的族人贩卖到别处或屠杀，其目的就是用暴力从肉体上消灭土著民族。当生命都消失时，民族文化又何来容身之处。

重商主义时期，1494 年在教皇亚历山大六世仲裁下，葡、西两国签订了托尔德西里亚斯条约，划分了分割世界的范围。西班牙在中南美洲建立了庞大的殖民帝国——西班牙帝国，对土著民族实行残酷的奴役政策，以致土著人口由西班牙人最初到达时的 5000 万人锐减到 17 世纪的 400 万人，南美洲民族文化——包括民族服饰也在这一时期遭到了严重的破坏。16 世纪末，几个殖民国家为了适应殖民活动的扩大，复活了在地中海一带在中世纪时已经濒于消亡的奴隶制度。葡萄牙人于 1442 年开始使用柏柏尔人为奴隶；西班牙人于 1502 年开始把非洲黑人输入美洲，以弥补由于大量屠杀印第安人而造成的劳力短缺；英国和荷兰的奴隶贸易分别开始于 1562 年和 1619 年。到 18 世纪中叶，奴隶贸易达到极盛，英国在 1763 年就有 150 艘船去非洲运载近 4 万黑奴。

---

① 廖敏文：《联合国土著民族权利宣言》研究，北京：中央民族大学 2009 年版，第 85 页。

在美洲，欧洲殖民国家的大规模移民几乎彻底淹没了这块大陆上的土著民族。殖民者入侵前，印第安诸原住民人口为 100 万至 1 亿人不等，殖民入侵后的一个世纪内，原住人口下降 90% 至 95%，遭受族群消灭最严重的是加勒比海岛屿和热带沿海地区，这些地区的原住族群在大约 30 年内完全消失。

（二）殖民者对被殖民民族文化的毁灭

在欧洲殖民主义入侵前，非洲、美洲、亚洲、大洋洲的许多民族都建立了自己独特的文明。例如，美洲的三大文明："位于今尤卡坦、危地马拉和英属洪都拉斯境内的，以艺术和科学发达为特点的玛雅文明"；"位于今墨西哥境内的，以骁勇好战、军事发达为特点的阿兹特克产明"；"位于北起今厄瓜多尔中部南至今智利中部的，以公路、石块建筑和灌溉系统发达为特点的印加文明。"[①] 在非洲，政治上有苏丹的大帝国，经济上班图人发达的农业和冶金技术。

然而，这一切在殖民者看来都是与他们的需求毫无关系的"废品"，殖民者践踏并消灭原住民族文化——当然也包括对民族服饰的彻底抹杀，植入他们所认同的"现代文明"。不难看出，这种重建是有其政治目的，为的是抹杀民族文化的表征，进而消除民族凝聚力，防止其暴力对抗殖民者的统治。欧洲殖民者对殖民地民族文化灭绝的方式主要有以下三种：

其一是传教手段。殖民者有意识地用基督教改变原住民宗教信仰和文化，在残酷地毁灭了独特的玛雅文明，阿兹特克文明和印加文明后，强迫美洲印第安诸民族接受基督教的伦理和信仰。在大洋洲，殖民者的强行传教消灭了塔斯马尼亚人的土原住文化。在印度，葡萄牙殖民者引进宗教法庭，对不皈依基督教的人进行惩罚。

民族信仰是民族文化的摇篮，而民族服饰又是民族文化的表征，在欧洲殖民者摧毁各大洲原住民的信仰的同时，其所承载的文化体系也就不复存在了。不难想象，印第安人绝不会戴着羽毛头冠去参加殖民者安排的礼拜活动，殖民者也不会允许澳大利亚原住民再举行"成年礼"和在身体上留下象征勇敢的瘢痕文身。

其二是采取教育手段。在美洲和澳洲，殖民者让原住民儿童远离生活的族群去接受所谓的欧洲式文明教育；在非洲，传教团开办提供西方教育思想

---

① 廖敏文：《联合国土著民族权利宣言》研究，北京：中央民族大学 2009 年版，第 90 页。

的教会学校，讲授内容大都关于欧洲的文明。在殖民者强制施行的欧式教育下，损失的不仅是彻底脱离传统文化的土著民族儿童，还切断了传统文化的传承途径。

其三为殖民者宣扬欧洲民族优等和欧洲文明优势论，这在殖民地人民心目中造成了殖民国家的优越感和殖民地民族的自卑感，人们不仅不再为具有鲜明民族性的服饰而骄傲，还或主动或被动地穿上由殖民者带来的"现代"服饰款式。例如，19世纪40年代末，伴随着英国工业革命的完成，拉丁美洲已成为英国纺织品的最大市场。1745年，英国汉诺威王朝镇压了苏格兰人民的武装起义，并颁布英国历史上著名的"禁裙令"，同时禁止苏格兰人吹奏风笛和佩带武器。中国鸦片战争爆发，殖民者来到中国，大量工业化商品的涌入造成了民族工业的倒闭，人们纷纷购买进口布料，土布被视为落后，西服成为洋行工作人员的标准穿着，上流社会的青年男女也纷纷以穿着西式礼服为时髦。

（三）殖民者对原住民的自然资源的掠夺和对自然经济的破坏

当欧洲国家告别自给自足的封建社会，进入工业化大生产时期后，技术与速度的提升几乎要推翻了全世界民族服饰缓慢的手工制作过程。从1763年起，欧洲殖民扩张进入第二个阶段，工业国家对棉花、羊毛、燃料、铁、铜、锡、煤炭等工业原料的需求取代了对消费品的需求，同时这些国家迫切需要在本国之外开辟市场，以消化本国生产的工业制成品。由于欧洲地区的市场已经饱和，因此只能向美洲和亚洲（当时尚未开始对非洲的殖民）寻求发展空间。例如，印度一直向英国出口棉布，可到了19世纪中叶，英国棉布出口的四分之一倾销到印度，印度已经失去自己的出口市场。另外，欧洲向殖民地大量移民，灭绝或赶走土著民族以取得农业和工业的发展空间，或是征服和改造土著民族的社会以适应殖民地国家的需要。

（四）殖民地的划分造成原住民的跨界分离和民族文化的支离破碎

在欧洲殖民主义国家不断扩张的过程中，殖民者不顾原住民的历史文化和民族传统，强行将其分割，并划归为不同殖民国家，造成了原住民的跨界分离和民族文化的支离破碎。

例如，俄罗斯帝国在亚洲的殖民扩张采取了同化原住民的文化和社会的方法，向西伯利亚、远东、高加索和中亚推进，并极力向中国渗透，在先后占领了大茹兹、中茹兹、小茹兹、希瓦汗国、布哈拉汗国、浩罕汗国后，继续向中国的新疆等地区进发。从 1885 年至 1900 年，欧洲国家完成了对非洲的瓜分。除了埃塞俄比亚和利比里亚两个政治上独立的国家外，传统的非洲王国如阿散蒂、达荷美、索科托、布干达，以及欧洲裔非洲人建立的德兰士瓦和奥兰治自由邦等国家均沦为西方国家的殖民地或保护国。

三、当代服饰民族性的减弱与消失

当我们关注当代民族服饰时，实地的走访与调查研究已经不能再让我们看到民族服饰完整的原貌了，而文化研究领域中大量关于民族服饰的研究成果和非物质文化遗产保护的论文与报告则涌现出来。这对一个热爱服饰并研究服饰文化的年轻人来说，既惋惜又有欣喜。

民族传统服饰是民族文化的外在体现，很多民族没有语言，但是他们的服饰承载了他们的历史，因此民族服饰对于人类来说，是一笔巨大的物质、精神财富，有着极高的艺术、人文价值。然而在现代工业文明的冲击下，民族服饰经历着不可逆转的文化变迁，民族性随之减弱和消失，它所产生的服饰文化也渐渐失去了民族风格，开始向全球统一的现代服饰文化靠拢。

黑龙江日报曾经刊登过一篇关于民族服饰文化流失的文章——《流失破损失传——渔猎民族服饰现状堪忧》，文中写道："我省境内聚居着 48 个民族，世居的少数民族有 10 个，其中以赫哲族、鄂伦春族、达斡尔族的渔猎民族传统服饰最有研究、保存价值"，"更加令人担忧的是，如今从事兽皮工艺的老人一年比一年少，年轻人既不会做，也不去学，传统的皮革的处理方法，缝制加工工艺渐渐失传。""如今在赫哲族聚居地熟悉鱼皮、兽皮制作工艺的老人不过 5 人，大多 60 岁以上，如果不加紧把传统工艺记录复制下来，在不久的将来，面临的便是人亡艺绝。""伴随社会的变革，旧有的习俗必然退出历史舞台，传统的渔猎服饰早已被棉布所代替。"[1]

云南大学尹航在《丙中洛民族服饰特点、现状调查及思考》一文中写道："在丙中洛附近的村子里，身穿现代服装的当地人比比皆是，有时你甚至无法感到自己身处民族自治区。当然也不是绝对看不见身穿本民族传统服饰的人。经过对比，可以很明显地发现其中呈现出的趋势——男少女多，幼少老多，

---

[1] 王敬：《流失破损失传——渔猎民族服饰现状堪忧》，黑龙江日报 2004 年版，第 4 页。

调查过程中我们几乎没看见男子在日常生活中人穿着传统民族服饰，相比较而言，中老年妇女保留传统民族服饰的要多一些。在对丙中洛完小的小学生的调查中，平时的学习生活中穿着传统民族服饰的没有一个。我们还了解到，虽然平时大家都不穿传统的民族服饰，但是每一家都有本民族的服装，只有到了盛大的节日或重要的活动时才会去穿。"①

当今民族服饰的境遇，正如杨正文在《苗族服饰文化》中对苗族服饰现状的描述："苗装自 20 世纪 80 年代后以来变迁速度加剧了，并呈现出三方面的变迁态势：（1）传统生活装的礼服化；（2）服装材料的非本土化；（3）传统工艺技术衰退。"②

虽然生活中的民族服饰正在经历前所未有且无法阻挡的"退化"，但令人欣喜的是，国内外大量研究学者、服饰专家及各国政府都已经意识到了这个问题，并给予了充分的关注和保护。

以中国为例，中华人民共和国成立前中国少数民族服饰研究基本上为空白，专题服饰研究只有江应梁先生在 1937 年第 1 期的《民俗季刊》上发表的《广东瑶人之衣饰》，这可算是少数民族服饰研究的起始点。

中华人民共和国成立后，中国少数民族服饰的研究学者逐渐增多，研究范围也越来越大，民族服饰研究与保护工作取得了长足的进步。四川省民族研究所研究员冯敏在其论文《中国少数民族服饰研究发展的历程及几点思考》中，将新中国民族服饰的研究分为五个阶段："第一个发展阶段（1950—1979），是少数民族服饰研究拓荒时期。""第二个发展阶段（1980—1989），少数民族服饰研究有了较大发展。""第三个发展阶段（1990—1999），少数民族服饰研究取得长足发展。""第四个发展阶段（2000—2004），少数民族服饰研究由基础研究向应用研究发展。""第五个发展阶段（2005 年 10 月），少数民族服饰研究会成立，是少数民族服饰研究发展的里程碑。"

除了理论方面的研究，中国政府还启动了全方位的"非物质文化遗产"保护，对中国少数民族服饰施行固态保护与活态传承相结合的抢救措施。

关于"非物质文化遗产"，2003 年，联合国教科文组织《保护非物质文化遗产公约》，确立了"非物质文化遗产"法律概念。该公约第 2 条对"非物

① 尹航：丙中洛民族服饰特点、现状调查及思考，［2006 – 11 – 11］. bank2003. blog. hexun. com
② 杨正文：苗族服饰文化，贵阳：贵州民族出版社 1998 年版，第 305 页。

质文化遗产"概念的定义是，"'非物质文化遗产'即指被各群体、团体，有时为个人视为其文化遗产的各种实践、表演、表现形式、知识和技能及其有关的工具、实物、工艺品和文化场所。各个群体和团体随着其所处环境，与自然界的相互关系和历史条件的变化不断使这种代代相传的非物质文化遗产得到创新，同时使他们自己具有一种认同感和历史感，从而促进了文化多样性和人类的创造力。'非物质文化遗产'包括：（1）口头传说和表述，包括作为非物质文化遗产媒介的语言；（2）表演艺术；（3）社会风俗、礼仪、节庆；（4）有关自然界和宇宙的知识和实践；（5）传统的手工艺技能。"①

同时，该公约对如何保护"非物质文化遗产"也做出了解释："非物质文化遗产的最大特点是不脱离特定民族特殊的生活生产方式，是民族特性和特定民族做出的人类贡献的真实写照。保护非物质文化遗产的'保护'，指采取措施，确保非物质文化遗产的生命力，包括这种遗产各方面的确认、立档、研究、保存、保护、宣传、弘扬、传承（主要通过正规和非正规教育）和振兴。"②

目前中国各民族聚居区的文化保护政策主要有3种途径：博物馆保护、命名式保护和立法保护。对于民族服饰的固态保护应依托民族服饰理论研究成果，让民族服饰体系化、完整化、民族化地进入博物馆、文化馆，结合该民族生活的自然环境和与服饰共生的人文环境（包括建筑、饮食、文艺等），全方位展示民族生活状态。同时，还应通过系统整理、科学保存、宣传展览等途径向世人展示民族服饰精美的工艺和丰富的民族内涵，留给后人一份可观赏、可研究的实物体系。

与此同时，还应当结合民族服饰发展的特性，给予民族服饰充足的生存环境和生长土壤，即活态传承。活态传承主要包括三个途径：第一，服饰生态的恢复。民族服饰在历史发展过程中不是一成不变的，它总是随着民族文化的发展而发展。因此，民族服饰活态传承最重要的就是恢复民族文化发展的生态环境，即采取保护现存的原生态民族聚居地，在一定程度上恢复民族

① 范俊军编译：《联合国教科文组织关于保护语言和文化多样性文件汇编》，北京：民族出版社2006年版，第81页。
② 范俊军编译：《联合国教科文组织关于保护语言和文化多样性文件汇编》，北京：民族出版社2006年版，第81页。

的生活、文化习惯和传统节日等措施，还民族服饰赖以生存和发展的文化土壤。第二，继承人机制的建立。对民族服饰手工艺的传承者给予鼓励和帮助，建立长效稳定的传承人机制。同时开设专门的学习机构或在大学内的相关专业中推广与民族服饰相关的课程，以此作为持续性地培养继承人和民族服饰文化推广的主要方式之一。第三，市场化应用。在健康的服饰生态中推动民族服饰的市场化，让人们感受到民族文化的市场价值和艺术价值，只有这样，每个民族才能自发自愿地继承传统的生活方式，民族服饰才能真正实现健康的、永续的活态传承。

四、未来服饰民族性的走向展望

国际一体化是时代发展的必然趋势，当我们身处未来一体化的国际社会中，统一的西化服饰语言为的是沟通的顺畅及交往的便利，而服饰的民族性将作为一种文化的象征，被提升到前所未有的高度，满足人们自我认同的需求和人类社会对服饰民族化的号召。

（一）价值回归

自我认同是个体依据个人的经历所反思性地理解到的自我。随着人类精神文明的发展，人类必定会因自我认同的需要而开始自我反思的历程：我们是否要变成千人一面？民族是什么？我以什么代表我的民族？……

那时，人们将从民族服饰文化研究成果中找到自我认知的方式，人们也将意识到，民族服饰不是旅游产品，不是博物馆里的藏品，更不应该是民族地区只有老年人才穿的"旧衣服"，它的价值一如民族服饰产生之初那般神圣与崇高——审美、信仰、礼仪、传统，民族文化的华章都记录在了服饰之内，回归式的领悟与理解将带领未来的人们重新体味民族服饰的魅力。

（二）审美认同

当今，人类服饰体现着多元化趋势，此多元多指审美多元，审美源于价值观念，在价值观念趋同的当下，多元便常浮于形式。

未来，人类的进步将收获健康、多元的价值观和审美观。对美的领悟能力的提升将让人们读懂民族服饰这幅历久弥新的画卷，对民族服饰价值的认同又将让一代又一代的人们参与到民族服饰的建设中去。

这一切，皆因民族服饰之美，生生不息、永无止境……